高等院校土木工程专业“十三五”规划系列教材

结构力学

主　编　郭铁宏
副主编　毛继泽　何　建　郭庆勇

HEUP 哈尔滨工程大学出版社

内 容 简 介

全书共9章,主要内容包括绪论、结构的几何构造分析、静定结构的受力分析、虚功原理与结构位移计算、影响线、力法、位移法、渐近法及其他算法简述和矩阵位移法。书中将结构力学的规律和杆件结构内力及位移分析方法作了全面总结,并补充了许多教材没有的但对解题有帮助的解题技巧及相关结论,因此与一般教材相比更具有广度和深度。本书旨在提高学生对结构力学基本概念的理解和应用,提高分析问题、解决问题的能力。

本教材可用于土木工程专业本科教学,同时也可作为学生自学及考研辅导丛书。

图书在版编目(CIP)数据

结构力学/郭轶宏主编. —哈尔滨:哈尔滨工程大学出版社,2017.7(2020.11 重印)
ISBN 978 -7 -5661 -1374 -0

Ⅰ.①结… Ⅱ.①郭… Ⅲ.①结构力学 - 高等学校 - 教材 Ⅳ.①O342

中国版本图书馆 CIP 数据核字(2016)第 227821 号

责任编辑 张忠远 马中月
封面设计 博鑫设计

出版发行 哈尔滨工程大学出版社
社　　址 哈尔滨市南岗区南通大街 145 号
邮政编码 150001
发行电话 0451 - 82519328
传　　真 0451 - 82519699
经　　销 新华书店
印　　刷 北京中石油彩色印刷有限责任公司
开　　本 787 mm × 1 092 mm 1/16
印　　张 16.75
字　　数 439 千字
版　　次 2017 年 7 月第 1 版
印　　次 2020 年 11 月第 2 次印刷
定　　价 39.80 元
http://www.hrbeupress.com
E-mail:heupress@hrbeu.edu.cn

前　　言

本书依据高等学校土木工程专业指导委员会对土木工程专业学生的基本要求和审定的教学大纲而编写。全书共包括 9 章内容，分别是绪论、结构的几何构造分析、静定结构的受力分析、虚功原理与结构位移计算、影响线、力法、位移法、渐近法及其他算法简述和矩阵位移法。各章开篇有教学提示及要求等相关内容叙述，便于教学和自学使用；在每章最后安排有“本章小结”及习题，便于学生对学习内容进一步掌握。

由于结构力学是土木工程专业重要的专业基础课，因此本教材力求夯实基础，并注重理论与实践相结合，将结构力学灵活地运用于土木工程各领域，以达到培养优秀人才的目标。本书具有以下特色：

1. 教材结构合理，层层递进，由浅入深。每章从结构力学基本概念着手，让学生对概念有充分的理解（这是进行结构分析的基础）；通过例题进一步讲解结构分析的方法及技巧；通过总结让学生进一步明晰基本概念和分析方法；精选各校研究生入学考试内容，增强了教材的广度和深度；通过习题使学生熟练掌握各章节内容。

2. 注重基本概念的理解和应用。力学学习的核心问题是对基本概念的掌握。本教材力求翔实深入地通过分析具体问题来讲解基本概念，使学生能够灵活地理解和应用概念。

3. 注重分析技巧及方法的应用和总结。对于某些结构进行分析时，存在着一些技巧和方法，本教材拟通过一些例题来讲解这些技巧，并总结出如何利用技巧进行结构分析。

4. 更广的适用范围。教材内容由浅入深，适用于土木工程专业专科及本科教学；同时教材分析、讲解、总结了结构力学分析方法和技巧，可作为自学和考研辅导用书。

编　者

2016 年 6 月

目　　录

第1章 绪 论

本章主要掌握结构的概念及研究对象，了解结构力学的任务，与其他课程的关系及常见杆件结构的分类；掌握结构计算简图的概念和确定结构计算简图的原则；掌握杆件结构的支座分类和结点；了解常见杆件结构类型及荷载的分类。

1.1 结构力学的研究对象和任务

1.1.1 结构力学的研究对象

1. 结构的概念

在建筑物或构筑物中承受、传递荷载并起骨架作用的部分称为工程结构，简称结构。

一个体系能称为结构必须满足两个条件，即一是承受传递荷载，二是起到骨架作用。如房屋中的梁柱体系，以及水坝、桥梁和隧道等都是典型的结构；再如最简单的构件（单个构件），单个梁或柱、独木桥（梁）、马路上的电线杆（柱）都是结构。

2. 结构的分类

从不同的角度来看，结构有不同的分类。从几何角度来看，结构可以分为三类，即杆件结构、薄壁结构和实体结构。

（1）杆件结构

杆件结构由杆件组成。几何特征是截面尺寸要比长度小得多。例如梁、拱、桁架、刚架是杆件结构的典型形式。

（2）薄壁结构

薄壁结构也叫作板壳结构。几何特征是厚度比长度和宽度小得多。例如房屋中的楼板、壳体屋盖、游泳池壁等都属于薄壁结构。

（3）实体结构

实体结构的几何特征是结构的长宽高三个尺寸大小相仿，如重力坝、挡土墙等。

结构力学研究的对象是结构，更准确地讲，结构力学研究的对象是杆件结构。薄壁结构和实体结构不属于本门课程研究对象。

3. 结构力学与理论力学、材料力学和弹性力学的关系

理论力学着重讨论物体机械运动的规律，结构力学、材料力学和弹性力学则着重讨论结构及其构件的强度、刚度、稳定性和动力反应的问题。材料力学以单个杆件为主要研究对象，结构力学以杆件结构为主要研究对象，弹性力学以薄壁结构和实体结构为主要研究对象。

1.1.2 结构力学的研究任务

结构力学的研究任务是,根据力学原理研究在外力以及其他因素作用的情况下结构的内力和变形,即结构的强度、刚度、稳定性和动力反应及结构的组成规律等。具体来说,包括以下几方面内容:

(1)讨论结构的组成规律和合理形式,以保证在荷载作用下结构各部分不致发生相对运动,并能有效利用材料;

(2)讨论结构内力和变形的计算方法,进行结构的强度和刚度验算;

(3)讨论结构的稳定性以及在动荷载作用下的结构反应。

1.2 结构的计算简图及简化要点

1.2.1 计算简图

在实际工程中,结构通常是很复杂的,完全按照结构实际情况进行力学分析是极为困难的,甚至是不可能的,也是不必要的。因此,对实际结构进行分析前,必须对实际结构进行必要的简化,忽略结构中的一些次要影响因素,突出原结构最基本的受力特征与变形特点,从而使得结构计算切实可行,便于进行力学分析和研究。

1. 计算简图

在计算的时候用来代替实际结构的力学图示称为结构的计算简图,也称为力学模型。

2. 选择计算简图的原则

(1)从实际出发——计算简图要反映实际结构的主要性能,使得结构计算结果与实际情况比较接近,以保证计算结果的合理性和可靠性;

(2)分清主次,略去细节——计算简图要便于计算。

1.2.2 简化要点

1. 杆件的简化

杆件的几何特征是其截面尺寸与长度相比要小很多,因此在计算简图中杆件作如下简化:

(1)杆件用轴线表示;

(2)杆件之间的连接区用结点表示;

(3)杆长用结点间的距离表示;

(4)荷载的作用点转移到轴线上;

(5)当截面尺寸超过长度的1/4时,杆件用其轴线表示的简化,将引起较大的误差。

2. 结点的简化(杆件间连接区的简化)

杆件间的连接区简化为结点,结点通常简化为三种理想形式,即铰结点、刚结点、半铰结点(组合结点)。

(1)铰结点

铰结点就是杆件间用一个铰连接(图1.1(a)),其特点是被连接的杆件可绕这个铰转动,但不能相对移动,即这个铰可以传递力,但不能传递弯矩。这种理想情况很难遇到,木屋架的结点比较接近于铰结点。

(2)刚结点

刚结点是被连接的杆件既不能相对移动也不能相对转动(图1.1(b)),即刚结点既可以传递力也可以传递弯矩。例如现浇钢筋混凝土结点。

(3)半铰结点(组合结点)

半铰结点是被连接的杆件中部分杆件可以绕结点转动,但不能相对移动;部分杆件既不能相对移动也不能相对转动(图1.1(c))。例如下撑式五角屋架中,上弦混凝土结构与下撑角钢间的连接部分为组合结点。

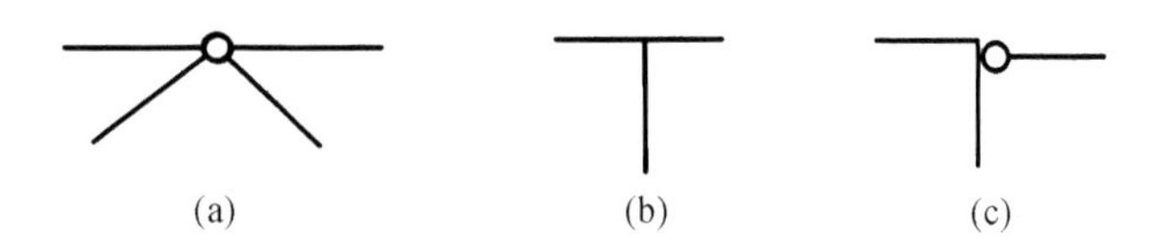

图1.1　杆件连接区的简化形式

(a)铰结点;(b)刚结点;(c)半铰结点(组合结点)

3.支座的简化(结构与基础间连接的简化)

支座是指联系结构与基础的装置。支座形式多样,根据其受力特点和对结构的约束作用,一般简化为以下四种形式。

(1)可动铰支座(滚轴支座)

可动铰支座,即被支承的杆端不能做垂直于支承面的移动,但可以沿着支承面移动,亦可绕铰转动,只有垂直于支承面的支座反力,如图1.2(a)所示。在计算简图中,一般采用链杆表示,如图1.2(b)所示。

(2)固定铰支座

固定铰支座,又称不动铰支座,简称铰支座。被支承的杆端可以绕铰转动,但水平和竖直方向的移动受到限制。在荷载作用下,支座可产生两个互相垂直的反力,如图1.3(a)所示。在计算简图中,通常用支杆表示铰支座,所谓支杆是指用来表示支座的链杆,铰支座需要用两个相交的支杆来表示,支杆间既可以相互垂直,也可以相互斜交成三角形的形状,分别如图1.3(b),(c)所示。

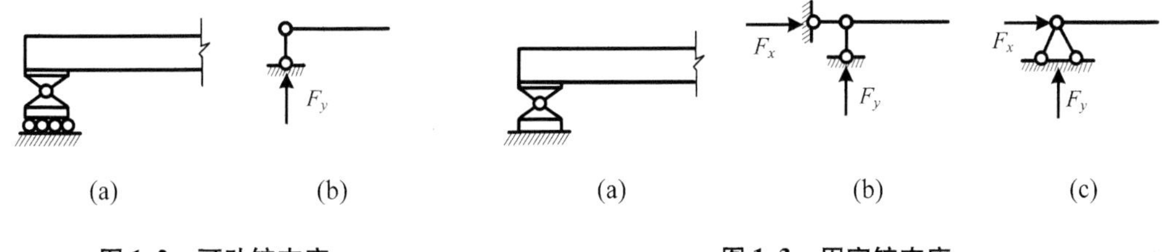

图1.2　可动铰支座　　　　**图1.3　固定铰支座**

(3)定向支座

定向支座,又称定向滑动支座。这种支座只允许被支承的杆端沿一个方向自由移动,而不能沿其他方向产生移动或转动,如图1.4(a)所示。在荷载作用下,支座能产生垂直于移动方向的约束反力和限制杆端转动的约束力矩。在计算简图中,可用两根垂直于承载面的平行支杆来表示,如图 1.4(b)所示。

(4)固定支座

该支座的杆端完全固定,其位移和转动完全被约束限制,如图 1.5(a)所示。在荷载作用下,杆端将产生两个相互垂直的反力和一个约束力矩,如图 1.5(b)所示。

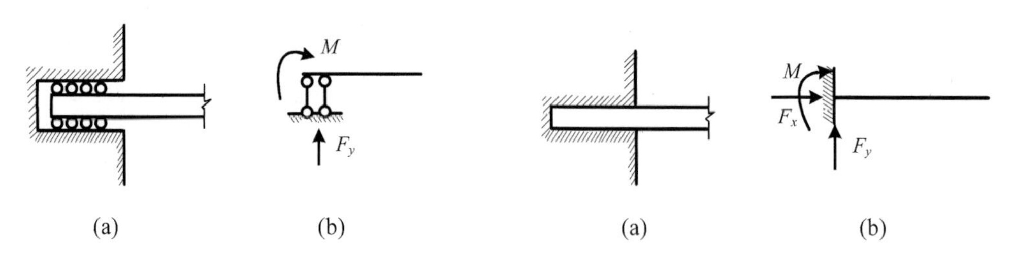

图 1.4 定向支座 **图 1.5 固定支座**

4. 体系的简化

一般来讲结构都是空间体系,结构的各个部分都是相互连接的,构成一个整体,承受着空间作用,但为了简化,通常忽略一些空间次要连接,把空间结构简化为平面结构。例如门式刚架,每一榀刚架在空间也是相互联系的,但在整个体系中,这种空间作用是次要的,所以忽略不计,简化为平面刚架进行分析。

5. 荷载的简化

结构承受的荷载形式多种多样,依据荷载作用的位置不同,可分为体积力和表面力。体积力是指连续分布于结构内部各点的力,如结构所受到的重力或惯性力等;表面力是指由其他物体通过接触面而传给结构的力,如土压力、水压力等。在杆件结构中把杆件简化为轴线,因此不管体积力和表面力都简化为作用在杆件轴线上的力。荷载按其分布情况的不同可分为集中荷载和分布荷载。

6. 材料性质的简化

在结构计算中,对组成构件的材料一般假定为连续的、均匀的、各向同性的、完全弹性或弹塑性的。在土木工程中结构所用的建筑材料通常为钢、混凝土、砖、石、木料等。在一定的荷载和变形条件下,金属材料是符合上述基本假定的,但对于混凝土、钢筋混凝土、砖、石等材料则带有一定程度的近似性。有些材料由于自身的物理性质原因,存在一定程度的各向异性。例如,木材属于典型的各向异性材料,计算时需特别注意。

1.3 杆件结构的分类

1.3.1 根据结构形式和受力特点分类

1. 梁

梁是一种受弯构件,通常轴线为直线。其能够产生以弯矩、剪力为主的内力。当荷载垂直于梁轴线时,梁横截面上没有轴力。其形式有单跨梁或多跨梁。例如,简支梁、悬臂梁、伸臂梁、静定多跨梁和超静定连续梁等,如图 1.6 所示。

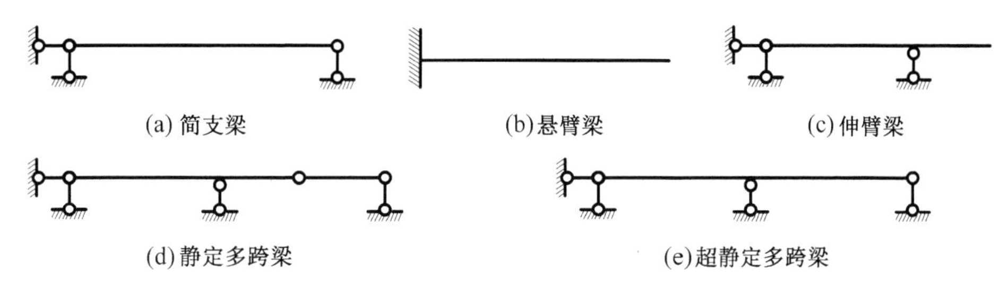

图1.6

2. 刚架

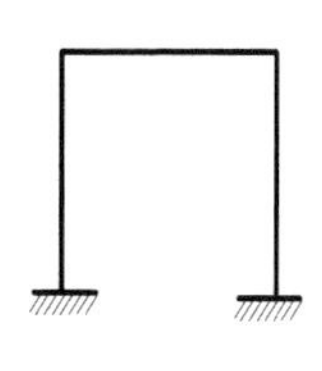

图1.7

刚架由直杆组成,结点通常以刚结点为主,如图1.7所示。它可以承受和传递弯矩、轴力、剪力。刚架中各杆件以受弯为主。刚架因具有组成杆件少、内部空间大、便于利用和加工制作方便等特点,所以在工程应用较广。

3. 桁架

桁架由直杆组成,所有结点都是铰结点,即直杆铰接体系。在结点荷载作用下,各杆只有轴力,属于拉压构件,如图1.8所示。因为桁架只承受轴力,所以认为各杆截面应力是均匀分布的,杆件材料性能得到充分发挥,这与以弯曲变形为主的梁和刚架相比,材料用量较少、跨度更大。

4. 组合结构

组合结构主要是指桁架与梁或桁架与刚架的组合,结构中含有组合结点,即组合结构由梁式杆和二力杆组成,其中二力杆只承受轴力,梁式杆承受弯矩、轴力和剪力。图1.9所示为组合结构。

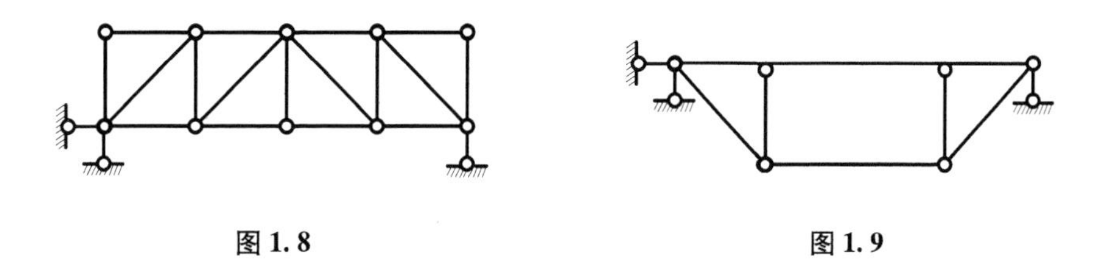

图1.8　　图1.9

5. 拱

拱的轴线是曲线,其力学特点是在竖向荷载作用下会产生水平推力。拱的内力主要为弯矩、轴力和剪力。拱的主要形式有三铰拱、两铰拱和无铰拱,如图1.10所示。

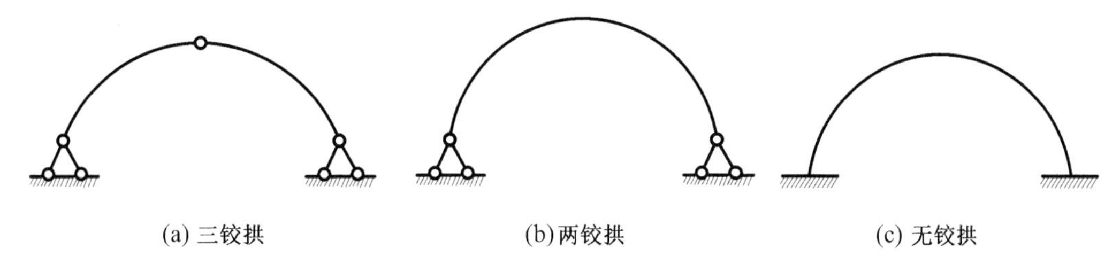

图1.10

1.3.2 根据计算特性分类

根据计算特性,结构可分为静定结构和超静定结构。静定结构是无多余约束的几何不变体系,利用静力平衡方程可以求解出所有的内力和支座反力。超静定结构是有多余约束的几何不变体系,利用静力平衡方程不能求解出所有的内力和支座反力。

注意 几何不变体系、几何可变体系、多余约束的概念见2.1节。

1.3.3 根据空间形式分类

依据空间形式,结构可分为空间结构和平面结构两类。通常建筑物或构筑物都是空间结构,为简化计算,在满足计算精度和可靠性的前提下可把大多数空间结构简化为平面结构计算,这样结构各杆件的轴线和外力均在同一平面内。但在某些情况下,必须按空间结构来处理。

1.4 荷载的分类

习惯上,荷载是主动作用于结构上的外力,如结构所受的重力、加在结构上的水压力和土压力等。从广义上讲,荷载是结构上各种作用的统称。结构上的作用是指能引起结构产生内力和变形的各类原因的总称,如外力、温度变化、基础沉降和材料收缩等。荷载可以根据不同特征进行分类。

1.4.1 根据荷载作用的时间长短分类

根据荷载作用的时间长短,荷载可分为恒载和活载两类。恒载是长期作用在结构上的不变荷载,如结构所受的重力或土压力。活载是在建筑物施工或使用期间可能存在的可变荷载,如楼面活荷载、屋面活荷载、雪荷载、风荷载和吊车荷载等。

1.4.2 根据荷载作用位置的变化分类

根据荷载作用位置的变化,荷载可分为固定荷载和移动荷载两类。固定荷载是指作用位置固定不变的荷载,如恒载和多数活载。移动荷载是指在结构上的位置可以自由移动的荷载,如吊车荷载、公路桥梁上行驶的汽车荷载和缆绳上的缆车荷载等。

1.4.3 根据荷载作用的性质分类

根据荷载作用的性质分类,荷载可分为静力荷载和动力荷载。静力荷载是指荷载的数量、方向、位置不随时间而变化或变化极为缓慢,不使结构产生明显的加速度,惯性力的影响可以忽略。动力荷载是指荷载随时间迅速变化或在短暂的时间内突然作用或消失的荷载,使结构产生明显的加速度,如冲击荷载、爆炸荷载以及地震荷载等。

1.4.4 根据荷载作用范围分类

根据荷载作用的范围,荷载可分为集中荷载和分布荷载。集中荷载是指作用面积相对于总面积非常小的荷载。分布荷载是指作用在整个结构或其中某一部分上,其作用范围必须考虑的荷载。

第2章　结构的几何构造分析

体系的几何组成分析是判定体系能否作为结构使用的依据;根据组成规律可以确定静定结构计算途径,可以确定超静定结构的多余约束的数目。

本章的学习内容主要有:几何组成分析的基本概念,包括几何可变体系、几何不变体系、瞬变体系、自由度、刚片、二元体、约束的概念,计算自由度的求解;无多余约束几何不变体系的组成规律。

通过本章学习,要熟练掌握几何组成分析的基本概念,掌握如何求解计算自由度,熟练掌握利用计算自由度和几何组成规律进行几何构造分析。

2.1　基本概念

2.1.1　几何不变体系

在不考虑材料应变的条件下,几何形状和位置保持不变的体系称为几何不变体系,如图2.1所示。根据有无多余约束,几何不变体系可分为无多余约束的几何不变体系(静定结构,如图2.1(a))和有多余约束的几何不变体系(即超静定结构,如图2.1(b))。

2.1.2　几何可变体系

在不考虑材料应变的条件下,几何形状和位置可以发生改变的体系称为几何可变体系,包括常变体系(图2.2(a))和瞬变体系(图2.2(b))。

常变体系即一个可变体系,可以发生大位移,通常情况下常变体系都缺少必要约束。

瞬变体系即本来是几何可变,但经微小移动后又成为几何不变体系。瞬变体系是可变体系的一种特殊情况,在任意瞬变体系中必然存在多余约束。

注意　结构必须是几何不变体系,如果可变就是机构而不是结构。

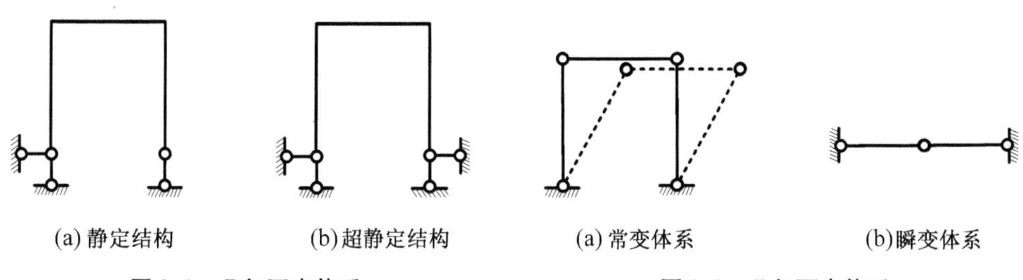

(a)静定结构　(b)超静定结构

图2.1　几何不变体系

(a)常变体系　(b)瞬变体系

图2.2　几何可变体系

2.1.3 刚片

刚片是指几何形状不能发生变化的平面物体。由于不考虑材料应变,因此可以把一根梁、一根链杆或体系中已知是几何不变的部分看作刚片,支承体系的基础也可以看作是一个刚片。

2.1.4 二元体

二元体是指两根不共线的链杆通过单铰连接组成的装置。

2.1.5 自由度

一个体系有 n 种独立运动的方式,则这个体系有 n 个自由度。自由度的概念也可以说成是确定体系位置所需要的独立坐标数。

图 2.3(a)所示为平面内一点 A 的运动情况。其位置可由两个独立坐标 x 和 y 来确定,即平面内一点有两种独立运动方式,所以平面内的一个点有 2 个自由度。

图 2.3(b)所示为平面内一个刚片的运动情况。其位置可由刚片上任一点 A 的坐标 x,y 和过 A 点的任一直线 AB 的倾角 φ 来确定,所以平面内的一个刚片有三个自由度。

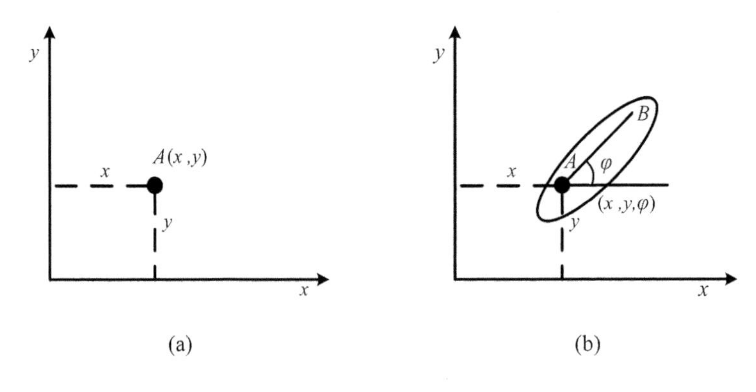

图 2.3

注意 几何不变体系的自由度一定等于零,几何可变体系的自由度一定大于零。

2.1.6 约束(联系)

约束是减少体系自由度的装置,也称作联系。其主要包括单链杆、复链杆、单铰结点、复铰结点、单刚结点、复刚结点和支座。约束分为外部约束和内部约束。体系与基础之间的联系,即支座,是体系的外部约束(此部分内容见 1.2 节支座的简化);体系内部各杆件之间或结点之间的联系,是体系内部约束,如链杆、铰结点和刚结点。

1. 链杆

链杆分为单链杆和复链杆。单链杆是指连接两个结点的链杆,在体系几何组成分析中,链杆本身也可以看作是一个刚片且在两端用铰与其他杆件相连。用一根链杆将刚片 AB 与基础相连,如图 2.4(a)所示,没有链杆时,刚片 AB 在平面内有 3 个自由度,加上链杆 AC 后,刚片 AB 只有两种运动方式,即 A 点沿以 C 点为圆心,以 AC 为半径画的圆弧移动和刚片 AB

绕 A 点转动，因而减少了 1 个自由度，故一根链杆相当于 1 个约束。

复链杆是指连接三个或三个以上结点的链杆。图 2.4(b)所示是连接三个结点的复链杆，在未连接前，三个独立的结点共有 6 个自由度，通过链杆连接后，如果用两个坐标(x,y)确定结点 A 在平面内的位置，结点 B 和结点 C 则失去了平动的可能性，只能绕结点 A 转动，即一个坐标 φ 即可确定结点 B 和结点 C 的位置，所以减少了 3 个自由度，即连接三个结点的复链杆相当于 3 个约束，即相当于 3 个单链杆；连接 n 个结点的复链杆相当于 $2n-3$ 个单链杆。

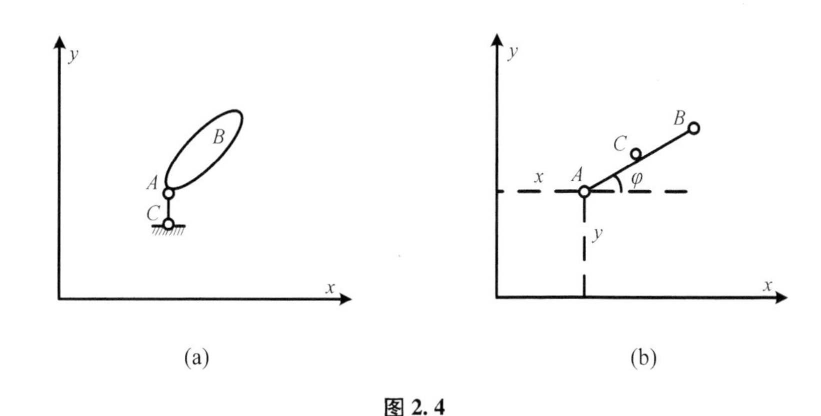

图 2.4

2. 铰连接(简称铰接)

铰连接可以分为单铰和复铰。单铰是指连接两个刚片的铰，如图 2.5(a) 所示。两个独立的刚片在未连接前共有 6 个自由度，通过铰 B 连接后，如果用三个坐标(x,y,φ_1)确定刚片Ⅰ在平面内的位置，刚片Ⅱ失去了平动的可能性，只能绕着铰 B 转动，即再用一个独立的转角坐标 φ_2 就可以确定刚片Ⅱ在平面内的位置，所以两个独立的刚片用一个铰连接后自由度总数为 4，即一个单铰使体系减少了 2 个自由度，相当于 2 个约束。

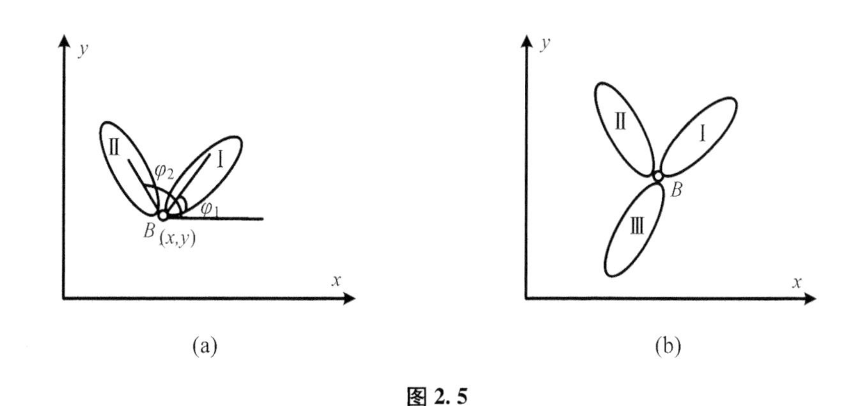

图 2.5

复铰是指连接三个或三个以上刚片的铰，如图 2.5(b)所示。三个独立的刚片在未连接前共有 9 个自由度，通过铰 B 连接后，如果用三个坐标(x,y,φ_1)确定刚片Ⅰ在平面内的位置，则刚片Ⅱ、刚片Ⅲ失去了平动的可能性，只能绕着铰 B 转动，即再用两个独立的转角坐标就可以确定刚片Ⅱ和刚片Ⅲ在平面内的位置，所以三个独立的刚片用一个复铰连接后自由度总数为 5，即一个连接三个刚片的复铰使体系减少了 4 个自由度，相当于 4 个约束。一般情况下,连接 n 个刚片的复铰相当于 $n-1$ 个单铰,相当于 $2(n-1)$ 个约束。

3. 刚性连接(简称刚接)

刚性连接分为单刚结点和复刚结点。单刚结点是指连接两个刚片的刚结点,如图 2.6(a) 所示。两个独立的刚片在未连接前共有 6 个自由度,在 B 点用刚结点连接后,变成一个刚片,自由度变为 3,即一个单刚结点使体系减少了 3 个自由度,相当于 3 个约束。

复刚结点是指连接三个或三个以上刚片的刚结点,如图 2.6(b) 所示。三个独立的刚片在未连接前共有 9 个自由度,在 B 点用复刚结点连接后,变成一个刚片,自由度变为 3,即连接 3 个刚片的复刚结点使体系减少 6 个自由度,相当于 6 个约束。一般情况下,连接 n 个刚片的复刚结点相当于 $n-1$ 个单刚结点,相当于 $3(n-1)$ 个约束。

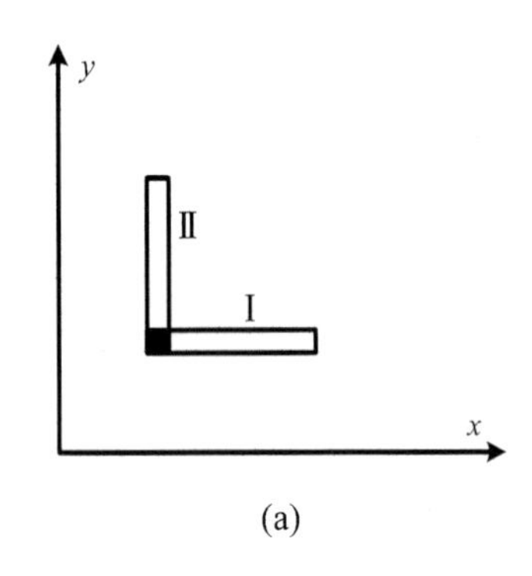

(a)

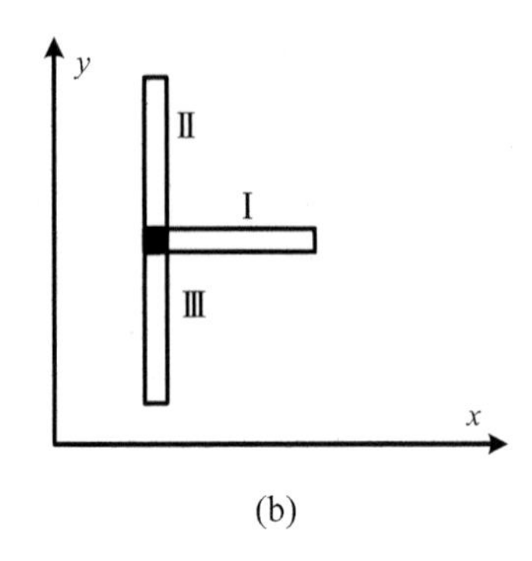

(b)

图 2.6

2.1.7 多余约束

如果在一个体系中增加或减少一个约束,而体系的自由度并不发生改变,则此约束为多余约束。

如图 2.7(a) 所示,平面内的一个点 A 有两个自由度,通过不共线的两根链杆 AB,AC 与基础相连,则 A 点被固定,体系的自由度为零,链杆 AB 和链杆 AC 均为非多余约束。如果用不共线的三根链杆与基础相连,如图 2.7(b) 所示,体系减少了 2 个自由度,因此这三根链杆中有一根是多余约束。

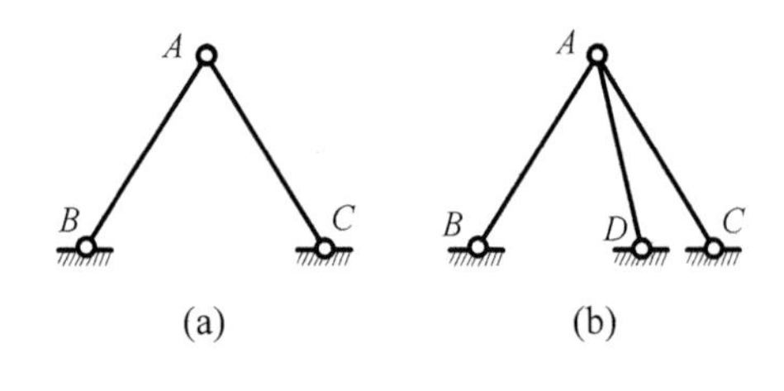

图 2.7

注意 在一个体系中,要明确区分多余约束和非多余约束。只有非多余约束对体系的自由度有影响,而多余约束对体系的自由度没有影响。

2.1.8 瞬铰

用两根链杆连接两个刚片时,这两根链杆的约束作用相当于一个单铰,该铰的位置在两杆的交点或其延长线的交点称为瞬铰(或虚铰),如图 2.8 所示。两根平行链杆所起的约

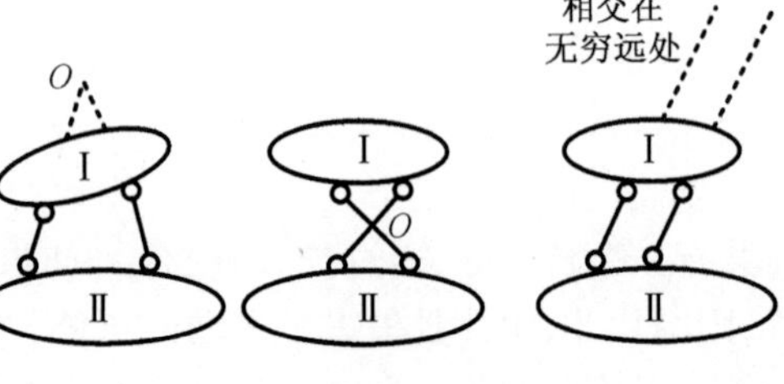

图 2.8

束作用相当于无穷远处瞬铰。体系中如果有无穷远处瞬铰,在几何分析中,可采用影射几何中关于无穷远处点和无穷远处线的结论:

(1)每个方向有一个无穷远处点(即该方向各平行线的交点);

(2)不同方向有不同无穷远处点;

(3)各无穷远处点都在同一条直线上,此直线称为无穷远处线;

(4)各有限点都不在无穷远处线上。

注意　两根链杆只有同时连接两个相同的刚片,两链杆的交点或其延长线的交点才能看成瞬铰。

2.2　平面杆件体系的计算自由度

体系自由度的个数等于各部件自由度个数总和减去非多余约束总和。通过体系自由度个数可判断该体系是否可变,但一个体系愈复杂,区分多余约束与非多余约束的难度愈大,从而自由度的个数就愈难确定,因此引入计算自由度的概念,从而避免非多余约束的确定或体系的几何组成分析等问题。体系的计算自由度是指体系各部件自由度个数的总和与全部约束个数之差。

2.2.1　体系计算自由度与自由度之间的联系

一个体系的自由度 S、各部件自由度的总和 a 及非多余约束 c 之间的关系表示为

$$S = a - c \tag{2.1}$$

一个体系的计算自由度 W、各部件自由度的总和 a 及全部约束 d 之间的关系表示为

$$W = a - d \tag{2.2}$$

自由度 S、计算自由度 W 及多余约束 n 有下列关系,即

$$S - W = d - c = n \quad (n \geqslant 0, S \geqslant 0) \tag{2.3}$$

所以 $S \geqslant W, n \geqslant -W$。由式(2.3)可知,$W$ 是自由度 S 的下限,$-W$ 是多余约束 n 的下限,因此可以得出下列结论:

(1)若 $W>0$,则 $S>0$,自由度数大于约束个数的体系为可变体系,不能用作结构。

(2)若 $W=0, S=0$,则 $n=0$,体系为无多余约束的几何不变体系,即静定结构;若 $W=0$,$S>0$,则 $n>0$,体系为有多余约束的几何可变体系,不能用作结构。

(3)若 $W<0, S=0, n>0$,体系为有多余约束的几何不变体系,即超静定结构;若 $W<0$,$S>0, n>0$,体系为有多余约束的几何可变体系,不能用作结构。

所以 $W \leqslant 0$ 是体系为不变的必要条件。

2.2.2　计算体系计算自由度的方法

1. 方法一

把体系看作由许多刚片受铰接、刚接和链杆的约束而组成,则

计算自由度 = 各刚片自由时自由度之和 - 全部约束总数

计算自由度 W,刚片数 m,单刚结点个数 g,单铰个数 h,链杆个数 b,则

$$W = 3m - (3g + 2h + b) \tag{2.4}$$

2. 方法二

把体系看作由许多结点受链杆的约束而组成，则

计算自由度 = 各结点自由时自由度的总和 - 单链杆个数总和

结点个数 j，单链杆个数 b，则

$$W = 2j - b \tag{2.5}$$

3. 方法三

混合法，即取一部分刚片和结点作为对象，另一部分结点和链杆作为约束，则

$$W = (3m + 2j) - (3g + 2h + b) \tag{2.6}$$

注意 (1)在确定约束个数时，要先把复约束化成单约束；

(2)若刚片本身是闭合的，则还应减去其内部的多余约束，一个封闭框有三个多余约束。

例2-1 试求图2.9所示体系的计算自由度。

解 方法一：将体系中的每一根杆件看作一个刚片，即 $m=7$，刚结点数 $g=0$，铰 C 为连接3个刚片的复铰结点，相当于2个单铰结点，铰 D 同理，换算后单铰结点个数 $h=9$，支座链杆个数 $b=3$，得

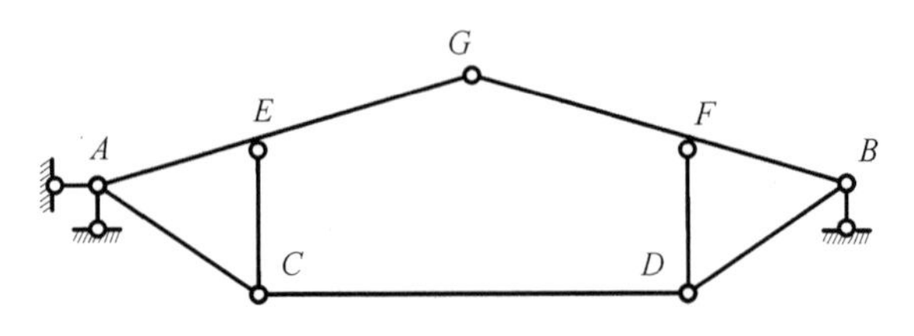

图2.9 例2-1图

$$W=3m-(3g+2h+b)=3\times7-2\times9-3=0$$

方法二：将体系中的每一个铰看作一个结点，即$j=7$，链杆 AEG 为连接3个铰的复链杆，相当于3个单链杆，复链杆 BFG 同理，换算后单链杆个数 $b=14$，得

$$W=2j-b=2\times7-14=0$$

例2-2 试求图2.10所示体系的计算自由度。

利用混合法：$FGHJK$ 部分利用方法一来计算，$ACDEB$ 部分利用方法二来计算。

注意 因为 $FGHJK$ 部分利用方法一来计算，所以与其相连的结点 G,H,J 不能看作是自由结点。

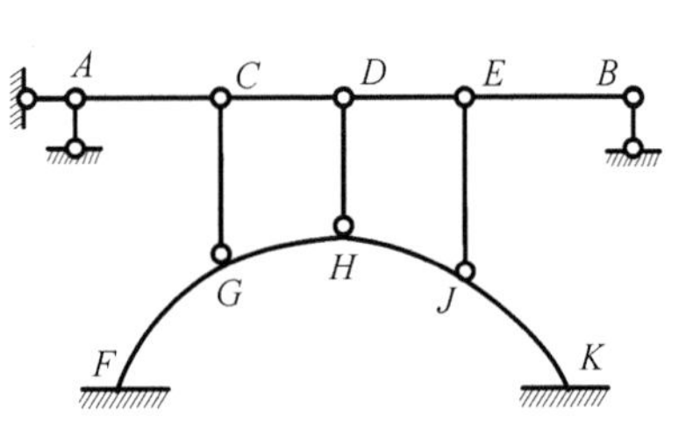

图2.10 例2-2图

$$m=1,\ j=5,\ g=2,\ b=10$$

$$\begin{aligned}W&=(3m+2j)-(3g+2h+b)\\&=(1\times3+2\times5)-(3\times2+10)\\&=-3\end{aligned}$$

例2-3 试求图2.11所示体系的计算自由度。

解 根据尽可能选择大刚片的原则，利用方法一比较简单(此题需注意 $DGHE$ 部分为一个封闭的刚片，每一个封闭刚片有3个多余约束)，所以得

$$m=2,\ g=1+1=2,\ h=1,\ b=3$$

$$\begin{aligned}W&=3m-(3g+2h+b)\\&=3\times2-3\times2-2\times1-3\\&=-5\end{aligned}$$

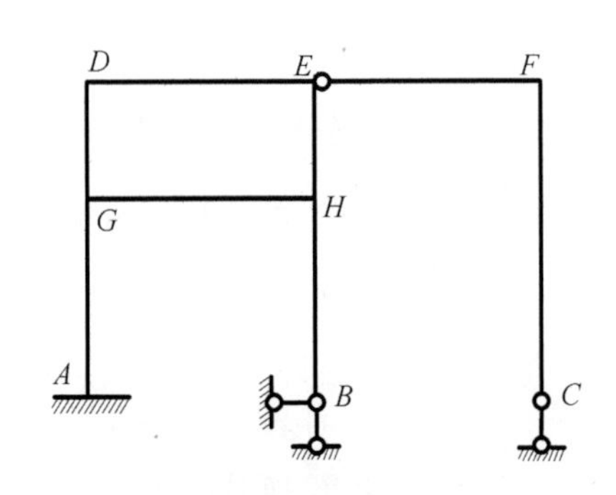

图2.11 例2-3图

2.3　平面几何不变体系的组成规律

2.3.1　基本组成规律

组成规律应用的前提条件是:讨论无多余约束的几何不变体系的组成规律。

1. 三刚片规律(三个刚片之间的连接方式)

三个刚片通过三个不共线的单铰两两相连,组成几何不变体系,且无多余约束(图2.12(a))。

注意　这里强调三个铰不共线。如果三铰共线,则得到图2.12(b)所示的特殊情况。此时,B点位于AB和BC为半径的两个相切圆弧的公切线上,则B点可沿此公切线做微小运动。发生微小运动后,三个铰不再位于一条直线上,B点不能再发生运动,因此该体系为瞬变体系。

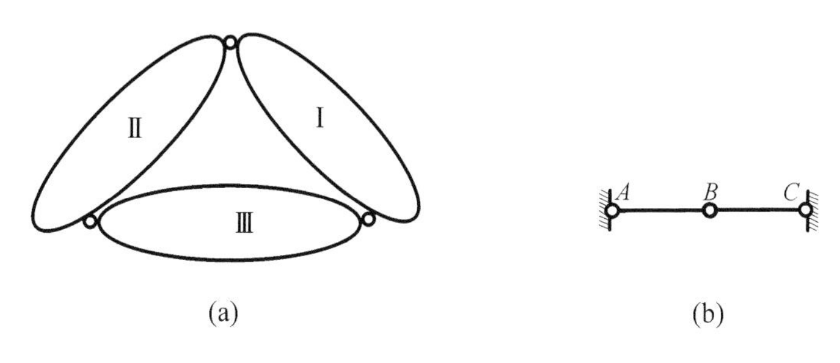

图2.12

2. 两刚片规律(两个刚片之间的连接方式)

两个刚片通过一个单铰和一根不过铰心的链杆相连,组成几何不变体系,且无多余约束(图2.13(a))。这里强调链杆不过铰心,亦在强调三铰不共线。

两刚片规律也可表述为:两个刚片用不交于一点的三根链杆相连,组成几何不变体系,且无多余约束(图2.13(b))。

3. 固定一个点规律(一个点与一个刚片之间的连接方式)

一个刚片与一个点用两根链杆相连,且三个铰不共线,则组成几何不变体系,且无多余约束(图2.14)。

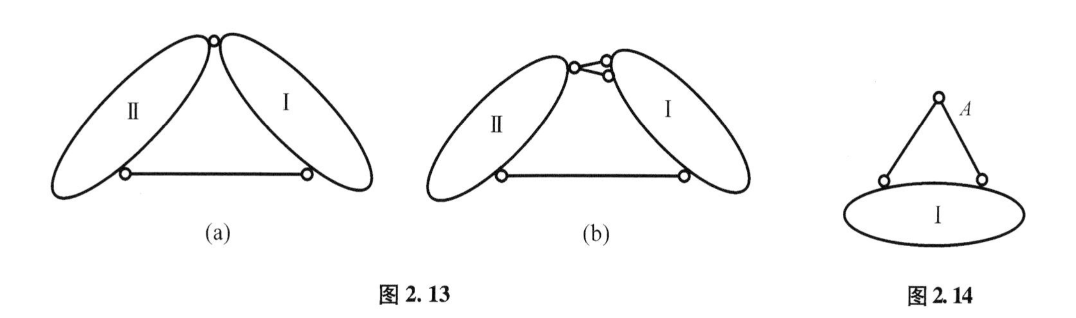

图2.13　**图2.14**

4. 二元体规律

在一个体系上增加或拆除一个二元体,不会改变原体系的机动性质。

2.3.2 几何组成分析方法

(本部分例题略去求解计算自由度)

1. 从基础部分(几何不变部分)依次添加

例 2－4 分析图 2.15 所示体系的几何构造。

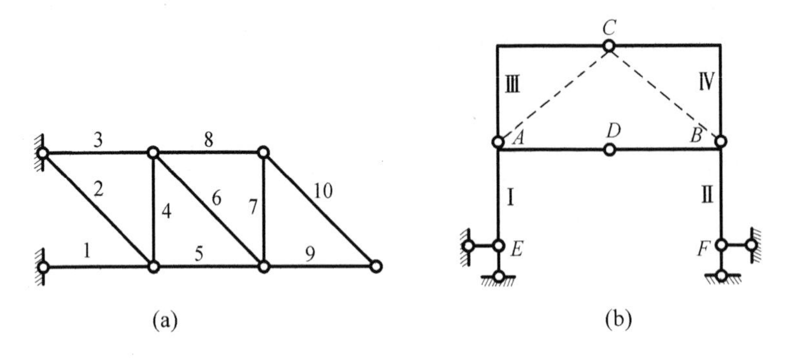

图 2.15 例 2－4 图

解 (1)图 2.15(a),把基础看作一个刚片,在此基础上,依次添加二元体(1,2),(3,4),(5,6),(7,8),(9,10)。根据在一个体系上添加或减少一个二元体不会改变原体系的机动性质可判断该体系为无多余约束的几何不变体系。

(2)图 2.15(b),把基础看作一个刚片,基础、刚片Ⅰ和刚片Ⅱ通过不共线的三个铰两两相连组成的体系为无多余约束的几何不变体系;刚片Ⅲ只通过两端的铰与其他部分相连,可把刚片Ⅲ看作一根链杆,如虚线所示,同理刚片Ⅳ亦可看作一根链杆,在几何不变体系 *ADBFE* 部分添加了一个二元体,可判断该体系为无多余约束的几何不变体系。

2. 从内部出发

(1)在体系中增加或拆除二元体。

例 2－5 试用二元体规律分析图 2.16(a)所示体系的几何构造。

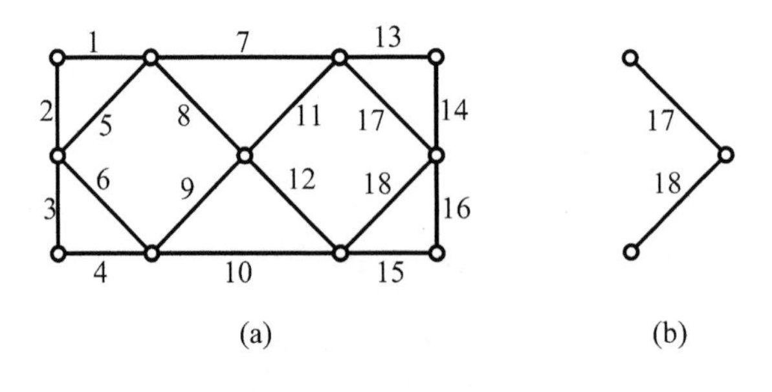

图 2.16 例 2－5 图

解 在一个体系上,增加或拆除一个二元体,不会改变原体系的机动性质。在体系中依次拆除二元体(1,2),(3,4),(5,6),(7,8),(9,10),(11,12),(13,14),(15,16)后,体系为如图2.16(b)所示的二元体装置,所以该体系为几何可变体系。

(2)若基础与其他部分用不相交于一点的三根链杆相连,去掉基础只分析其他部分。

注意 当体系用多于三个约束与基础相连时,通常将基础视为一个刚片参与体系分析。

例2-6 分析图2.9所示体系的几何构造。

解 此体系基础与其他部分用不相交于一点的三根链杆相连,可只分析其他部分。刚片*AEG*,*AC*,*CE*通过不共线的三个铰两两相连组成内部无多余约束的几何不变体系;同理,刚片*GFBD*也为内部无多余约束的几何不变体系。刚片*GEAC*和刚片*GFBD*通过铰*G*和不过铰心的链杆*CD*相连组成内部无多余约束的几何不变体系,所以可判断该体系为无多余约束的几何不变体系。

例2-7 分析图2.17所示体系的几何构造。

解 此体系基础与其他部分用不相交于一点的三根链杆相连,可只分析其他部分。刚片Ⅰ、刚片Ⅱ、刚片Ⅲ通过不共线的三个铰*A*,*B*,*C*两两相连组成内部无多余约束的几何不变体系,所以可判断该体系为无多余约束的几何不变体系。

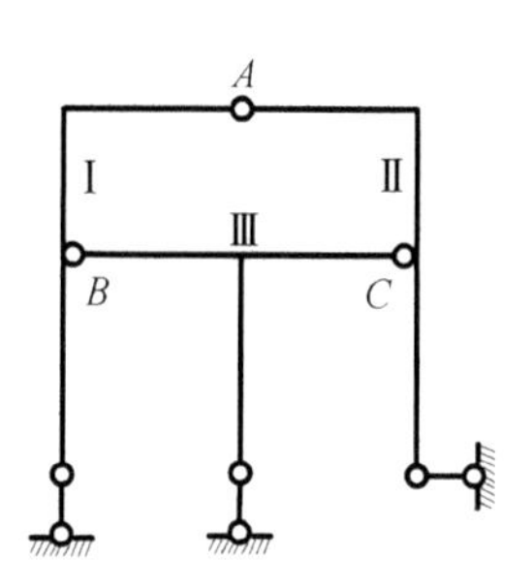

图2.17 例2-7图

(3)利用规律将小刚片变成大刚片。

例2-8 分析图2.18(a)所示体系的几何构造。

解 体系上部分与基础通过不交于一点的三根链杆相连,可只分析体系的上部。如图2.18(b)所示,利用三刚片规律可判断刚片*ADE*为内部无多余约束的几何不变体,在此基础上依次添加二元体可知左侧部分*AFC*为内部无多余约束的几何不变体;同理,可证明右侧部分*CBG*为内部无多余约束的几何不变体;两部分通过铰*C*和不过铰*C*的链杆*FG*相连,组成内部无多余约束的几何不变体,所以可判断该体系为无多余约束的几何不变体系。

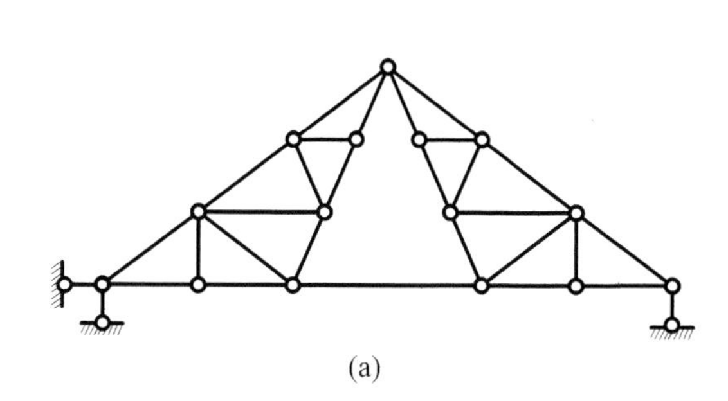

(a)

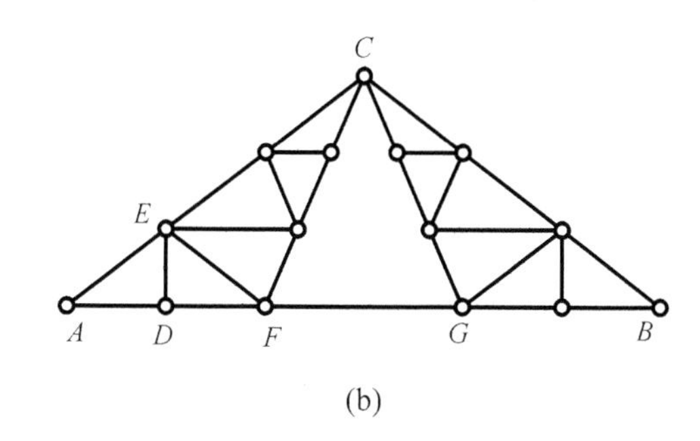

(b)

图2-18 例2-8图

(4)将只有两铰与其他部分相连的刚片看成链杆。

例2-9 分析图2.19(a)所示体系的几何构造。

解 刚片*AD*通过铰*A*、铰*D*与其他部分相连,可把刚片*AD*看作链杆,如图2.19(b)所示;同理,刚片*BE*亦可看作链杆。当基础与上部体系不是通过三根链杆相连时,通常可把基础看作一个刚片,则根据两刚片规律可判定基础与刚片*DEC*通过相交于一点的三根链杆相连,体系为瞬变体系。

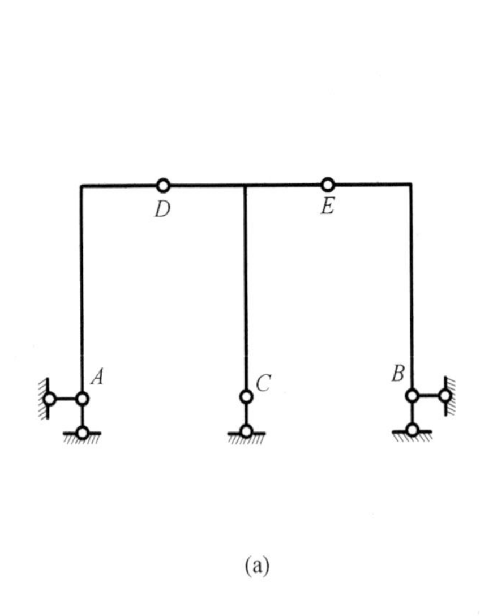

(a)

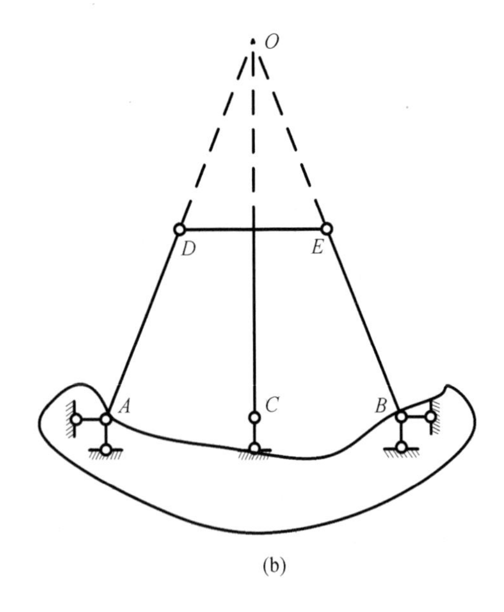

(b)

图 2.19 例 2-9 图

(5)当体系杆件数量较多时,通常刚片与刚片间用链杆形成的虚铰相连,而不是用单铰相连。

例 2-10 分析图 2.20(a)所示体系的几何构造。

解 利用二元体规律,可去掉二元体(*AB*,*AD*),分析剩余部分,如图 2.20(b)所示。把 *GDC* 部分看作刚片Ⅰ,杆件 *BF* 看作刚片Ⅱ,基础看作刚片Ⅲ,刚片Ⅰ和刚片Ⅱ通过链杆 *BC* 和 *DF* 形成的虚铰 $O_{Ⅰ,Ⅱ}$ 相连,刚片Ⅰ和刚片Ⅲ用虚铰 $O_{Ⅰ,Ⅲ}$ 相连,刚片Ⅱ和刚片Ⅲ用虚铰 $O_{Ⅱ,Ⅲ}$ 相连,三铰不共线,杆 *CF* 为多余约束,可判断该体系为有一个多余约束的几何不变体系。

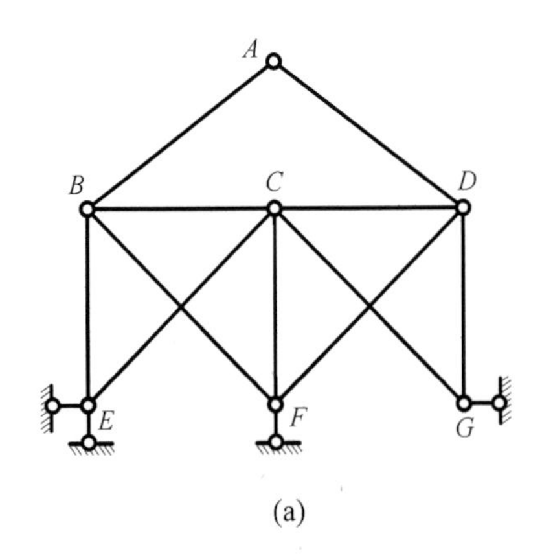

(a)

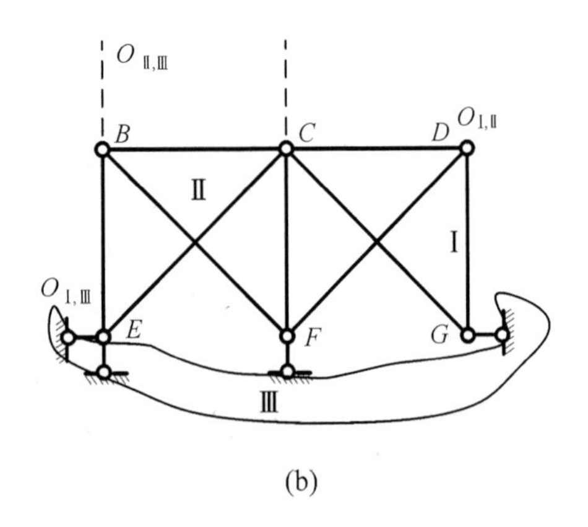

(b)

图 2.20 例 2-10 图

注意 对于三刚片六链杆相连的体系,通常把用链杆与基础相连的铰接三角形看作一个刚片(如本题中 *CDG* 部分),把用链杆与基础相连的一根杆件看作一个刚片(如本题中 *BF* 部分),把基础看作一个刚片,利用链杆形成的虚铰连接,利用三刚片规律进行几何组成分析。当杆件数量较多时，几何组成分析相对复杂，方法要灵活掌握，如例题2-11。

例2-11　分析图2.21所示体系的几何构造。

解　①分析图2.21(a)所示体系，杆件 *CG* 与基础先用两刚片规律形成无多余约束的大刚片Ⅰ，再将 *ABFE* 看成刚片Ⅱ，刚片Ⅰ与刚片Ⅱ通过三根不交于一点的链杆 *FG*，*BC* 和支座 *A* 相连，组成无多余约束的几何不变体系。

②分析图2.21(b)所示体系，求解计算自由度 $W=2\times8-15=1$，可判断体系为可变体系。

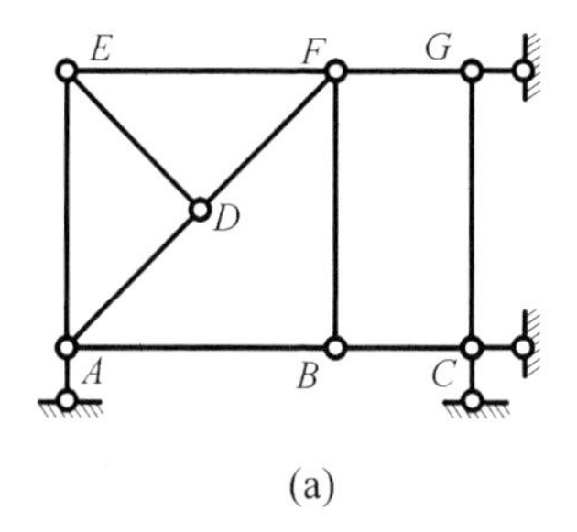

(a)

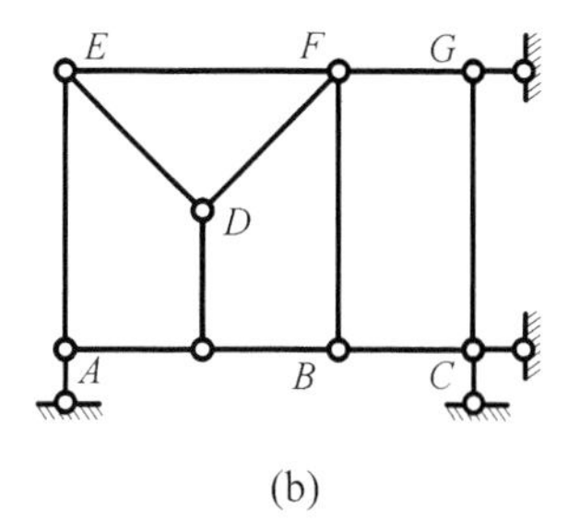

(b)

图2.21　例2-11图

(6)刚片的等效代换。在不改变刚片与周围连接方式的前提下，可以改变它的形状及内部组成，即用一个与外部连接等效的刚片代替。

当刚片通过三个或三个以上铰与外界相连时，可将刚片看成连接这些铰的内部几何不变部分。

例2-12　分析图2.22(a)所示体系的几何构造。

解　图2.22(a)所示体系可等效为图2.22(b)来分析。把 *GFAB* 部分看作刚片Ⅰ，杆 *CD* 看作刚片Ⅱ，基础看作刚片Ⅲ。三刚片通过六根链杆连接，三铰不共线，该体系为无多余约束的几何不变体系。

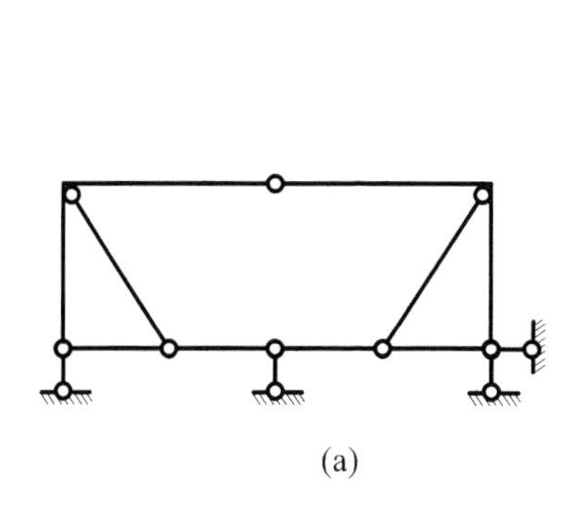

(a)

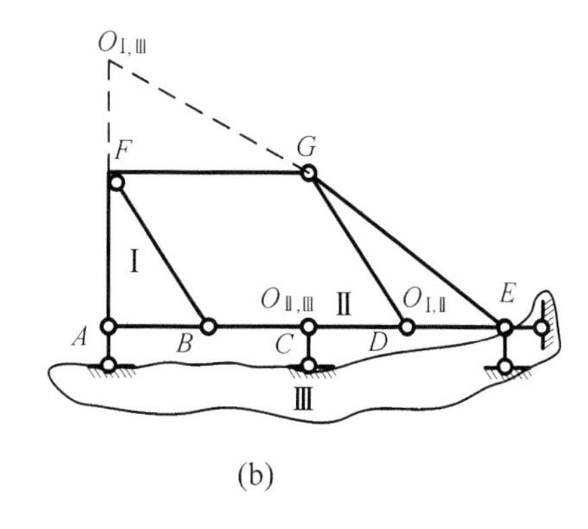

(b)

图2.22　例2-12图

(7)关于无穷远处铰。

例2-13　分析图2.23所示体系的几何构造。

解　把 *KLMIFE* 部分看作刚片Ⅰ，*NOPHGJ* 部分看作刚片Ⅱ，基础看作刚片Ⅲ，刚片Ⅰ、刚片Ⅱ通过链杆 MN 及 IJ 相连，在无穷远处相交于 $O_{\text{Ⅰ},\text{Ⅱ}}$，刚片Ⅰ、刚片Ⅲ通过链杆 EA 及 FB 相连，在无穷远处相交于 $O_{\text{Ⅰ},\text{Ⅲ}}$，刚片Ⅱ、刚片Ⅲ通过链杆 GC 及 HD 相连，在无穷远处相交于 $O_{\text{Ⅱ},\text{Ⅲ}}$，依据无穷远处点都在无穷远处线上可知三铰共线，该体系为瞬变体系。

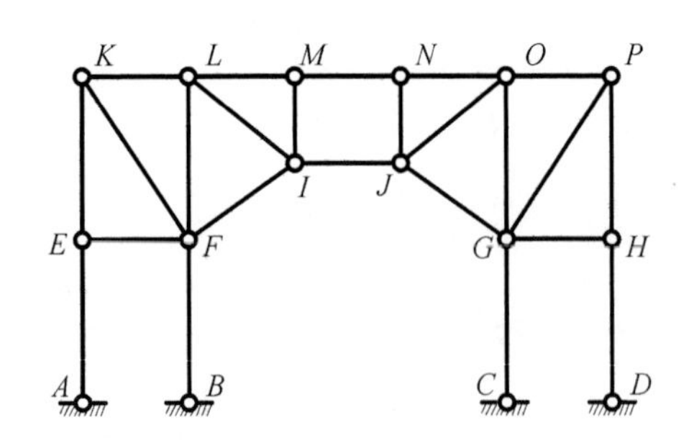

图 2.23　例 2-13 图

例 2-14　分析图 2.24(a)所示体系的几何构造。

解　去基础，分析上部体系。如图 2.24(b)所示，ABC 部分看作刚片Ⅰ，CDE 部分看作刚片Ⅱ，FG 看作刚片Ⅲ，刚片Ⅰ、刚片Ⅱ交于 C 点($O_{\text{Ⅰ},\text{Ⅱ}}$)，刚片Ⅱ、刚片Ⅲ通过链杆 FD，GE 相连，相交于 $O_{\text{Ⅱ},\text{Ⅲ}}$，刚片Ⅰ、刚片Ⅲ通过链杆 FA 及 GB 相连，在无穷远处交于 $O_{\text{Ⅰ},\text{Ⅲ}}$。如果铰 $O_{\text{Ⅰ},\text{Ⅱ}}$，$O_{\text{Ⅱ},\text{Ⅲ}}$ 的连线与链杆 AF，GB 平行，则三铰共线，体系为瞬变体系，否则，体系为几何不变，且无多余约束。

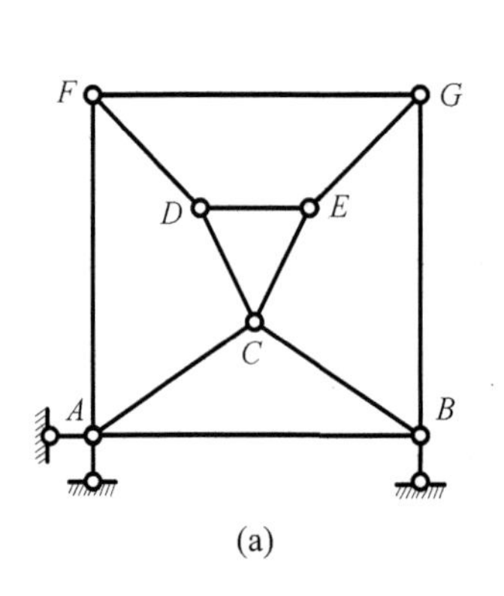

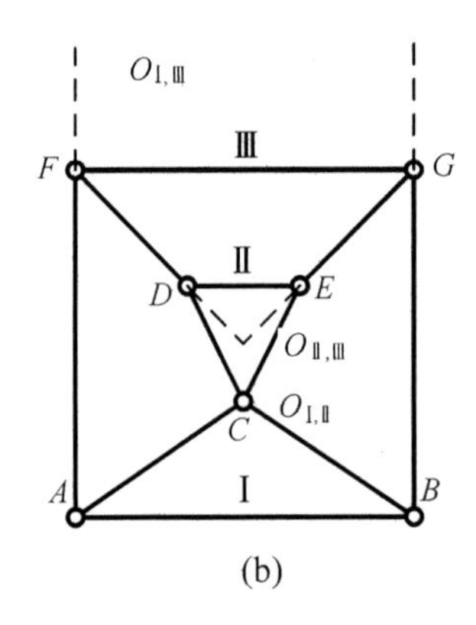

图 2.24　例 2-14 图

2.3.3　几何组成分析步骤

1. 求解计算自由度 W

(1) 若 $W>0$，为常变体系，则可确定为可变体系，不需进一步分析；

(2) 若 $W=0$，且为几何不变，说明无多余约束；

(3) 若 $W<0$，说明有多余约束。

2. 简化

(1) 去掉二元体；

(2) 若基础与上部体系通过三根不平行且不相交于一点的链杆相连，可去掉支座，只对上部体系本身进行分析；

(3)代换，将只有两个铰与其他部分相连的刚片看成链杆；

(4)利用规律将小刚片变成大刚片，这些刚片之间要有足够连接；

(5)利用规律得结论。

2.3.4　零载法

零载法是指对于计算自由度为零的体系，如果是几何不变的，则当外荷载为零时，它的全部内力都为零；反之，如果是几何可变的，则当外荷载为零时，它的某些内力可以不为零。用零载法判断体系几何组成的具体步骤：先假设某反力或内力为 $X\neq0$，求解各杆的内力与 X 的关系，若能根据平衡条件求出 $X=0$，则体系是几何不变体系，否则为几何可变体系。

注意　零载法只适用于计算自由度为0的体系，而且只能区别体系的可变与不变，不能区别常变与瞬变。

例2-15　用零载法判断图2.25(a)所示体系是否可变。

解　体系的计算自由度 $W=2\times10-20=0$，可以用零载法进行分析。

在零荷载作用下，支座反力为零，所以可以判断杆 $AF,AC,FH,FD,BE,BG,GD,GJ,DI$ 为零杆，余下部分如图2.25(b)所示，设 $F_{NEH}=X$，由截点的平衡求出各杆轴力。无论 X 取何值，都能满足平衡方程，因此，该体系是几何可变体系。

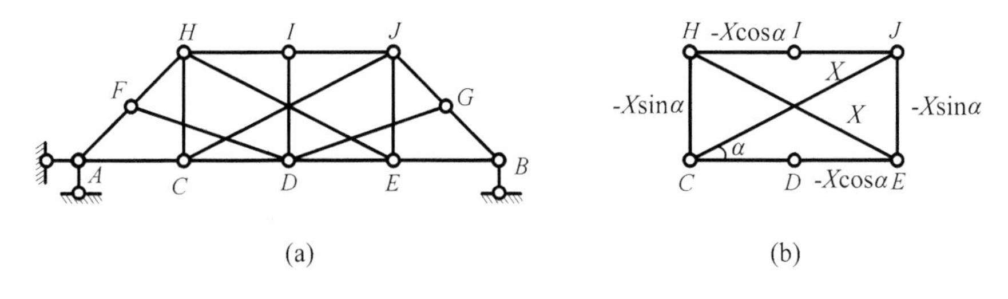

图2.25　例2-15图

2.4　本章小结

本章主要学习了几何组成分析的基本概念，如何求解计算自由度及如何利用三角形规律进行几何组成分析。

2.4.1　基本概念

1. 几何不变体系

在不考虑材料应变的条件下，几何形状和位置保持不变的体系称为几何不变体系。根据有无多余约束，几何不变体系可分为无多余约束的几何不变体系和有多余约束的几何不变体系。

2. 几何可变体系

在不考虑材料应变的条件下，几何形状和位置可以发生改变的体系称为几何可变体系，包括常变体系和瞬变体系。

3. 刚片

刚片是指几何形状不能发生变化的平面物体。

4. 二元体

二元体是指两根不共线的链杆通过单铰连接组成的装置。

5. 自由度

如果一个体系有 n 种独立运动的方式，则这个体系有 n 个自由度。自由度的概念也可以说成是确定体系位置所需要的独立坐标数。

6. 约束（联系）

约束是减少体系自由度的装置，也称作联系。

7. 多余约束

如果在一个体系中增加或减少一个约束，而体系的自由度并不发生改变，则此约束为多余约束。

8. 瞬铰

用两根链杆连接两个刚片时，这两根链杆的约束作用相当于一个单铰，该铰的位置在两杆的交点或其延长线的交点称为瞬铰（或虚铰）。

2.4.2 重要知识点

1. 求解计算自由度方法

（1）方法一　把体系看作由许多刚片受铰接、刚接和链杆的约束而组成的。

（2）方法二　把体系看作由许多结点受链杆的约束而组成的。

（3）方法三　混合法，即取一部分刚片和结点作为对象，另一部分结点和链杆作为约束。

2. 几何组成规律

（1）三刚片规律（三个刚片之间的连接方式）

三个刚片通过三个不共线的单铰两两相连，组成几何不变体系，且无多余约束。

（2）两刚片规律（两个刚片之间的连接方式）

两个刚片通过一个单铰及一根不过铰心的链杆相连，组成几何不变体系，且无多余约束。这里强调链杆不过铰心，亦在强调三铰不共线。

两刚片规律也可表述为两个刚片用不交于一点的三根链杆相连，组成几何不变体系，且无多余约束。

（3）固定一个点规律（一个点与一个刚片之间的连接方式）

一个刚片与一个点用两根链杆相连，且三个铰不共线，则组成几何不变体系，且无多余约束。

（4）二元体规律

在一个体系上增加或拆除一个二元体，不会改变原体系的机动性质。

3. 几何组成分析步骤

（1）计算自由度 W

①若 $W>0$ 为常变体系，则确定为可变体系，不需进一步分析；

②若 $W=0$ 且为几何不变，说明无多余约束；

③若 $W<0$ 说明有多余约束。

(2)简化

①去掉二元体;

②若基础与上部体系用三根不平行且不相交于一点的链杆相连,可去掉支座,只对上部体系本身进行分析;

③代换,将只有两个铰与其他部分相连的刚片看成链杆;

④利用规律将小刚片变成大刚片,这些刚片之间要有足够连接;

⑤利用规律得出结论。

习　题

2-1　判断题(正确的打✓,错误的打×)

(1)瞬变体系中一定有多余约束。(　　)

(2)只要是用单铰连接的两根杆件,即可将其看作二元体。(　　)

(3)有多余约束的体系一定是几何不变体系。(　　)

(4)当一个体系的计算自由度为 0 时,可以判断该体系为几何不变体系。(　　)

(5)几何可变体系一定无多余约束。(　　)

2-2　求题 2-2 图所示体系的计算自由度,并做几何构造分析。

2-3　分析题 2-3 图所示体系的几何构造。

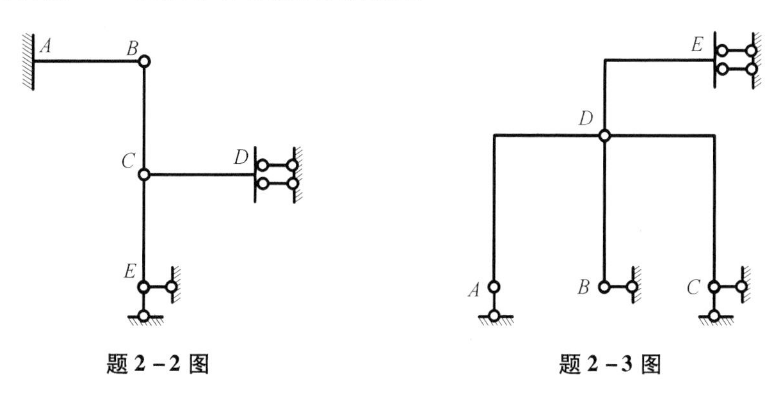

题 2-2 图　　**题 2-3 图**

2-4　求题 2-4 图所示体系的计算自由度,并做几何构造分析。

2-5　分析题 2-5 图所示体系的几何构造。

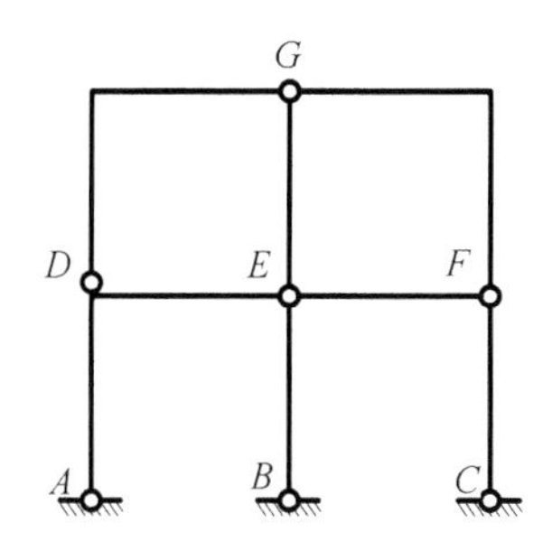

题 2-4 图

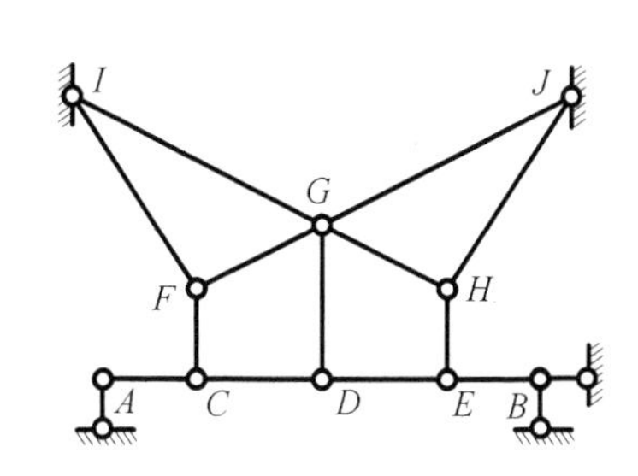

题 2-5 图

2－6　求题2－6图所示体系的计算自由度，并做几何构造分析。

2－7　分析题2－7图所示体系的几何构造。

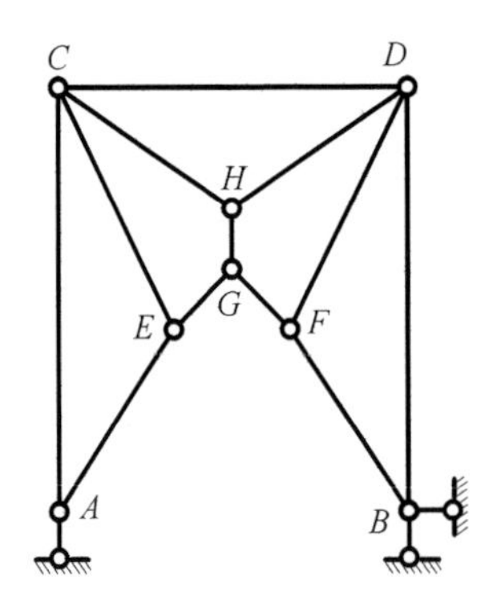

题2－6图

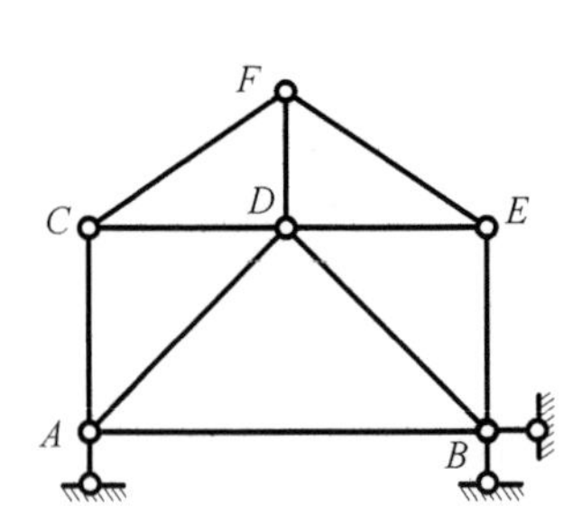

题2－7图

2－8　分析题2－8图所示体系的几何构造。

2－9　分析题2－9图所示体系的几何构造。

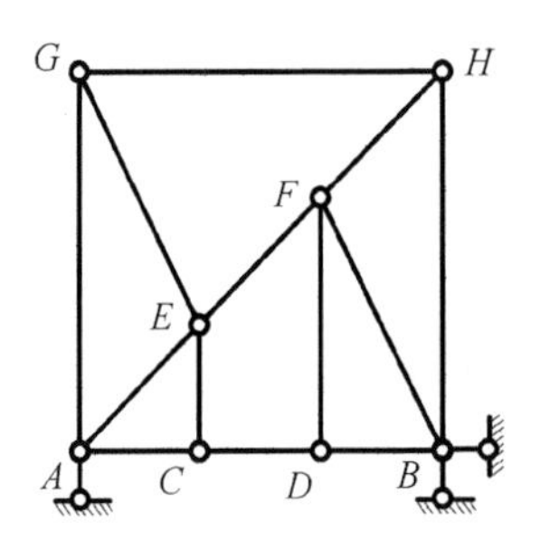

题2－8图

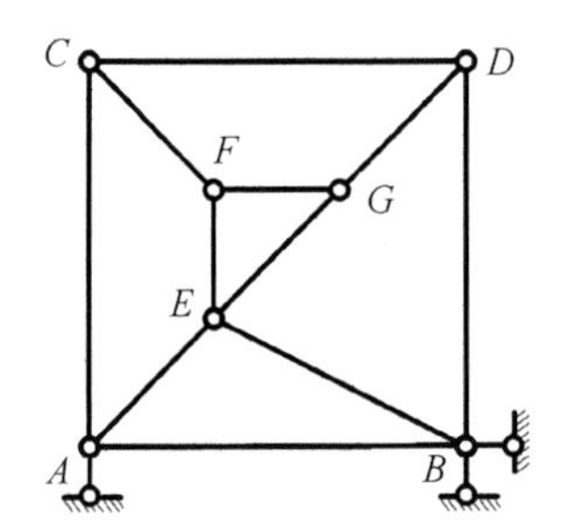

题2－9图

2－10　分析题2－10图所示体系的几何构造。

2－11　分析题2－11图所示体系的几何构造。

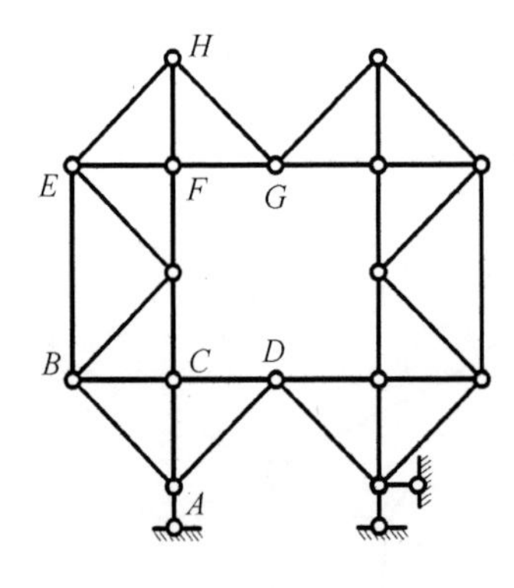

题2－10图

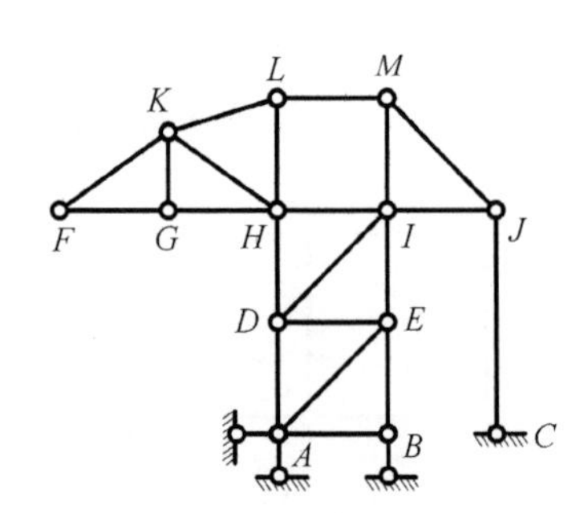

题2－11图

2－12　分析题2－12图所示体系的几何构造。

2－13　分析题2－13图所示体系的几何构造。

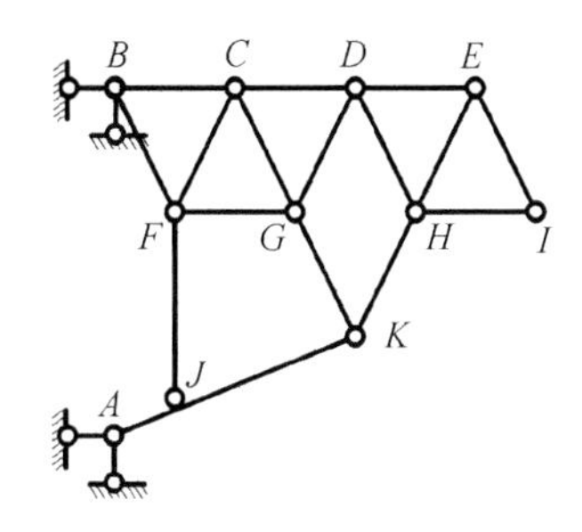

题 2－12 图

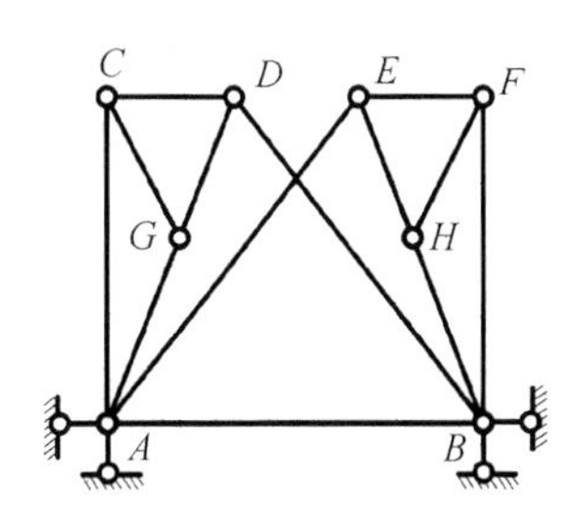

题 2－13 图

2－14　分析题 2－14 图所示体系的几何构造。

2－15　分析题 2－15 图所示体系的几何构造。

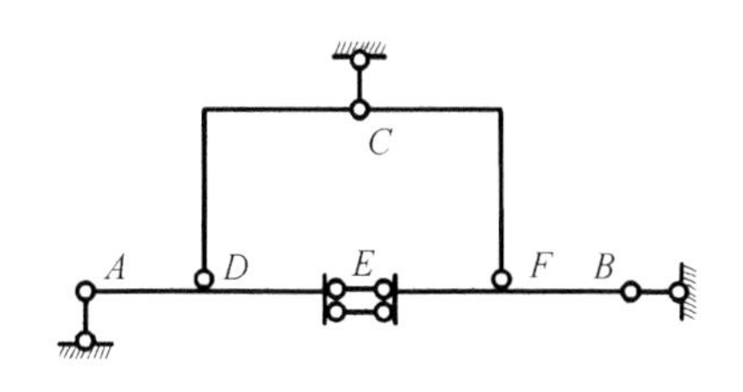

题 2－14 图

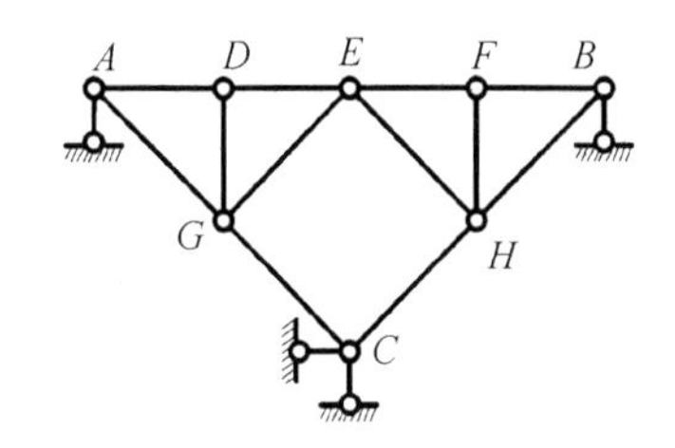

题 2－15 图

2－16　分析题 2－16 图所示体系的几何构造。

2－17　分析题 2－17 图所示体系的几何构造。

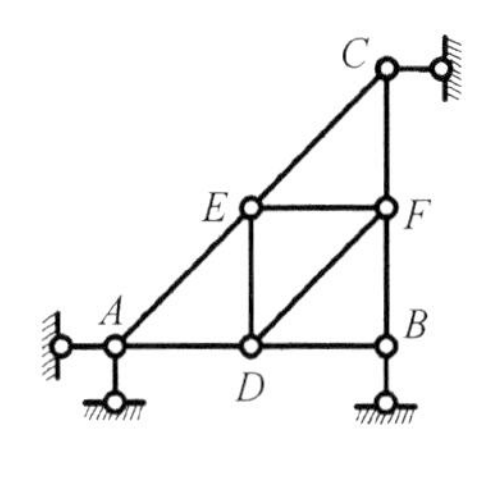

题 2－16 图

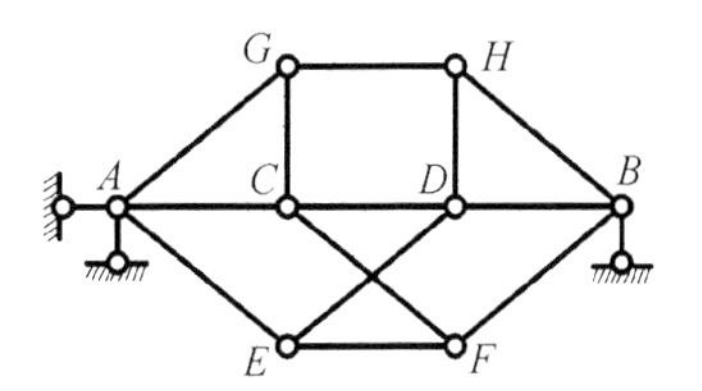

题 2－17 图

2－18　分析题 2－18 图所示体系的几何构造。

2－19　分析题 2－19 图所示体系的几何构造。

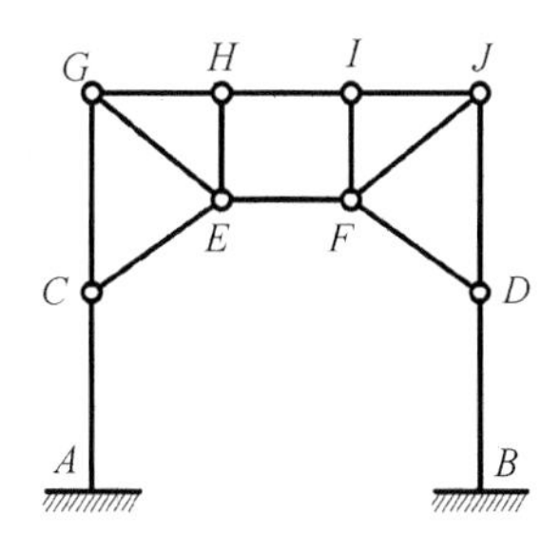

题 2－18 图

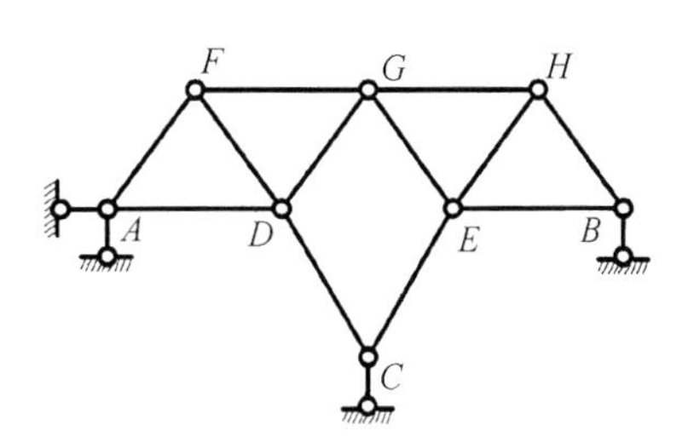

题 2－19 图

2－20 分析题2－20图所示体系的几何构造。

2－21 分析题2－21图所示体系的几何构造。

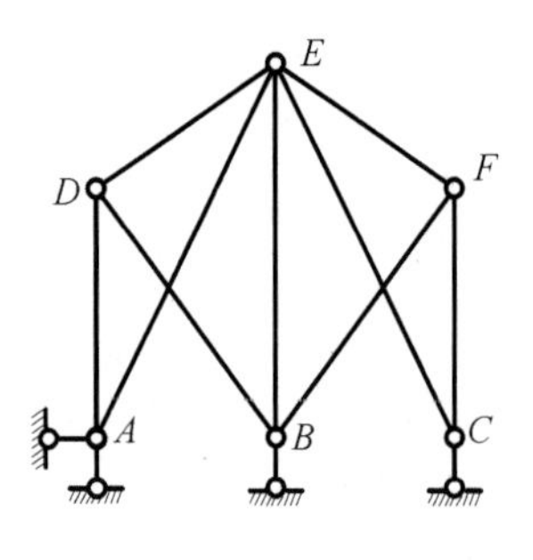

题2－20图

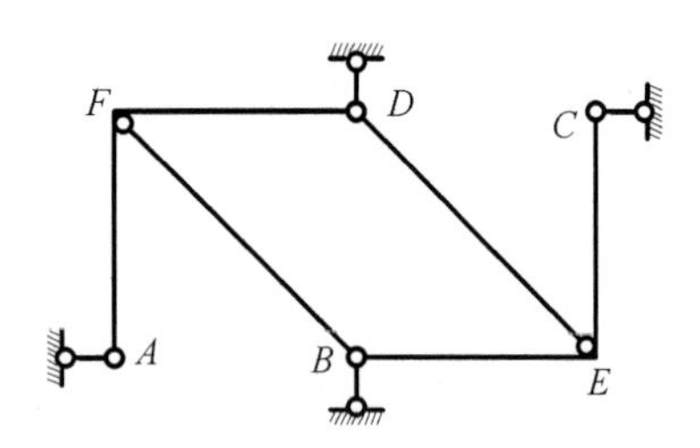

题2－21图

2－22 分析题2－22图所示体系的几何构造。

2－23 分析题2－23图所示体系的几何构造。

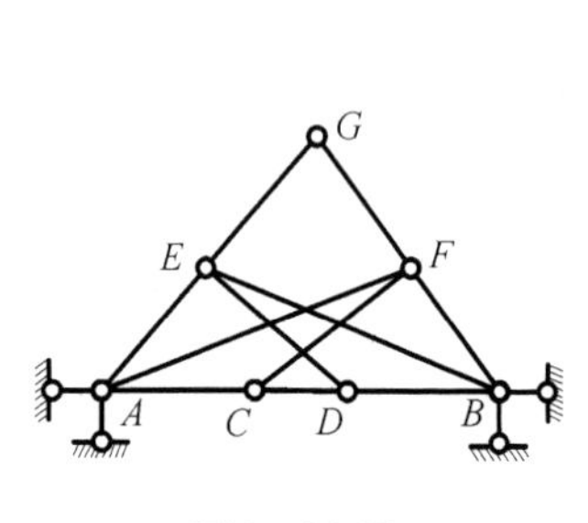

题2－22图

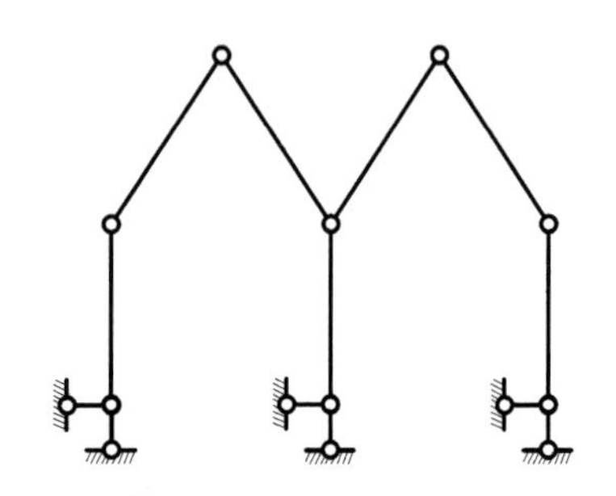

题2－23图

2－24 分析题2－24图所示体系的几何构造。

2－25 分析题2－25图所示体系的几何构造。

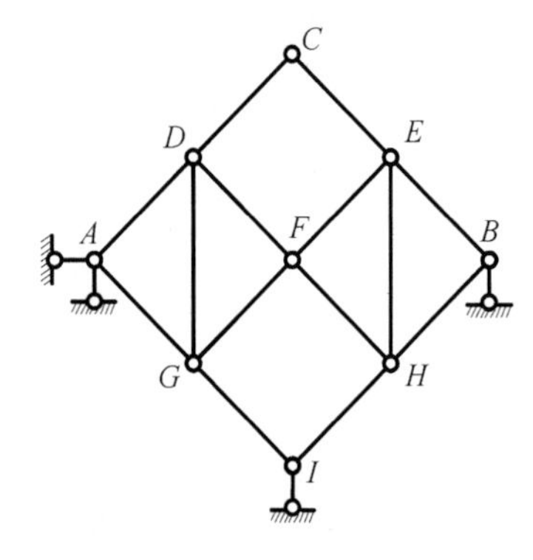

题2－24图

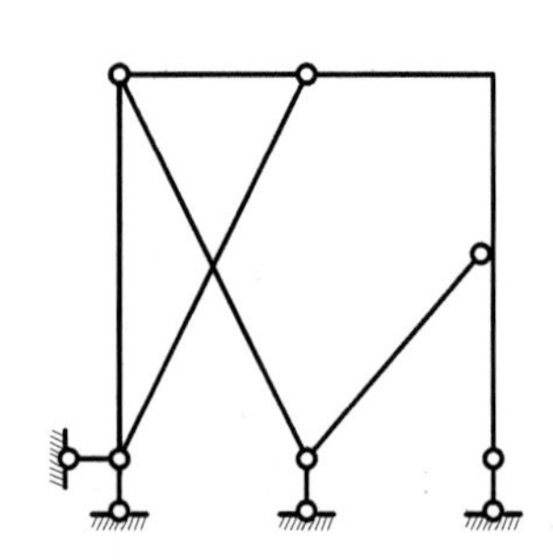

题2－25图

2 - 26　分析题 2 - 26 图所示体系的几何构造。

2 - 27　分析题 2 - 27 图所示体系的几何构造。

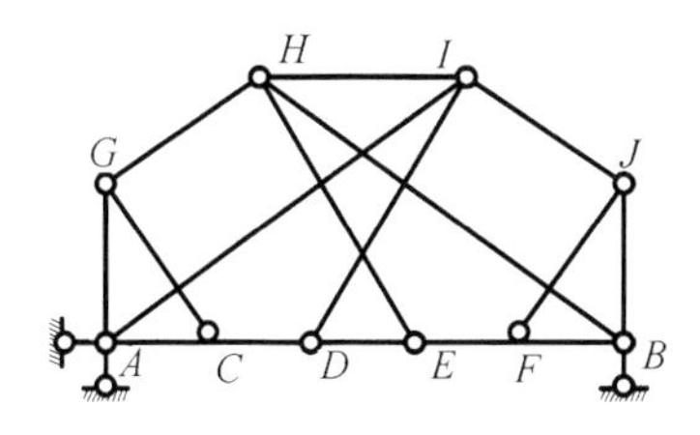

题 2 - 26 图

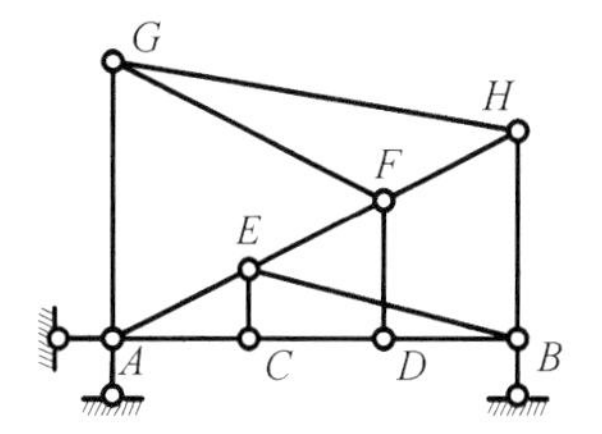

题 2 - 27 图

2 - 28　分析题 2 - 28 图所示体系的几何构造。

2 - 29　分析题 2 - 29 图所示体系的几何构造。

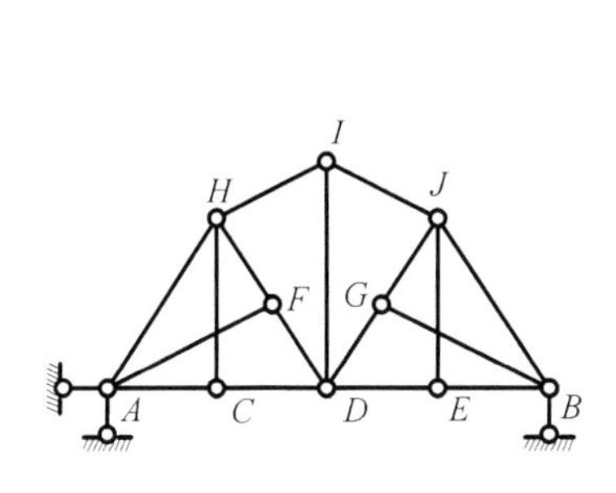

题 2 - 28 图

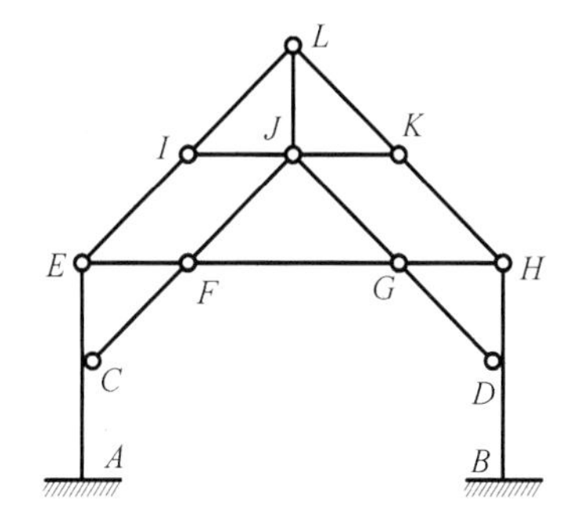

题 2 - 29 图

2 - 30　分析题 2 - 30 图所示体系的几何构造。

2 - 31　分析题 2 - 31 图所示体系的几何构造。

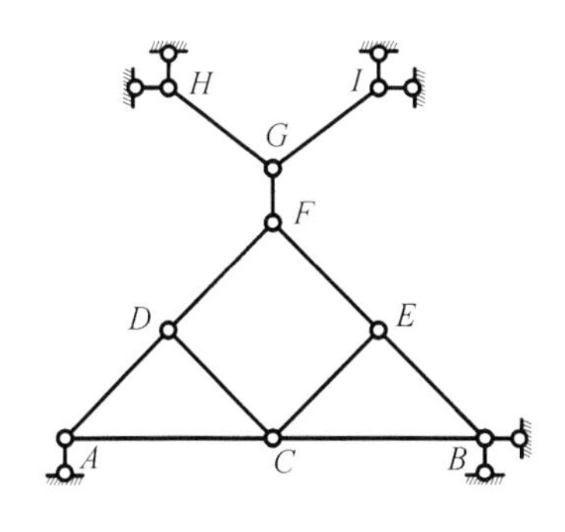

题 2 - 30 图

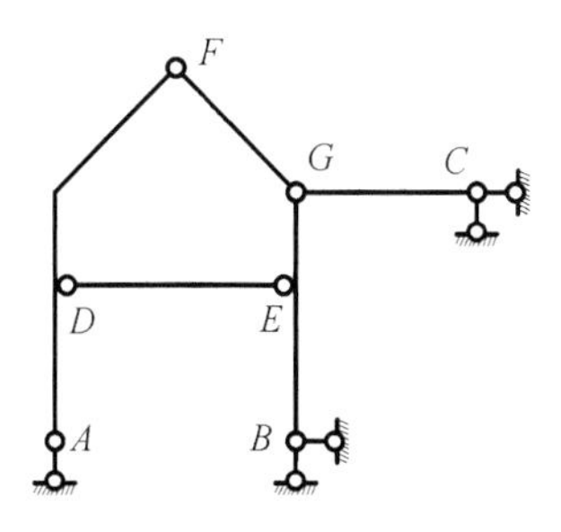

题 2 - 31 图

2 - 32　分析题 2 - 32 图所示体系的几何构造。

2 - 33　分析题 2 - 33 图所示体系的几何构造。

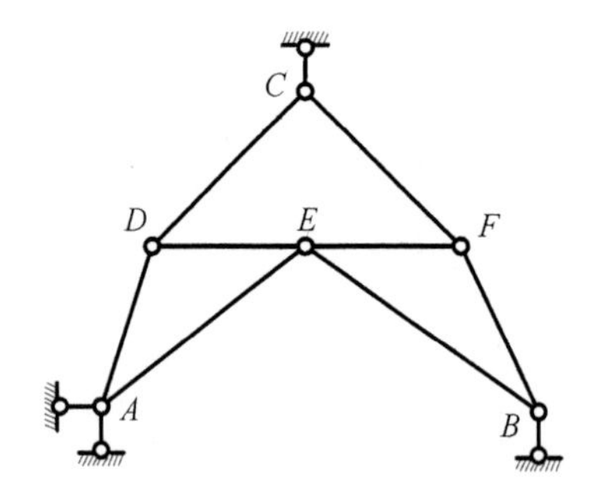

题 2-32 图

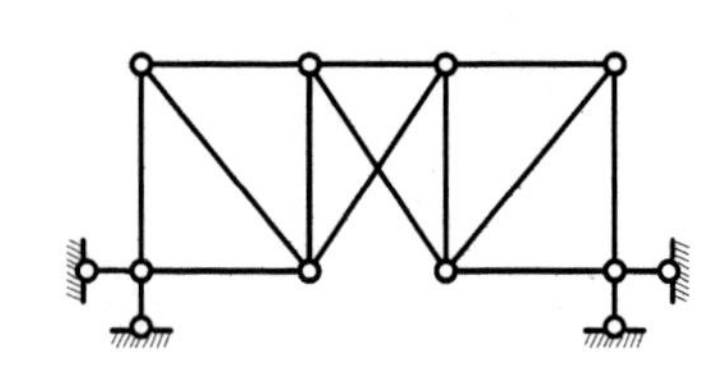

题 2-33 图

2-34　分析题 2-34 图所示体系的几何构造。

2-35　计算题 2-35 图所示结构的计算自由度。

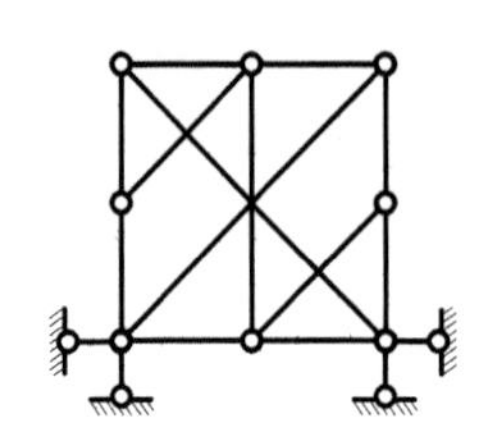

题 2-34 图

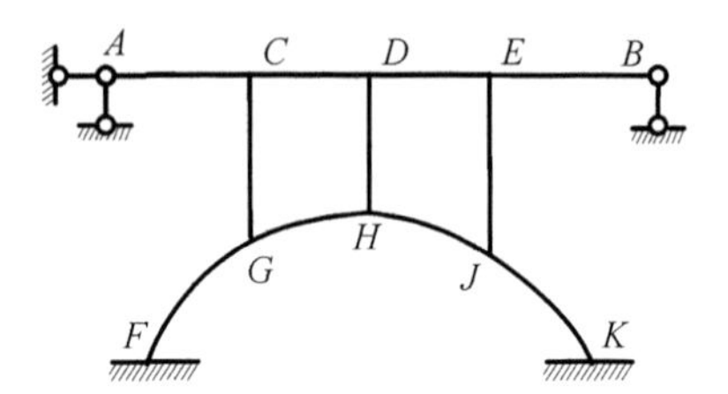

题 2-35 图

第3章　静定结构的受力分析

所谓静定结构，从几何特征上讲是无多余约束的几何不变体，从静力特征上讲是用三个独立的平衡方程能够求解出所有的内力和支座反力。静定结构只有在荷载作用下才产生支座反力和内力，且这些支座反力和内力只与结构的几何形状和尺寸大小有关，而与组成结构各杆件的截面形状、尺寸大小和材料性质无关。在温度改变、支座移动以及制造误差等因素影响的情况下，静定结构会产生位移，但不会产生内力和支座反力。

材料力学，是对单个杆件的受力分析；而结构力学，是对一个体系、一个结构进行分析。由于一个体系杆件比较多，比较复杂，如何对这样一个复杂的结构进行分析，应该遵循哪些规律，这是应该掌握的内容（静定结构分析方法）；要了解静力分析与构造分析的内在联系，对静力分析要有一个规律性的认识；要在静力分析的基础上进一步了解结构的受力性能和结构的合理形式；不仅要掌握固定荷载作用下的静力分析，而且要学习在移动荷载作用下的静力分析。本章主要学习静定结构的受力分析，对几种典型的静定结构进行静力分析，内容包括支座反力和内力的计算、内力图的绘制、受力性能分析等。

3.1　静定结构概述

3.1.1　截面的内力分量及其正负号规定

在平面杆件的任一截面上，一般有三个内力分量，即轴力 F_N、剪力 F_Q和弯矩 M。

（1）截面上应力沿杆轴切线方向的合力称为轴力，拉正压负（图3.1(a)）；

（2）截面上应力沿杆轴法线方向的合力称为剪力，剪力以绕微段隔离体顺时针转动为正（图3.1(b)）；

（3）截面上的应力对截面形心的力矩称为弯矩，在水平杆件中，当弯矩使杆件下部受拉时，弯矩为正（图3.1(c)）。

注意　作轴力图和剪力图时要注明正负号；作弯矩图时，规定弯矩图的纵坐标应画在杆件受拉纤维一边，不注明正负号。

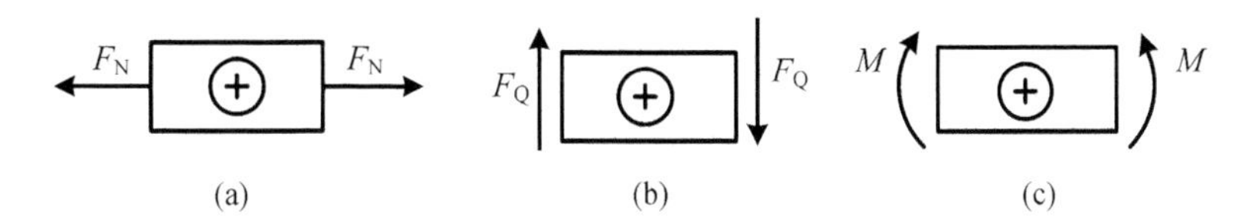

图3.1　截面内力分量及正负号规定

3.1.2 内力图规律

在材料力学中给出过荷载与内力之间的微分关系：在荷载连续分布的直杆段内，取微段 $\mathrm{d}x$ 为隔离体，可以得到式(3.1)所示的微分关系(式中 q 表示荷载集度)，即

$$\frac{\mathrm{d}F_Q}{\mathrm{d}x}=-q,\ \frac{\mathrm{d}M}{\mathrm{d}x}=-F_Q,\ \frac{\mathrm{d}^2M}{\mathrm{d}x^2}=-q \tag{3.1}$$

依据高等数学知识，一阶导数为斜率，二阶导数为曲线的凸凹向，因此根据微分关系可给出表3.1所示的作内力图规律。以简支梁为例说明内力图规律，如表3.2所示。

表3.1 内力图规律

荷载	$q=0$ 区段	$q=$ 常数 区段	F_P点	m 点	铰支端	
					无 m	有 m
剪力图	水平线	斜直线	有突变	无变化	无变化	无变化
弯矩图	斜直线	抛物线	有尖角	有突变	0	m

表3.2 简支梁的剪力图和弯矩图

序号	荷载情况	剪力图	弯矩图
1	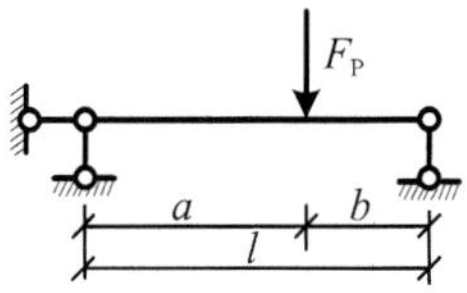 F_P；a，b，l	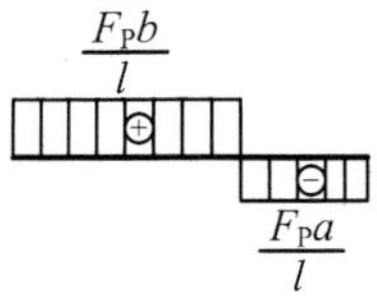 $\frac{F_Pb}{l}$，⊕；⊖，$\frac{F_Pa}{l}$	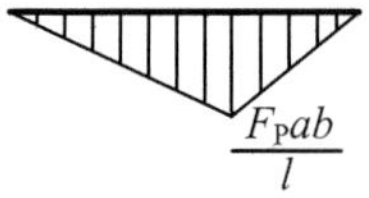 $\frac{F_Pab}{l}$
2	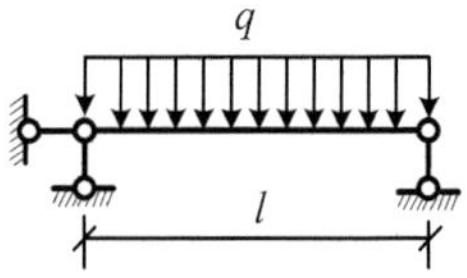 q；l	 $\frac{ql}{2}$，⊕；⊖，$\frac{ql}{2}$	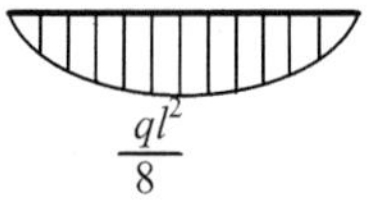 $\frac{ql^2}{8}$
3	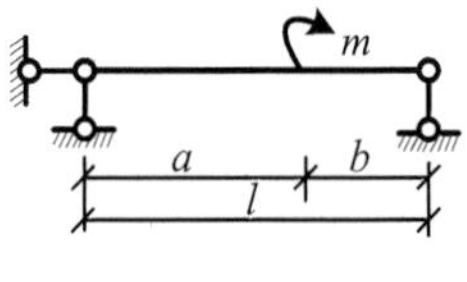 m；a，b，l	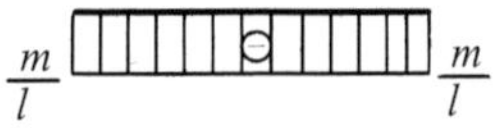 $\frac{m}{l}$，⊖，$\frac{m}{l}$	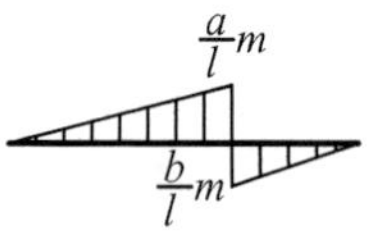 $\frac{a}{l}m$；$\frac{b}{l}m$
4	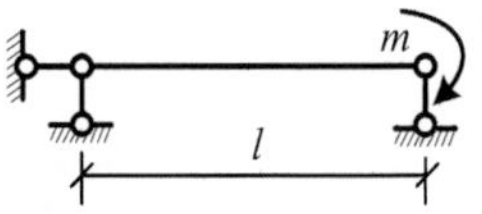 m；l	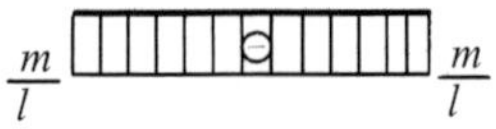 $\frac{m}{l}$，⊖，$\frac{m}{l}$	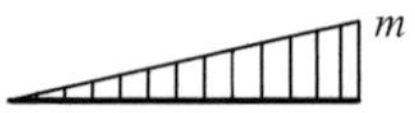 m

注意 (1)在集中荷载 F_P 作用点，剪力图有突变，且突变值为集中荷载 F_P，弯矩图有尖角，尖角的方向与集中荷载方向一致；

(2)在集中力偶 m 作用点，剪力图无变化，弯矩图有突变，突变值为集中力偶 m。

3.1.3 截面法

截面法是计算指定截面内力的基本方法，是指截取两个以上结点作为隔离体，其上作用一个平面任意力系，可列出3个平衡方程，最多能求解3个未知力。

1. 具体做法

将杆件在指定截面切开，取其左侧或右侧作为隔离体，利用隔离体的平衡条件，确定此截面的三个内力分量，轴力 F_N、剪力 F_Q和弯矩 M。

2. 画隔离体受力图时要注意的事项

(1)隔离体与周围的约束全部截断，而以相应的约束力代替。

(2)约束力要符合约束的性质。例如梁式杆切断时一般有三个内力分量，即弯矩、轴力和剪力；而二力杆切断时只有一个内力分量，即轴力。同样，不同支座对应不同的反力，滚轴支座以一个支反力代替，铰支座以两个相互垂直的支反力代替，固定支座以两个支反力和一个固端弯矩代替。

(3)在受力图中只画隔离体所受到的力，不画隔离体施给周围的力。

(4)不要遗漏力，一类是荷载，一类是截断约束处的约束力。

(5)未知力一般假设为正号方向。计算结果为正时，实际力与假定方向相同，否则方向相反。

(6)尽量截取结构中受力简单且未知力少的部分作为隔离体。建立平衡方程时，尽量一个方程只含有一个未知力，避免求解联立方程。

3.1.4 叠加法作弯矩图

1. 叠加原理

结构在所有荷载作用下产生的某一效应等于每个荷载单独作用下产生的同一效应的代数和，即为叠加原理。此处，荷载是广义的概念，主要包括外荷载、支座移动、温度改变和制造误差等；效应是指结构的内力、支座反力、位移和变形等。叠加法是以叠加原理为基础进行结构计算和分析的基本方法之一，其优点是能够将复杂受力条件分解为多个简单受力条件来分析。

2. 适用条件

叠加法是以叠加原理为基础的，因此只适用于小变形和材料是线弹性的情况。其常用于静定结构、超静定结构及变截面情况。

3. 分段叠加法作弯矩图

(1)利用叠加法作简支梁的弯矩图

如图3.2(a)所示简支梁，A 端、B 端分别作用集中力偶 M_A和 M_B，跨间作用均布荷载 q。根据叠加原理，分别考虑简支梁在杆端集中力偶和均布荷载单独作用的情况，即将图3.2(a)分解成图3.2(b)和图3.2(c)。在杆端力偶单独作用下，弯矩图是图3.3(b)所示的直线图形；在均布荷载单独作用下，弯矩图是图3.3(c)所示的抛物线。将图3.3(b)和图3.3(c)进行叠加可得图3.3(a)，即简支梁在这两部分荷载共同作用时的弯矩图。这种作弯矩图的方法称为弯矩图的叠加法。

注意 弯矩图叠加是指纵坐标叠加，而不是指图形的简单拼合，即

$$M(x) = \overline{M}(x) + M_0(x) \tag{3.2}$$

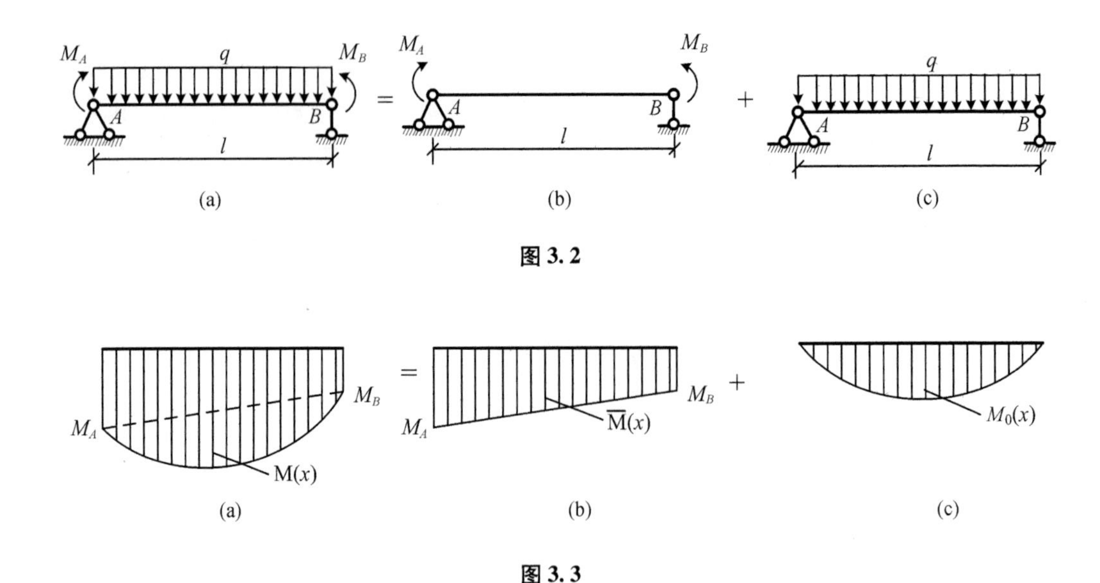

图 3.2

图 3.3

(2)利用叠加法作结构中任意直杆段弯矩图

下面讨论结构中任意直杆段弯矩图的绘制方法。如图 3.4 所示结构,CA 段跨中点作用一集中荷载 F_P,AB 段作用均布荷载 q,现要求绘制 AB 段弯矩图。选取 AB 段作为隔离体,其受力情况如图 3.5(a)所示。为说明 AB 杆段弯矩图的特性,将其与图 3.5(b)所示的简支梁作比较,令二者具有相同的结构尺寸、截面特征及材料性质。设简支梁与 AB 杆段承受相同的均布荷载和杆端集中力偶($M_A=M_{AB},M_B=M_{BA}$),但支座反力为 F_{yA}^0,F_{yB}^0,通过力的平衡方程易证$F_{yA}^0=F_{QAB},F_{yB}^0=F_{QBA}$,因此二者的受力状态相同,所以弯矩图也彼此相同。这样,作任意直杆段的 M 图可归结为作相应简支梁的弯矩图,从而也可采用分段叠加法作弯矩图。具体做法如下:

①根据 A,B 两点的弯矩 M_A,M_B作直线弯矩图;

②以此直线为基础,再叠加相应简支梁 AB 在跨间荷载作用下的弯矩图。

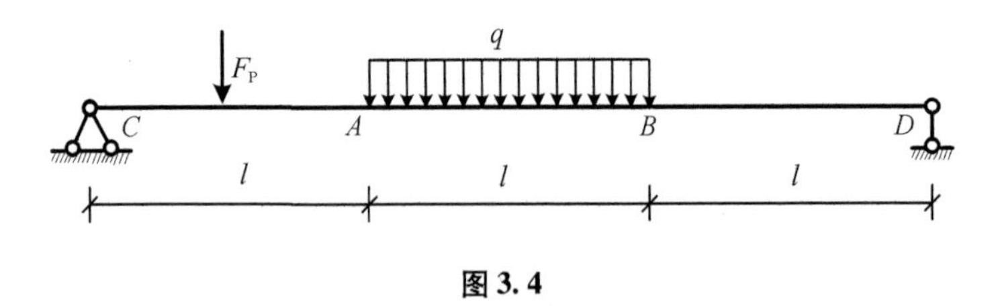

图 3.4

基于上述关于内力图的特性和弯矩图的分段叠加法,可将梁弯矩图的一般作法归纳如下:

(1)求支座反力。

(2)分段。选定外力的不连续点(如集中力、集中力偶的作用点,均布荷载的起点和终点)为控制截面,求出控制截面的弯矩值。

(3)定点连线,分段画弯矩图。绘制出控制截面的弯矩,当控制截面间无荷载时,根据控制截面的弯矩值可作出直线弯矩图。当控制截面间有荷载作用时,根据控制截面的弯矩值作出直线图形后，还应叠加这一段按简支梁在跨间荷载作用下的弯矩图。

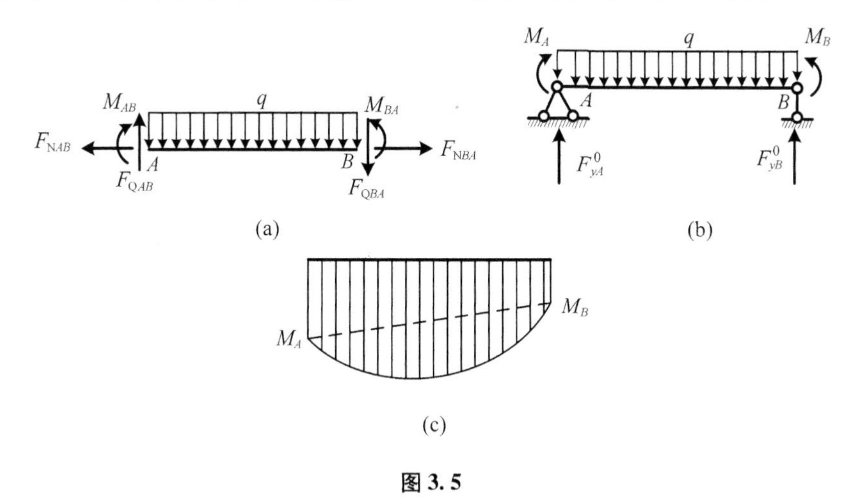

图3.5

例3-1　试作图3.6(a)所示简支梁的剪力图和弯矩图。

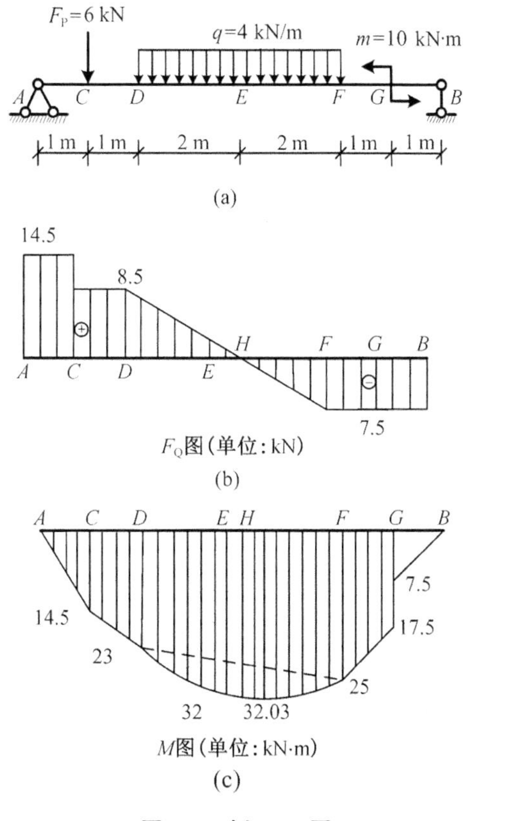

图3.6　例3-1图

解　(1)求支座反力

$$\sum M_A = 0 \Rightarrow F_{yB} = (6 \times 1 + 4 \times 4 \times 4 - 10)/8 = 7.5\ \text{kN}(\uparrow)$$

$$\sum M_B = 0 \Rightarrow F_{yA} = (6 \times 7 + 4 \times 4 \times 4 + 10)/8 = 14.5\ \text{kN}(\uparrow)$$

(2)作剪力图

AC,CD,FG,GB 段无荷载作用,剪力为常数,剪力图为水平直线;C 点作用集中荷载,剪力图在此点有突变,DF 段有均布荷载作用,剪力图为斜直线。各控制截面的剪力值为

$$F_{QA}=F_{yA}=14.5\ \text{kN}$$

$$F_{QC}^{L}=F_{yA}=14.5\ \text{kN}$$

$$F_{QC}^{R}=F_{yA}-F_{P}=14.5-6=8.5\ \text{kN}$$

$$F_{QD}=8.5\ \text{kN}$$

$$F_{QF}=F_{QB}=-F_{yB}=-7.5\ \text{kN}$$

根据控制截面剪力可绘制剪力图,如图 3.6(b)所示。

(3)作弯矩图

取 A,B,C,D,F,G 为控制截面,计算其弯矩值如下:

$$M_A=0,\ M_B=0$$

$$M_C=F_{yA}\times 1=14.5\ \text{kN}\cdot\text{m}(\text{下侧受拉})$$

$$M_D=F_{yA}\times 2-F_P\times 1=23\ \text{kN}\cdot\text{m}(\text{下侧受拉})$$

$$M_G^{R}=F_{yB}\times 1=7.5\ \text{kN}\cdot\text{m}(\text{下侧受拉})$$

$$M_G^{L}=F_{yB}\times 1+m=17.5\ \text{kN}\cdot\text{m}(\text{下侧受拉})$$

$$M_F=F_{yB}\times 2+m=25\ \text{kN}\cdot\text{m}(\text{下侧受拉})$$

根据控制截面弯矩值可绘制出相应截面位置处的弯矩纵坐标。DF 段有均布荷载作用,需叠加均布荷载作用下的弯矩图,即可得到所求弯矩图,如图 3.6(c)所示。

注意 弯矩图中,截面 E 处的弯矩值不一定是最大值,要确定弯矩最大值的位置,必须利用弯矩与剪力的微分关系 $\frac{\mathrm{d}M}{\mathrm{d}x}=-F_Q$,即一阶导数等于零的点为极值点。

接下来讨论确定弯矩图极值的方法。首先,假定 DF 杆段剪力为零的位置在 H 处,根据相似三角形几何关系可确定 $DH=2.125\ \text{m}$,由此可得弯矩的最大值为

$$M_H=M_D+\int_D^H F_Q\mathrm{d}x=23+\frac{1}{2}\times 2.125\times 8.5=32.03\ \text{kN}\cdot\text{m}$$

3.2 静定多跨梁

3.2.1 静定多跨梁概述

1. 静定多跨梁的概念

多次利用简支梁、悬臂梁、伸臂梁这些简单的构造单元加以组合,就可以得到多种多样的静定多跨梁。

2. 静定多跨梁的组成

任何一个静定多跨梁都是由基础部分和附属部分组成的。基础部分是能独立承载的部分,附属部分是不能独立承载的部分。

下面通过一个例子来说明何为基础部分,何为附属部分。图 3.7 所示的静定多跨梁,伸臂梁 AB 段、EF 段直接固定在基础上,是几何不变体,其自身就可以承受荷载,称为基础部

分;梁段 CD,支承于基础部分上,梁 CD 需要依靠基础部分的支承才能承受荷载并保持平衡,称为附属部分。

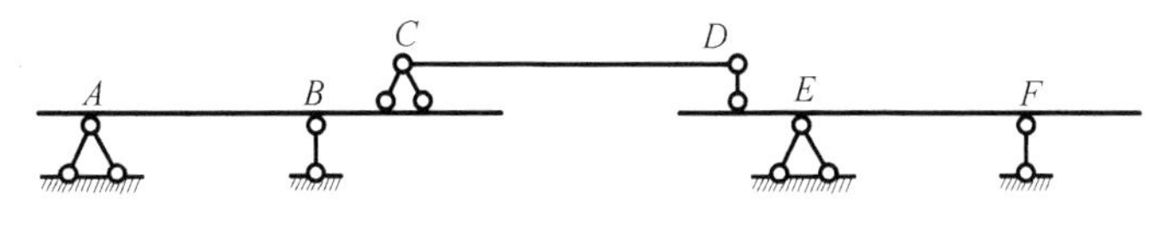

图 3.7

确定静定多跨梁基础部分和附属部分,需先确定基础部分,后确定附属部分,各附属部分间彼此是有联系的。如 BCD 段为 AB 段的附属部分,DEF 段为 AD 段的附属部分(图 3.8(b))。图 3.9(a)所示的静定多跨梁与图 3.8(a)所示的情况有所不同。BC 段为基础部分,在其左右分别添加一个简支梁作为附属部分,而两个附属部分之间没有联系(图 3.9(b))。

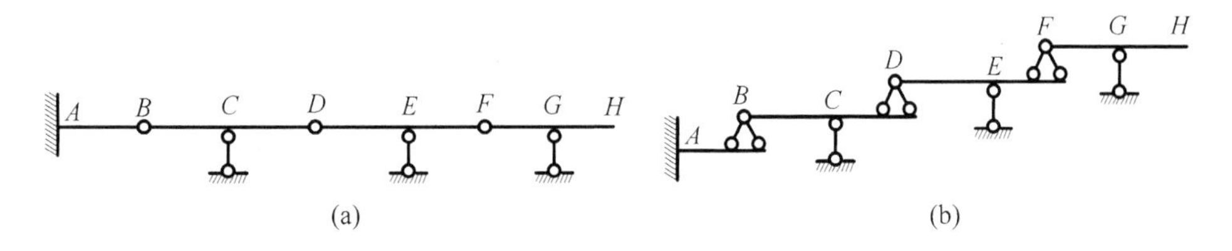

图 3.8

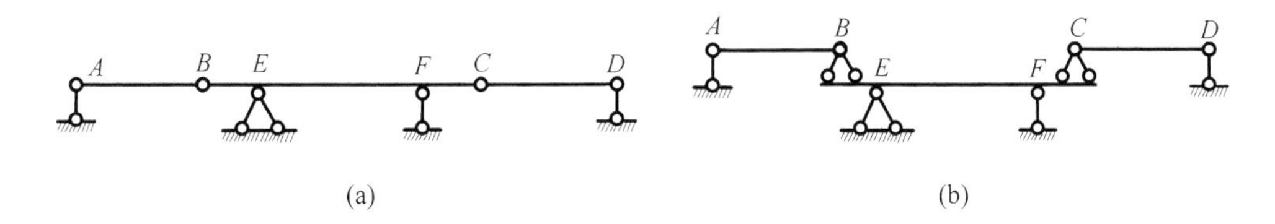

图 3.9

3.2.2　静定多跨梁的内力分析

从几何构造分析上来看,静定多跨梁是由几根梁组成的,组成的次序是先固定基础部分,然后固定附属部分,因此计算静定多跨梁的时候,要遵循的原则是先计算附属部分,再计算基础部分。将附属部分的支座反力反向作用在基础部分上,这样就把多跨梁的问题转化为单跨梁的问题。将各个单跨梁的内力图连起来,就是多跨梁的内力图。具体求解步骤如下:

(1)几何构造分析,确定基础部分和附属部分;

(2)从附属部分开始,进行内力分析计算,求支座反力;

(3)画出每段内力图,进行组合,即为整个静定多跨梁的内力图。

例 3-2　试作图 3.10(a)所示静定多跨梁的剪力图及弯矩图。

解　(1)几何构造分析,确定基础部分和附属部分。此梁的组成次序为先固定梁 AB,再固定梁 BD,最后固定梁 DF,所以梁 AB 为基础部分,梁 BD、梁 DF 依次为附属部分;其基础部分与附属部分之间的支承关系如图 3.10(b)所示。

(2)从附属部分开始,进行内力分析计算,求支座反力。计算时按照与组成分析相反的次序拆成单跨梁,如图 3.10(c)所示。先计算附属部分 DF,求出 D 点反力,反其指向就是梁 BD 的荷载。同理,求出 B 点反力,反其指向就是梁 AB 的荷载。最后计算梁 AB,求出 A 端的支座反力。

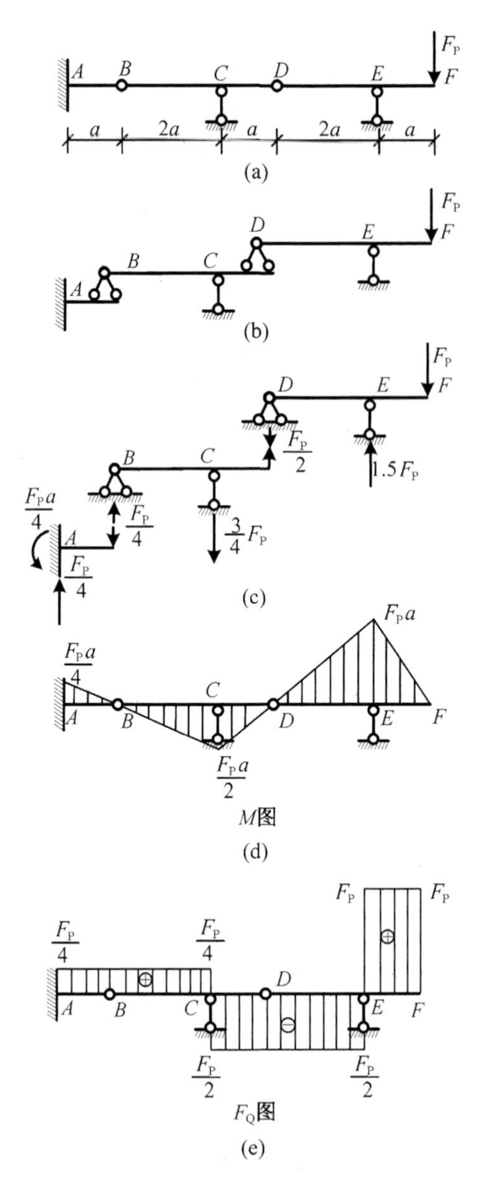

图 3.10 例 3-2 图

(3)画出每段内力图,进行组合,即为整个静定多跨梁的内力图。依据求出的各段支反力,即可作出弯矩图和剪力图,如图 3.10(d)和图 3.10(e)所示。

注意 这里荷载作用在附属部分上,对基础部分也同时产生内力。如果荷载作用在基础部分上,则对附属部分并不引起内力。

例 3-3 如图 3.11(a)所示静定多跨梁,试求铰 D 的位置,使正弯矩峰值与负弯矩峰值相等。

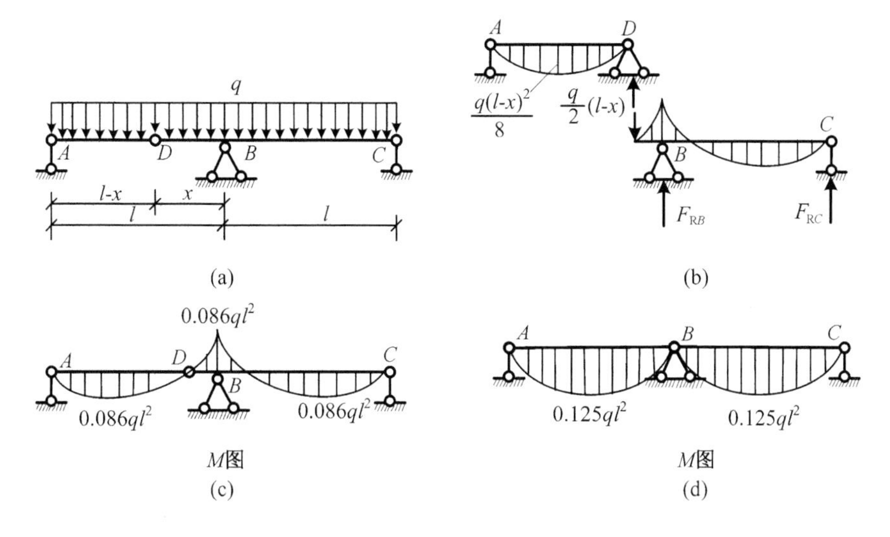

图3.11　例3-3图

解　(1)几何构造分析,确定基础部分和附属部分。梁 AD 为附属部分,梁 DC 为基础部分,其基础部分与附属部分之间的支承关系如图3.11(b)所示。

(2)从附属部分开始,进行内力分析计算,求支座反力。先分析简支梁 AD 段,利用静力平衡方程可求出支座反力并画出弯矩图,如图3.11(b)所示。

$$M_D=0\Rightarrow F_{RA}=\frac{1}{2}q(l-x)$$

$$M_A=0\Rightarrow F_{RD}=\frac{1}{2}q(l-x)$$

AD 段跨中弯矩,即正弯矩峰值为

$$M=\frac{1}{8}q(l-x)^2$$

负弯矩峰值为

$$M_B=\frac{1}{2}q(l-x)x+\frac{1}{2}qx^2=\frac{1}{2}qlx$$

如果正、负弯矩峰值相等,则

$$\frac{1}{8}q(l-x)^2=\frac{1}{2}qlx\Rightarrow x=0.172l$$

所以

$$M_B=0.086ql^2$$

AD 跨中弯矩为

$$M=0.086ql^2$$

分析 BC 段,可得

$$\sum M_B=0\Rightarrow -0.086ql^2+\frac{1}{2}ql^2-F_{RC}l=0\Rightarrow F_{RC}=0.414ql$$

$$\sum M_C=0\Rightarrow F_{RB}=1.172ql$$

以 B 点为原点,在 BC 段任意点弯矩为

$$M(y) = -0.086ql^2 + 0.586qly - \frac{1}{2}qy^2$$

$$M'(y) = 0 \Rightarrow y = 0.586l$$

BC 段正弯矩峰值为

$$M(0.586l) = -0.086ql^2 + 0.586ql \times 0.586l - \frac{1}{2}q(0.586)^2 = 0.086ql^2$$

(3)画出每段内力图,进行组合,即为整个静定多跨梁的内力图。弯矩图如图 3.11(c)所示。如果改用两个跨度为 l 的简支梁,则弯矩图如图 3.11(d)所示。二者弯矩峰值的比值为$\frac{0.086}{0.125}=68.8\%$。由此可知,静定多跨梁的弯矩峰值要比一系列简支梁小。

注意 (1)设计静定梁时,铰的安放位置可适当调整,以减少弯矩图的峰值,从而节约材料;

(2)静定多跨梁与简支梁相比,弯矩较小而且均匀,但构造要求复杂;

(3)通过此题说明了工程应用中简支梁能解决的问题为什么要用静定多跨梁,说明了为什么结构形式具有多样性。

3.3 静定平面刚架

3.3.1 静定平面刚架概述

1. 概念

刚架是由若干不共线杆件通过若干刚结点连接而组成的结构(刚架中的结点全部或部分是刚结点)。

平面刚架是指刚架中的所有杆件和荷载均位于同一个平面内。

2. 刚架受力特点

(1)与简支梁相比,弯矩分布均匀,横梁跨中的弯矩峰值得到削减,如图 3.12 所示。

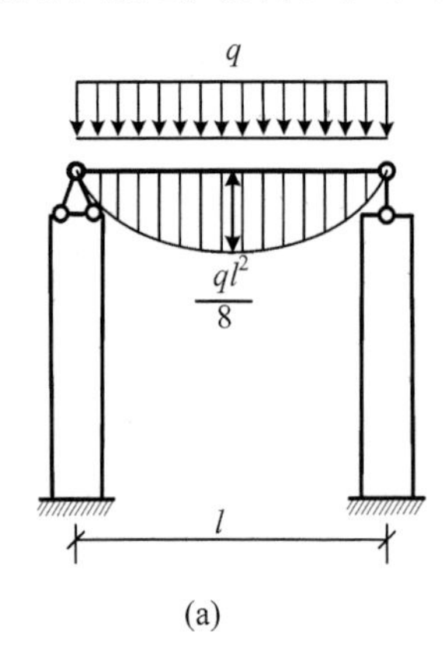

(a)

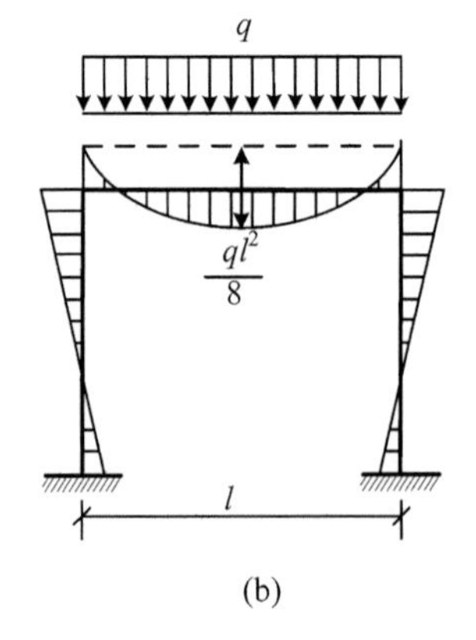

(b)

图 3.12

(2)与某些桁架相比(桁架中的结点全部都是铰结点),使结构内部具有较大的空间,便于使用。例如图 3.13(a)是一个几何可变的铰接体系,为使其成为几何不变体系,一种办法是增设斜杆，如图3.13(b)所示，另一种办法是把原来的铰结点 C 和 D 改为刚结点，使其成为刚架，如图3.13(c)所示，从而使结构具有较大的空间。

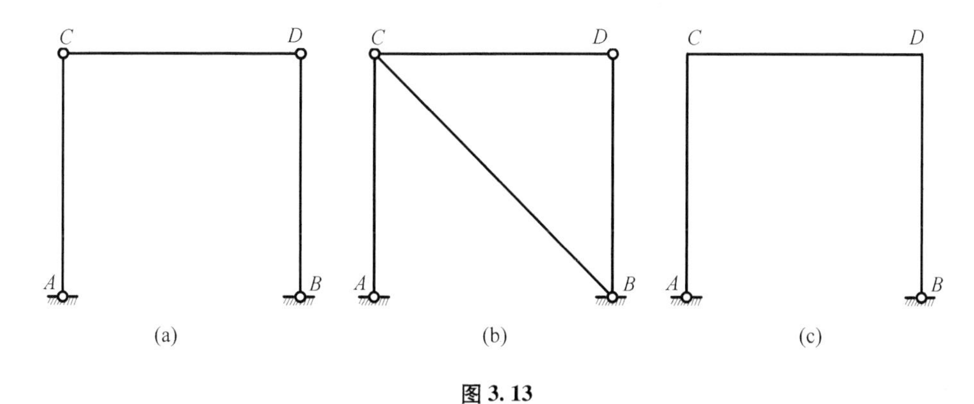

图3.13

(3)从变形角度来看，在刚结点处各杆不能发生相对转动，因而各杆间的夹角始终保持不变。从受力角度来看，刚结点可以承受和传递弯矩，因而在刚架中弯矩是主要内力。

(4)梁柱间采用刚结点，使梁柱连成整体，有较大刚度。

3. 静定平面刚架的分类

静定平面刚架可分为简支刚架、悬臂刚架、三铰刚架及复合刚架。其中简支刚架及悬臂刚架属于单体刚架，为联合结构；三铰刚架属于三铰结构；复合刚架属于主从结构，即先固定基础部分，再固定附属部分。静定平面刚架类型示意图如图3.14所示。

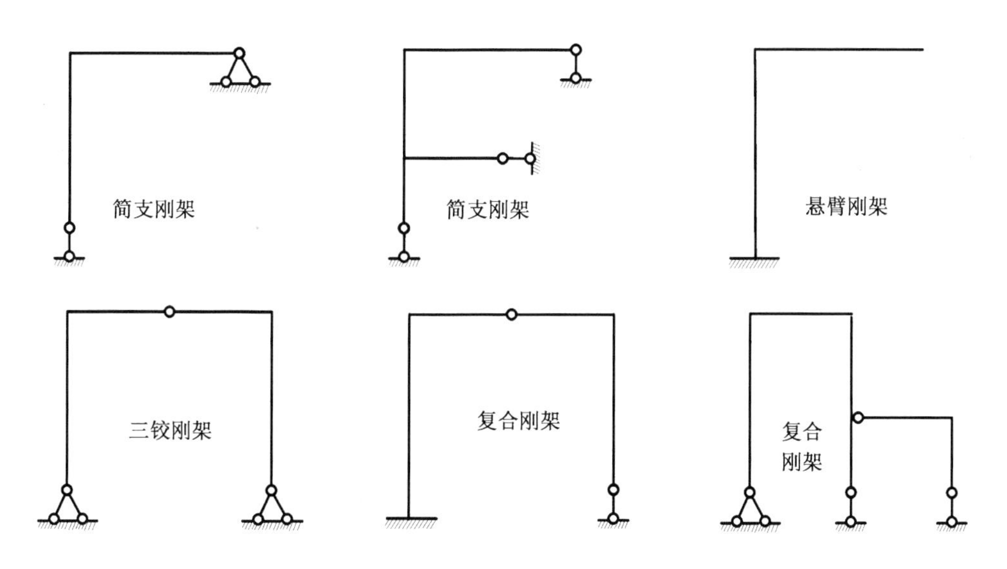

图3.14　静定平面刚架的类型

3.3.2　静定平面刚架的受力分析

在静定平面刚架的受力分析中，通常是先求支座反力，再求控制截面的内力，最后作内力图。作内力图时有如下规定。

符号规定：轴力——拉正压负；

剪力——对隔离体顺时针转动为正；

弯矩——不规定符号。

作图规定：F_N图和 F_Q图绘在杆件任一侧，但要注明正负号，M 图绘在杆件受拉侧。

1. 求支座反力的方法

(1)单体刚架(联合结构)

切断两个刚片之间的约束，取一个刚片为隔离体，假定约束力的方向，由隔离体的平衡建立三个平衡方程。

例 3-4 求图 3.15(a)所示简支刚架的支座反力。

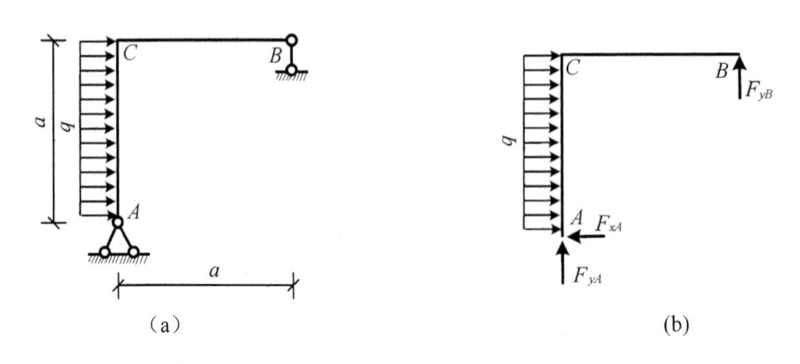

图 3.15 例 3-4 图

解 去约束，隔离体受力情况如图 3.15(b)所示。

$$\sum M_A = 0 \Rightarrow \frac{1}{2}qa^2 - F_{yB}a = 0 \Rightarrow F_{yB} = \frac{1}{2}qa(\uparrow)$$

$$\sum F_y = 0 \Rightarrow F_{yA} + F_{yB} = 0 \Rightarrow F_{yA} = -\frac{1}{2}qa(\downarrow)$$

$$\sum F_x = 0 \Rightarrow qa - F_{xA} = 0 \Rightarrow F_{yA} = qa(\leftarrow)$$

(2)三铰刚架

取两次隔离体，每个隔离体包含一个或两个刚片，建立六个平衡方程求解——双截面法。

例 3-5 求图 3.16(a)所示三铰刚架的支座反力。

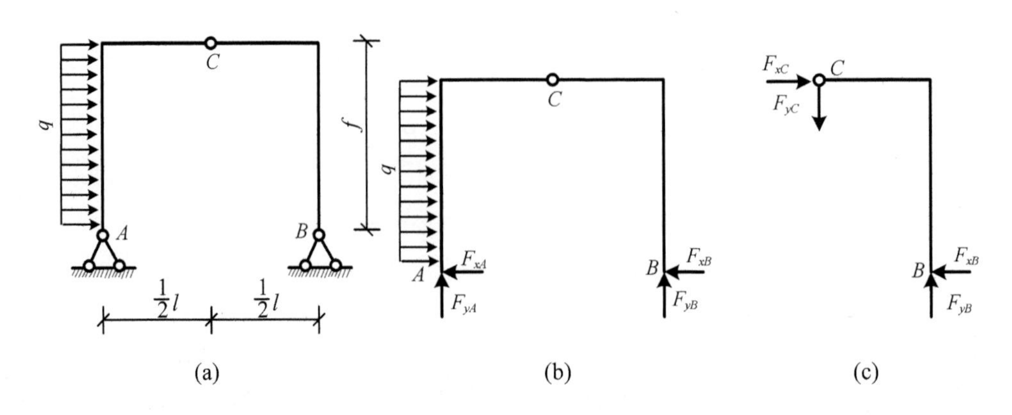

图 3.16 例 3-5 图

解　取图3.16(b)所示为隔离体,则

$$\sum M_A = 0 \Rightarrow \frac{1}{2}qf^2 - F_{yB}l = 0 \Rightarrow F_{yB} = \frac{qf^2}{2l}(\uparrow)$$

$$\sum F_y = 0 \Rightarrow F_{yA} + F_{yB} = 0 \Rightarrow F_{yA} = -\frac{qf^2}{2l}(\downarrow)$$

取图3.16(c)所示为隔离体,则

$$\sum M_C = 0 \Rightarrow F_{xB}f - \frac{qf^2}{2l} \times \frac{1}{2}l = 0 \Rightarrow F_{xB} = \frac{qf}{4}(\leftarrow)$$

$$\sum F_x = 0 \Rightarrow qf - F_{xA} - \frac{qf}{4} = 0 \Rightarrow F_{yA} = \frac{3qf}{4}(\leftarrow)$$

(3)复合刚架(主从结构)

当荷载作用在基础部分上时对附属部分没有影响,当荷载作用在附属部分上时对基础部分有影响,内力分析时从附属部分开始。

例3-6　求图3.17(a)所示复合刚架的支座反力。

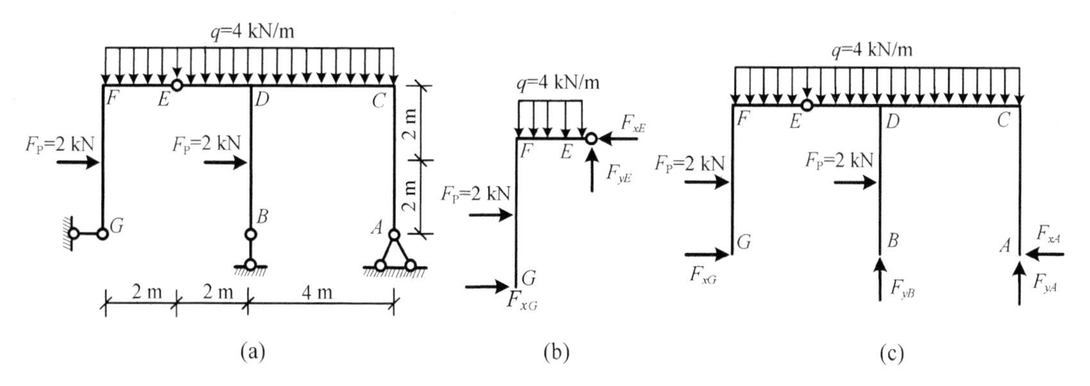

图3.17　例3-6图

解　图3.17(a)所示刚架为复合刚架,从受力角度看,共有4个未知的支座反力,利用整体的3个静力平衡方程及铰E处弯矩为零的静力平衡方程,可以求解出所有支座反力。从几何构造角度看,此刚架的几何组成次序是先固定刚架$ABCDE$,然后固定刚架EFG,因此求支座反力的次序应与几何组成次序相反,选取左侧EFG部分为隔离体,如图3.17(b)所示。由$M_E=0$,得

$$2 \times 2 + F_{xG} \times 4 + \frac{1}{2} \times 4 \times 4 = 0 \Rightarrow F_{xG} = -3\ \text{kN}(\leftarrow)$$

取整体为隔离体,如图3.17(c)所示,考虑整体平衡条件

$$\sum F_x = 0 \Rightarrow F_{xA} = 2 + 2 - 3 = 1\ \text{kN}(\leftarrow)$$

$$\sum M_B = 0 \Rightarrow F_{yA} = \frac{1}{4} \times (2 \times 2 + 2 \times 2) = 2\ \text{kN}(\uparrow)$$

$$\sum M_A = 0 \Rightarrow F_{yB} = \frac{1}{4} \times (4 \times 8 \times 4 - 2 \times 2 - 2 \times 2) = 30\ \text{kN}(\uparrow)$$

2. 刚架指定截面内力计算

求指定截面内力的基本方法是截面法。在作刚架内力图时,首先需求解各杆的杆端力,

通过求解杆端力来说明如何求指定截面内力并说明以下几个问题。

(1)内力正负号的规定

如前所述,轴力拉正压负,剪力绕隔离体顺时针转动为正,弯矩不规定正负号。F_N图和F_Q图绘在杆件任一侧,但要注明正负号,*M* 图绘在杆件受拉侧。

(2)在同一个结点处有不同杆件截面时,杆端力的表示方法

如图 3.17(a)所示刚架,在结点 *D* 处有三根杆件 *DE*,*DC*,*DB* 相交,因此在结点 *D* 处有三个不同的截面,用 M_{DE},M_{DC}和 M_{DB}分别表示杆件 *DE*、杆件 *DC* 和杆件 *DB* 中 *D* 端的杆端弯矩。对于剪力和轴力符号也采用同样的下标写法。

(3)正确选取隔离体

未知的轴力和剪力按正方向画出,未知的弯矩可按任意指定的方向画出。

(4)结点的平衡条件

在结点处的各个截面的内力并不是独立的,它们满足结点的三个平衡条件。通常可利用这些条件进行校核。

例 3-7 求图 3.17(a)所示刚架 *F*,*D*,*C* 结点处各杆端力。

解 取 *FE* 部分为隔离体,其受力情况如图 3.18(b)所示,根据力的平衡方程可得杆件 *FE* 中 *F* 端的杆端力为

$$F_{NFE} = 1\ \text{kN}\ (\text{受拉}),\ F_{QFE} = 0,\ M_{FE} = 8\ \text{kN}\cdot\text{m}(\curvearrowright)$$

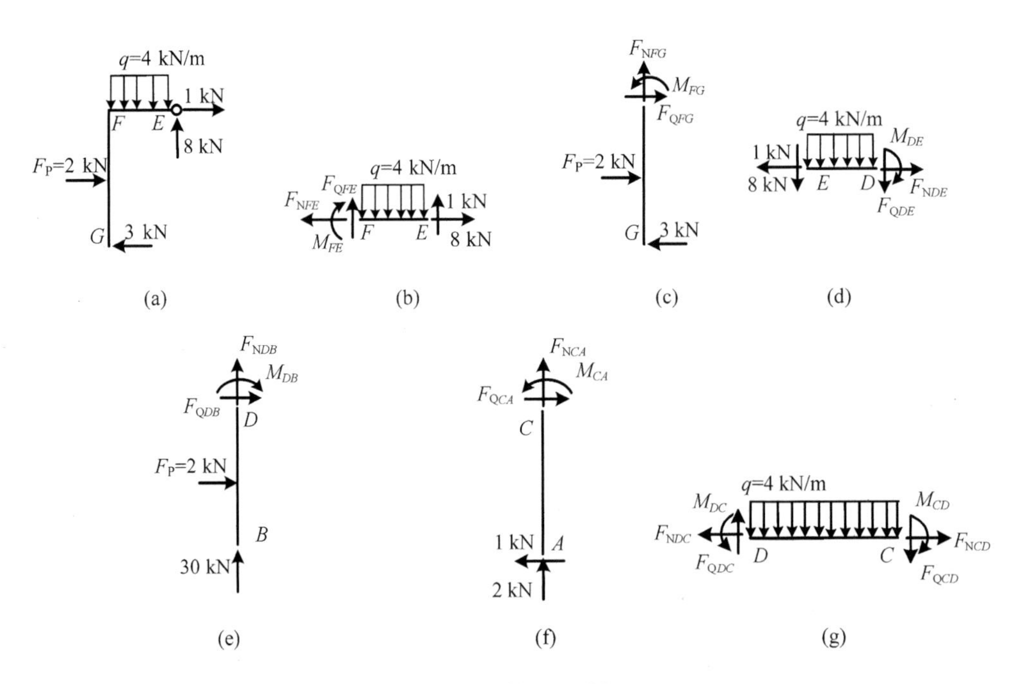

图 3.18 例 3-7 图

同理,依据力的平衡方程可求出其他各杆件的杆端内力,其隔离体受力图如图 3.18(c) ~(g)所示。

$$F_{NFG} = 0,\ F_{QFG} = 1\ \text{kN},\ M_{FG} = 8\ \text{kN}\cdot\text{m}(\curvearrowright)$$

$$F_{NDE}=1\ \text{kN}\ (\text{受拉}),\ F_{QDE}=-16\ \text{kN},\ M_{DE}=24\ \text{kN}\cdot\text{m}(\circlearrowright)$$

$$F_{NDB}=-30\ \text{kN}\ (\text{受压}),\ F_{QDB}=-2\ \text{kN},\ M_{DB}=4\ \text{kN}\cdot\text{m}(\circlearrowright)$$

$$F_{NCA}=-2\ \text{kN}(\text{受压}),\ F_{QCA}=1\ \text{kN},M_{CA}=4\ \text{kN}\cdot\text{m}(\circlearrowleft)$$

$$F_{NCD}=-1\ \text{kN}\ (\text{受压}),\ F_{QCD}=-2\ \text{kN},\ M_{CD}=4\ \text{kN}\cdot\text{m}(\circlearrowright)$$

$$F_{NDC}=-1\ \text{kN}\ (\text{受压}),\ F_{QDC}=14\ \text{kN},\ M_{DC}=28\ \text{kN}\cdot\text{m}(\circlearrowleft)$$

3. 刚架的内力图

刚架的内力图包括弯矩图、剪力图和轴力图。绘制刚架弯矩图时，把刚架拆成单个杆，求出杆两端的弯矩，按与单跨梁相同的方法画弯矩图（分段、定点、连线）；绘制刚架剪力图时，逐个杆作剪力图，利用杆的平衡条件，由已知的杆端弯矩和杆上的荷载求杆端剪力，再由杆端剪力画剪力图。作轴力图的方法与作剪力图的方法相同。具体步骤是先求支座反力，再求杆端力，然后画内力图，最后进行校核。

注意　剪力图，轴力图画在杆件任一侧均可，必须注明符号和控制点竖标。

例 3－8　求图 3.17(a)所示刚架的内力图。

解　依据例 3－17 所求得的各杆杆端力和内力图规律可绘制内力图。内力图如图 3.19 所示。绘制完内力图后，进行校核，可以截取刚架的任何部分校核是否满足平衡条件。例如对结点 C 取隔离体（图 3.19(d)），验算 $\sum F_x=0,\sum F_y=0,\sum M_C=0$。

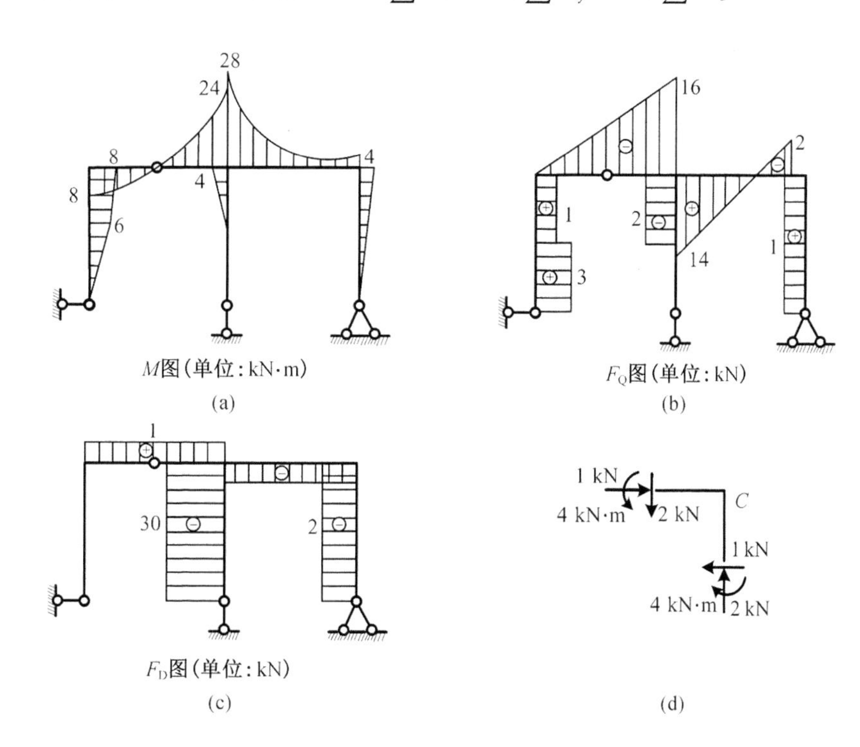

图 3.19　例 3－8 图

例3-9 试绘制图3.20(a)所示刚架的内力图。

解 (1)求支座反力

取整体为研究对象,则有

$$\sum M_B=0,\ F_{yA}=80\ \text{kN}(\uparrow),\ \sum F_y=0,\ F_{yB}=80\ \text{kN}(\uparrow)$$

取 AC 部分为隔离体,如图3.20(b)所示,则有

$$\sum M_C=0,\ F_{xA}=20\ \text{kN}(\rightarrow),\ \sum F_x=0,\ F_{xB}=20\ \text{kN}(\leftarrow)$$

(2)求各杆弯矩

$$M_{DA}=20\times6=120\ \text{kN}\cdot\text{m}(\curvearrowright)$$

$$M_{DC}=120\ \text{kN}\cdot\text{m}(\curvearrowleft)$$

$$M_{EB}=120\ \text{kN}\cdot\text{m}(\curvearrowleft)$$

根据弯矩图绘制规律可作弯矩图如图3.20(f)所示。

(3)求各杆剪力

杆 AD 的弯矩图为斜线,则剪力图为一直线,取 AD 杆为隔离体,根据 $\sum F_x=0$ 可判断 $F_{QAD}=F_{QDA}=-20\ \text{kN}$。

同理可知 $F_{QBE}=F_{QEB}=20\ \text{kN}$。

求杆 CD 剪力,取杆 CD 隔离体,如图3.20(c)所示。

$$\sum M_C=0,\ F_{QDC}=\frac{120+20\times4\times2}{\sqrt{16+4}}=62.6\ \text{kN}$$

$$\sum M_D=0,\ F_{QCD}=\frac{120-20\times4\times2}{\sqrt{16+4}}=-8.9\text{kN}$$

同理求得

$$\sum M_C=0,\ F_{QEC}=\frac{-120-20\times4\times2}{\sqrt{16+4}}=-62.6\ \text{kN}$$

$$\sum M_E=0,\ F_{QCD}=\frac{-120+20\times4\times2}{\sqrt{16+4}}=8.9\ \text{kN}$$

剪力图如图3.20(g)所示。

(4)求各杆轴力

取结点 D 为隔离体,如图3.20(d)所示,则有

$$\cos\alpha=\frac{4}{\sqrt{20}},\quad \sin\alpha=\frac{2}{\sqrt{20}}$$

$$\sum\tau=0,\ F_{NDC}=-20\cos\alpha-80\sin\alpha=-53.6\ \text{kN}$$

取结点 C 为隔离体,如图3.18(e)所示,则有

$$\sum\tau=0,\ F_{NCD}=-20\cos\alpha=-17.88\ \text{kN}$$

同理得

$$F_{NEC}=-20\cos\alpha-80\sin\alpha=-53.6\ \text{kN}$$

$$F_{NCD}=-20\cos\alpha=-17.88\ \text{kN}$$

轴力图如图 3.20(h)所示。

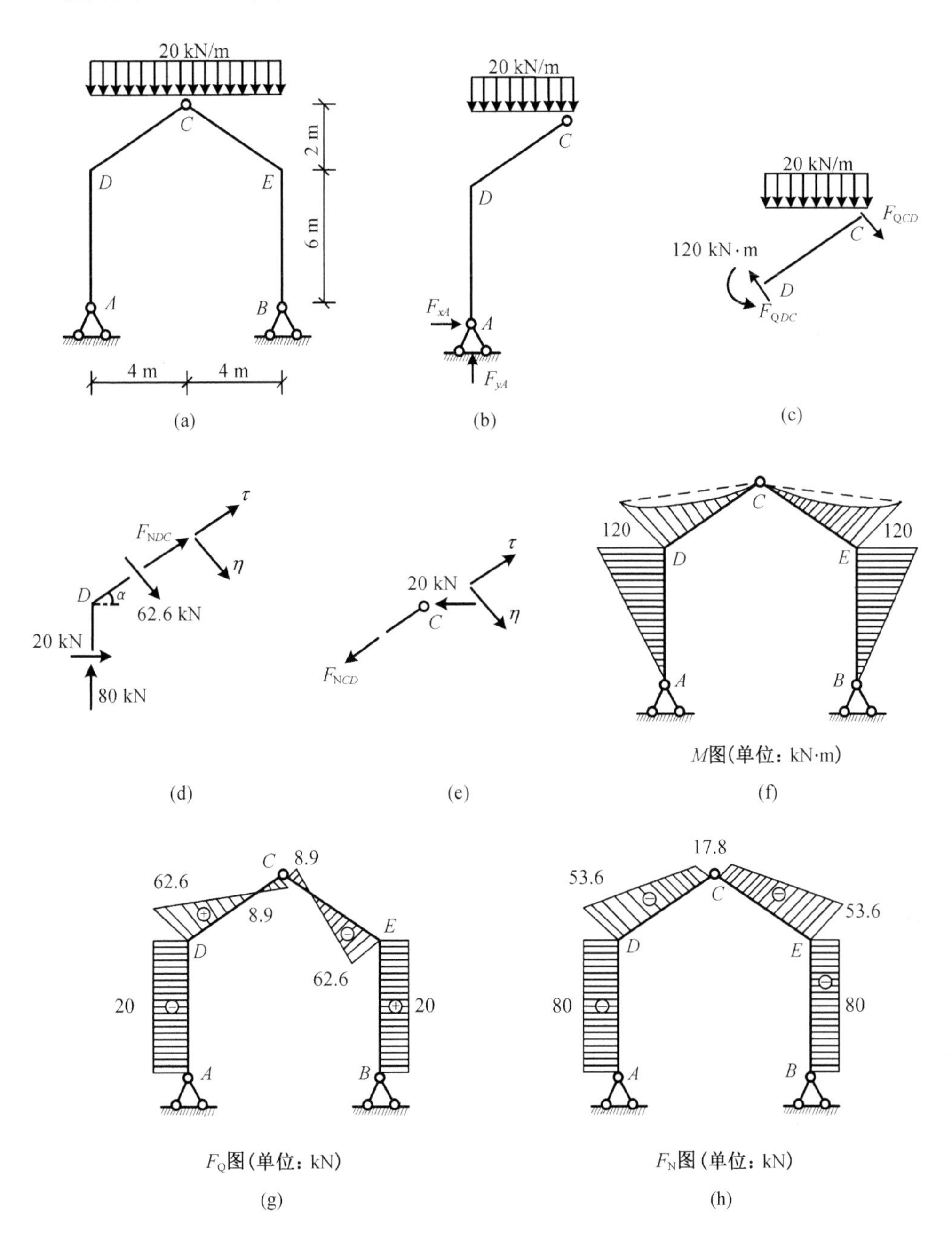

图 3.20　例 3-9 图

3.4 静定平面桁架

3.4.1 静定平面桁架概述

1. 静定平面桁架定义

静定平面桁架是由若干直杆杆件在其两端用铰连接而成的静定结构，即直杆铰接体系（所有结点都是铰结点），荷载只作用在结点上，所有杆均为只有轴力的二力杆，如图 3.21 所示。杆件包括弦杆和腹杆，弦杆位于结构的上、下边缘处，分为上弦杆和下弦杆，具有抗弯性能；腹杆位于上、下弦杆之间，分为斜腹杆和竖腹杆，起到连接上、下弦杆和抵抗剪力的作用。弦杆上相邻两结点间的区间称为节间，节间距离是相邻两结点间的水平距离，又称作节间跨度。桁架跨度是两支座间的水平距离，简称跨度。桁架高度是指桁架最高点至下弦杆的垂直距离，简称桁高。

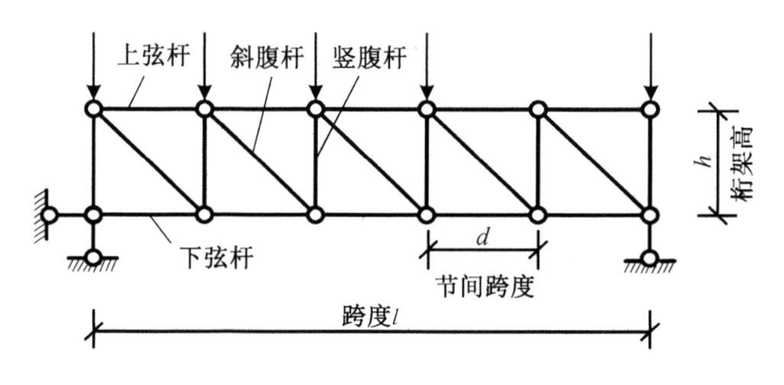

图 3.21 静定平面桁架

2. 计算简图

实际桁架的受力情况比较复杂（不是所有结点都为理想铰结点，杆件不是理想直杆，荷载也并非只有结点荷载），在计算中需要抓住主要矛盾，对实际桁架作必要简化。通常在桁架的内力计算中，进行如下假定：

（1）桁架的结点都是光滑的铰结点，即为理想铰；

（2）各杆件的轴线都是直线并通过铰的中心，即为理想直杆；

（3）荷载和支座反力都作用在结点上，即荷载都是结点荷载。

注意 在荷载作用下结构中产生的内力包括主内力和次内力。主内力是按计算简图计算出的内力；次内力是实际内力与主内力的差值。

3. 受力特点

当荷载只作用在结点上时，各杆内力主要为轴力，截面上的应力基本上分布均匀，可以充分发挥材料的作用，因此桁架是大跨度结构常用的一种形式。

4. 静定平面桁架分类

根据几何构造要求的特点，静定平面桁架可分为三类，即简单桁架、联合桁架和复杂桁架。

(1)简单桁架

在基础或一个铰接三角形上依次加二元体构成的桁架称为简单桁架,如图3.22(a)所示。

(2)联合桁架

按照两刚片规律或三刚片规律,由两个或两个以上的简单桁架联合组成的桁架称为联合桁架,如图3.22(b)所示。

(3)复杂桁架

非上述两种方式组成的静定桁架为复杂桁架,如图3.22(c)所示。

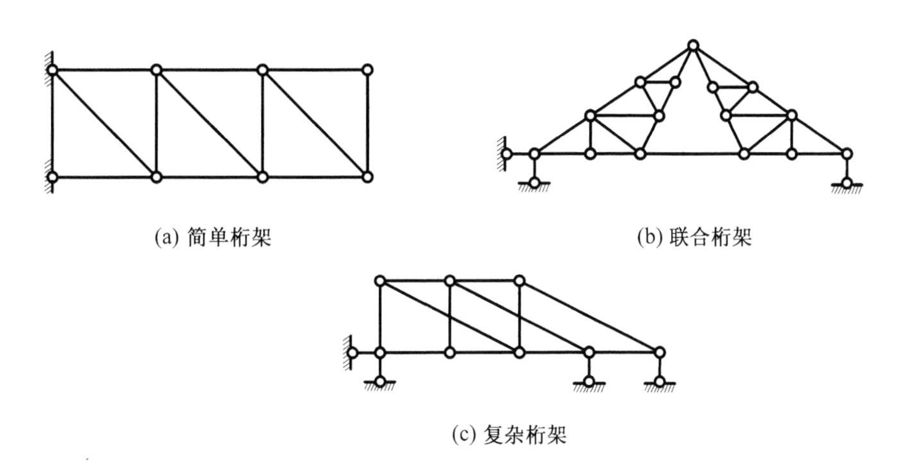
(a) 简单桁架　(b) 联合桁架

(c) 复杂桁架

图3.22　静定平面桁架的类型

3.4.2　桁架内力分析的方法

桁架内力分析的方法有结点法、截面法及结点法与截面法联合应用三种方法。

1. 结点法

(1)概念

结点法是以桁架的单个结点作为隔离体,利用隔离体平衡条件建立方程,求解各杆件的内力和支座反力。如图3.23(a)所示简单桁架,取结点D为隔离体(图3.23(d)),D点受力图是平面汇交力系,只有两个独立的平衡方程可以利用,因此一般应选取只包含两个未知轴力杆件的结点。结点法最适用于简单桁架,求解时遵循去除二元体的顺序,截取各个结点,依次求出桁架各杆内力。对于简单桁架,如果与组成顺序相反依次截取结点,可保证求解过程中一个方程中只含有一个未知量。

在计算中,假设未知轴力为拉力。计算结果如果是正值,则实际轴力就是拉力,如果是负值,则实际轴力是压力。

例3-10　图3.23(a)为一简单桁架,在所示荷载作用下,试求各杆的轴力。

解　①求支座反力,有

$$\sum M_B = 0,\ F_{yA} = 3F_P(\uparrow),\ F_{yB} = 3F_P(\uparrow)$$

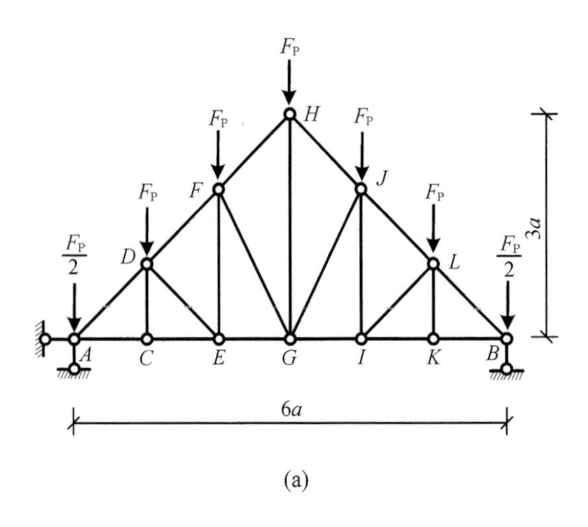

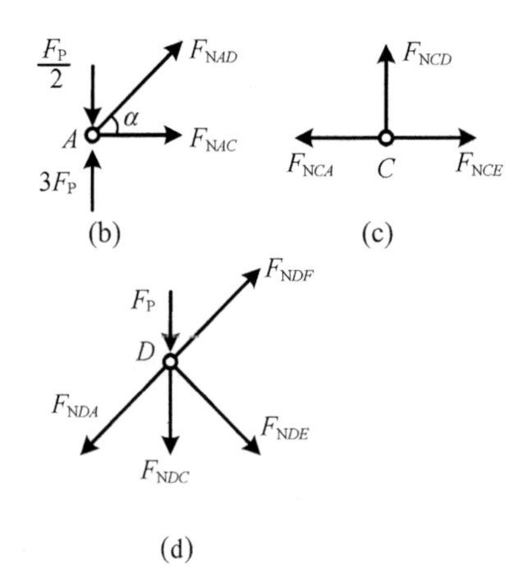

图 3.23

②取结点 A 为隔离体,如图 3.23(b)所示,则有

$$\sum F_y = 0,\ F_{yA} - \frac{F_P}{2} + F_{NAD}\sin\alpha = 0,\ F_{NAD} = -\frac{5\sqrt{2}}{2}F_P$$

$$\sum F_x = 0,\ F_{NAD}\cos\alpha + F_{NAC} = 0,\ F_{NAC} = \frac{5}{2}F_P$$

③取结点 C 为隔离体,如图 3.23(c)所示,则有

$$F_{NCD} = 0, F_{NCE} = \frac{5}{2}F_P$$

④取结点 D,如图 3.23(d)所示,则有

$$F_{NDE} = -\frac{\sqrt{2}}{2}F_P,\ F_{NDF} = -2\sqrt{2}F_P$$

同理可求出其他杆件轴力。求出所有轴力后,把轴力标在杆件旁边,即为轴力图。

(2)特殊杆件和结点

在静定平面桁架中,掌握一些特殊杆件和结点的概念及性质,有利于简化桁架的内力分析计算,下面对这些特殊的杆件和结点进行介绍。

①结点单杆

如果在同一个结点的所有内力为未知的各杆中,除某一杆外,其余各杆都共线,则该杆称为此结点的单杆。

结点单杆有两种情况:第一种情况是结点只连接两个未知力杆,且两杆不共线,则每根杆件都是结点单杆,如图 3.24(a)所示;第二种情况是结点只连接三个未知力杆,其中有两杆共线,则第三杆是结点单杆,如图 3.24(b)所示。

对于结点单杆,利用结点的一个平衡方程即可求出其内力。对于非结点单杆,其内力难以直接由该结点的一个平衡条件求出。所以,结点单杆也定义为只需利用结点的一个平衡方程就可以求出内力的杆件。

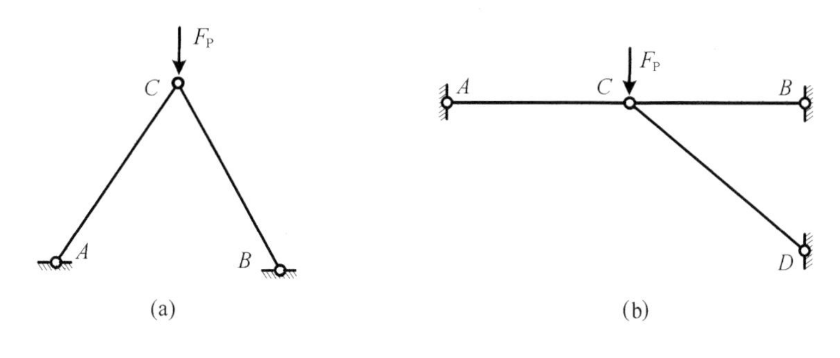

图 3.24

当结点上无荷载作用时，结点单杆内力必为零，称为零杆。图 3.25(a)所示桁架，有荷载作用，按照图中所注数字的顺序依次去掉零杆，所得结果如图 3.25(b)所示。受力分析时可以去掉零杆，只计算图 3.25(b)中各杆的内力。可见，判别零杆能够起到简化计算的作用。零杆是指内力为零的杆件，但不能随意删掉；对于静定结构，去掉任一零杆相当于去掉一个约束，体系就会变为可变体系。

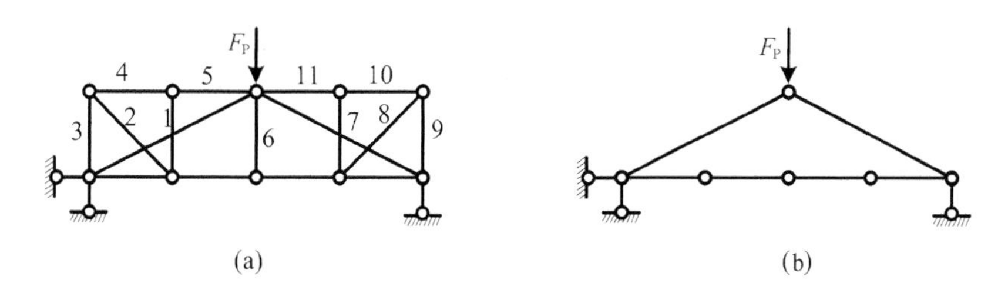

图 3.25

如果依靠拆除结点单杆的方法可以将整个桁架拆完，则此桁架即可用结点法按照每次只解一个未知量的方法将各杆内力求出。

②特殊结点

几种特殊结点的受力规律介绍如下。

a. L 型结点

如图 3.26(a)所示，结点连接两根不共线的杆件，如果结点上无荷载作用，这两个杆件均为零杆，即 $F_{N1}=F_{N2}=0$。

b. T 型结点

如图 3.26(b)所示，结点连接三根杆件，当两根杆件共线且结点上无荷载作用时，不共线的第三根杆件内力为零，共线的两根杆件内力相等，即 $F_{N1}=F_{N2}$，$F_{N3}=0$。

c. X 型结点

如图 3.26(c)所示，结点连接四根杆件，杆件两两共线，在结点上无荷载作用时，共线杆件的内力相等，即 $F_{N1}=F_{N2}$，$F_{N3}=F_{N4}$。

d. K 型结点

如图 3.26(d)所示，结点连接四根杆件，其中两根共线，另外两根在该直线的同侧，在结点上无荷载作用时，有下列性质：

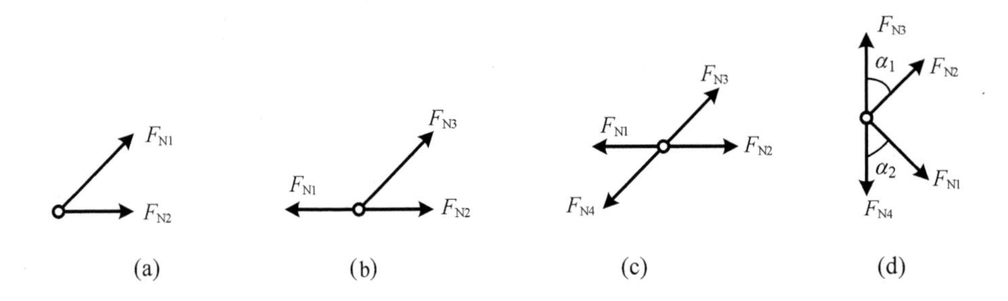

图 3.26　特殊结点

(a)L 型结点;(b)T 型结点;(c)X 型结点;(d)K 型结点

若 $\alpha_1=\alpha_2$,$F_{N3}\neq F_{N4}$,则 $F_{N1}=-F_{N2}$;

若 $\alpha_1=\alpha_2$,$F_{N3}=F_{N4}$,则 $F_{N1}=F_{N2}=0$;

若 $\alpha_1\neq\alpha_2$,则 $F_{N1}\neq F_{N2}$,但 F_{N1},F_{N2}反号;

若 $F_{N1}=0$,则 $F_{N2}=0$。

例 3-11　如图 3.27(a)所示桁架,利用结点法求各杆内力。

解　图 3.27(a)所示桁架依靠拆除结点单杆的方法可以将整个桁架拆完,因此该桁架可用结点法按照每次只解一个未知量的方法将各杆内力求出,杆件求解顺序如图 3.27(a)所示。

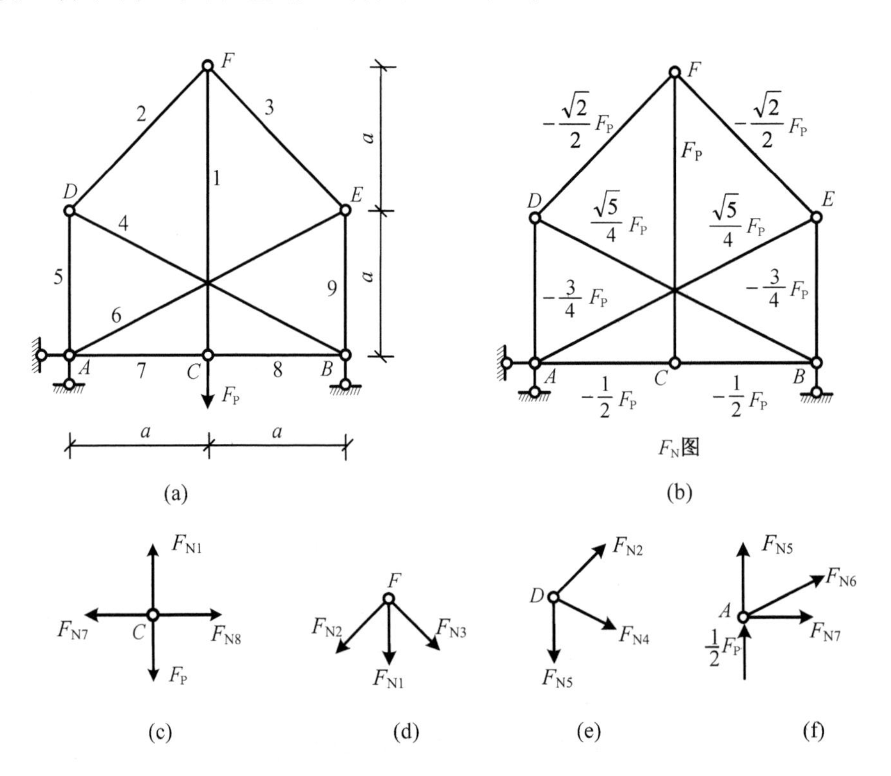

图 3.27　例 3-11 图

(1)求支座反力

$$F_{yA}=F_{yB}=\frac{1}{2}F_{P}(\uparrow)$$

(2)求各杆内力

取结点 C 为隔离体,如图3.27(c)所示。$\sum F_y=0,F_{N1}=F_P$。

取结点 F 为隔离体,如图3.27(d)所示。$\sum F_y=0,F_{N2}=F_{N3}=-\frac{\sqrt{2}}{2}F_P$。

取结点 D 为隔离体,如图3.27(e)所示。$\sum F_x=0,F_{N4}=\frac{\sqrt{5}}{4}F_P$;$\sum F_y=0,F_{N5}=-\frac{3}{4}F_P$。

取结点 A 为隔离体,如图3.27(f)所示。依据对称性知 $F_{N6}=\frac{\sqrt{5}}{4}F_P$;$\sum F_x=0,F_{N7}=-\frac{1}{2}F_P$。

依据对称性,可得 $F_{N8}=-\frac{1}{2}F_P,F_{N9}=-\frac{3}{4}F_P$。轴力图如图3.27(b)所示。

2. 截面法

(1)概念

截面法是用截面切断拟求内力的杆件(如图3.28中虚线所示),从桁架中截出一部分隔离体,利用平面一般力系的三个平衡方程,计算所切各杆中的未知力。隔离体包含不少于两个结点;隔离体上的力是一个平面任意力系,可列出三个独立平衡方程。取隔离体时一般切断的未知轴力的杆件不多于三根。截面法最适用于联合桁架和简单桁架中只求少数个别杆件轴力的计算。

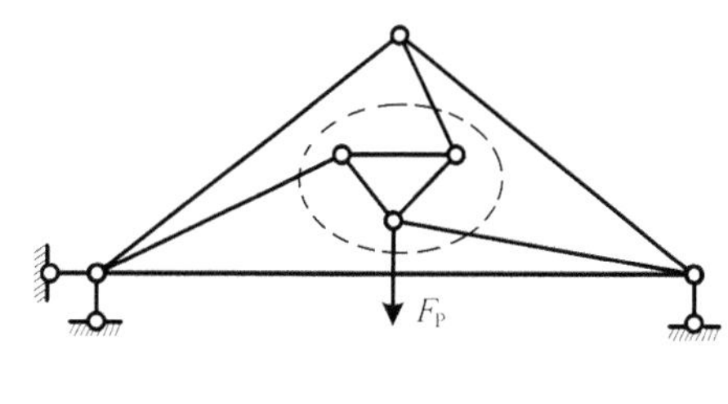

图3.28

在计算中,假设未知轴力为拉力。计算结果如果是正值,则实际轴力就是拉力;计算结果如果是负值,则实际轴力是压力。

(2)截面单杆

同结点单杆类似,利用截面法求解桁架时,利用截面单杆的性质,可以简化计算。

①截面单杆的概念

如果某个截面所截的内力为未知的各杆中,除某一个杆外,其余各杆都交于一点(或彼此平行,即交点在无穷远处),则此杆称为该截面的单杆。关于截面单杆有两种情况。第一种情况如图3.29(a)所示,截面只截断三根杆件,且三杆不交于一点或也不彼此平行,则三根杆件均为截面单杆;第二种情况如图3.29(b)及图3.29(c)所示,截面所截杆数大于3,但除某一根杆外,其余各杆都交于一点或彼此平行,则此杆为截面单杆。

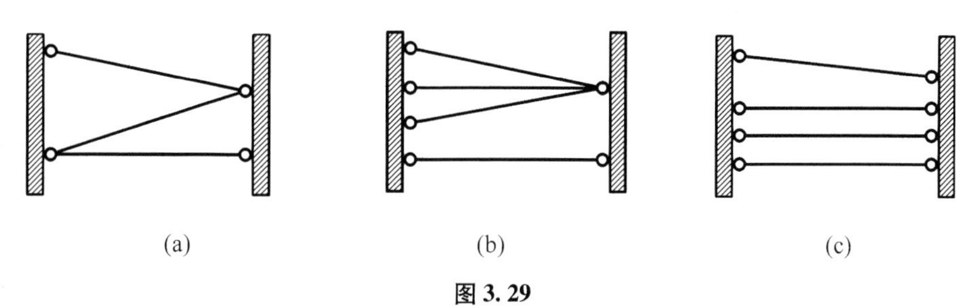

图3.29

②截面单杆的性质

用截面切开后,用一个平衡方程即可求出内力的杆件。

采用截面法计算桁架时,关键在于合理选择截面,尽量以截面单杆作为求解对象。

例 3-12 利用截面法求图 3.30(a)所示桁架中杆 1、杆 2 及杆 3 的轴力。

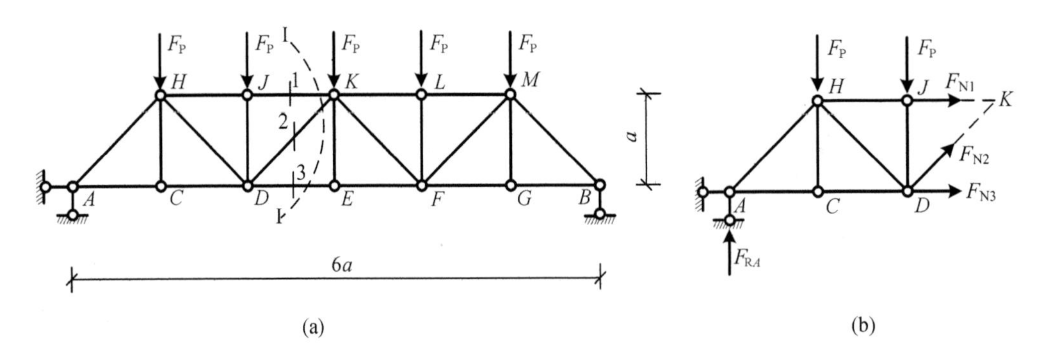

图 3.30 例 3-12 图

解 (1)求支座反力

$$\sum M_B = 0,\ F_{RA} = \frac{5}{2}F_P(\uparrow)$$

(2)选取隔离体

从Ⅰ-Ⅰ截面切开,取左侧为隔离体(图 3.30(b))。杆 1、杆 2、杆 3 均为截面单杆。

$$\sum M_D = 0,\ F_{RA} \times 2a - F_P \times a + F_{N1} \times a = 0,\ F_{N1} = -4F_P$$

$$\sum F_y = 0,\ F_{RA} - 2F_P + \frac{\sqrt{2}}{2}F_{N2} = 0,\ F_{N2} = -\frac{\sqrt{2}}{2}F_P$$

$$\sum F_x = 0,\ F_{N1} + \frac{\sqrt{2}}{2}F_{N2} + F_{N3} = 0,\ F_{N3} = \frac{9}{2}F_P$$

3. 结点法与截面法联合应用

例 3-13 如图 3.31(a)所示桁架,利用联合法求杆 1、杆 2、杆 3、杆 4、杆 5 的内力。

解 (1)求支座反力

$$F_{yA} = F_{yB} = \frac{5}{2}F_P(\uparrow)$$

(2)求指定杆件内力

利用截面法求杆件内力,从Ⅱ-Ⅱ截面切开,取左侧为隔离体,如图 3.31(b)所示。杆 1 和杆 4 均为截面单杆。

$$\sum M_C = 0,\ F_{yA} \times 2a + F_{N1} \times 2a - F_P \times 2a = 0,\ F_{N1} = -\frac{3}{2}F_P$$

$$\sum F_x = 0,\ F_{N4} = \frac{3}{2}F_P$$

取结点 F 为隔离体,如图 3.31(c)所示。根据结点的平衡,可判断 $F_{N2} = -F_{N3}$。

从Ⅰ-Ⅰ截面切开,取左侧为隔离体,如图 3.31(d)所示。

$$\sum M_D = 0, F_{yA} \times 4a + F_{N1} \times 2a - F_P \times 4a - F_P \times 2a + \frac{2}{\sqrt{5}}F_{N2} \times a + \frac{1}{\sqrt{5}}F_{N2} \times 2a = 0$$

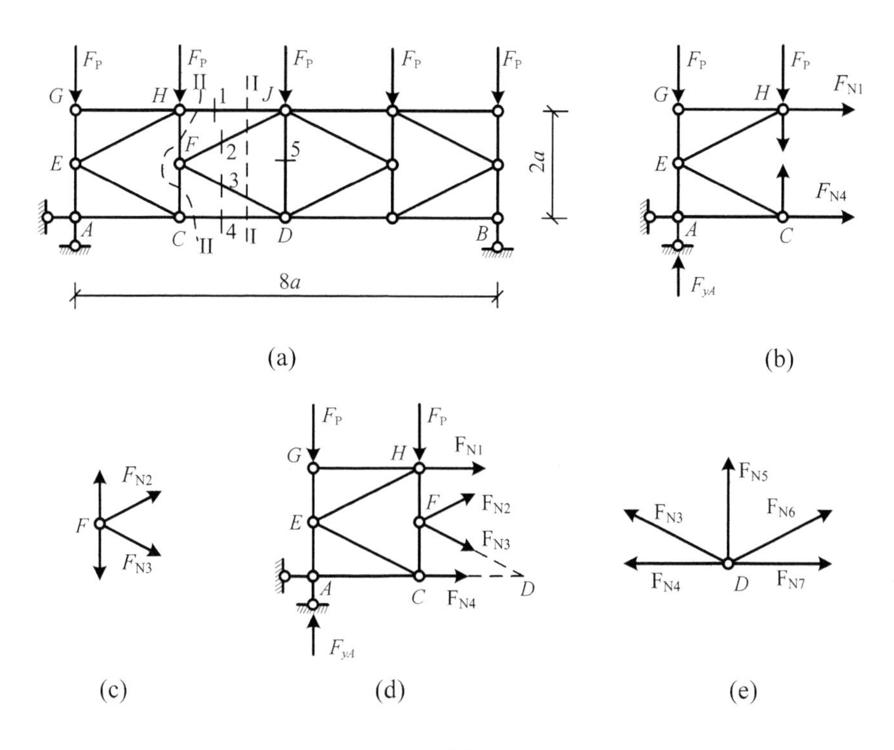

图 3.31　例 3-13 图

$$F_{N2} = -\frac{\sqrt{5}}{4}F_P,\quad F_{N2} = -F_{N3} = \frac{\sqrt{5}}{4}F_P$$

取结点 D 为隔离体,如图 3.29(e)所示。根据结点平衡可知

$$F_{N5} = -\frac{1}{2}F_P$$

3.4.3　对称性的应用

1. 基本概念

(1)对称结构

几何形状和支座对某轴对称的结构,称为对称结构,如图 3.32 所示。

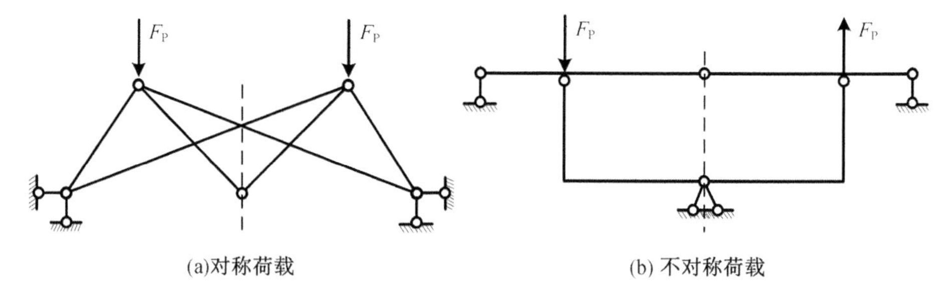

图 3.32　对称结构

(2)对称荷载

作用在对称结构对称轴两侧,大小相等,方向和作用点对称的荷载称为对称荷载,如图3.32(a)所示。

(3)反对称荷载

作用在对称结构对称轴两侧,大小相等,作用点对称,方向反对称的荷载称为反对称荷载,如图3.32(b)所示。

2. 对称结构受力特点

(1)对称结构在对称荷载作用下,内力是对称的;弯矩图和轴力图是对称的,剪力图是反对称的;在对称点处只有对称的内力,而反对称的内力为零。

(2)在反对称荷载作用下,内力是反对称的;弯矩图和轴力图是反对称的,剪力图是对称的;在对称点处只有反对称的内力,而对称的内力为零。

例3-14 利用对称性求图3.33(a)所示桁架 A 点支座反力。

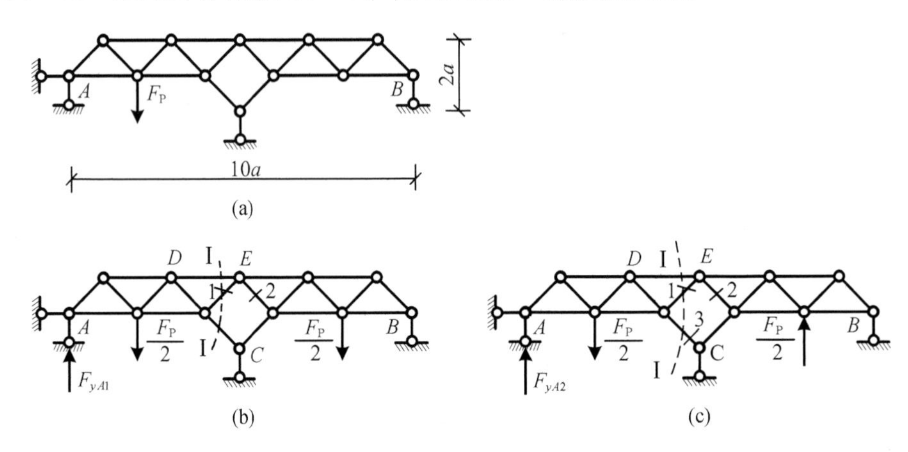

图3.33 例3-14图

解 图3.33(a)所示结构在竖向荷载作用下可示为对称结构,可分解为图3.33(b)所示对称荷载作用和图3.33(c)所示反对称荷载作用两种情况,并将二者的结果进行叠加。

图3.33(b)所示对称荷载作用情况下可知杆1和杆2内力为零,从Ⅰ-Ⅰ截面切开,取左侧为隔离体,所有外力对 D 点取矩可知

$$\sum M_D = 0\ ,\ F_{yA1} \times 3a - \frac{F_P}{2} \times a = 0\ ,\ F_{yA1} = \frac{1}{6}F_P(\uparrow)$$

图3.33(c)所示反对称荷载作用情况下可知杆3轴力为零,从Ⅱ-Ⅱ截面切开,取左侧为隔离体,所有外力对 E 点取矩可知

$$\sum M_E = 0\ ,\ F_{yA2} \times 5a - \frac{F_P}{2} \times 3a = 0\ ,\ F_{yA2} = \frac{3}{10}F_P(\uparrow)$$

故可知 A 点支座反力

$$F_{yA} = \frac{7}{15}F_P(\uparrow)$$

注意 在反对称荷载作用情况下,亦可直接判断 C 点支座反力为零,则可取整体为研究对象,所有外力对 B 点取矩,可求出反对称荷载作用下,A 点的支座反力。

3.5　静定组合结构

3.5.1　组合结构概述

3.2节至3.4节中讲述了单跨梁、多跨梁、静定平面刚架以及静定平面桁架。静定平面桁架中的杆件只承受轴力作用，这类杆件我们称它为二力杆（也就是链杆）；而单跨梁、多跨梁和静定平面刚架中的杆件，除受轴力作用外，还受弯矩和剪力作用，这类杆件我们称它为梁式杆。

1. 组合结构定义

组合结构就是由二力杆和梁式杆组成的结构，如图3.34所示。组合结构多用于房屋中的屋架、吊车梁以及桥梁结构中的承重结构。

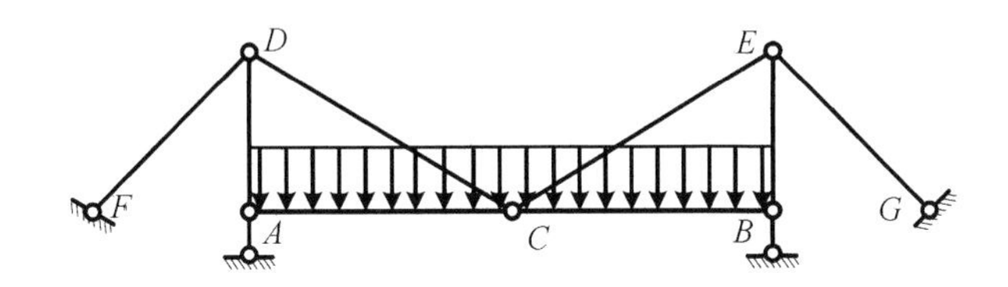

图3.34　组合结构

2. 受力特点

在图3.34所示组合结构中，杆件AC及杆件CB是梁式杆，截面上一般有三个内力分量，即弯矩、轴力和剪力；杆件AD、杆件DC、杆件DF、杆件BE、杆件EG和杆件EC是二力杆，截面上只有轴力。

3.5.2　组合结构受力分析

组合结构受力分析一般先计算反力和二力杆的轴力，然后再计算梁式杆的内力；应用截面法计算组合结构时，应注意先区分二力杆和梁式杆；假如所切断的杆全是二力杆，则用于分析桁架的所有计算方法和结论均可应用；但如所切断的杆中有梁式杆，则不能使用桁架计算的结论。

例3-15　作图3.35所示组合结构的内力图。

方法一

(1)求支座反力

取整体为研究对象，即

$$\sum M_B = 0,\ F_{RA} = \frac{2}{3}F_P(\uparrow)$$

$$\sum F_y = 0,\ F_{RB} = \frac{1}{3}F_P(\uparrow)$$

(2)求二力杆内力

先利用截面法求二力杆内力，沿图3.35(a)所示Ⅰ-Ⅰ截面切开，取右侧隔离体，如图

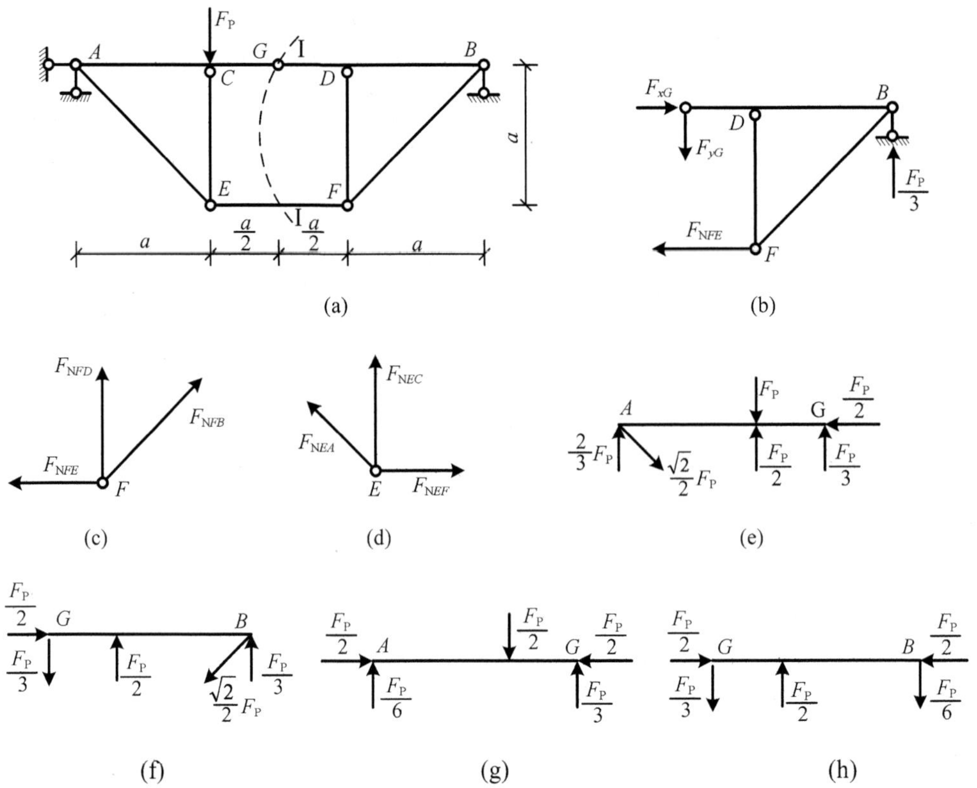

图 3.35 例 3-15 图

3.35(b)所示,则有

$$\sum M_G = 0,\ F_{NFE} \times a - \frac{1}{3}F_P \times \frac{3}{2}a = 0,\ F_{NFE} = \frac{1}{2}F_P$$

$$\sum F_y = 0,\ F_{yG} = \frac{1}{3}F_P$$

$$\sum F_x = 0,\ F_{xG} = \frac{1}{2}F_P$$

取结点 F 为隔离体,如图 3.31(c)所示,利用结点法求二力杆内力,则有

$$\sum F_x = 0, F_{NFB} = \frac{\sqrt{2}}{2}F_P$$

$$\sum F_y = 0,\ F_{NFD} = -\frac{1}{2}F_P$$

同理,取结点 E 为隔离体,如图 3.35(d)所示,利用结点法求二力杆内力,则有

$$F_{NEA} = \frac{\sqrt{2}}{2}F_P,\ F_{NEC} = -\frac{1}{2}F_P$$

(3)求梁式杆内力

取梁式杆 AG、梁式杆 GB 为隔离体,其受力图分别如图 3.35(e)(f)所示,经简化其受力图分别如图 3.35(g)(h)所示,根据绘制内力图规律可作内力图,如图 3.36 所示。

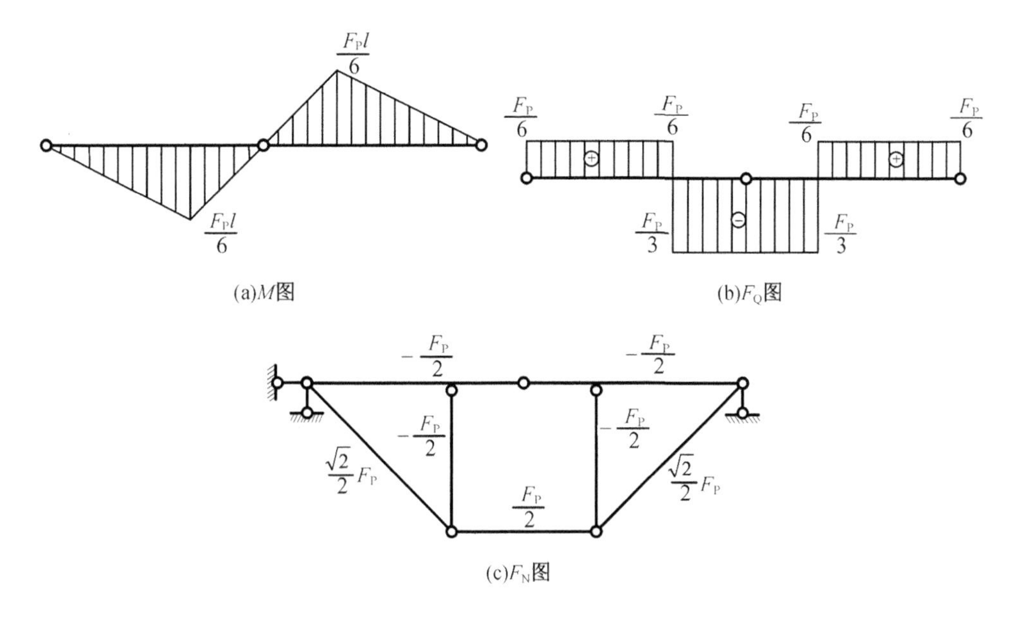

(a)M图　(b)F_Q图

(c)F_N图

图 3.36　内力图

方法二　利用对称性求解

图3.25(a)所示组合结构受力情况可分解为反对称荷载作用(图3.37(a))与对称荷载作用(图3.37(b))的叠加。

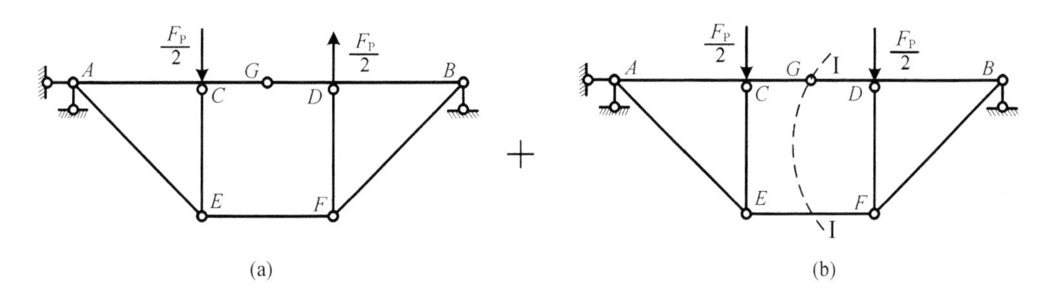

(a)　(b)

图 3.37

在反对称荷载作用下,内力是反对称的,根据力的平衡条件可判断杆 EF 的轴力为零,进一步可确定各二力杆轴力均为零。

$$\sum M_B = 0,\ F_{RA} = \frac{1}{6}F_P(\uparrow)$$

$$\sum F_y = 0,\ F_{RB} = \frac{1}{6}F_P(\downarrow)$$

在对称荷载作用下,内力是对称的。从Ⅰ－Ⅰ截面切开,取右侧为隔离体。

$$\sum M_G = 0,\ F_{NFE} = \frac{1}{2}F_P$$

$$\sum F_y = 0,\ F_{yG} = 0$$

$$\sum F_x = 0,\ F_{xG} = \frac{1}{2}F_P$$

取结点 F 为隔离体,则

$$\sum F_x = 0,\ F_{NFB} = \frac{\sqrt{2}}{2}F_P$$

$$\sum F_y = 0,\ F_{NFD} = -\frac{1}{2}F_P$$

再取 GDB 为隔离体,可判断在对称荷载作用下,剪力为零,弯矩为零。

根据上述结果可直接绘制内力图。

3.6 三 铰 拱

3.6.1 拱的概述

1. 拱的概念

杆的轴线为曲线,在竖向荷载作用下会产生水平推力的结构(在竖向荷载作用下会有水平反力)称为拱。三铰拱是一种静定的拱式结构(图 3.38),在大跨度结构上用料比较省,因而在桥梁和屋盖中应用广泛。

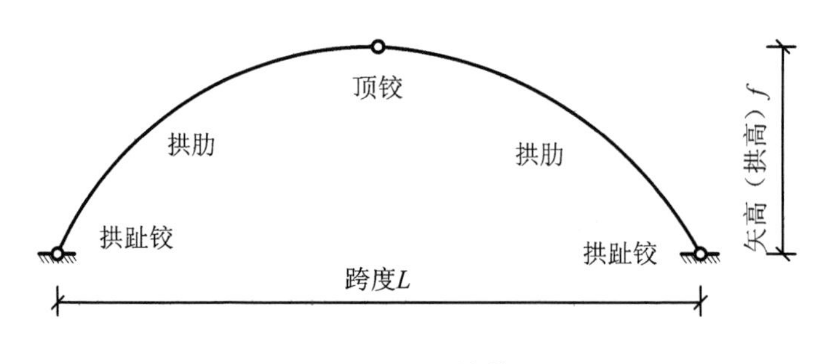

图 3.38 三铰拱

2. 拱的分类

拱的各种形式如图 3.39 所示。依据铰的个数不同可分为三铰拱、两铰拱和无铰拱;依据拱趾是否在同一水平线上可分为平拱(等高拱,图 3.39(a)~(e))和斜拱(不等高拱,图 3.39(f));依据计算特性可分为静定拱(图 3.39(a)~(c))和超静定拱(图 3.39(d)~(f))。

3. 拱的受力特点

图 3.40(a)所示曲梁在竖向荷载作用下,支座内只产生竖向支反力。图 3.40(b)所示拉杆拱在竖向荷载作用下,通过拉杆承担水平推力,消除水平推力对基础或下部结构的不利影响,节约基础或下部结构的材料用量。图 3.40(c)所示三铰拱,在竖向荷载作用下,在支座内产生竖向和水平支座反力。由于水平支座反力的存在使三铰拱各截面的弯矩和剪力比

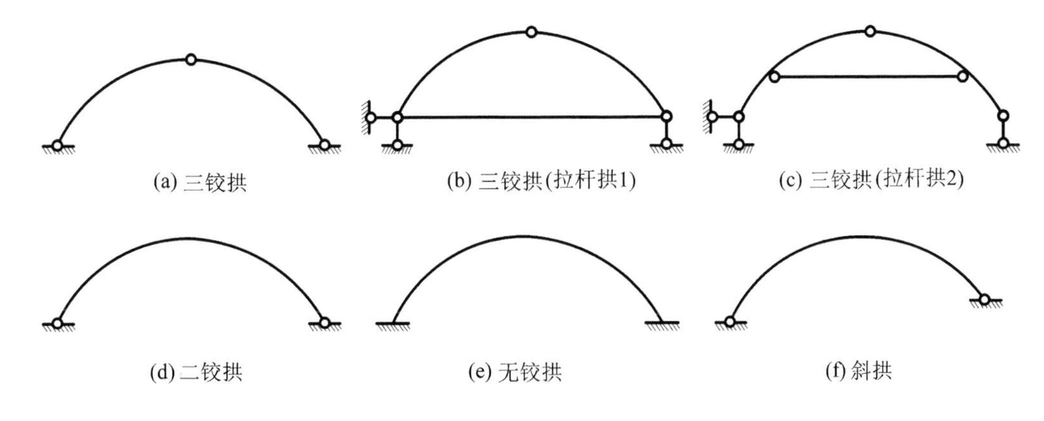

图3.39 拱的分类

相应的曲梁或简支梁的弯矩和剪力要小,因此拱的基本特征是在竖向荷载作用下有水平反力(也称作水平推力)。有无水平推力是区分拱和曲梁的重要依据。

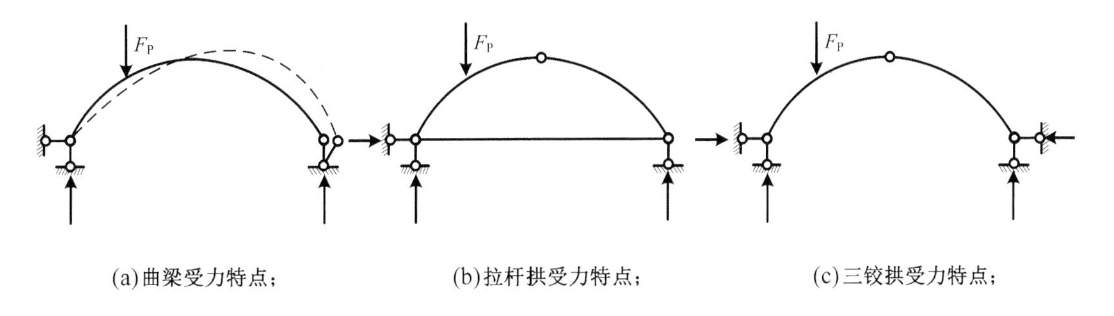

图3.40 曲梁和拱的受力特点比较

3.6.2 在竖向荷载作用下三铰拱的受力分析

下面通过例子说明在竖向荷载作用下如何计算三铰拱的支座反力和指定截面内力,并通过比较三铰拱和简支梁的受力特点说明拱的受力特性。

1. 支座反力的计算

图3.41(a)所示对称的三铰拱,在图示荷载作用下有四个支座反力 $F_{yA}, F_{xA}, F_{yB}, F_{xB}$,计算支座反力的方法与三铰刚架的相同。首先考虑整个三铰拱的平衡条件,由 $\sum M_B = 0$, $\sum M_A = 0$,可求出两个竖向支座反力

$$F_{yA} = \frac{1}{l}(F_{P1}b_1 + F_{P2}b_2)(\uparrow)$$

$$F_{yB} = \frac{1}{l}(F_{P1}a_1 + F_{P2}a_2)(\uparrow)$$

从铰 C 处切开,取左侧为隔离体,由 $\sum M_C = 0$,求出 A 的水平支座反力

$$F_{xA} = \frac{1}{f}\left(F_{yA}\frac{l}{2} - F_{P1}\left(\frac{l}{2} - a_1\right)\right)(\rightarrow)$$

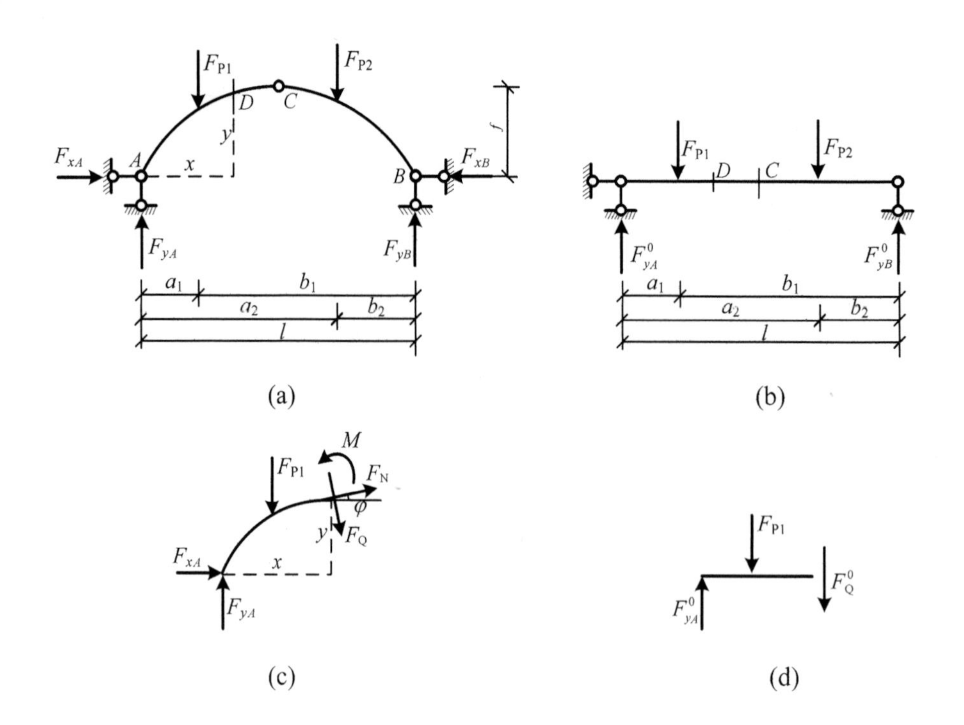

图 3.41

再次取整体为研究对象,由 $\sum F_x = 0$,求出 B 的水平支座反力

$$F_{xB} = \frac{1}{f}\left(F_{yA}\frac{l}{2} - F_{P1}\left(\frac{l}{2} - a_1\right)\right)(\leftarrow)$$

因水平支座反力指向拱的内部,通常称为水平推力,用 F_H 表示。

下面通过分析图 3.41(b)所示简支梁,讨论在同等条件下,三铰拱的支座反力与简支梁的支座反力及其内力之间的关系。

取整体为研究对象,由 $\sum M_B = 0$ 、$\sum M_A = 0$,简支梁的竖向支座反力为

$$F^0_{yA} = \frac{1}{l}(F_{P1}b_1 + F_{P2}b_2)(\uparrow)$$

$$F^0_{yB} = \frac{1}{l}(F_{P1}a_1 + F_{P2}a_2)(\uparrow)$$

从截面 C 切开,取左侧为研究对象,可求得截面 C 的弯矩

$$M^0_C = F_{yA}\frac{l}{2} - F_{P1}\left(\frac{l}{2} - a_1\right)$$

因此

$$F_{yA} = F^0_{yA} \tag{3.3}$$

$$F_{yB} = F^0_{yB} \tag{3.4}$$

$$F_H = F_{xA} = F_{xB} = \frac{M^0_C}{f} \tag{3.5}$$

由此可知:

①三铰拱竖向支座反力与其同跨同荷载作用位置的简支梁的竖向支座反力相同;

②三铰拱的水平推力只与铰的位置有关,而与拱线形状无关。当荷载与跨度一定时,水平推力与矢高成反比,且总是正的。

该组结论只适用于三铰平拱,且承受竖向荷载。

2. 内力计算

求指定截面 D 的内力。

将三铰拱及其相应的简支梁在 D 截面切开,取其左侧为隔离体,分别如图 3.41(c)及图 3.41(d)所示,则三铰拱 D 截面的内力为

$$M = F_{yA}x - F_{P1}(x - a_1) - F_{xA}y$$

$$F_Q = (F_{yA} - F_{P1})\cos\varphi - F_{xA}\sin\varphi$$

$$F_N = -(F_{yA} - F_{P1})\sin\varphi - F_{xA}\cos\varphi$$

相应简支梁 D 截面的内力为

$$M^0 = F_{yA}^0 x - F_{P1}(x - a_1)$$

$$F_Q^0 = F_{yA}^0 - F_{P1}$$

则三铰拱 D 截面的内力可表示为

$$M = M^0 - F_H y \tag{3.6}$$

$$F_Q = F_Q^0\cos\varphi - F_{xA}\sin\varphi \tag{3.7}$$

$$F_N = -F_Q^0\sin\varphi - F_{xA}\cos\varphi \tag{3.8}$$

注意　式(3.6)、式(3.7)、式(3.8)是计算三铰拱顶铰左侧的计算公式。计算三铰拱右侧指定截面剪力和轴力时,需要加一个负号。

由此可知:

(1)在竖向荷载作用下,梁没有水平反力,而拱有水平推力;

(2)在竖向荷载作用下,梁的截面内没有轴力,而拱的截面内轴力较大,且一般为压力;

(3)由于推力的存在,拱截面上的弯矩比简支梁的弯矩小,弯矩的降低,使拱能更充分地发挥材料的作用;

(4)三铰拱的内力不但与荷载及三个铰的位置有关,而且与拱轴线的形状有关。

3.6.3　三铰拱的合理轴线

当三铰拱各截面弯矩为零时,各截面的剪力也为零,则截面上只有轴向压力作用,正应力沿截面均匀分布,拱处于无弯矩状态。这时,拱的材料性能得到充分发挥。三铰拱截面弯矩既与荷载有关,又与铰的位置和拱的几何形状有关。因此合理轴线是指使拱在给定荷载作用下只产生轴力的拱轴线,被称为与该荷载对应的合理轴线。

由式(3.6)可知,在竖向荷载作用下,各截面弯矩为零时,则有

$$M = M^0 - F_H y = 0$$

因此,三铰拱的合理轴线方程可表示为

$$y(x) = \frac{M^0(x)}{F_H} \tag{3.9}$$

式中,$y(x)$和 $M^0(x)$是 x 的函数,F_H 是常数,即在竖向荷载作用下,三铰拱的合理轴线的纵坐标与相应简支梁弯矩图的纵坐标成正比。

例 3-16　图 3.42(a)所示三铰拱承受满跨分布的竖向荷载作用,试求其合理轴线。

解　为研究均布荷载作用下拱的合理轴线,需求出相应简支梁(图 3.42(b))任一截面

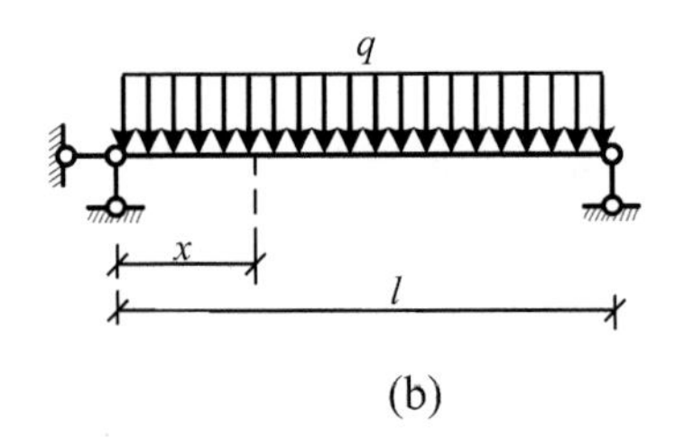

(a)　　(b)

图3.42　例3-16图

上的弯矩，即

$$M^0(x) = \frac{1}{2}qx(l - x)$$

水平推力为

$$F_H = \frac{M_C^0}{f} = \frac{ql^2}{8f}$$

合理轴线为

$$y(x) = \frac{M^0(x)}{F_H} = \frac{4f}{l^2}x(l - x)$$

从上述分析可见，在均布荷载作用下，三铰拱的合理轴线是一条抛物线。当跨度一定时，合理轴线与高垮比有关，具有不同高跨比的一组抛物线都是合理轴线。

3.7　静定结构总论

静定结构虽然在几何组成形式和计算分析上存在差异，但却有一些共同的力学性质。充分理解和掌握静定结构的这些性质，有助于更好地认识结构的性质和正确进行内力计算。静定结构的基本静力性质使静力平衡条件下静定结构的解答具有唯一性。在基本静力性质基础上推导出如下静定结构派生性质。

(1)温度改变、支座微小移动及制造误差等非荷载因素不会引起静定结构产生内力和支座反力。由于静定结构无多余约束，当温度改变或支座移动时，结构将发生一定的转动，但不产生支座反力和内力。当静定结构的支座为弹性支座时，该支座的变形视为支座的位移，只产生位移，但不产生内力。

(2)若取出的结构部分(不管其可变性)能够平衡外荷载，则其他部分将不受力，即平衡力系在静定结构中的局部平衡效应。

(3)在结构某几何不变部分上荷载做等效变换时，荷载变化部分之外的反力、内力不变，即静定结构的荷载等效变换特性。

(4)结构某几何不变部分，在保持与结构其他部分连接方式不变的前提下，用另一方式组成的不变体代替，其他部分的受力情况不变，即静定结构的构造等效变换特性。

3.8 本章小结

本章主要学习了静定结构受力分析方法，如何绘制内力图及不同静定结构受力特性和受力特点，具体内容如下：

3.8.1 基本概念

1. 隔离体

隔离体是在结构分析中取结构的某一部分作为研究对象（可以是结点、杆件、结构中的某个部分或整个结构），隔离体与周围的约束全部截断，而以相应的约束力代替。在选取隔离体时要注意约束力要符合约束的性质。

2. 结点单杆

如在同一个结点的所有内力为未知的各杆中，除某一杆件外，其余各杆都共线，则该杆称为结点单杆。对于结点单杆，利用一个平衡方程即可求出其内力。

3. 截面单杆

如果某个截面所截的内力为未知的各杆中，除某一个杆外其余各杆都交于一点（或彼此平行），则此杆称为截面单杆。

4. 三铰拱的合理轴线

拱在给定荷载作用下只产生轴力的轴线，被称为与该荷载对应的合理轴线。

3.8.2 重要知识点

1. 截面法

截面法是求指定截面内力的基本方法。其具体做法是从某个截面切开，取其左侧或右侧作为隔离体，其上作用一个平面任意力系，可列出三个独立的平衡方程，最多能求解三个基本未知量。

2. 结点法

结点法是指截取一个结点作为隔离体，结点上形成一个平面汇交力系，可列出两个独立的平衡方程，最多能求解两个基本未知量。

3. 叠加原理

叠加原理是指结构在所有荷载作用下产生的某一效应等于每个荷载单独作用下产生的同一效应的代数和。

4. 绘制内力图的一般步骤

（1）计算支座反力；

（2）确定外荷载的不连续点为控制截面；

（3）确定控制截面内力；

（4）利用规律分段绘制内力图。

5. 静定结构的一般性质

温度改变、支座移动、制造误差及材料收缩等非荷载因素不会产生内力和支座反力；利用静力平衡条件可以求出所有内力和支座反力；平衡力系的局部平衡效应；荷载等效变换特性;构造等效变换特性等。

习 题

3－1 判断题(正确的打✓,错误的打×)

(1)温度改变、支座移动及制造误差不会引起静定结构的内力及位移。( )

(2)静定结构在荷载作用下均会产生内力,内力大小与截面尺寸无关。( )

(3)反力为零的结构,各杆内力不一定都为零。( )

(4)用叠加原理求解静定结构时,需要满足的条件是材料为理想弹塑性的。( )

(5)如题3－1(5)图所示结构中的反力 $F_R=0$。( )

(6)如题3－1(6)图所示静定多跨梁,不管 F_P,q 为何值,其上任一截面的剪力均不为零。( )

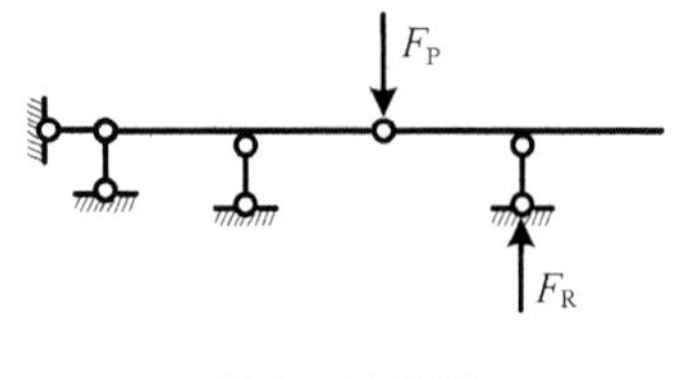

题3－1(5)图

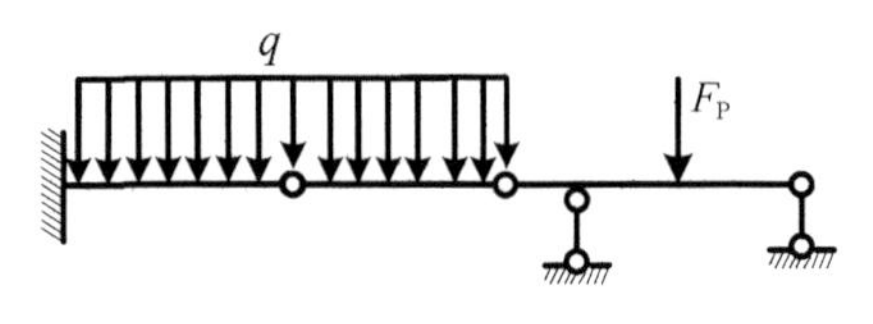

题3－1(6)图

(7)如题3－1(7)图所示刚架中 $M_{CA}=m$,且内侧受拉。( )

(8)如题3－1(8)图所示刚架中杆 AB,B 端的杆端弯矩为零。( )

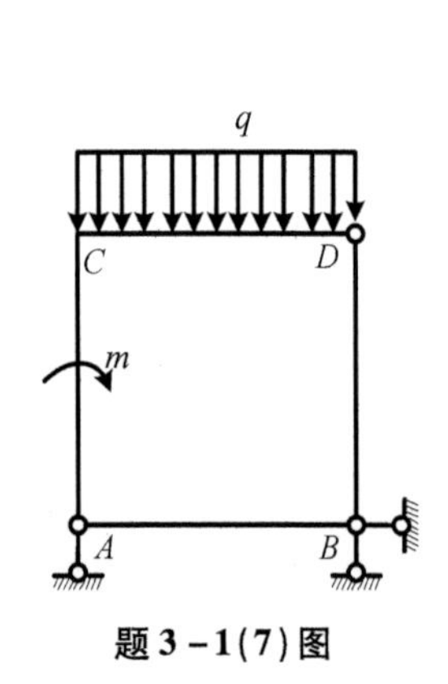

题3－1(7)图

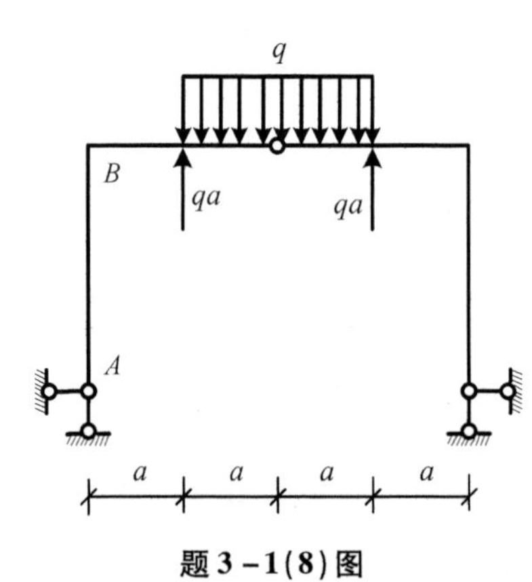

题3－1(8)图

(9)简支支承的三角形静定桁架,靠近支座处的弦杆的内力最小。( )

(10)三铰平拱,在相同跨度和竖向荷载作用下,其水平推力随矢高减小而减小。( )

3－2 作题3－2图所示静定多跨梁的剪力图、弯矩图。

3－3 试确定题3－3图所示静定多跨梁 K 截面弯矩。

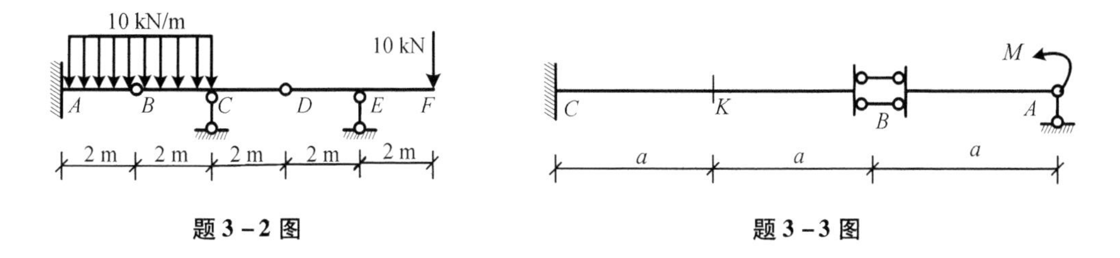

题 3-2 图　　　　题 3-3 图

3-4　试确定题 3-4 图所示静定多跨梁 C 截面弯矩。

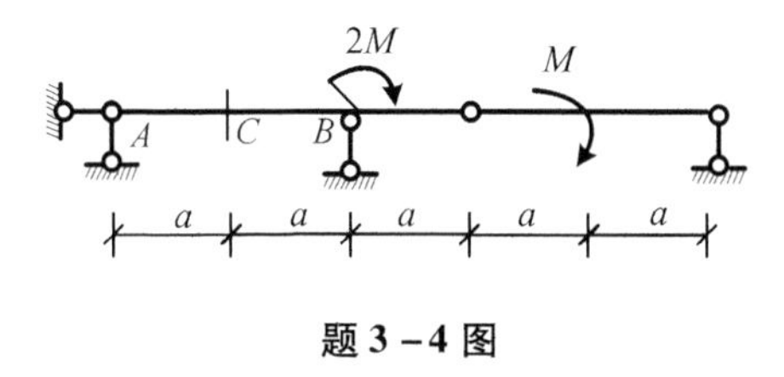

题 3-4 图

3-5　不求支座反力，快速作出题 3-5 图所示静定多跨梁的弯矩图。

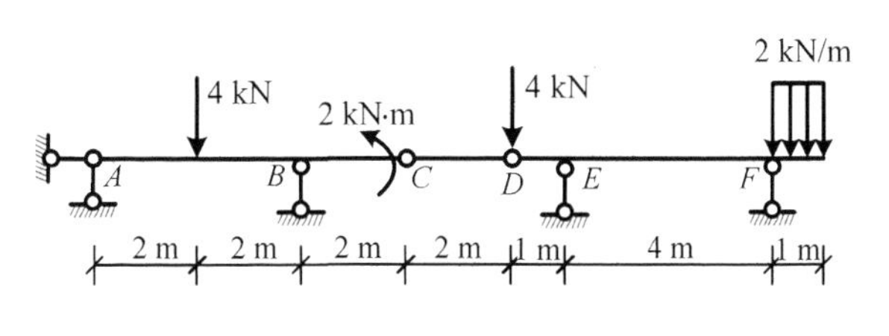

题 3-5 图

3-6　简支梁的剪力图如题 3-6 图所示，根据剪力图求出该简支梁的荷载图。

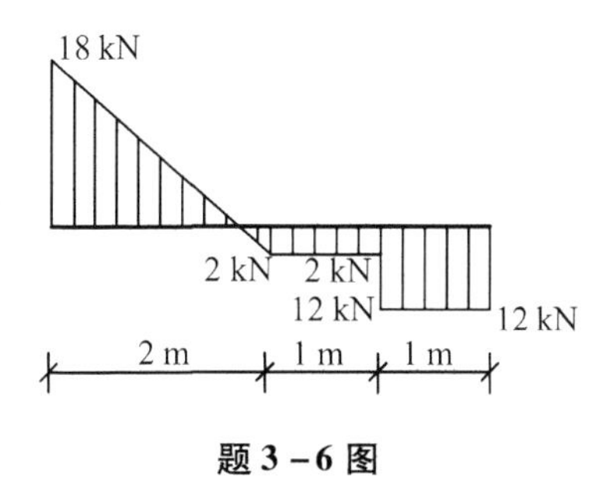

题 3-6 图

3-7　题 3-7 图所示静定多跨梁，计算当 x 值为多少时可使中间一跨的跨中弯矩与支座弯矩绝对值相等。

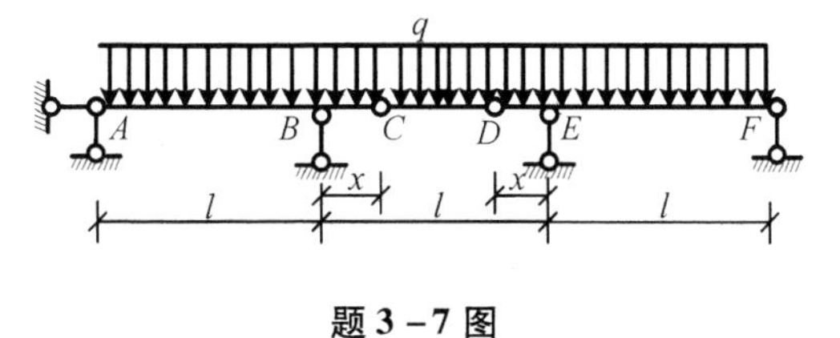

题 3-7 图

3－8　快速画出题 3－8 图所示刚架的内力图。

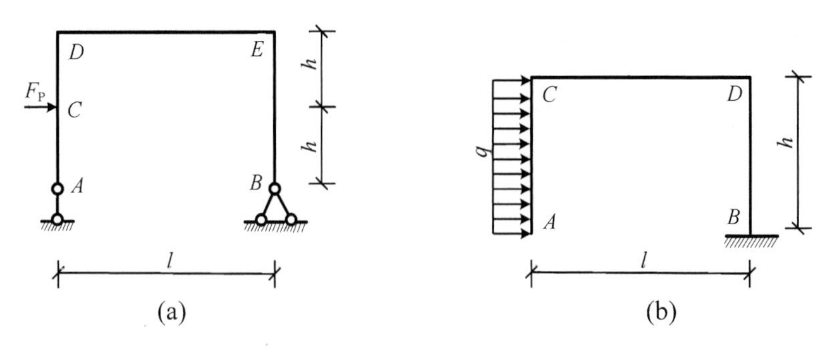

(a)　(b)

题 3－8 图

3－9　作题 3－9 图所示刚架的弯矩图。

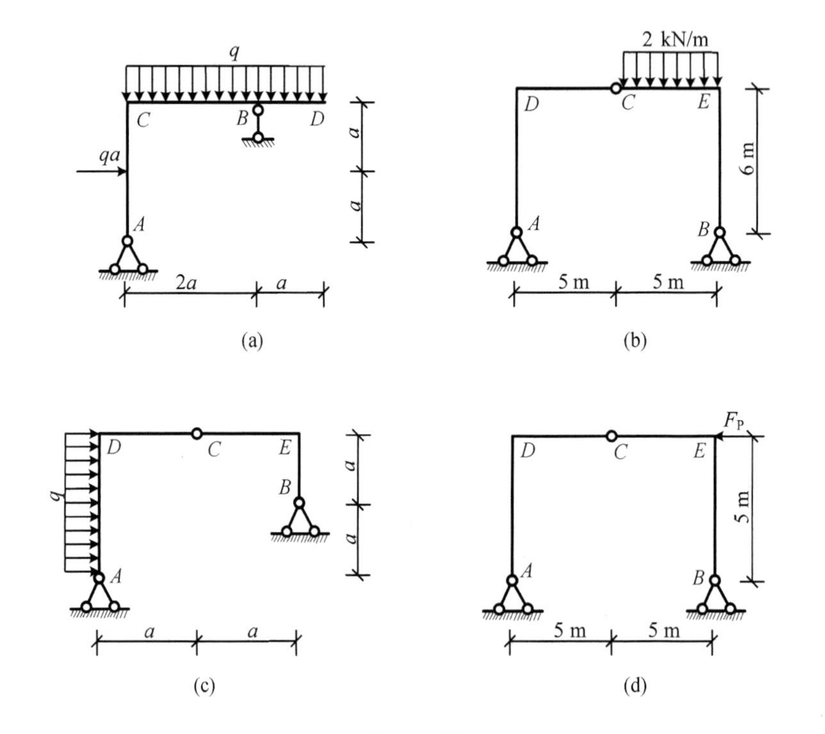

(a)　(b)

(c)　(d)

题 3－9 图

3－10　作题3－10图所示刚架的弯矩图。

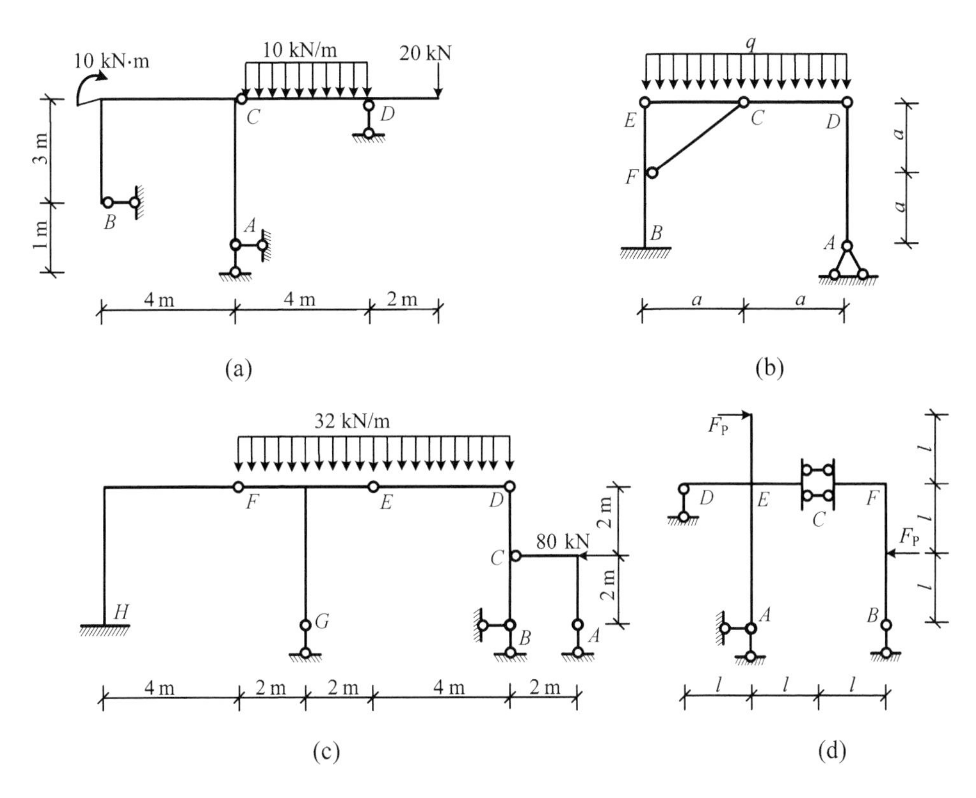

题3－10图

3－11　求题3－11图所示桁架中指定杆件内力。

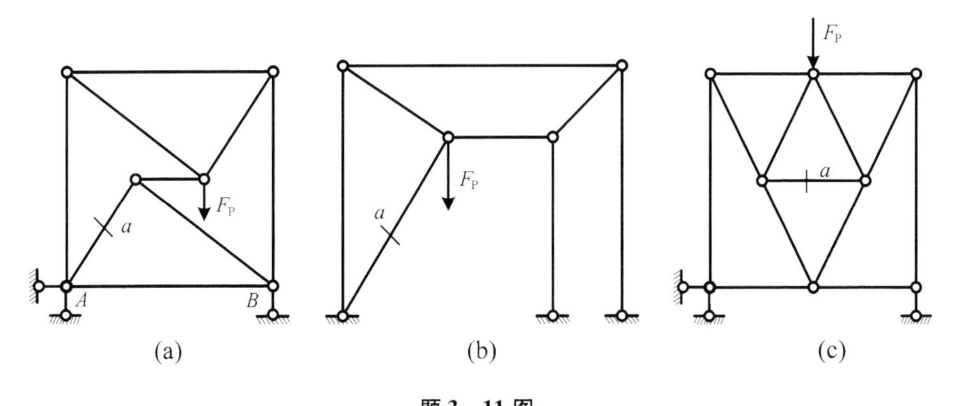

题3－11图

3－12　指出题3－12图所示桁架中的零杆。

3－13　求题3－13图所示桁架指定杆件内力。

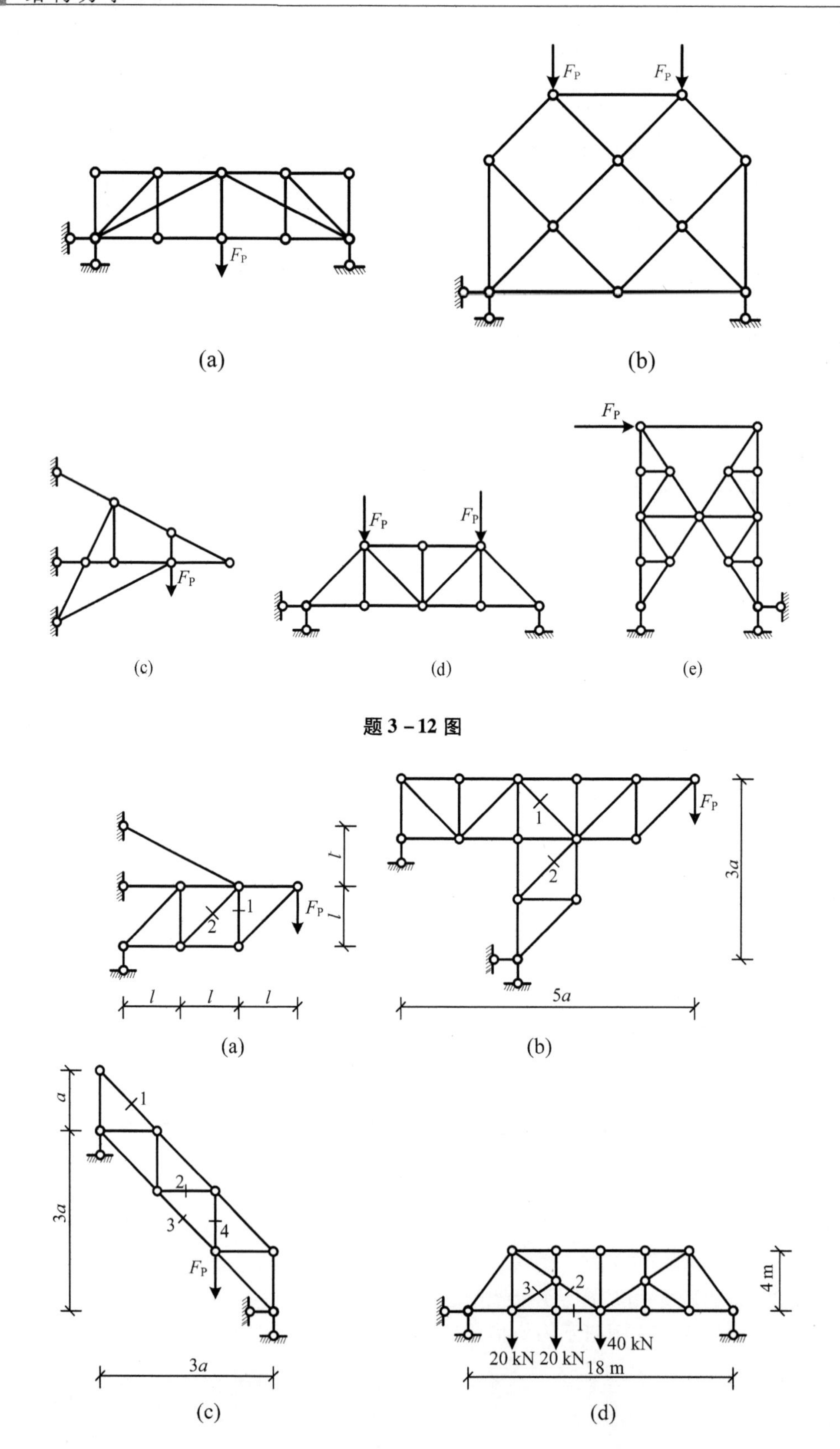

题 3-13 图

3－14　试用结点法或截面法求题 3－14 图所示桁架中各杆轴力。

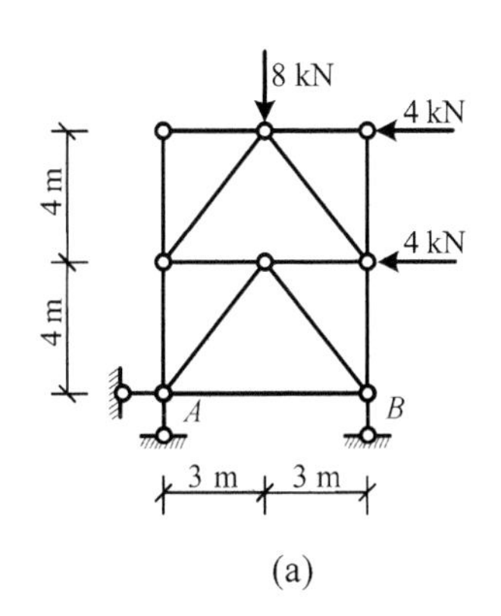

(a)

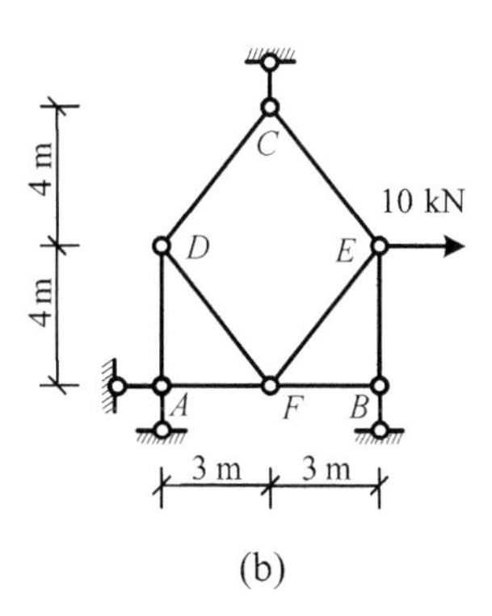

(b)

题 3－14 图

3－15　试作题 3－15 图所示组合结构内力图。

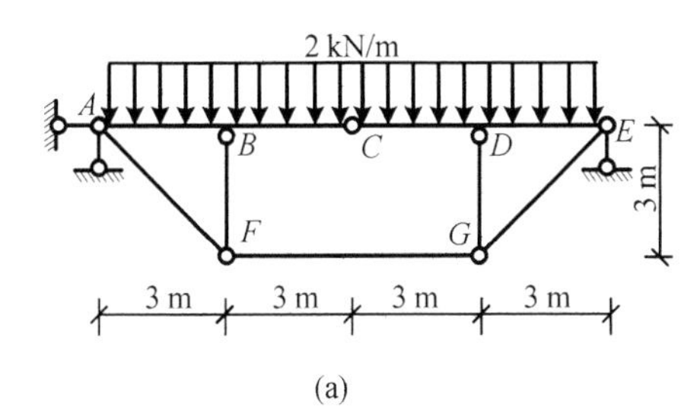

(a)

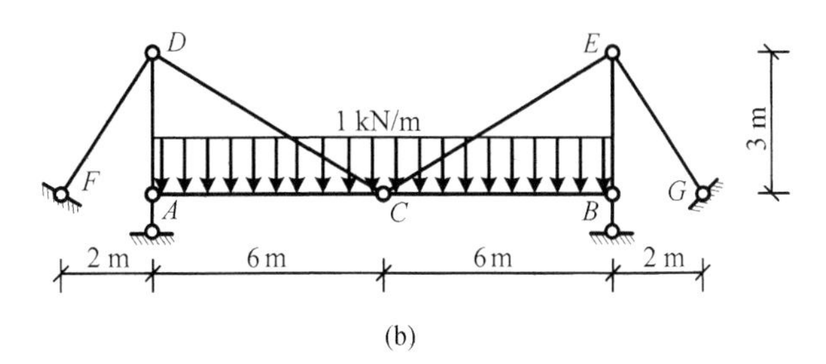

(b)

题 3－15 图

3－16　题 3－16 图所示抛物线三铰拱轴线的方程为 $y=\frac{4f}{l^2}x(l-x)$，$l=16$ m，$f=4$ m。试求：

(a) 支座反力；

(b) 截面 E 的内力；

(c) 求 D 点左右两侧截面的剪力和轴力。

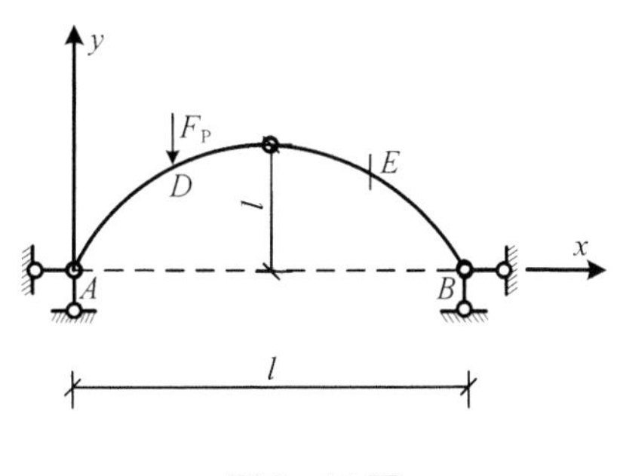

题 3－16 图

第4章　虚功原理与结构位移计算

结构分析的三大任务是强度、刚度及稳定性分析。在第3章中主要学习了静定结构内力分析方法，其目的是为了进行结构强度验算，即在外荷载作用下结构要有足够的承载力。在工程设计中除了满足强度要求外，还需要满足刚度要求，即结构不能产生过大的变形，需要进行结构的位移计算，同时静定结构的位移计算也是进行超静定分析所必需的。位移计算公式是利用虚功原理推导出来的，虚功原理是结构力学中的重要理论，包括刚体体系的虚功原理和变形体体系的虚功原理。

本章在学习虚功原理的基础上，推导结构的位移计算公式，并介绍静定结构在荷载、温度、支座移动及制造误差情况下结构的位移计算，利用图乘法求解梁式构件在荷载作用下的位移计算。

4.1　结构位移计算概述

4.1.1　结构的位移

杆系结构在外界因素作用下会产生变形。外界因素是指荷载作用、温度变化、支座移动及制造误差。变形是指结构原有形状和尺寸的改变，位移是指结构上各点位置产生的变化，即形状的改变称变形，位置的改变称位移。对于静定结构来说，不是所有的外界因素都会使结构产生变形。静定结构在荷载作用下会产生应力和应变，从而使结构产生变形和位移。静定结构在温度变化情况下，由于材料的膨胀或收缩会使结构产生变形，从而也会产生位移。静定结构在支座移动和制造误差情况下因为没有多余约束，所以不会产生变形，只会产生位移。与静定结构不同，超静定结构在外界因素作用下一般都会产生变形和位移。

结构的位移包括线位移和角位移。线位移是指结构上各点位置的移动，包括绝对线位移和相对线位移；角位移是指杆件上某个截面的转动，包括绝对角位移和相对角位移。线位移、角位移、相对线位移（角位移）或绝对线位移（角位移）等统称为广义位移。

如图4.1(a)所示悬臂刚架，在荷载作用下发生如虚线所示的变形，结构上的A点移动到A'点，AA'为在荷载作用下A点线位移，用Δ_A表示，也可用水平线位移Δ_{Ax}和竖向线位移Δ_{Ay}两个分量来表示，该位移为绝对线位移；截面A的转角用θ_A表示，即截面A的绝对角位移。

如图4.1 (b)所示刚架，在荷载作用下发生如虚线所示的变形，结构上A、B两点发生相对水平移动Δ_{AB}，即$\Delta_{AB}=\Delta_{Ax}+\Delta_{Bx}$，截面$C$、截面$D$发生的相对转角$\theta_{CD}=\theta_C+\theta_D$。

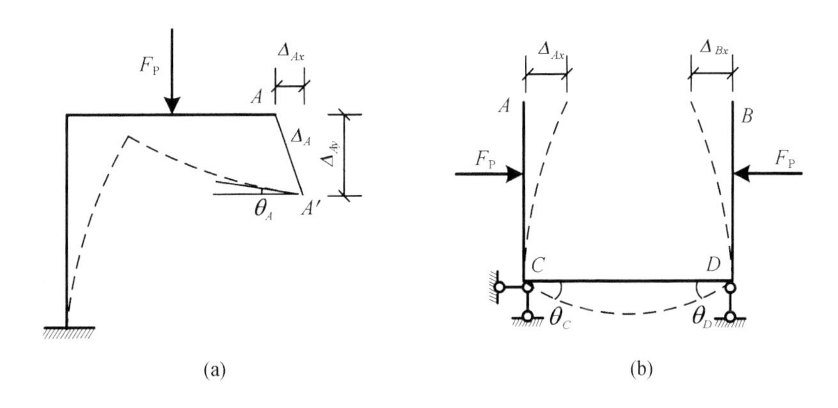

图 4.1

4.1.2 计算结构位移的目的

结构的位移计算在工程设计中具有重要意义,主要目的包括以下三方面。

1. 验算结构刚度

在结构设计中,除进行承载能力的极限状态设计外(结构需满足强度要求),还需进行正常使用极限状态设计(在使用过程中不致产生过大的变形,需要结构具有足够的刚度)。由于结构的刚度是以其变形或位移来衡量的,因此为了验算结构的刚度,需要计算结构的位移。

2. 满足结构制作及施工要求

在结构的制作和施工过程中,通常需要预先知道结构可能发生的位移,以便采用必要的防范和加固措施。如图 4.2(a)所示,简支梁在图示荷载作用下,结构会产生虚线所示的变形,梁跨中处的竖向位移最大。在制作过程中通常采取起拱的方法(图 4.2(b))来减小梁的竖向位移。

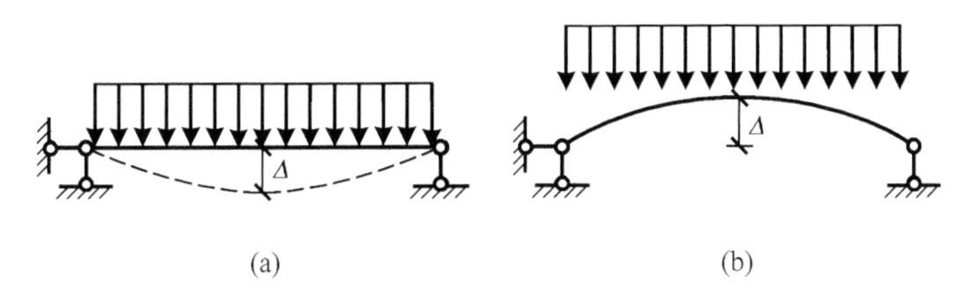

图 4.2

3. 超静定结构分析、动力计算及稳定计算的基础

进行超静定结构分析时,利用静力平衡方程无法求解出所有内力及支座反力,利用力法分析时,需要借助变形协调方程,即需要考虑位移条件,因此位移计算是超静定结构分析的基础,是必要的组成部分。此外,结构动力计算及稳定计算也需要用到结构的位移计算。

4.1.3 位移计算的基本假定

在结构位移计算中,为简化计算,忽略次要条件,作如下三点假定:

1. 满足胡克定律

应力应变呈线性关系。

2. 小变形

结构的变形是微小的,即结构变形后的平衡方程中,可以忽略结构的变形,而仍然用结构变形前的几何尺寸;由于变形微小,变形和位移呈线性关系。

3. 理想连接

结构各处的连接和约束都是理想连接,即结构发生位移时,约束力不做功。

满足上述条件的结构体系为线弹性体系,位移与荷载呈线性关系,在进行结构位移计算时,可利用叠加原理求解。

4.2 虚功原理

4.2.1 功的概念

功是能量变化的度量。它用定量形式表述了力在其作用点的运动路程上对物体作用的效果。

功 = 力 × 力作用点沿力方向上的位移

即

$$W = \boldsymbol{F}_{\mathrm{P}} \cdot \boldsymbol{\Delta}$$

式中,$\boldsymbol{F}_{\mathrm{P}}$ 为广义力;$\boldsymbol{\Delta}$ 为广义位移。广义力与广义位移的乘积具有功的量纲。

依据力与位移的关系,功分为实功和虚功。实功是力在自身所产生的位移上所做的功;虚功是力在非自身所产生的位移上所做的功,即力与位移是相互独立,彼此无关的两个量,因此可以将二者看作是分属于同一体系的两种彼此无关的两个状态,其中力系所属状态称为力状态,位移所属状态称为位移状态。

注意 实功与虚功的差别。

如图 4.3(a)所示状态 1,在位置 1 作用一集中荷载 F_{P1},由于 F_{P1}作用,在位置 1 产生的位移为 Δ_{11},在位置 2 产生的位移为 Δ_{21}(Δ_{ij}的第一个脚标表示位移发生的位置,即此位移是 $F_{\mathrm{P}i}$作用点沿 $F_{\mathrm{P}i}$方向的位移,第二个脚标表示产生位移的原因,即此位移是由 $F_{\mathrm{P}j}$引起的);如图 4.3(b)所示状态 2,在位置 2 作用一集中荷载 F_{P2},由于 F_{P2}作用,在位置 2 产生的位移为 Δ_{22},在位置 1 产生的位移为 Δ_{12}。因此,广义力 F_{P1}在广义位移 Δ_{11}上所做的功为实功。在结构静力分析中,由于 F_{P1}为静力荷载,即该荷载从零逐渐增加到 F_{P1}值,对于线弹性体系,荷载与位移呈线性关系,如图 4.3(c)所示荷载与位移线性关系,所以通过对图示三角形积分,可得到该实功为 $W_{11} = \frac{1}{2} \times F_{\mathrm{P1}} \times \Delta_{11}$。因为状态 1 与状态 2 是两个彼此无关的状态,故状态 1 里的力 F_{P1}在状态 2 中由于 F_{P2}引起的位移 Δ_{12}上所做的功为虚功,在此过程中 F_{P1}的值保持不变,所以 F_{P1}在位移 Δ_{12}上所做的功为 $W_{12} = F_{\mathrm{P1}} \times \Delta_{12}$。

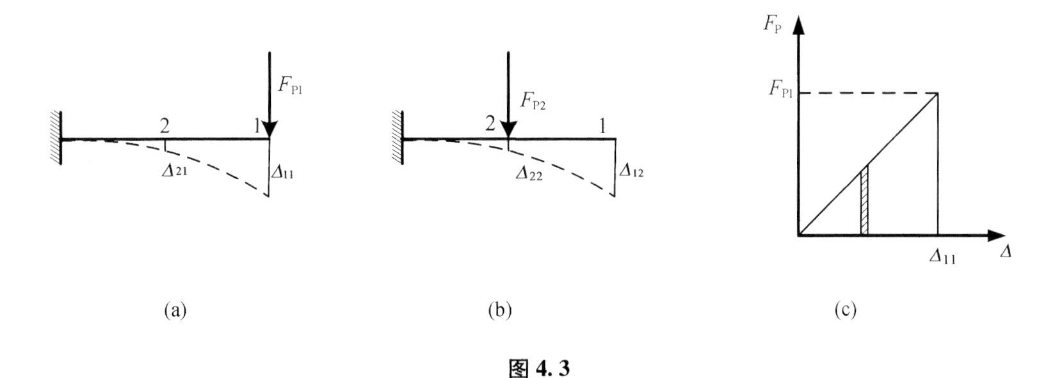

图 4.3

4.2.2　刚体体系的虚功原理

对于具有理想约束的刚体体系，其虚功原理可表述为：设体系上作用任意的平衡力系，又设体系发生任意的符合约束条件的无限小刚体体系位移，则主动力在位移上所做的虚功总和恒等于零。

在这里，理想约束是指其约束力在可能位移上所做的功恒等于零的那种约束。固接、光滑铰接及刚性链杆都是理想约束的例子。在刚体中，任何两点间的距离保持不变，可以设想任何两点间有刚性链杆相连，因此刚体是具有理想约束的质点系，刚体内力在刚体的可能位移上所做的功恒等于零。

定义中提到两个状态：一个是平衡力系，即体系上作用任意的平衡力系；二是可能位移，即体系发生任意的符合约束条件的无限小刚体体系位移。两个状态是彼此独立无关的，所以平衡力系在可能位移上所做的功称为虚功。

因为虚功原理中平衡力系与可能位移无关，故不仅可以把位移看作是虚设的，而且也可把力系看作是虚设的。根据虚设对象的选择不同，虚功原理有虚位移原理和虚力原理两种形式，用来解决两类问题。虚位移原理用于虚设位移求未知力；虚力原理用于虚设力求位移。

1. 虚位移原理

虚功原理可用于虚设的协调位移状态与实际的平衡力状态之间，即虚位移原理。虚位移原理可通过虚设位移来求解静定结构的约束力，下面通过例子说明求解过程及方法。如图 4.4(a)所示伸臂梁，在 C 点作用一集中荷载 F_P，求支座 A 的反力。利用第 3 章静力分析方法可知，所有外力对 B 点取距即可求出支座 A 的反力。此处利用虚位移方法来求解，该伸臂梁为一静定结构，自由度为零且无多余约束，所以不能发生符合约束条件的位移，故为求 A 点支座反力需去掉 A 点的约束，把原结构变成一机构(图 4.4(b))，同时把原结构 A 处的支座反力 F_{yA} 以主动力的形式作用于 A 点，因 F_{yA} 与约束力相同，故该机构的受力状态与原结构相同，即为待分析的平衡力状态。让该机构发生符合约束条件的微小位移(图 4.4(c))，即为虚设的协调位移状态。利用虚功原理可知

$$F_P\Delta_P + F_{yA}\Delta_x = 0 \tag{4.1}$$

由图 4.4(c)所示位移状态，根据几何关系可知

$$\frac{\Delta_P}{\Delta_x} = \frac{b}{a} \tag{4.2}$$

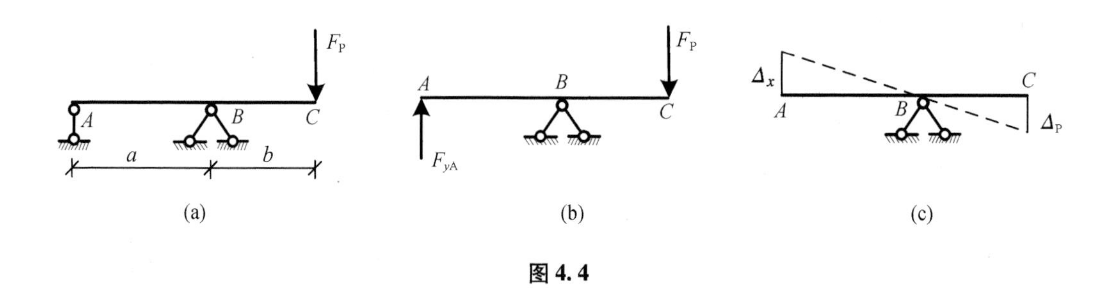

图 4.4

把式(4.2)代入式(4.1)则有

$$F_{yA} = -F_P \frac{\Delta_P}{\Delta_x} = -\frac{b}{a}F_P \tag{4.3}$$

因位移状态是虚设的,所以通常可直接虚设位移比值 $\delta_x = 1$ 和 $\delta_P = \dfrac{\Delta_P}{\Delta_x}$, 则有 $F_{yA} = -F_P\delta_P$。

这种在拟求未知力方向虚设单位比例位移 $\delta_x = 1$,并利用几何关系求出 δ_P 的方法称作单位比值位移法,简称单位位移法。刚体体系的虚功原理中可能的位移状态是发生符合约束条件的微小的位移,故 Δ_x 与 Δ_P 之间是微小变形下的几何关系。除以 Δ_x 后,δ_x 与 δ_P 虽然不再是微量,但其间的比例关系不变。

因此,用虚位移原理求静定结构未知力时有如下归纳:

(1)虚功方程形式上是功的方程(式(4.1)),实际上是力的平衡方程(式(4.3));

(2)虚位移与实际力状态无关,故可设 $\delta_x = 1$;

(3)求解时关键一步是找出虚位移状态的位移关系(式(4.2));

(4)用虚位移法求解未知力实质上是用几何法来求解静力平衡问题。

用虚位移原理求解静定结构未知力的具体步骤为:

(1)要求某个未知力 F_x,就撤去与 F_x 相应的约束,把原结构变成有一个自由度的机构,并把 F_x 以主动力的形式作用于机构上,该状态为平衡力状态;

(2)让该机构发生符合约束条件的微小位移,得到可能的协调位移状态,并令 $\delta_x = 1$;

(3)利用虚功原理建立功的方程;

(4)根据几何关系即可求得未知力 F_x。

2. 虚力原理

虚功原理可用于虚设的平衡力系状态与实际的协调位移状态之间,即虚力原理。虚力原理可通过虚设力来求解静定结构的位移,下面通过例子说明求解过程及方法。如图 4.5(a)所示伸臂梁,A 点有一竖直向上的支座移动 c,求 C 点的竖向位移 Δ。若求 C 点的竖向位移,需在 C 点沿着位移方向加一荷载,并求得在此荷载作用下支座 A 的反力,如图 4.5(b)所示,该状态为虚设的平衡力状态。根据虚功方程得

$$F_P\Delta + F_{yA}c = 0 \tag{4.4}$$

由图 4.5(b)所示平衡力状态,根据平衡关系可知

$$F_{yA} = -\frac{b}{a}F_P \tag{4.5}$$

把式(4.5)代入式(4.4)则有

$$\Delta = \frac{bc}{a} \tag{4.6}$$

因平衡力状态是虚设的，所以通常取 $F_P=1$，则有 $F_{yA}=-\frac{b}{a}$，同样可得 $\Delta=\frac{bc}{a}$。

这种在拟求位移方向虚设单位荷载 $F_P=1$ 的方法称作单位荷载法。

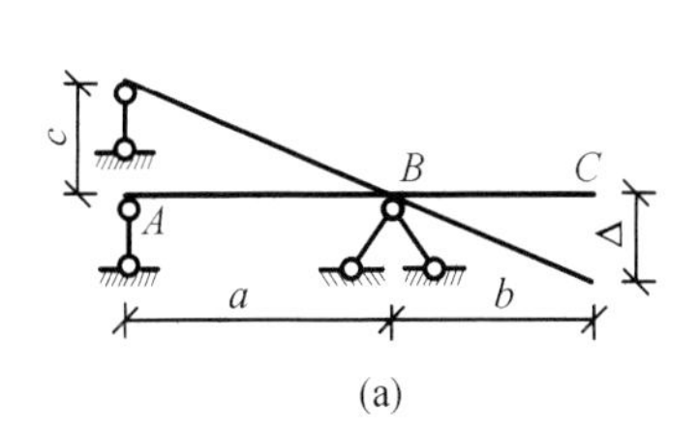

(a)

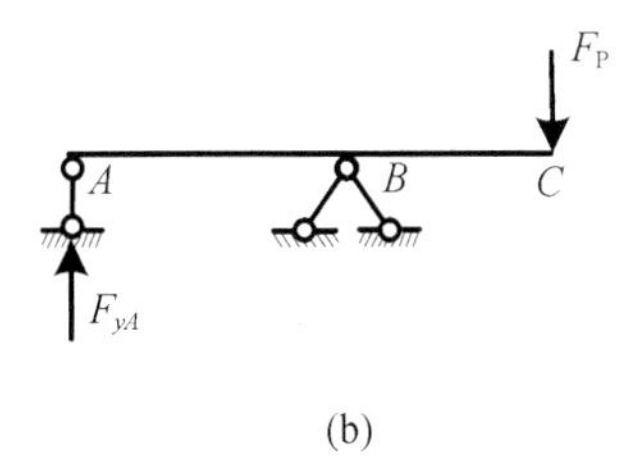

(b)

图4.5

因此，用虚力原理求静定结构位移时有如下归纳：

(1)虚功方程形式上是功的方程(式(4.4))，实际上是几何方程(式(4.6))；

(2)虚力与实际位移状态无关，故可设单位广义力 $F_P=1$；

(3)求解时关键一步是找出虚力状态的静力平衡关系(式(4.5))；

(4)用虚力法求解位移实质上是用静力平衡法求几何问题。

从上述分析可知：

(1)单位位移法的虚功方程——实际上是力的平衡方程；

(2)单位荷载法的虚功方程——实际上是协调的几何方程；

(3)在虚位移原理中，一个力系平衡的充要条件是对任意协调位移，虚功方程成立；

(4)在虚力原理中，一个位移状态是协调的充分必要条件是对任意平衡力系，虚功方程成立。

例4-1　如图4.6(a)所示静定多跨梁，利用虚功原理求图示荷载作用下 C 点支座反力 F_{yC}、B 截面剪力 F_{QB} 及弯矩 M_B。

解　(1)求 C 点支座反力

撤去 C 点滚轴支座，把支座 C 的约束力 F_{yC} 以主动力形式加于 C 点，如图4.6(b)所示；让该机构发生符合约束条件的微小虚位移(图4.6(b)虚线)，并令 C 点处的单位比例位移 $\delta_C=1$，根据几何关系可确定各点处的单位比例位移，如图4.6(b)所示，则有

$$F_{yC}\cdot 1-2\times\frac{1}{2}\times\left(1+\frac{3}{2}\right)\times 2-2\times\frac{1}{2}\times\frac{3}{2}\times 4+2\times\frac{1}{2}\times\frac{3}{4}\times 2+6\times\frac{3}{4}=0$$

$$F_{yC}=5\ \text{kN}(\uparrow)$$

(2)求截面 B 的剪力 F_{QB}

撤去与剪力 F_{QB} 相应的约束，即将 B 截面切开，加上两个平行梁轴的链杆。这时，两侧截面 B_1 和 B_2 可发生相对剪切位移，但不能发生相对轴向位移和相对转角。同时，剪力由约束力变为主动力，由一对大小相等、方向相反的竖向力组成，如图4.6(c)所示；让该机构发生符合约束条件的微小虚位移(图4.6(c)虚线)，由于两侧截面 B_1 和 B_2 没有相对转动，因此 AB_1 和 B_2C 两段梁仍保持平行，并令 B 点处的相对单位比例位移 $B_1B_2=1$，根据几何关系可确定各点处的单位比例位移如图4.6(c)所示，则有

$$F_{QB}\cdot 1+\frac{1}{2}\times 0.5\times 6\times 2-\frac{1}{2}\times 0.25\times 2\times 2-6\times 0.25=0$$

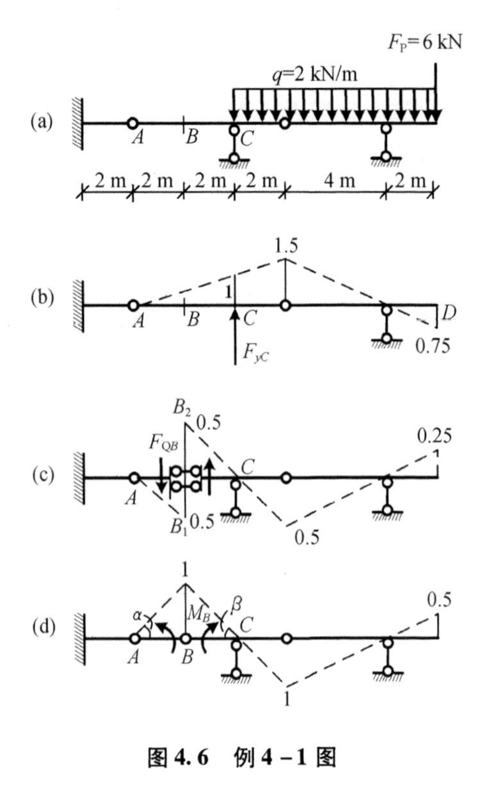

图 4.6　例 4－1 图

$$F_{QB} = -1\ \text{kN}$$

(3)求截面 B 的弯矩 M_B

撤去与弯矩相应的约束,即将截面 B 由刚接改为铰接。同时,弯矩 M_B 由约束力变为主动力,由一对大小相等、方向相反的力偶所组成,如图 4.6(d)所示;让该机构发生符合约束条件的微小虚位移(图 4.6(d)虚线)。令 B 点处的相对转角 $\alpha+\beta=1$,根据几何关系可确定各点处的单位比例位移如图 4.6(d)所示,则有

$$M_B\cdot 1+\frac{1}{2}\times 6\times 1\times 2-\frac{1}{2}\times 2\times 0.5\times 2-6\times 0.5=0 \quad M_B=-2\ \text{kN}\cdot\text{m}$$

4.2.3　变形体体系的虚功原理

本部分讨论变形体体系虚功原理的一般情况。在刚体体系的虚功原理中,由于刚体的应变恒为零,内力所做的功恒为零,因此只需考虑外力所做的功。而在变形体体系的虚功原理中,由于变形体中存在应变,因而既要考虑外力所做的功,也要考虑内力所做的功,即还需要考虑应力在变形上所做的内虚功,这是变形体体系虚功原理与刚体体系虚功原理唯一的不同之处。

变形体体系虚功原理表述为:设变形体在外力作用下处于平衡状态,又设变形体由于其他原因产生符合约束条件的微小连续变形,则外力在位移上所做外虚功(W_e)恒等于各个微段的应力合力在变形上所做的内虚功(W_i),即

$$W_e = W_i \tag{4.7}$$

变形体虚功方程的应用条件是:力系应当满足平衡条件;位移应当符合支承情况并保持结构的连续性,即位移应当满足变形连续协调条件。

如图4.7(a)所示,简支梁上作用沿杆长轴向分布的荷载 $p(x)$ 和法向分布的荷载 $q(x)$,在图示荷载作用下,体系满足力的平衡条件。从图4.7(a)所示体系中取微段隔离体(图4.7(b))应满足平衡条件,即截面内力 M,F_N,F_Q 与分布荷载 $p(x),q(x)$ 之间应满足下列平衡微分方程,即

$$\begin{aligned} dF_N + p(x)dx &= 0 \\ dF_Q + q(x)dx &= 0 \\ dM + F_Q dx &= 0 \end{aligned} \tag{4.8}$$

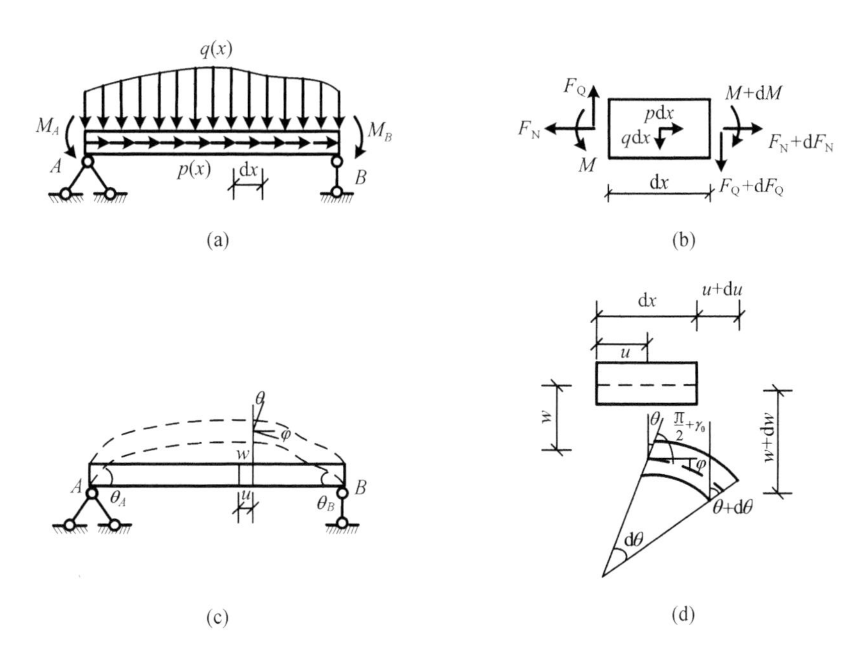

图4.7

如图4.7(c)所示同一个简支梁,发生符合约束条件的微小连续变形,体系满足变形连续协调条件。在任一截面的位移可用三个位移分量来描述,即截面的角位移 θ、截面形心的轴向位移 u 和横向位移 w。杆轴切线的角位移 φ 可由 w 得出,即

$$\varphi = \frac{dw}{dx} \tag{4.9}$$

从图4.7(c)所示体系中取微段隔离体(图4.7(d)),微段的变形可用三个应变分量来描述,即两端截面的相对转角 $d\theta$、轴向的线应变 ε、截面平均切应变 γ_0。则位移分量与应变分量之间应满足下列关系式,即

$$\varepsilon = \frac{du}{dx} \tag{4.10}$$

$$\gamma_0 = \varphi - \theta = \frac{dw}{dx} - \theta \tag{4.11}$$

图4.7(a)与图4.7(c)所示分别是同一体系两个彼此无关的力的平衡状态和位移变形状态。令图4.7(a)中的平衡力状态在图4.7(c)中连续变形状态上做虚功。

外力在位移上所做的外虚功为

$$W_e = M_B\theta_B - M_A\theta_A + \int_A^B [p(x)u + q(x)w]\mathrm{d}x \tag{4.12}$$

整个变形体的内虚功为

$$W_i = \int_A^B (M\mathrm{d}\theta + F_N\varepsilon\mathrm{d}x + F_Q\gamma_0\mathrm{d}x) \tag{4.13}$$

将式(4.12)和式(4.13)代入式(4.7),得到变形体虚功方程为

$$M_B\theta_B - M_A\theta_A + \int_A^B [p(x)u + q(x)w]\mathrm{d}x = \int_A^B (M\mathrm{d}\theta + F_N\varepsilon\mathrm{d}x + F_Q\gamma_0\mathrm{d}x) \tag{4.14}$$

现在证明虚功方程式(4.14)成立。

首先,根据平衡微分方程式(4.8),可知下面等式成立:

$$\int_A^B \{[\mathrm{d}F_N + p(x)\mathrm{d}x]u + [\mathrm{d}F_Q + q(x)\mathrm{d}x]w + (\mathrm{d}M + F_Q\mathrm{d}x)\theta\} = 0 \tag{4.14a}$$

上式可改写为

$$\int_A^B (u\mathrm{d}F_N + w\mathrm{d}F_Q + \theta\mathrm{d}M) + \int_A^B [p(x)u + q(x)w + F_Q\theta]\mathrm{d}x = 0 \tag{4.14b}$$

由于

$$u\mathrm{d}F_N + w\mathrm{d}F_Q + \theta\mathrm{d}M = \mathrm{d}(uF_N + wF_Q + \theta M) - (F_N\mathrm{d}u + F_Q\mathrm{d}w + M\mathrm{d}\theta)$$

故式(4.14a)又可改写为

$$(uF_N + wF_Q + \theta M)\Big|_A^B - \int_A^B (F_N\mathrm{d}u + F_Q\mathrm{d}w + M\mathrm{d}\theta) + \int_A^B [p(x)u + q(x)w + F_Q\theta]\mathrm{d}x = 0 \tag{4.14c}$$

由应变位移关系式(4.10)和式(4.11),可知

$$\begin{cases} \mathrm{d}u = \varepsilon\mathrm{d}x \\ \mathrm{d}w - \theta\mathrm{d}x = \gamma_0\mathrm{d}x \end{cases}$$

代入式(4.14c),得

$$M_B\theta_B - M_A\theta_A + \int_A^B [p(x)u + q(x)w]\mathrm{d}x = \int_A^B (M\mathrm{d}\theta + F_N\varepsilon\mathrm{d}x + F_Q\gamma_0\mathrm{d}x) \tag{4.14d}$$

式(4.14d)即为式(4.14),由此证明虚功方程式(4.14)成立。

上述原理证明是以简支梁在分布荷载作用下为例的,原理的证明过程表明该原理适用于任何线性及非线性的变形体,适用于任何结构。同刚体体系的虚功原理相同,其可以有两种应用:一是实际待分析的力的平衡状态和虚设的协调变形位移状态,将平衡问题化为几何问题求解;二是实际待分析的协调位移变形状态和虚设的力的平衡状态,将位移问题化为平衡问题求解。

4.3 荷载作用下的位移计算

4.3.1 单位荷载法

结构发生位移时,在一般情况下,结构内部也同时产生应变,因此结构位移计算问题一般属于变形体体系的位移计算问题。依据变形体体系虚功原理,为分析协调的位移状态,需虚设力的平衡状态,将位移问题化为平衡问题求解。因平衡状态是虚设的,为简化起见,通常可取单位荷载。下面通过例子说明单位荷载法并给出荷载作用下结构位移计算的一般公式。

如图4.8(a)所示简支梁上AC段作用有均布荷载q,求K点竖向位移Δ。该简支梁在图示荷载作用下会产生位移和变形,如图4.8(a)中虚线所示。应用变形体体系虚功原理求K点竖向位移需虚设力的平衡状态(注意:求哪点位移,即在哪点沿位移的方向加单位力),如图4.8(b)所示。因平衡状态是虚设的,为方便起见令作用在K点的集中荷载为1。在图4.8(a)所示实际待分析的协调位移状态中任意微段的轴向的线应变、截面平均切应变、轴线曲率分别用$\varepsilon_P,\gamma_P,\kappa_P$表示;在图4.8(b)所示虚设平衡状态中由单位荷载在任意截面引起的轴力、剪力、弯矩分别用$\overline{F}_N,\overline{F}_Q,\overline{M}$表示。则根据变形体体系虚功原理可知:

外虚功为

$$W_e = F_p \cdot \Delta = \Delta$$

内虚功为

$$W_i = \int (\overline{F}_N \varepsilon_P + \overline{F}_Q \gamma_P + \overline{M} \kappa_P) \mathrm{d}s$$

并有

$$\Delta = \int (\overline{F}_N \varepsilon_P + \overline{F}_Q \gamma_P + \overline{M} \kappa_P) \mathrm{d}s$$

对于由线弹性直杆组成的结构有

$$\varepsilon_P = \frac{F_{NP}}{EA},\ \gamma_P = \frac{kF_{QP}}{GA},\ \kappa_P = \frac{M_P}{EI}$$

式中 E,G——分别为材料的弹性模量和剪切模量;

A,I——分别为杆件截面面积和惯性矩;

EI,EA,GA——分别为杆件截面抗弯、抗拉和抗剪刚度;

k——一个与截面形状有关的系数,表4.1给出了几种常见截面形式的k值;

F_{NP},F_{QP},M_P——实际荷载引起的内力。

则荷载作用下结构位移计算的一般公式为

$$\Delta = \sum \int \left(\frac{\overline{F}_N F_{NP}}{EA} + \frac{k\overline{F}_Q F_{QP}}{GA} + \frac{\overline{M} M_P}{EI} \right) \mathrm{d}s \tag{4.15}$$

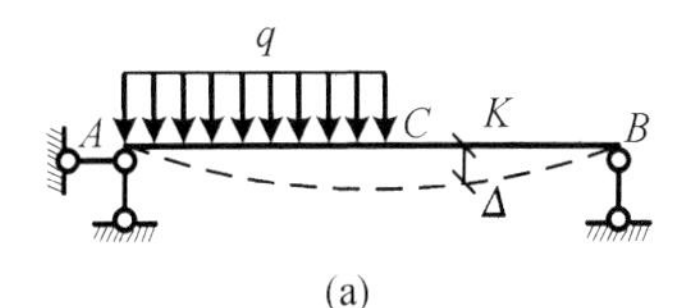

(a)

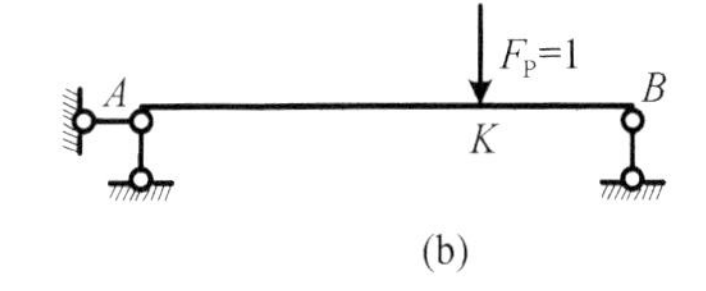

(b)

图4.8

表4.1 切应变的截面形状系数 k

截面形式	系数k
矩形	6/5
圆形	10/9
薄壁圆环形	2
工字形或箱形	A/A_1(A_1为腹板面积)*

注:* 此值为近似值

如图 4.9(a)所示简支梁上除 AC 段作用有均布荷载 q 外,支座 A 有一个竖直向下的支座移动,求 K 点竖向位移 Δ。该种情况下简支梁的位移是由外荷载和支座移动共同引起的,其位移情况如图 4.9(a)中虚线所示。同样,欲求 K 点的竖向位移,沿 K 点竖向位移方向加单位荷载,求单位荷载作用下的内力及支座反力,如图 4.9(b)所示。则外虚功为

$$W_e = \overline{F}_{RA} \cdot c_A + \Delta$$

式中,$\overline{F}_{RA}$ 为单位荷载作用下支座 A 的反力,若 $\overline{F}_{RA}$ 与 c_A 的方向一致,则 $\overline{F}_{RA} \cdot c_A$ 为正;反之为负。

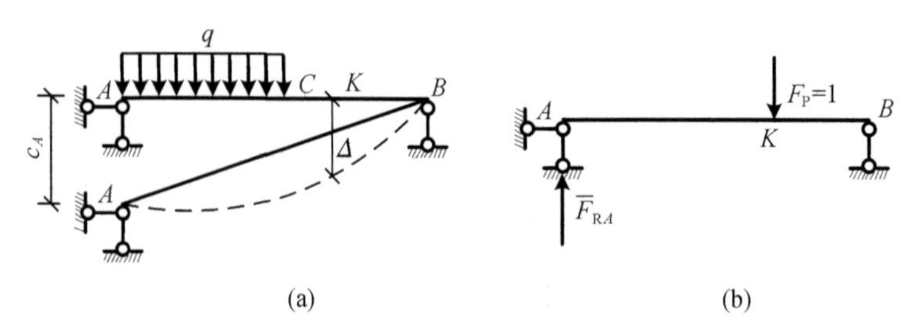

图 4.9

根据外虚功和内虚功相等可知

$$\Delta = \int\left(\frac{\overline{F}_N F_{NP}}{EA} + \frac{k\overline{F}_Q F_{QP}}{GA} + \frac{\overline{M}M_P}{EI}\right)\mathrm{d}s - \overline{F}_{RA} \cdot c_A$$

因此,荷载及支座移动共同作用下结构位移计算的一般公式为

$$\Delta = \sum\int\left(\frac{\overline{F}_N F_{NP}}{EA} + \frac{k\overline{F}_Q F_{QP}}{GA} + \frac{\overline{M}M_P}{EI}\right)\mathrm{d}s - \sum \overline{F}_{RA} \cdot c_A \tag{4.16}$$

已知结构各微段的应变和支座位移,拟求结构上某点沿某方向的位移计算步骤如下:

①在某点沿拟求位移的方向虚设相应的单位荷载;

②在单位荷载作用下,根据平衡条件,求出结构内力和支座反力;

③求实际荷载作用下的内力;

④利用式(4.16)求位移。

4.3.2 荷载作用下结构位移计算举例

例 4-2 如图 4.10(a)所示简支梁,求图示荷载作用下 A,B 两点的相对转角 θ_{AB}。

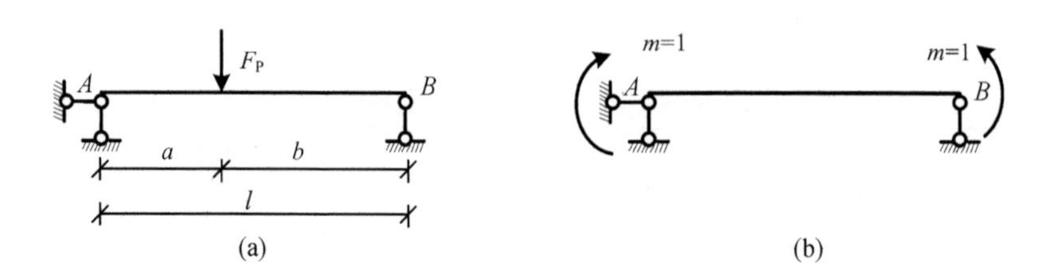

图 4.10 例 4-2 图

解 在 A,B 两点分别加一方向相反的单位集中力偶,如图 4.10(b)所示。

单位荷载作用下内力为

$$\overline{F}_{\mathrm{N}}=0,\ \overline{F}_{\mathrm{Q}}=0,\overline{M}=1\quad(0\leqslant x\leqslant l)$$

实际荷载作用下内力为

$$F_{\mathrm{NP}}=0\quad(0\leqslant x\leqslant l)$$

$$F_{\mathrm{QP}}=\frac{F_{\mathrm{P}}b}{l}\quad(0\leqslant x<a)$$

$$F_{\mathrm{QP}}=-\frac{F_{\mathrm{P}}a}{l}\quad(a<x\leqslant l)$$

$$M_{\mathrm{P}}=\frac{F_{\mathrm{P}}b}{l}x\quad(0\leqslant x<a)$$

$$M_{\mathrm{P}}=F_{\mathrm{P}}a\left(1-\frac{x}{l}\right)\quad(a<x\leqslant l)$$

利用式(4.15)求 θ_{AB},则

$$\theta_{AB}=\int\frac{\overline{M}M_{\mathrm{P}}}{EI}\mathrm{d}s=\int_0^a\frac{F_{\mathrm{P}}b}{EIl}x\mathrm{d}x+\int_a^l\frac{F_{\mathrm{P}}a}{EI}\left(1-\frac{x}{l}\right)\mathrm{d}x=\frac{F_{\mathrm{P}}ab}{2EI}(\curvearrowleft\curvearrowright)$$

例 4-3　已知图 4.11(a)所示悬臂梁,作用均布荷载 q,弹性模量 E,剪切模量 G, $E/G=2.5$,$h/l=1/10$,求 A 点竖向位移 Δ_{AV}。

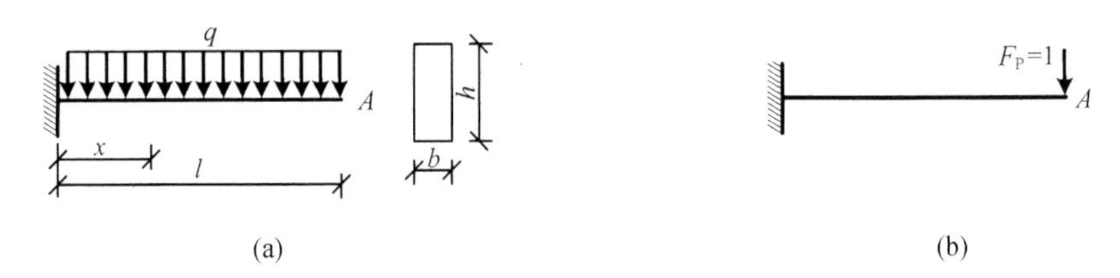

图 4.11　例 4-3 图

解　虚设单位力状态,如图 4.11(b)所示,分别求单位荷载及外荷载作用下内力。

单位荷载作用下内力为

$$\overline{F}_{\mathrm{N}}=0,\ \overline{F}_{\mathrm{Q}}=1,\ \overline{M}(x)=x-l\quad(0\leqslant x\leqslant l)$$

实际荷载作用下内力为

$$F_{\mathrm{NP}}=0\quad(0\leqslant x\leqslant l)$$

$$F_{\mathrm{QP}}=q(l-x)\quad(0\leqslant x\leqslant l)$$

$$M_{\mathrm{P}}(x)=-q\frac{(l-x)^2}{2}\quad(0\leqslant x\leqslant l)$$

$$\begin{aligned}\Delta_{AV}&=\sum\int\left(\frac{\overline{F}_{\mathrm{N}}F_{\mathrm{NP}}}{EA}+\frac{k\overline{F}_{\mathrm{Q}}F_{\mathrm{QP}}}{GA}+\frac{\overline{M}M_{\mathrm{P}}}{EI}\right)\mathrm{d}s\\&=\int_0^l\left(\frac{kq(l-x)}{GA}+\frac{q(l-x)^3}{2EI}\right)\mathrm{d}x\\&=\frac{kql^2}{2GA}+\frac{ql^4}{8EI}(\downarrow)\end{aligned}$$

由已知条件可知,截面面积 $A=bh$,截面惯性矩 $I=\dfrac{bh^3}{12}$,截面形状系数 $k=1.2$,$E/G=2.5$,故有:

弯矩引起的 A 点竖向位移

$$\Delta_M = \frac{ql^4}{8EI}$$

剪切引起的 A 点的竖向位移

$$\Delta_Q = \frac{kql^2}{2GA}$$

则有

$$\frac{\Delta_Q}{\Delta_M} = \frac{4EIk}{GAl^2} = \frac{1}{100}$$

因此，对于梁、刚架，当高跨比较大时（$h/l \leqslant 1/10$，细长杆），剪力对位移的影响约为弯矩影响的 1/100，故对一般的梁，可以忽略剪切变形对位移的影响；但当梁的高跨比 h/l 增大为 1/2 时，则 Δ_Q/Δ_M 增大为 1/4。因此对于深梁，剪切变形对位移的影响不能忽略。

例 4－4 如图 4.12(a)所示悬臂曲梁，B 点作用一个竖直向下的集中荷载 F_P，弹性模量 E，剪切模量 G，$E/G=2.5$ $\frac{h}{R}=1/10$，求曲梁 B 点的竖向位移 Δ_{BV}。

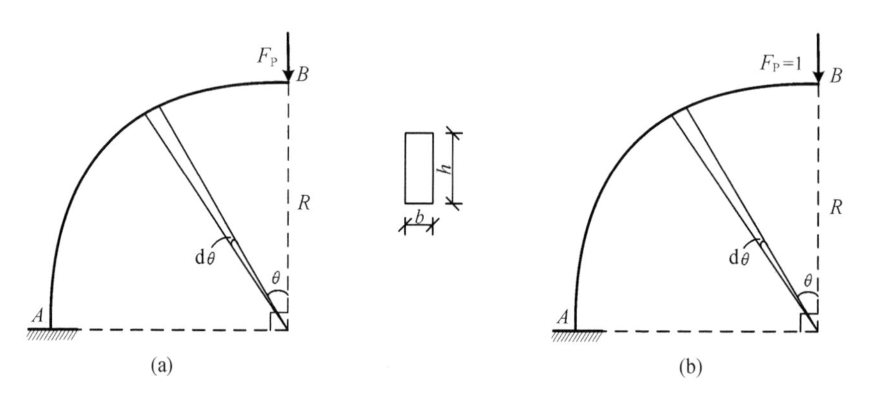

图 4.12 例 4－4 图

解 虚设单位力状态，如图 4.12(b)所示，分别求单位荷载及外荷载作用下内力。

单位荷载作用下内力（弯矩以使杆件内部受拉为正）

$$\overline{F}_N(\theta) = -\sin\theta,\ \overline{F}_Q(\theta) = \cos\theta,\ \overline{M}(\theta) = -R\sin\theta \quad \left(0 \leqslant \theta \leqslant \frac{\pi}{2}\right)$$

实际荷载作用下内力为

$$F_{NP}(\theta) = -F_P\sin\theta \quad \left(0\leqslant\theta\leqslant\frac{\pi}{2}\right)$$

$$F_{QP}(\theta) = F_P\cos\theta \quad \left(0\leqslant\theta\leqslant\frac{\pi}{2}\right)$$

$$M_P(\theta) = -F_PR\sin\theta \quad \left(0\leqslant\theta\leqslant\frac{\pi}{2}\right)$$

$$ds = Rd\theta$$

$$\Delta_{BV} = \sum\int\left(\frac{\overline{F}_NF_{NP}}{EA} + \frac{k\overline{F}_QF_{QP}}{GA} + \frac{\overline{M}M_P}{EI}\right)ds$$

$$= R\int_0^{\frac{\pi}{2}}\left(\frac{F_P\sin^2\theta}{EA} + \frac{kF_P\cos^2\theta}{GA} + \frac{R^2F_P\sin^2\theta}{EI}\right)d\theta$$

$$=\frac{\pi F_{\mathrm{P}}R}{4EA}+\frac{\pi kF_{\mathrm{P}}R}{4GA}+\frac{\pi F_{\mathrm{P}}R^3}{4EI}(\downarrow)$$

由已知条件可知,截面面积 $A=bh$,截面惯性矩 $I=\frac{bh^3}{12}$,截面形状系数 $k=1.2$,$E/G=2.5$,故有:

弯矩引起的 B 点竖向位移

$$\Delta_M=\frac{\pi F_{\mathrm{P}}R^3}{4EI}$$

剪切引起的 B 点的竖向位移

$$\Delta_{\mathrm{Q}}=\frac{\pi kF_{\mathrm{P}}R}{4GA}$$

轴向变形引起的 B 点的竖向位移

$$\Delta_{\mathrm{N}}=\frac{\pi F_{\mathrm{P}}R}{4EA}$$

则有

$$\frac{\Delta_{\mathrm{Q}}}{\Delta_M}=\frac{1}{400}$$

$$\frac{\Delta_{\mathrm{N}}}{\Delta_M}=\frac{1}{1\ 200}$$

因此,小曲率杆件轴向变形和剪切变形对位移的影响很小可忽略不计,只考虑弯曲对位移的影响即可。

例 4-5　如图 4.13(a)所示桁架,各杆 EA 相同,A 点作用水平向右集中荷载 F_{P},求 K 点水平位移 $\Delta_{K\mathrm{H}}$。

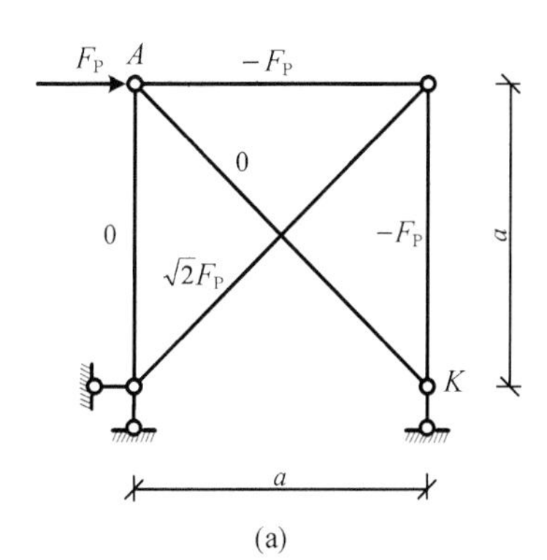

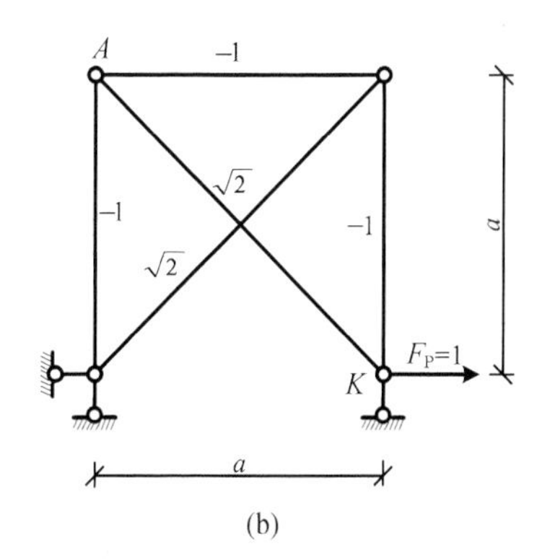

图 4.13　例 4-5 图

解　由于理想铰接桁架内力只有轴力,故求桁架某点位移时,只考虑轴向变形对位移的影响。虚设单位力状态,如图 4.13(b)所示,分别求单位荷载及外荷载作用下的轴力,各杆轴力如图 4.13 所示。

$$\begin{aligned}\Delta_{KH} &= \sum \frac{F_{NP}\overline{F}_{N}}{EA}l \\ &= \frac{1}{EA}(F_{P}a + F_{P}a + 2F_{P} \times \sqrt{2}a) \\ &= 2(1+\sqrt{2})\frac{F_{P}a}{EA}(\longrightarrow)\end{aligned}$$

通过上述例题总结各结构在荷载作用下的位移计算公式如下：

(1)梁与刚架(细长杆)

$$\Delta_{iP} = \sum \int \frac{M_{P}\overline{M}_{i}}{EI}ds \tag{4.17}$$

(2)桁架(只受轴力)

$$\Delta_{iP} = \sum \frac{F_{NP}\overline{F}_{Ni}}{EA}l \tag{4.18}$$

(3)组合结构(梁式杆为细长杆,二力杆受轴力)

$$\Delta_{iP} = \sum \int \frac{M_{P}\overline{M}_{i}}{EI}ds + \sum \frac{F_{NP}\overline{F}_{Ni}}{EA}l \tag{4.19}$$

(4)拱(在拱中,当压力线与拱的轴线相近)

$$\Delta_{iP} = \int \frac{M_{P}\overline{M}_{i}}{EI}ds + \int \frac{F_{NP}\overline{F}_{Ni}}{EA}ds \tag{4.20}$$

4.4 图乘法

在荷载作用下求梁和刚架弹性位移的一般公式为式(4.17),需要求下列积分项的值,即

$$\int \frac{M_{K}M_{i}}{EI}ds \tag{4.21}$$

在杆件数量较多、荷载较复杂的情况下,积分计算过程烦琐且容易出错,因此,在某种特定的条件下可采用数值方法求出精确的或近似的数值解。图乘法可用于求式(4.21)这类积分值,在规定的应用条件下,图乘法可给出积分式(4.21)的数值解,而且是精确解。

4.4.1 图乘法及其应用条件

图4.14所示为一直杆或直杆段AB的两个弯矩图,其中有一个弯矩图为直线图形,设为M_i图;另一个弯矩图可为任意图形,设为M_K图。如果在AB段范围内该杆截面抗弯刚度EI为常数(即等截面),则式(4.21)可表示为

$$\int \frac{M_{K}M_{i}}{EI}ds = \frac{1}{EI}\int M_{K}M_{i}dx \tag{4.21a}$$

如果以杆段从A到B为x轴正方向,以M_i图中直线与x轴的交点O作为坐标原点,设其倾角为α,则M_i图任一点标距可表示为

$$M_{i} = x\tan\alpha \tag{4.22}$$

把式(4.22)代入式(4.21a)得

$$\frac{1}{EI}\int M_K M_i \mathrm{d}x = \frac{\tan\alpha}{EI}\int_A^B x M_K \mathrm{d}x \tag{4.23}$$

式(4.23)中 $M_K\mathrm{d}x$ 可看作图 M_K 的微分面积(图4.14中阴影部分);$xM_K\mathrm{d}x$ 是这个微分面积对 y 轴的面积矩,故 $\int_A^B xM_K\mathrm{d}x$ 就是图 M_K 的面积 A 对 y 轴的面积矩,以 x_0 表示图 M_K 的形心 C 到 y 轴的距离,则有

$$\int_A^B xM_K\mathrm{d}x = Ax_0 \tag{4.24}$$

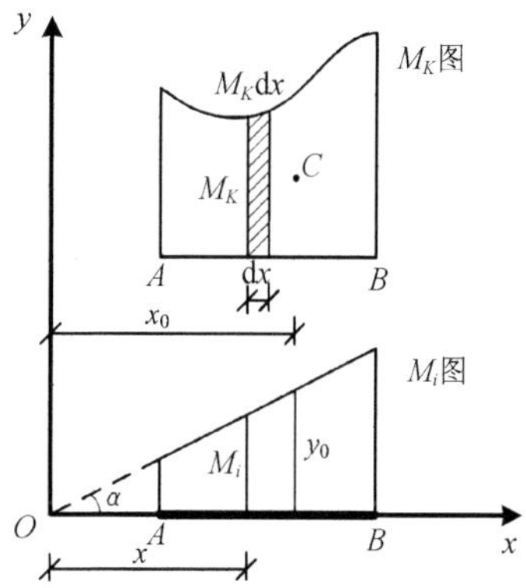

图 4.14

把式(4.24)代入式(4.23),则有

$$\frac{1}{EI}\int M_K M_i \mathrm{d}x = \frac{\tan\alpha}{EI}\int_A^B xM_K\mathrm{d}x = \frac{1}{EI}Ax_0\tan\alpha = \frac{1}{EI}Ay_0 \tag{4.25}$$

式中,$y_0 = x_0\tan\alpha$,y_0 是 M_K 图形心对应 M_i 图标距。

式(4.25)即为图乘法计算公式,其把积分问题转化为两个图形相乘问题。应用图乘法时,要满足下述条件:

(1)杆段应是等截面直杆段;

(2)两个图形中至少应有一个是直线图形,标距 y_0 应取自直线图中。

应用图乘法时,正负号作如下规定:如果面积 A 与标距 y_0 在杆件的同一侧时,乘积 Ay_0 取正号;A 与 y_0 在杆件的不同侧时,乘积 Ay_0 取负号。

4.4.2　几种简单图形的面积和形心位置

图4.15给出了位移计算中几种简单图形的面积公式和形心位置。需要注意的是图示中各抛物线顶点处的切线都与基线平行,即为标准抛物线。应用图中有关公式时,应注意标准图形这个特点。

4.4.3　应用图乘法时具体问题处理方法

应用图乘法时,需要确定面积 A 与标距 y_0 的数值。对于简单的弯矩图,很容易确定 A 和 y_0。例如:图乘的两个弯矩图均为直线弯矩图时,标距 y_0 可以取自任意一个图形;直线弯矩图与标准抛物线弯矩图图乘时,标距 y_0 取自直线段,面积 A 取自标准抛物线面积即可。而对于复杂的弯矩图,通常不易直接确定 A 和 y_0,这时需要将弯矩图分解为简单图形,分别计算后再进行叠加。

1. 曲线弯矩图与折线弯矩图的图乘

如果图乘的两个弯矩图中一个图形是曲线,另一个图形是由几段直线组成的折线,则应分段考虑。对于图4.16所示的情况,有

$$\int M_i M_K \mathrm{d}x = A_1 y_1 + A_2 y_2 + A_3 y_3$$

2. 梯形弯矩图之间的图乘

如图4.17中两个梯形弯矩图图乘,为避免求梯形面积的形心,可将其中一个梯形分为一个矩形和一个三角形(也可分为两个三角形)再应用图乘法,则有

$$\int M_i M_K \mathrm{d}x = A_1 y_1 + A_2 y_2$$

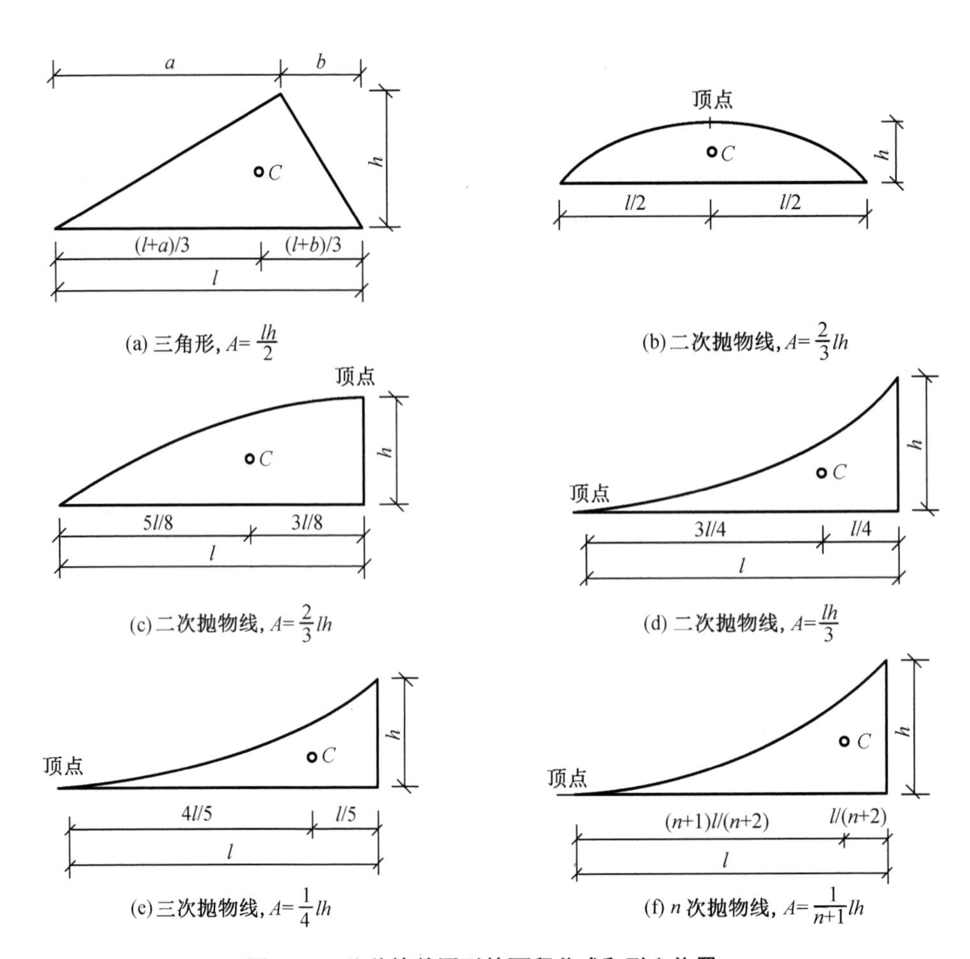

图 4.15　几种简单图形的面积公式和形心位置

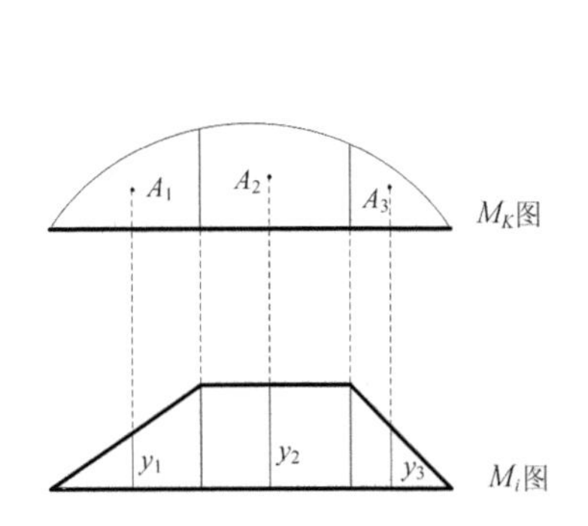

图 4.16　曲线弯矩图与折线弯矩图的图乘

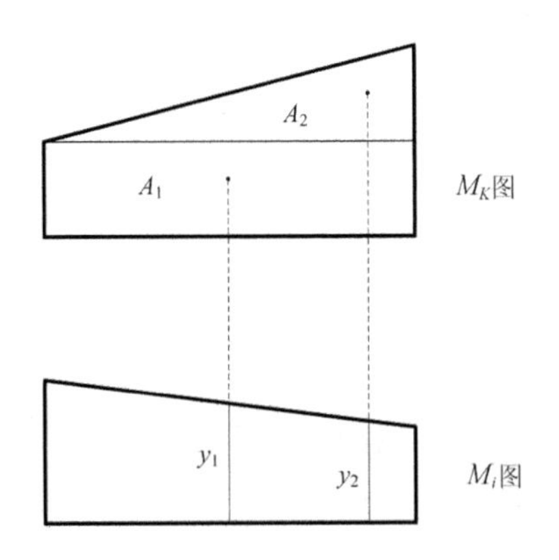

图 4.17　梯形弯矩图之间的图乘

3. 非标准抛物线弯矩图与直线弯矩图的图乘

如图 4.18 中一个非标准抛物线图形与一个梯形图乘。首先将非标准抛物线分解为一个标准抛物线和一个梯形；然后分别将标准抛物线和梯形与梯形弯矩图图乘；最后将两部分图乘结果进行叠加。

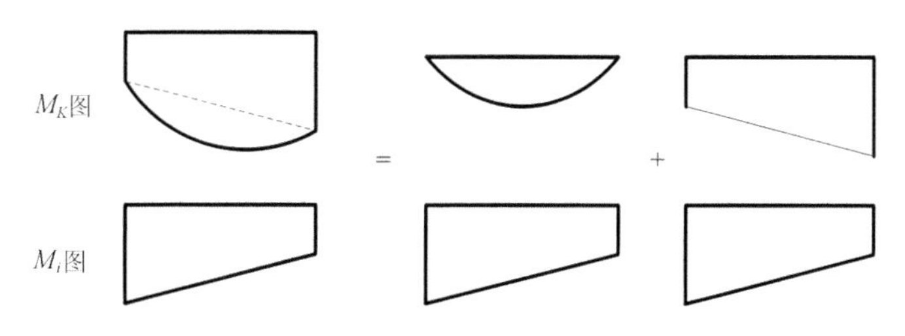

图4.18　非标准抛物线弯矩图与直线弯矩图的图乘

在讲解例题前，先给出利用图乘法计算结构位移的具体步骤：

(1)虚设单位力(沿所求位移方向施加单位力)；

(2)分别绘出在实际荷载和单位荷载作用下的弯矩图；

(3)计算 A 和 y_0；

(4)代入式(4.25)求解。

例4-6　图4.19(a)所示简支梁上作用均布荷载 q，杆件抗弯刚度 EI 为常数，求 B 点转角 θ_B。

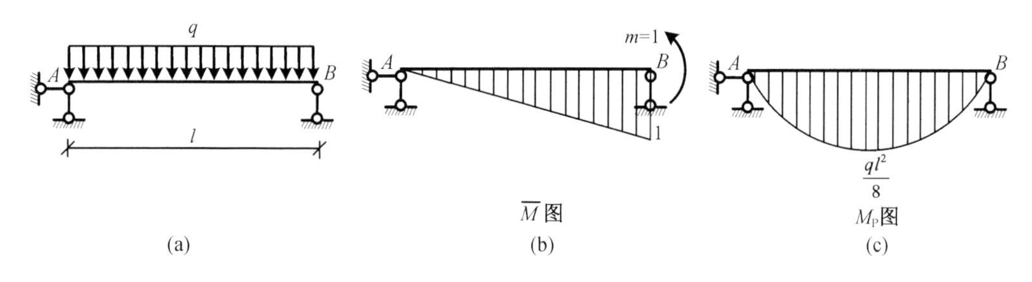

图4.19　例4-6图

解　在 B 点加一单位集中力偶，并绘出单位集中力偶作用下弯矩图($\overline{M}$ 图)，如图4.19(b)所示；绘出均布荷载作用下的弯矩图(M_P图)，如图4.19(c)所示。

依据图乘法应用条件，面积取自图4.19(c)中，即

$$A = \frac{2}{3}hl = \frac{2}{3} \times \frac{ql^2}{8} \times l = \frac{ql^3}{12}$$

图4.19(c)形心所对应的图4.19(b)中的标距为 $y_0 = \frac{1}{2}$，得

$$\theta_B = \frac{1}{EI}Ay_0 = \frac{ql^3}{24EI}(\curvearrowright)$$

例4-7　如图4.20(a)所示悬臂梁，B 点作用一个集中荷载，杆件抗弯刚度 EI 为常数，求跨中 C 点竖向位移 Δ_{CV}。

解　在 C 点加一单位集中荷载并作弯矩图($\overline{M}$ 图)，如图4.20(b)所示；绘出荷载作用下的弯矩图(M_P图)，如图4.20(c)所示；标距可以取自 M_P图，也可取自 $\overline{M}$ 图，分别用下列两种方法计算。

方法一：标距取自 M_P图。

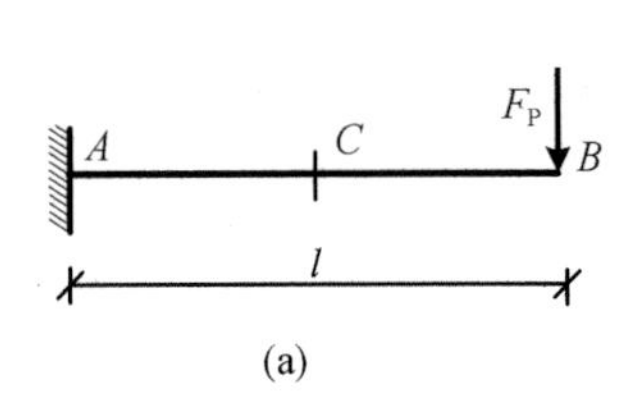

(a)

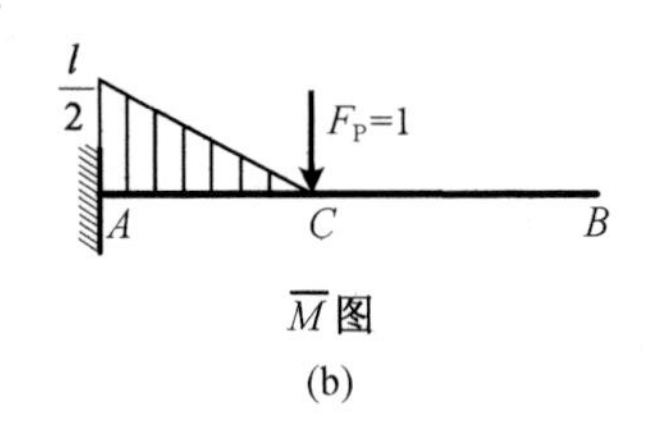

(b)

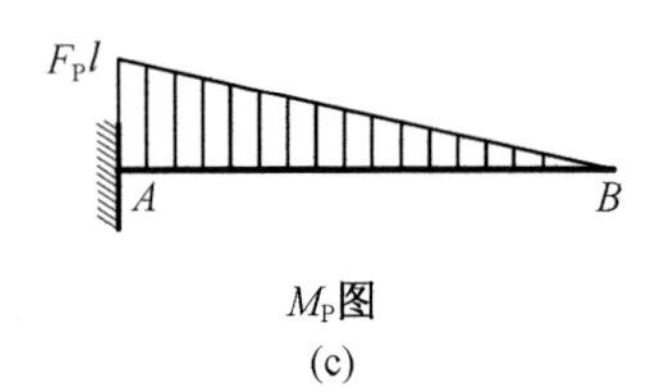

(c)

图 4.20 例 4-7 图

依据图乘法应用条件,面积取自图 4.20(b)中,则有

$$A=\frac{1}{2}\times\frac{l}{2}\times\frac{l}{2}=\frac{l^2}{8}$$

图 4.20(b)形心所对应的图 4.20(c)中的标距 $y_0=\frac{5}{6}F_Pl$,得

$$\Delta_{CV}=\frac{1}{EI}Ay_0=\frac{1}{EI}\times\frac{l^2}{8}\times\frac{5}{6}F_Pl=\frac{5}{48EI}F_Pl^3(\downarrow)$$

方法二:标距取自 $\overline{M}$ 图。

依据图乘法应用条件,面积取自图 4.20(c)中,$A=\frac{1}{2}\times F_Pl\times l=\frac{F_Pl^2}{2}$。

图 4.20(c)形心所对应的图 4.20(b)中的标距 $y_0=\frac{l}{6}$,得

$$\Delta_{CV}=\frac{1}{EI}Ay_0=\frac{1}{EI}\times\frac{F_Pl^2}{2}\times\frac{l}{6}=\frac{1}{12EI}F_Pl^3(\downarrow)$$

注意 两种方法计算结果不同,说明有一种方法是错误的。在第二种方法中,标距取自 $\overline{M}$ 图,在计算过程中认为 $\overline{M}$ 图为直线图形,这种理解是错误的,因为在 AB 杆段 $\overline{M}$ 图是一个折线图形(BC 段 $\overline{M}=0$)。如果标距取自 $\overline{M}$ 图,应将其分为 AC 和 CB 两段,分别图乘后再进行叠加。

例 4-8 如图 4.21(a)所示伸臂梁,令杆件抗弯刚度 $EI=1$,求图示荷载作用下 A 点转角 θ_A 和 C 点竖向位移 Δ_{CV}。

解 (1)求 A 点转角 θ_A

在 A 点加一顺时针单位集中力偶,如图 4.21(c)所示,分别绘制外荷载作用弯矩图(M_P 图)及单位集中力偶作用弯矩图($\overline{M}$ 图),分别如图 4.21(b)(c)所示,面积取自 M_P图,标距取自 $\overline{M}$ 图,则有

$$\theta_A=\frac{1}{EI}Ay_0=-\frac{1}{2}\times300\times6\times\frac{1}{3}\times1=-300(\circlearrowleft)$$

(2)求 C 点竖向位移 Δ_{CV}

在 C 点加一竖直向下的单位集中荷载,如图 4.21(d)所示,分别绘制外荷载作用弯矩图(M_P图)及单位集中荷载作用弯矩图($\overline{M}$ 图),分别如图 4.21(b)(d)所示,面积取自 M_P图,标距取自 $\overline{M}$ 图,则有

$$\Delta_{CV}=\frac{1}{EI}Ay_0=\left(\frac{1}{2}\times300\times6\times\frac{2}{3}\times6\right)\times2-\frac{2}{3}\times45\times6\times\frac{1}{2}\times6=6\ 660(\downarrow)$$

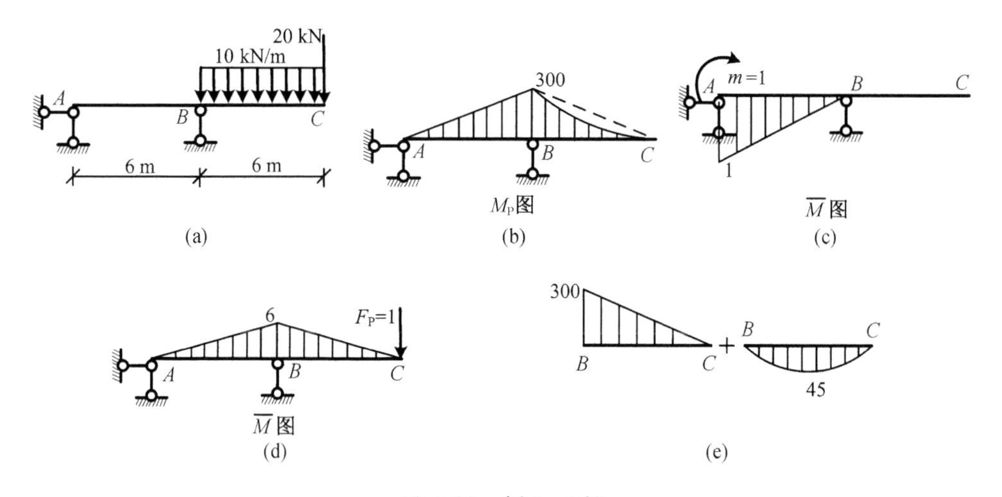

图 4.21　例 4-8 图

注意　图 4.21(b)中 BC 段不是标准抛物线，所以不能直接图乘，BC 段应分解为一个三角形和一个标准抛物线（图 4.21(e)）分别与图 4.21(d)中的 BC 段图乘，然后叠加。

例 4-9　如图 4.22(a)所示刚架，如果支座 B 为弹簧支座，且弹簧刚度系数为 k，各杆件抗弯刚度 EI 相同且为常数，求图示荷载作用下 C 点水平位移 Δ_{CH}（不考虑轴向变形影响）。

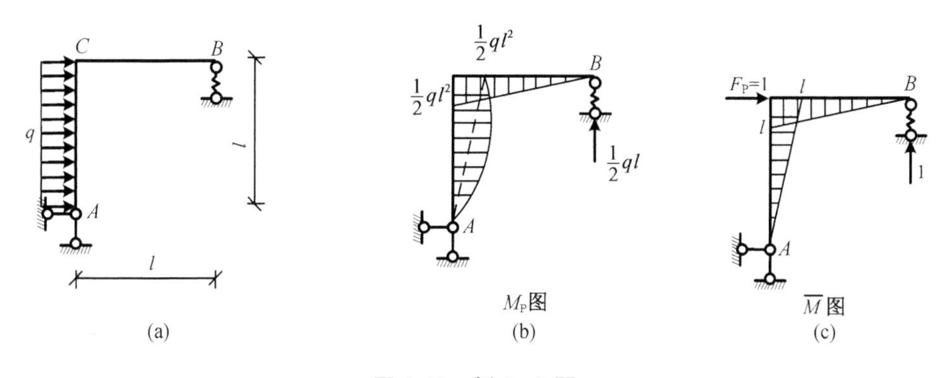

图 4.22　例 4-9 图

解　因支座 B 为弹簧支座，在荷载作用下，支座 B 存在支座移动，因此在计算 C 点水平位移时，除考虑荷载作用引起的位移外，还需要考虑支座移动引起的 C 点水平位移，那么位移计算表达式为

$$\Delta_{CH}=\frac{1}{EI}Ay_0-\overline{F}_{RB}c_B$$

式中，c_B 表示弹簧支座 B 的实际支座移动位移。除考虑支座移动外，整个位移计算过程与前述各例题相同。在 C 点加一水平向右的单位集中荷载，如图 4.22(c)所示，分别绘制外荷载作用弯矩图（M_P图）及单位集中荷载作用弯矩图（$\overline{M}$ 图），分别如图 4.22(b)(c)所示，面积取自 M_P图，标距取自 $\overline{M}$ 图。因弹簧刚度系数为 k，则 $c_B=-\frac{ql}{2k}$，其方向与支座反力方向相反。因此 C 点水平位移为

$$\Delta_{CH}=\frac{1}{EI}Ay_0-\overline{F}_{RB}c_B=\frac{1}{EI}\left(\frac{1}{2}\times\frac{1}{2}ql^2\times l\times\frac{2l}{3}\times 2+\frac{2}{3}\times\frac{1}{8}ql^2\times l\times\frac{l}{2}\right)+1\times\frac{ql}{2k}$$

$$= \frac{3ql^4}{8EI} + \frac{ql}{2k}(\rightarrow)$$

例 4－10 求图 4.23(a)所示结构在图示荷载作用下，C,D 两点水平相对位移 Δ_{CD}，各杆 EI 均相等且为常数。

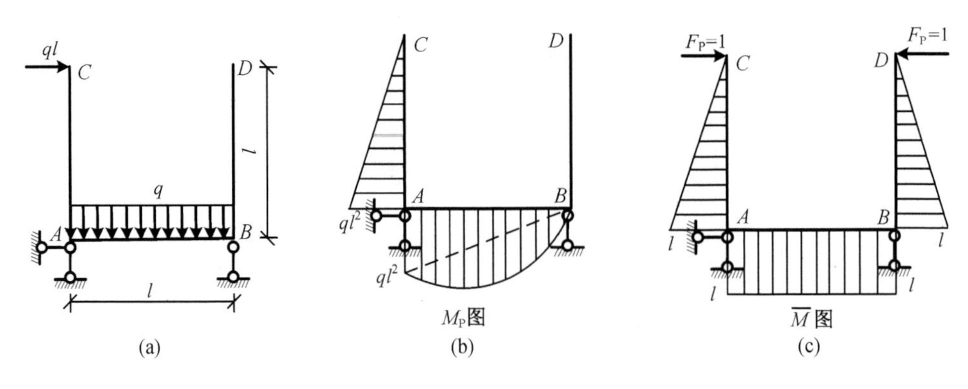

图 4.23 例 4－10 图

解 在 C,D 两点加一对反向单位集中力，如图 4.23(c)所示。分别绘制外荷载作用弯矩图(M_P图)及单位集中荷载作用弯矩图($\overline{M}$ 图)，分别如图 4.23(b)(c)所示，面积取自 M_P 图，标距取自 $\overline{M}$ 图，则有

$$\Delta_{CD} = \frac{1}{EI}A y_0 = \frac{1}{EI}\left(\frac{1}{2} \times ql^2 \times l \times \frac{2}{3}l + \frac{1}{2} \times ql^2 \times l \times l + \frac{2}{3} \times \frac{1}{8}ql^2 \times l \times l\right)$$

$$= \frac{11ql^4}{12EI}(\rightarrow \leftarrow)$$

4.5 温度改变时的位移计算

对于静定结构，杆件温度变化时材料会自由地膨胀或收缩，所以温度变化不会引起内力变化，但会产生变形和位移。利用结构位移计算的一般公式可推导出温度变化时的位移计算公式。

图 4.24(a)所示为悬臂梁，设杆件的上边缘温度上升 t_1，下边缘温度上升 t_2，且温度沿杆截面高度 h 线性分布(图 4.24(b))，且 $t_1 < t_2$。则杆件轴线温度 t_0和上、下边缘的温差 Δt 分别为

$$t_0 = \frac{h_1 t_2 + h_2 t_1}{h},\ \Delta t = t_2 - t_1$$

式中，h_1和 h_2分别是杆件中性轴至上、下边缘的距离。如果杆件截面关于中性轴对称，则有

$$h_1 = h_2 = \frac{h}{2}, t_0 = \frac{t_1 + t_2}{2}$$

温度变化不引起杆件的切应变(即 $\gamma_0 = 0$)，引起的轴向伸长应变 ε 和曲率 κ 分别为

$$\varepsilon = \alpha t_0,\ \kappa = \frac{d\theta}{ds} = \frac{\alpha(t_2 - t_1)ds}{h ds} = \frac{\alpha \Delta t}{h}$$

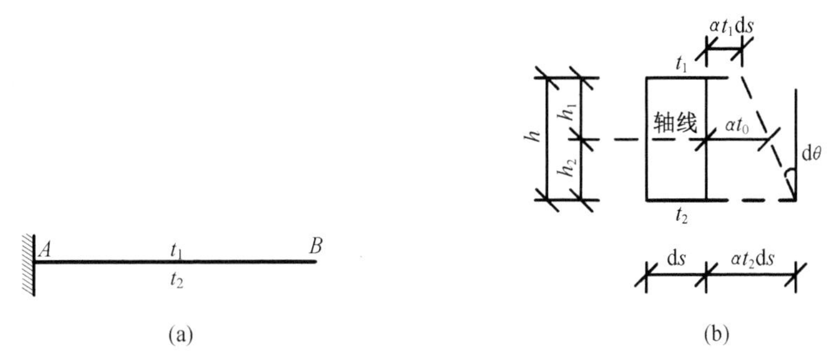

图 4.24

式中,α 为线膨胀系数。则温度作用时的位移计算公式为

$$\Delta = \sum \int \overline{F}_N \alpha t_0 ds + \sum \int \overline{M} \frac{\alpha \Delta t}{h} ds$$

如果 t_0,Δt 和 h 沿每一杆件的全长为常数,则得

$$\Delta = \sum \alpha t_0 \int \overline{F}_N ds + \sum \frac{\alpha \Delta t}{h} \int \overline{M} ds \tag{4.26}$$

式中　$\sum$ ——对结构各杆求和;

$\int$ ——沿杆件全长积分。

注意　正负号的规定:单位荷载作用下的轴力 $\overline{F}_N$ 以受拉为正;温度 t 以升高为正;单位荷载作用下的弯矩 $\overline{M}$ 和温度差引起的弯曲为同一方向时,其乘积取正,反之取负。

温度改变时结构位移计算的具体步骤如下:

(1)虚设单位力(沿所求位移方向施加单位力);

(2)绘出单位荷载作用下的轴力图和弯矩图;

(3)计算 t_0 和 Δt;

(4)代入式(4.26)求解。

例 4-11　如图 4.25(a)所示悬臂刚架,刚架外表面温度无改变,内表面温度下降 10 ℃,各杆截面为矩形,截面高度 $h = 60$ cm,$a = 6$ m,$\alpha = 0.000\ 01$ ℃$^{-1}$,求 C 点竖向位移 Δ_{CV}。

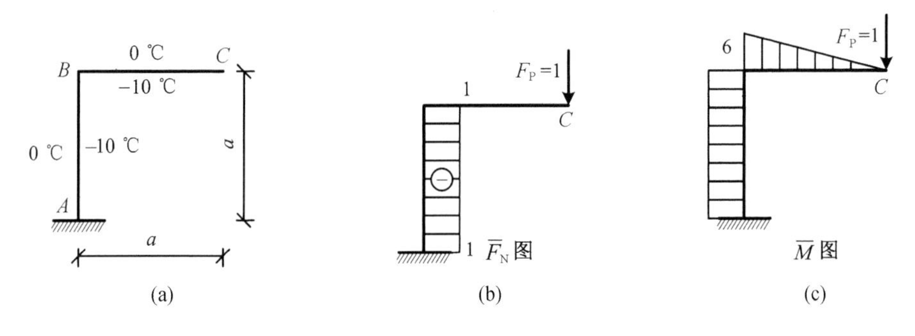

图 4.25　例 4-11 图

解　沿 C 点竖直向下加一单位集中荷载,并绘制单位荷载作用下的轴力图和弯矩图,

分别如图 4.25(b)(c)所示。

$$t_0=\frac{t_1+t_2}{2}=\frac{-10+0}{2}=-5\ ℃,\ \Delta t=t_2-t_1=0+10=10\ ℃$$

$$\begin{aligned}\Delta_{CV} &= \sum \alpha t_0\int \overline{F}_{\rm N}{\rm d}s+\sum\frac{\alpha\Delta t}{h}\int\overline{M}{\rm d}s\\ &=0.000\ 01\times(-5)\times(-1\times 6)+\frac{0.000\ 01\times 10}{0.6}\times\left(\frac{1}{2}\times 6\times 6+6\times 6\right)\\ &=0.009\ 3\ {\rm m}(\downarrow)=0.93\ {\rm cm}(\downarrow)\end{aligned}$$

4.6 互等定理

本节讨论线弹性体系的四个互等定理,即功的互等定理、位移互等定理、反力互等定理和位移反力互等定理,其中最基本的是功的互等定理,其余定理可通过功的互等定理推导出来。在后面章节经常需要引用这些定理。

互等定理的应用条件为:

(1)线性变形体,材料处于弹性阶段,应力与应变成正比;

(2)小变形,结构变形很小,不影响力的作用。

4.6.1 功的互等定理

图 4.26 所示为同一变形体系的两种状态。在状态 I 中,力系用 $F_{\rm P}^1, F_{\rm N}^1, F_{\rm Q}^1, M^1$ 表示,位移和应变用 $\Delta^1, \varepsilon^1, \gamma_0^1, \kappa^1$ 表示。在状态 Ⅱ 中,力系用 $F_{\rm P}^2, F_{\rm N}^2, F_{\rm Q}^2, M^2$ 表示,位移和应变用 $\Delta^2, \varepsilon^2, \gamma_0^2, \kappa^2$ 表示。因此有

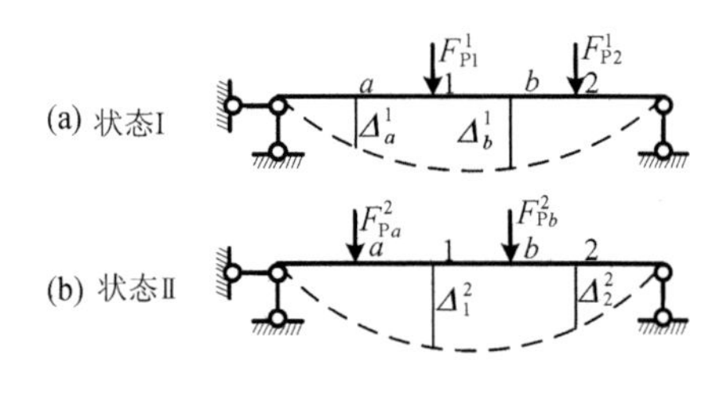

图 4.26

$$W_{12}=F_{\rm P}^1\Delta^2=\sum\int\frac{F_{\rm N}^1F_{\rm N}^2}{EA}{\rm d}s+\sum\int\frac{kF_{\rm Q}^1F_{\rm Q}^2}{GA}{\rm d}s+\sum\int\frac{M^1M^2}{EI}{\rm d}s$$

$$W_{21}=F_{\rm P}^2\Delta^1=\sum\int\frac{F_{\rm N}^2F_{\rm N}^1}{EA}{\rm d}s+\sum\int\frac{kF_{\rm Q}^2F_{\rm Q}^1}{GA}{\rm d}s+\sum\int\frac{M^2M^1}{EI}{\rm d}s$$

故

$$W_{12}=W_{21} \tag{4.27}$$

功的互等定理可表述为:在任一线性变形体中,第一状态外力在第二状态位移上所做的功 W_{12} 等于第二状态外力在第一状态位移上所做的功 W_{21}。

这里外虚功 W 有两个下标,其中第一个表示受力状态,第二个表示位移和变形状态。

4.6.2 位移互等定理

位移互等定理是功的互等定理的一种特殊情况。图4.27所示为同一变形体系的两种状态。状态Ⅰ与状态Ⅱ分别只有一个荷载 F_{P1} 和 F_{P2}，位移 Δ_{ij} 也采用两个下标，其中第一个下标 i 表示位移与 F_{Pi} 相应的，第二个下标 j 表示位移是由 F_{Pj} 引起的。

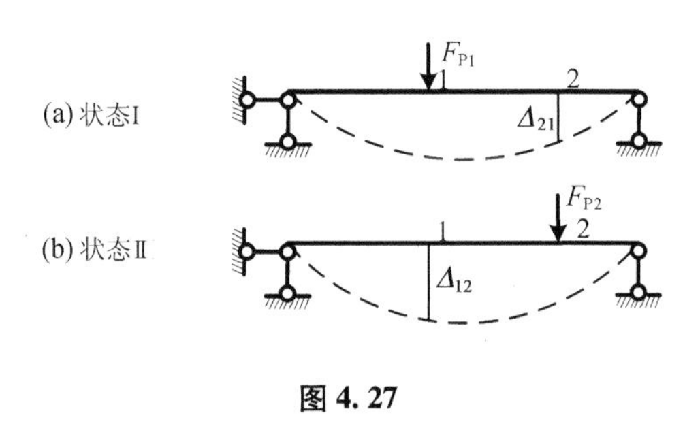

图4.27

根据功的互等定理有

$$F_{P1}\Delta_{12} = F_{P2}\Delta_{21} \tag{4.28}$$

在线性变形体中，位移 Δ_{ij} 与力 F_{Pj} 的比值是一个常数，记作 δ_{ij}，故令

$$\delta_{ij} = \frac{\Delta_{ij}}{F_{Pj}} \tag{4.29}$$

式中，δ_{ij} 表示单位力 $F_{Pj}=1$ 所引起的与 F_{Pi} 相应的位移，称为位移影响系数。

把式(4.29)代入(4.28)，有

$$F_{P1}F_{P2}\delta_{12} = F_{P2}F_{P1}\delta_{21} \tag{4.30}$$

即

$$\delta_{12} = \delta_{21} \tag{4.31}$$

位移互等定理：在任一线性变形体系中，由荷载 F_{P1} 引起的与荷载 F_{P2} 相应的位移影响系数 δ_{21} 等于由荷载 F_{P2} 引起的与荷载 F_{P1} 相应的位移影响系数 δ_{12}。

由于式(4.30)两边分别是功 W_{12} 和 W_{21}，且彼此相等，可记为 W，因此 δ_{12} 和 δ_{21} 的量纲就是 $\frac{W}{F_{P1}F_{P2}}$ 的量纲。

这里的荷载可以是广义荷载，而位移则是相应的广义位移。在一般情况下，定理中的两个广义位移的量纲可能是不相等的，但它们的影响系数在数值和量纲上仍然保持相等。因此，严格地说，位移互等定理应该称为位移影响系数互等定理。但在习惯上，仍称为位移互等定理。

4.6.3 反力互等定理

反力互等定理也是功的互等定理的一种特殊情况。图4.28所示为同一变形体系的两种状态。在图4.28(a)中，由于支座1发生位移 c_1，而在支座1和支座2引起的反力分别用 F_{R11} 和 F_{R21} 表示；在图4.28(b)中，由于支座2发生位移 c_2，在支座1和支座2引起的反力分别用 F_{R12} 和 F_{R22} 表示。反力 F_{Rij} 的两个下标中，第一个下标 i 表示反力与位移 c_i 相应的，第二个下标 j 表示反力是由 c_j 引起的。

根据功的互等定理有

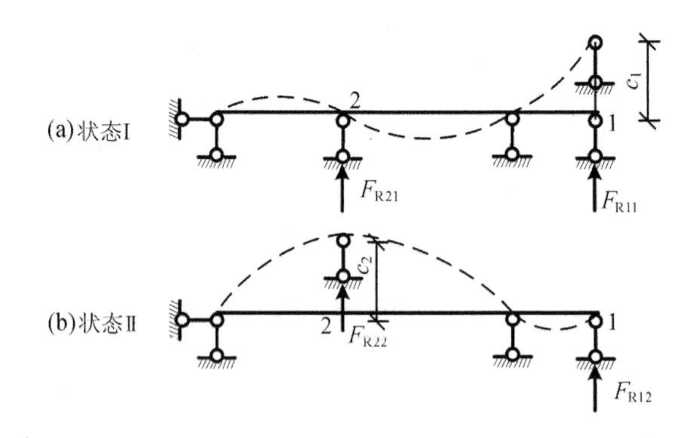

图 4.28

$$F_{R21}c_2 = F_{R12}c_1 \tag{4.32}$$

在线性变形体中,反力 F_{Rij}与位移 c_j的比值是一个常数,记作 r_{ij},故令

$$r_{ij} = \frac{F_{Rij}}{c_j} \tag{4.32a}$$

式中,r_{ij}表示单位位移 $c_j=1$ 所引起的与 F_{Rij}相应的支座反力,称为反力影响系数。

把式(4.32a)代入式(4.32),有

$$c_1 r_{21} c_2 = c_2 r_{12} c_1 \tag{4.33}$$

即

$$r_{12} = r_{21} \tag{4.34}$$

反力互等定理:在任一线性变形体系中,由位移 c_1引起的与位移 c_2相应的反力影响系数 r_{21}等于由位移 c_2引起的与位移 c_1相应的反力影响系数 r_{12}。

由于式(4.33)两边都是功 W,因此 r_{12}和 r_{21}的量纲就是$\frac{W}{c_1c_2}$的量纲。

注意 上述所说的支座可以换成别的约束,支座位移 c_i可以换成该约束相应的广义位移,因而支座反力可以换成与该约束相应的广义力。

4.6.4 位移反力互等定理

位移反力互等定理也是功的互等定理的一种特殊情况。图 4.29 所示为同一变形体系的两种状态。在图 4.29(a)中,由于荷载作用,在支座 2 产生反力 F_{R21};在图 4.29(b)中,由于支座 2 位移 c_2而在 F_{P1}方向产生相应的位移 Δ_{12}。

根据功的互等定理有

$$F_{P1}\Delta_{12} + F_{R21}c_2 = 0 \tag{4.35}$$

令

$$\Delta_{12} = \delta'_{12}c_2,\ F_{R21} = r'_{21}F_{P1} \tag{4.36}$$

将式(4.36)代入式(4.35),有

$$F_{P1}\delta'_{12}c_2 = -r'_{21}F_{P1}c_2 \tag{4.37}$$

即

$$\delta'_{12} = -r'_{21} \tag{4.38}$$

位移反力互等定理:在任一线性变形体系中,由位移 c_2所引起的与荷载 F_{P1}相应的位移

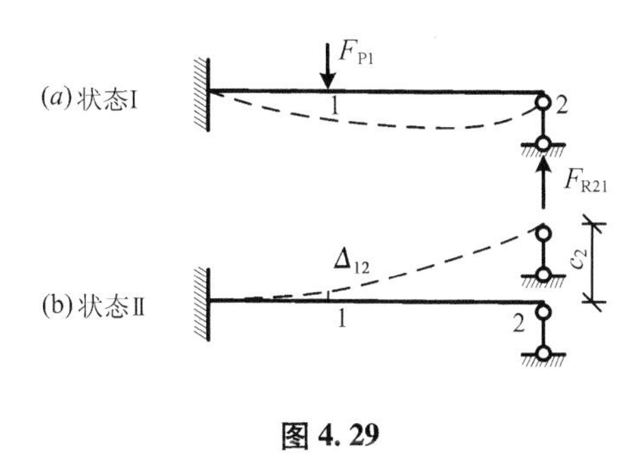

图 4.29

影响系数 δ'_{12}，在绝对值上等于由荷载 F_{P1} 所引起的与位移 c_2 相应的反力影响系数 r'_{21}，但二者差一个负号。同样，这里的力可以是广义力，位移可以是广义位移。

由于式(4.37)两边都是功 W，因此 δ'_{12} 和 r'_{21} 的量纲就是 $\frac{W}{F_{P1}c_2}$ 的量纲。

4.7 本章小结

本章主要学习了虚功原理(刚体体系的虚功原理和变形体体系的虚功原理)，在虚功原理基础上推导了结构位移计算的一般公式。通过例题讲解了静定结构在荷载、温度、支座移动及制造误差情况下的位移计算，利用图乘法求解梁式构件在荷载作用下的位移计算，最后根据虚功原理推导出弹性体系的互等定理。

4.7.1 基本概念

本章的基本概念有刚体体系的虚功原理、变形体体系的虚功原理、虚功原理的两种应用形式、功的互等定理、位移互等定理、反力互等定理及位移反力互等定理。

1. 刚体体系虚功原理

对于具有理想约束的刚体体系，其虚功原理可表述为：设体系上作用任意的平衡力系，又设体系发生任意的符合约束条件的无限小刚体体系位移，则主动力在位移上所做的虚功总和恒等于零。

注意 虚功原理中，力状态和位移状态是两个彼此无关的状态。所谓“虚”即强调力与位移状态无关，力可以是广义力，位移可以是广义位移。

2. 变形体体系虚功原理

设变形体在外力作用下处于平衡状态，又设变形体由于其他原因产生符合约束条件的微小连续变形，则外力在位移上所做外虚功恒等于各个微段的应力合力在变形上所做的内虚功。

变形体体系虚功原理适用于弹性、非弹性、线性、非线性的变形体体系。

3. 虚功方程的两种应用形式

(1)虚位移原理

虚设约束允许的可能位移状态，求结构中实际发生的力。虚位移方程等价于静力平衡方程，其特点是采用几何方法求解静力平衡问题，关键在于虚设位移以及确定虚设位移之间的几何关系。由于虚设位移一般是单位位移,该方法也称作单位位移法。

(2)虚力原理

虚设外力,求结构实际发生的位移。虚力原理等价于变形协调方程,其特点是把一个求解未知位移的几何问题,转化为静力平衡问题,关键在于虚设力系及利用平衡条件求解与已知位移对应的约束力。虚设荷载一般是单位荷载,该方法也称作单位荷载法。

4. 功的互等定理

在任一线性变形体中,第一状态外力在第二状态位移上所做的功 W_{12} 等于第二状态外力在第一状态位移上所做的功 W_{21}。

5. 位移互等定理

在任一线性变形体系中,由荷载 F_{P1} 引起的与荷载 F_{P2} 相应的位移影响系数 δ_{21} 等于由荷载 F_{P2} 引起的与荷载 F_{P1} 相应的位移影响系数 δ_{12}。

6. 反力互等定理

在任一线性变形体系中,由位移 c_1 引起的与位移 c_2 相应的反力影响系数 r_{21} 等于由位移 c_2 引起的与位移 c_1 相应的反力影响系数 r_{12}。

7. 位移反力互等定理

在任一线性变形体系中,由位移 c_2 所引起的与荷载 F_{P1} 相应的位移影响系数 δ'_{12},在绝对值上等于由荷载 F_{P1} 所引起的与位移 c_2 相应的反力影响系数 r'_{21},但二者差一个负号。同样,这里的力可以是广义力,位移可以是广义位移。

注意 互等定理适用于线弹性体系,在 4 个互等定理中,功的互等定理是基本定理,其他三个定理是功的互等定理的特殊情况,可由功的互等定理导出。互等定理中的力和位移可以是广义力和广义位移,互等是指在数值和量纲方面都互等。

4.7.2 重要的知识点

1. 结构位移计算一般公式

$$\Delta = \int(\overline{F}_N\varepsilon_P + \overline{F}_Q\gamma_P + \overline{M}\kappa_P)\mathrm{d}s - \sum \overline{F}_{Rc}\Delta_c$$

2. 荷载作用下结构位移计算公式

$$\Delta = \sum\int\left(\frac{\overline{F}_N F_{NP}}{EA} + \frac{k\overline{F}_Q F_{QP}}{GA} + \frac{\overline{M}M_P}{EI}\right)\mathrm{d}s$$

3. 支座移动及制造误差时结构位移计算公式

$$\Delta = -\sum \overline{F}_{Rc}\Delta_c$$

4. 温度变化时结构位移计算公式

$$\Delta = \sum\int\overline{F}_N\alpha t_0\mathrm{d}s + \sum\int\overline{M}\frac{\alpha\Delta t}{h}\mathrm{d}s$$

5. 图乘法

在计算由弯曲变形引起的位移时,可采用图乘法进行计算,即

$$\Delta = \frac{1}{EI}Ay_0$$

图乘法的适用条件为:

(1)杆段应是等截面直杆段;

(2)两个图形至少应有一个是直线图形,标距 y_0 应取自直线图中。

应用图乘法时,注意正负号的选取。如果面积 A 与标距 y_0 在杆件的同一侧时,乘积 Ay_0 取正号,A 与 y_0 在杆的不同侧时,乘积 Ay_0 取负号。

习　　题

4-1　判断题(正确的打✓,错误的打×)

(1)变形体虚功原理不适用于塑性材料结构或刚体体系。(　　)

(2)位移互等定理中位移影响系数 $\delta_{ij}=\delta_{ji}$,不仅数值相等,其量纲也相等。(　　)

(3)静定结构温度变化问题的虚功方程中,内力虚功为零。(　　)

(4)在虚位移原理中,一个力系平衡的充要条件是对任意协调位移,虚功方程成立。(　　)

(5)单位荷载法只适用于静定结构。(　　)

(6)图乘法能在拱结构或连续变截面梁上应用。(　　)

(7)温度变化引起的位移计算公式中,单位荷载作用下的轴力以受拉为正;温度以升高为正;单位荷载作用下的弯矩和温度差引起的弯曲为同一方向时,其乘积取正,反之取负。(　　)

(8)题 4-1(8)图所示结构,若 CD 杆(EA=常数)制造时做短了 Δ,则 E 点的竖向位移方向向上。(　　)

(9)题 4-1(9)图所示对称桁架 A,B 两点的水平相对线位移与 AC,BC 两杆的刚度 EA 有关。(　　)

(10)题 4-1(10)图所示刚架,竖向荷载作用于 A 点和 B 点时,B 点产生的竖向位移是不同的。(　　)

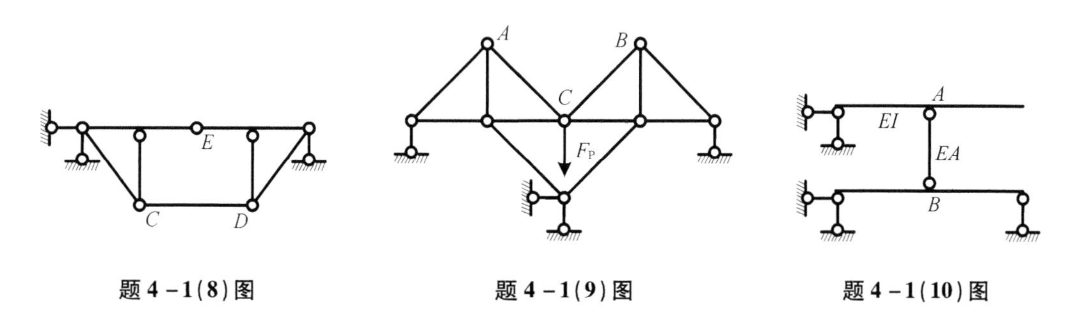

题 4-1(8)图　　题 4-1(9)图　　题 4-1(10)图

4-2　设题 4-2 图所示结构支座 A 有支座移动,试求 K 点的竖向位移、水平位移和转角。

4-3　试用积分方法求题 4-3 图所示结构 C 点竖向位移,水平位移和转角,EI=常数,忽略剪力和轴力的影响。

4-4　设题 4-4 图所示结构中,柱 AB 由于材料收缩,产生应变 $-\varepsilon_1$,试求 B 点水平位移。

题 4 －2 图　　题 4 －3 图　　题 4 －4 图

4 －5　分别用积分法和图乘法求题 4 －5 图所示结构 B 点竖向位移和 C 点转角，EI 为常数，忽略剪力和轴力的影响。

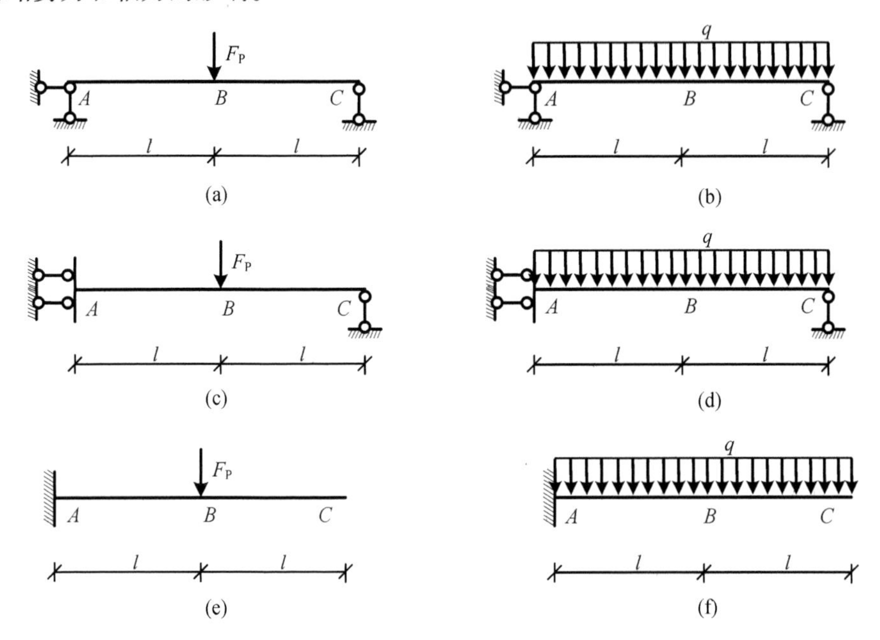

题 4 －5 图

4 －6　试求题 4 －6 图所示结构 C 点的水平位移，已知各杆 EA 相同。

4 －7　试求题 4 －7 图所示结构 C 点的竖向位移，已知各杆 EA 相同。

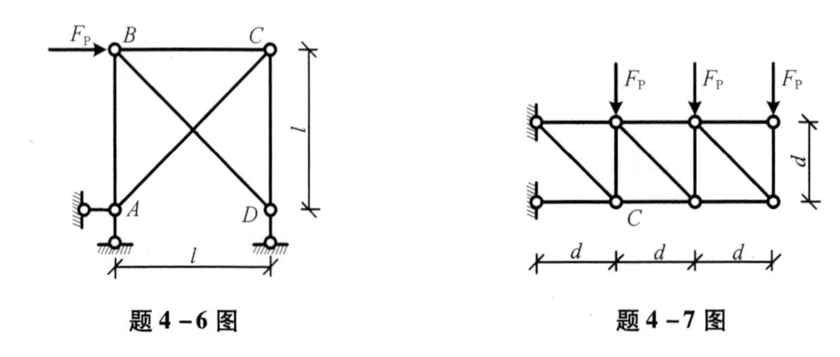

题 4 －6 图　　题 4 －7 图

4 - 8 试求题 4 - 8 图所示结构 C 点的竖向位移,已知各杆 EA 相同。

4 - 9 试求题 4 - 9 图所示结构 C 点的竖向位移,各杆 $EA = 6.3 \times 10^5$ kN。

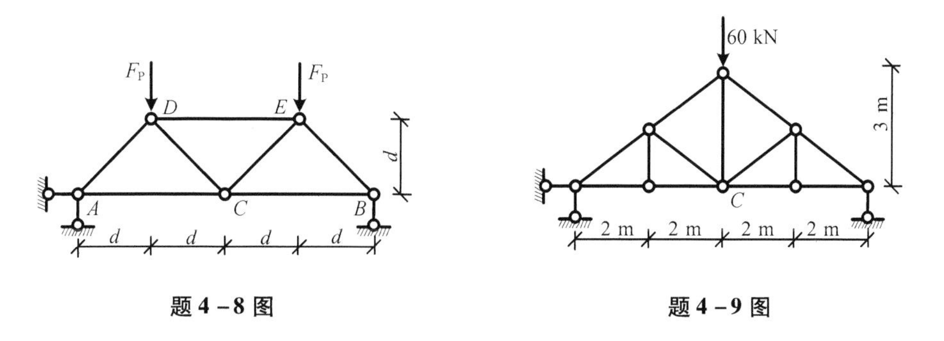

题 4 - 8 图　　题 4 - 9 图

4 - 10 试求题 4 - 10 图所示结构 E,D 两点间相对线位移 Δ_{ED},已知各杆 EA 相同。

4 - 11 试用图乘法求题 4 - 11 图所示梁 A 点竖向位移,EI 为常数。

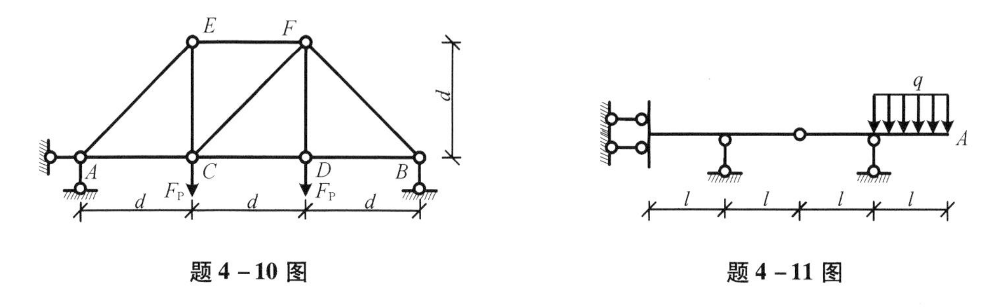

题 4 - 10 图　　题 4 - 11 图

4 - 12 试用图乘法求题 4 - 12 图所示结构 B 点水平位移,EI 为常数。

4 - 13 试用图乘法求题 4 - 13 图所示结构 C 点挠度,已知 $EI = 3\ 486 \times 10^4$ kN·cm^2。

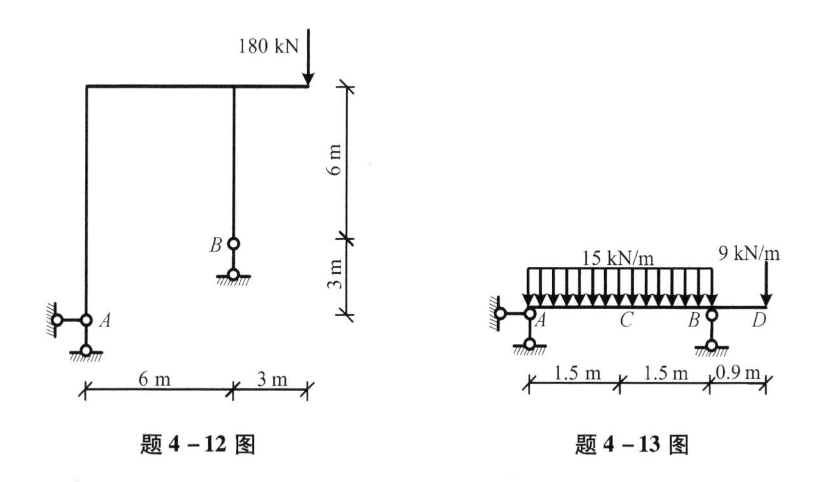

题 4 - 12 图　　题 4 - 13 图

4 - 14 试用图乘法求题 4 - 14 图所示结构 C 点挠度,已知 $EI = 2 \times 10^8$ kN·cm^2。

4 - 15 试用图乘法求题 4 - 15 图所示结构 D 点水平位移,EI 为常数。

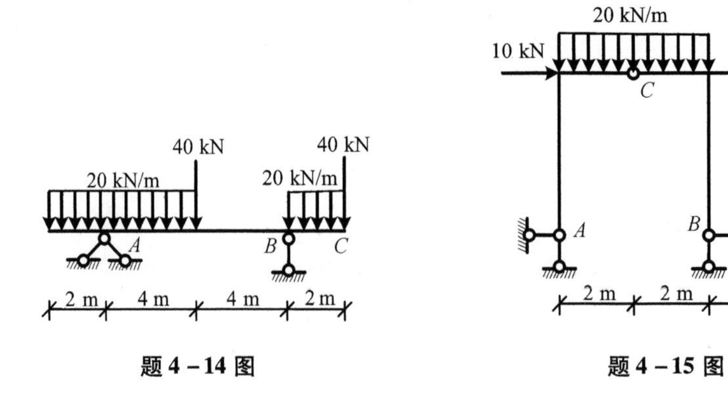

题 4 – 14 图　　　　题 4 – 15 图

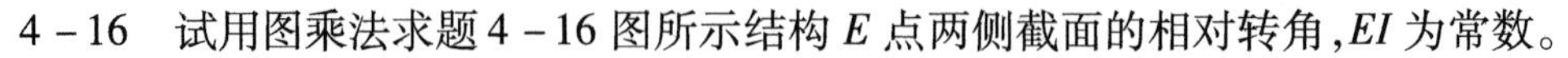

4 – 16　试用图乘法求题 4 – 16 图所示结构 E 点两侧截面的相对转角，EI 为常数。

4 – 17　试用图乘法求题 4 – 17 图所示结构截面 A 的转角，EI 为常数。

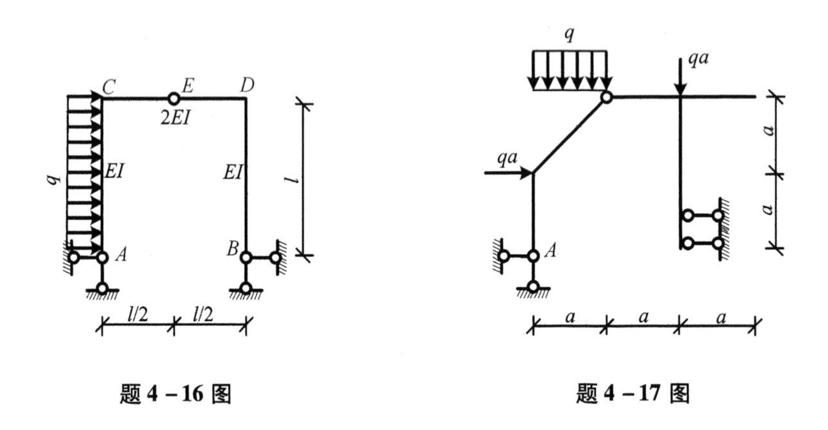

题 4 – 16 图　　　　题 4 – 17 图

4 – 18　求题 4 – 18 图所示结构 C 点竖向位移，已知 $EA = 4.2 \times 10^5$ kN，$EI = 2.1 \times 10^8$ kN·cm^2。

4 – 19　求题 4 – 19 图所示结构 K 点竖向位移，已知 $EA = 4.2 \times 10^5$ kN，$EI = 2.1 \times 10^8$ kN·cm^2。

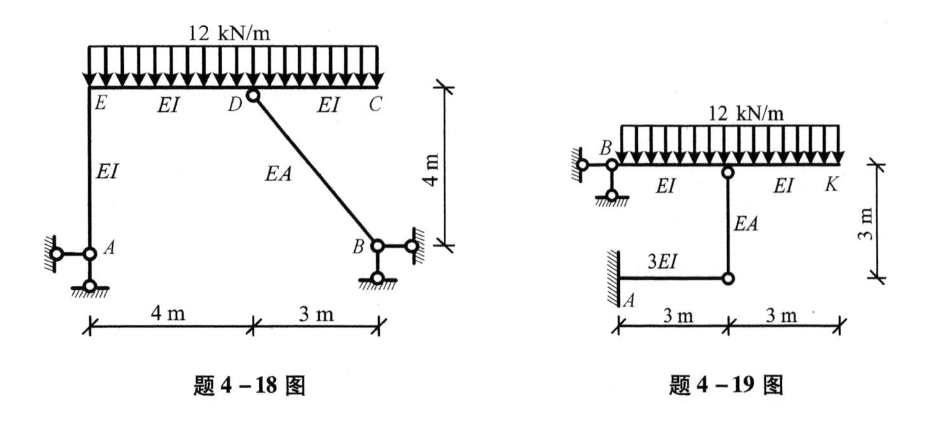

题 4 – 18 图　　　　题 4 – 19 图

4 – 20　求题 4 – 20 图所示结构 C 点水平位移，已知各杆 EI 为常数，k 为弹簧刚度系数。

4－21　求题4－21图所示结构 D 点的竖向位移，各杆刚度 EI 如图所示，已知 $EA=\frac{EI}{l^2}$，$k_1=\frac{EI}{l}$，$k_2=\frac{6EI}{l}$，$k_3=\frac{EI}{l^3}$。

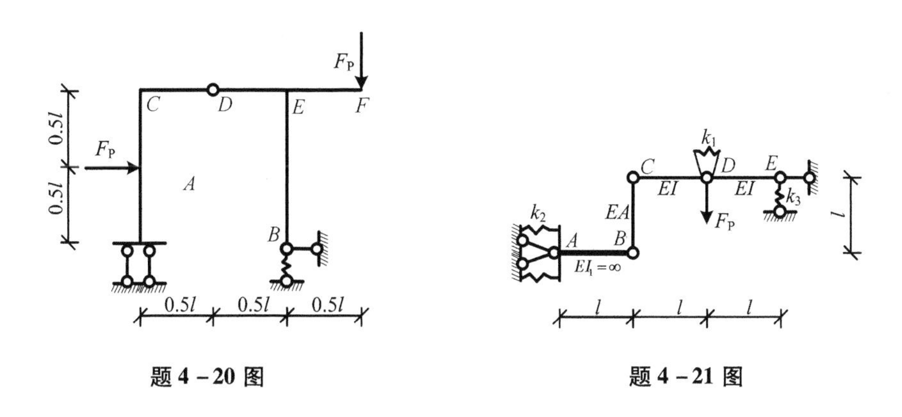

题4－20图　　　　题4－21图

4－22　求题4－22图所示结构 A 点竖向位移，各杆刚度 EI 如图所示，已知支座 B 点有竖直向下支座移动 Δ，$k=\frac{EI}{a^3}$。

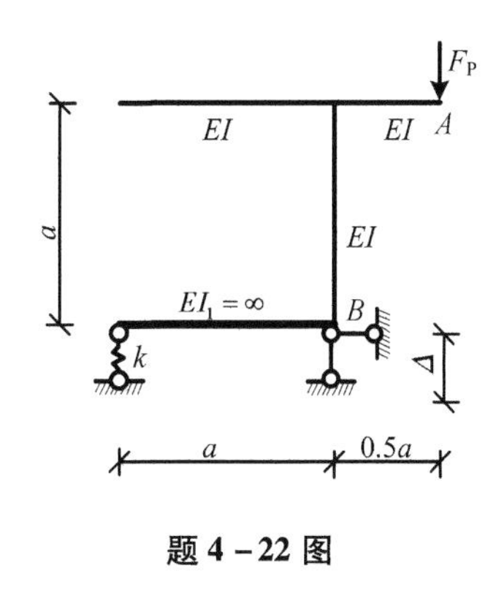

题4－22图

4－23　题4－23图所示横梁截面抗弯刚度均为 EI，则图(a)中 D 点的挠度比图(b)中 D 点的挠度大多少？

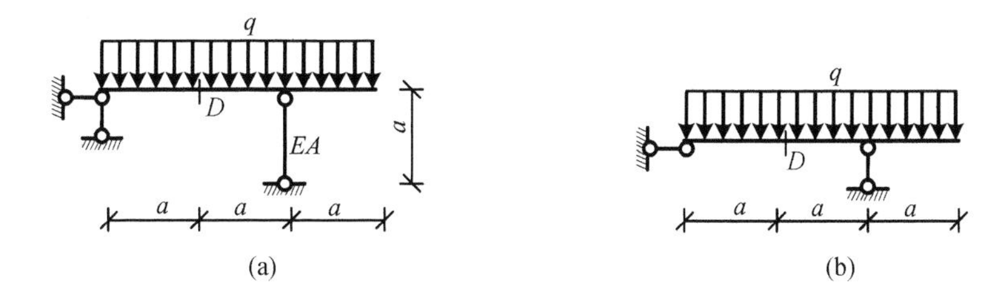

题4－23图

4－24　试求题4－24图所示曲梁 B 点水平位移，已知 EI 为常数，曲梁轴线为抛物线，方程为$y=\dfrac{4f}{l^2}x(l-x)$。

4－25　设题4－25图所示三铰刚架内部升温30 ℃，各杆件截面为矩形，截面高度h相同，各杆线膨胀系数为α，试求C点的竖向位移。

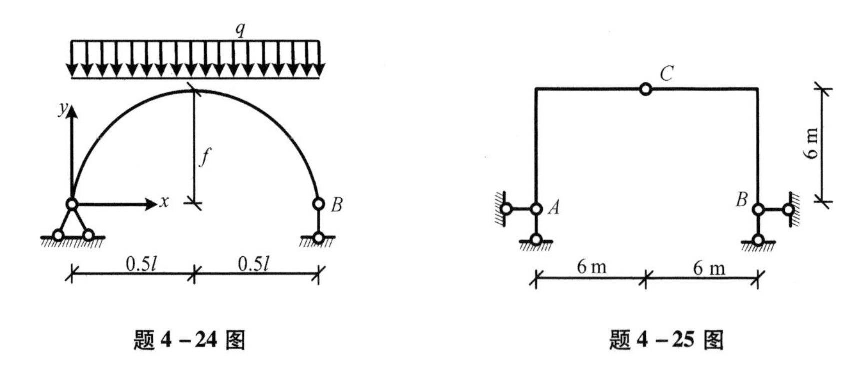

题4－24图　　　　题4－25图

4－26　题4－26图所示三铰拱温度均匀上升t，杆线膨胀系数为α。试求C点的竖向位移和C铰两侧截面的相对转角，拱轴线方程为$y=\dfrac{4f}{l^2}x(l-x)$。

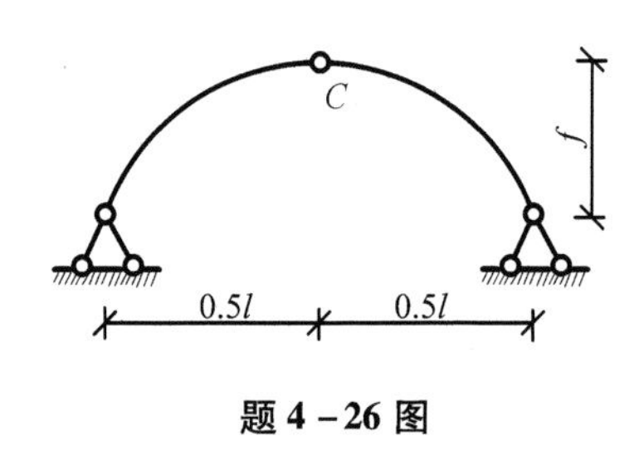

题4－26图

4－27　题4－8图所示桁架的下弦杆温度上升t，杆线膨胀系数为α。试求C点的竖向位移。

4－28　题4－28图所示桁架，欲在荷载从$0\sim F_P$的加载过程中B点不产生竖向位移，AD杆的温度应如何变化。设其他杆件温度不变，各杆线膨胀系数为α，EA为常数。

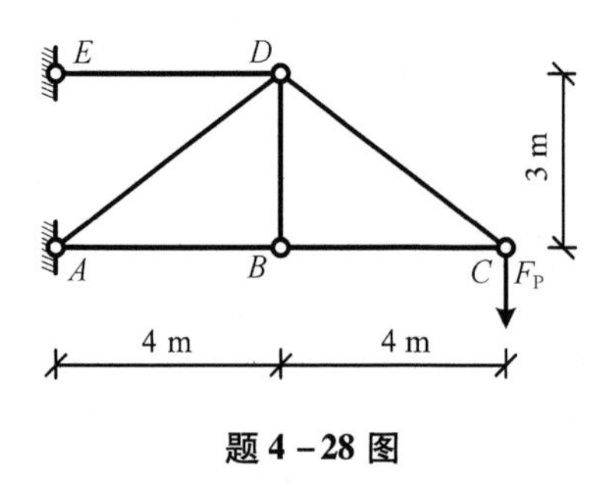

题4－28图

第5章 影 响 线

第3章主要学习了静定结构的内力分析,结构上所承受的荷载均为固定荷载,但实际结构中有时还会受到移动荷载的作用,例如吊车梁上行驶的吊车,桥梁上行驶的火车、汽车等都是移动荷载。结构在移动荷载作用下,内力及变形将随着荷载的移动而变化,结构设计中需要确定在移动荷载作用下结构的内力最大值。对于适用于叠加原理的结构分析问题,通常采用影响线作为解决移动荷载作用下受力分析的工具。对于本章学习,需要掌握影响线及移动荷载等基本概念;掌握作影响线的基本方法即静力法和机动法,掌握静定梁、结点承载方式下的梁及桁架影响线的绘制,掌握利用影响线求固定荷载作用下的内力和支座反力,以及荷载最不利位置的确定。

5.1 基本概念

5.1.1 移动荷载

1. 移动荷载概念

荷载大小、方向不变,作用点改变的荷载称为移动荷载。这里要注意,移动荷载属于静力荷载,而不是动力荷载。动力荷载是荷载随时间的变化而变化,其基本特征是产生明显的加速度;而移动荷载的大小和方向不变,并不产生明显的加速度,所以属于静力荷载的范畴,只是作用点发生了变化,所以称之为移动荷载。

2. 反应特点

结构的反应(支座反力、内力等)随荷载作用位置的改变而改变。

3. 主要问题

在移动荷载作用下,结构的最大响应计算是移动荷载的主要问题。在线弹性条件下,影响线是有效工具之一。

4. 典型移动荷载

移动荷载的类型很多,没必要对每种移动荷载都进行分析。单位移动荷载是从各种移动荷载中抽出来的最简单最基本的元素,只需要把 $F_P=1$ 作用下的内力变化规律分析清楚,根据叠加原理即可以顺利地解决各种移动荷载作用下的内力计算问题及最不利荷载位置的确定。

5.1.2 影响线

单位集中荷载 $F_P=1$ 沿结构移动时,表示结构某量 Z 变化规律的图形,称为某量 Z 的影响线。

影响线是研究移动荷载在结构上移动时结构某固定位置的反应(包括力的反应和位移的反应)的工具。绘制影响线最基本的方法有静力法和机动法,下面利用静力法说明影响线的概念。

例 5-1 如图 5.1(a)所示简支梁,当单位竖向移动荷载 F_P在梁上移动时,求 A 点支座反力的影响线,并利用影响线求图 5.1(b)所示荷载作用下的 A 点支座反力。

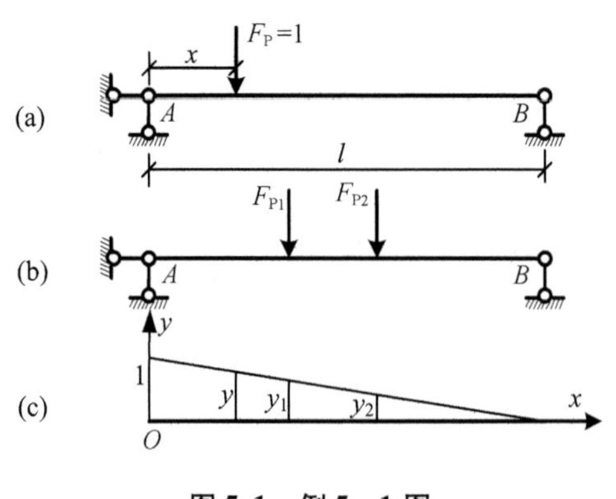

图 5.1 例 5-1 图

解 取 A 点为坐标原点,用 x 表示荷载 F_P作用点的横坐标(图 5.1(a))。当荷载在梁上任意位置 x 时,利用平衡方程可求出 A 点支座反力 F_{RA},即

$$\sum M_B = 0,\ F_{RA} = \left(1 - \frac{x}{l}\right)F_P \quad (0 \leqslant x \leqslant l)$$

式中,$\left(1 - \frac{x}{l}\right)$为影响系数,用 $\overline{F}_{RA}$表示,即

$$\overline{F}_{RA} = \left(1 - \frac{x}{l}\right) \quad (0 \leqslant x \leqslant l)$$

$\overline{F}_{RA}$在数值上表示 $F_P=1$ 时引起的支座反力,$\overline{F}_{RA} = \left(1 - \frac{x}{l}\right)$表示了 $\overline{F}_{RA}$与荷载位置参数 x 之间的关系,这个函数的图形称为 F_{RA}影响线,如图 5.1(c)所示。影响线中任意一点的纵坐标 y 表示单位荷载作用在相应 x 位置时,A 点的支座反力 F_{RA}。已知在荷载 F_{P1},F_{P2}作用位置处,影响线所对应的 y 值分别为 y_1,y_2(y_1,y_2分别表示对应于荷载 F_{P1},F_{P2}位置的影响系数 $\overline{F}_{RA1}$,$\overline{F}_{RA2}$),则根据叠加原理可求出在荷载 F_{P1},F_{P2}作用下的 A 点支座反力为

$$F_{RA} = F_{P1}y_1 + F_{P2}y_2$$

影响线上任意一点的横坐标 x 表示荷载位置参数,纵坐标 y 表示荷载作用于此时某量 Z 的影响系数 $\overline{Z}$。影响系数 $\overline{Z}$ 是某量 Z 与荷载 F_P的比例系数,即

$$\overline{Z} = \frac{Z}{F_P}$$

注意 在绘制影响线时,不能与内力图相混淆,要明确二者的区别。影响线与内力图纵坐标的物理意义不同,两者的量纲不同。作影响线时的荷载是量纲为 1 的单位力,影响线纵坐标的量纲乘以力的量纲后才是该量的量纲,所以支座反力及剪力影响线的量纲为 1,而弯矩影响线纵坐标的量纲为长度量纲。

5.2 绘制影响线的方法

作静定结构的支座反力和内力影响线有两种基本方法，即静力法和机动法。本节主要介绍利用静力法作静定梁、静定刚架、结点方式承载下的梁及桁架内力和支座反力的影响线，以及用机动法作静定梁内力和支座反力的影响线。

5.2.1 静力法作影响线

1. 静力法作影响线的方法

通过影响线方程作影响线的方法称为静力法，即以荷载的作用位置 x 为变量，通过平衡条件，从而确定所求内力或支座反力的影响函数，并作出影响线。其具体求解步骤为：

(1)确定坐标原点，将单位集中荷载 $F_P=1$ 作用在距离原点为 x 处位置；

(2)利用静力平衡条件建立影响线方程；

(3)根据影响线方程作出影响线。

正负号规定：正号量绘制在基线上方，负号量绘制在基线下方(本书规定支座反力以向上为正，剪力绕隔离体顺时针转动为正，梁的弯矩以下侧受拉为正)。

2. 静力法作简支梁内力影响线

例5-2 如图5.2(a)所示简支梁，求支座反力、K 点剪力和弯矩影响线。

解 (1)支座反力影响线

$$\sum M_B = 0,\ \overline{F}_{RA} = \left(1 - \frac{x}{l}\right) \quad (0 \leqslant x \leqslant l)$$

$$\sum M_A = 0,\ \overline{F}_{RB} = \frac{x}{l} \quad (0 \leqslant x \leqslant l)$$

根据上式影响线方程可绘制支座反力影响线，如图5.2(b)(c)所示。

(2)K 点剪力影响线

当 $F_P=1$ 作用在 $0 \leqslant x \leqslant a$ 段时，取 K 点右侧为隔离体，如图5.2(d)所示。根据 $\sum F_y=0$ 得

$$F_{QK} = -F_{RB} = -\frac{x}{l}$$

当 $F_P=1$ 作用在 $a < x \leqslant l$ 段时，取 K 点左侧为隔离体，如图5.2(e)所示。根据 $\sum F_y=0$ 得

$$F_{QK} = F_{RA} = \left(1 - \frac{x}{l}\right)$$

根据剪力影响线方程可绘制 K 点剪力影响线，如图5.2(f)所示。从影响线方程可以看出简支梁任意截面的剪力是一个和支座反力有关的量，因此在绘制简支梁剪力影响线时，先作出支座反力影响线，可为绘制剪力影响线提供方便。

注意 当单位集中荷载 $F_P=1$ 越过 K 点时，由 K 点左侧移动到 K 点右侧时截面 K 的剪力将引起突变，当 $F_P=1$ 正好作用在 K 点时，F_{QK} 的影响系数无意义。

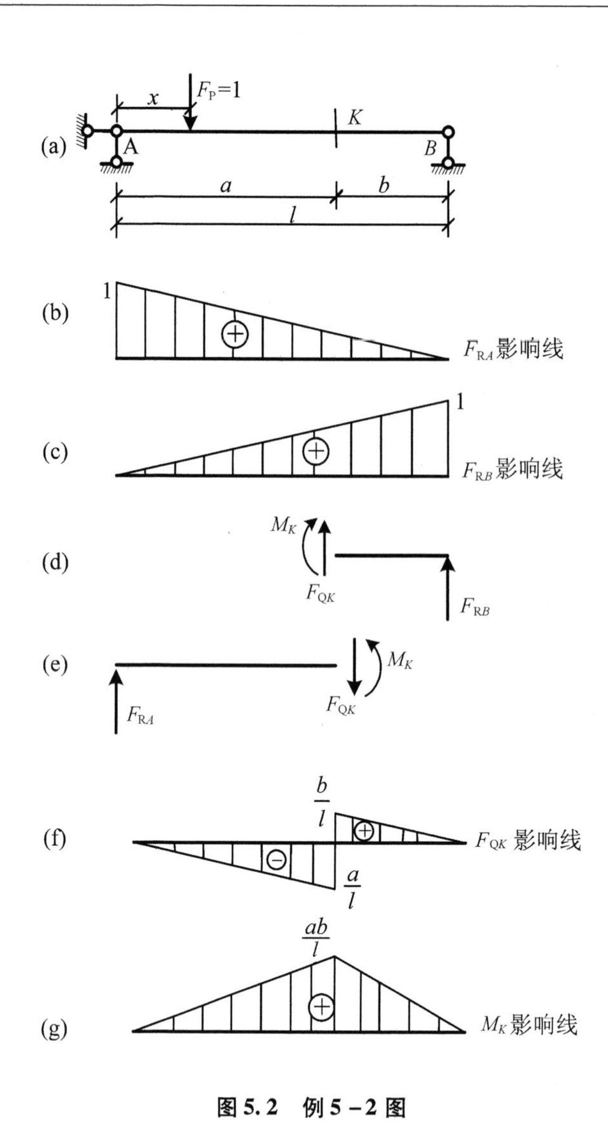

图 5.2 例 5－2 图

(3)K 点弯矩影响线

当 $F_P=1$ 作用在 $0\leqslant x\leqslant a$ 段时,取 K 点右侧为隔离体,如图 5.2(d)所示,得

$$M_K=F_{RB}b=\frac{bx}{l}$$

当 $F_P=1$ 作用在 $a<x\leqslant l$ 段时,取 K 点左侧为隔离体,如图 5.2(e)所示,得

$$M_K=F_{RA}a=\left(1-\frac{x}{l}\right)a$$

根据 K 点弯矩影响线方程可绘制 K 点弯矩影响线,如图 5.2(g)所示。

3. 静力法作伸臂梁内力影响线

例 5－3 如图 5.3(a)所示伸臂梁,求 F_{RA},F_{RB},F_{QC},M_C,F_{QD}及 M_D影响线。

解 (1)求支座反力 F_{RA},F_{RB}的影响线

$$\sum M_B=0,\ \overline{F}_{RA}=\left(1-\frac{x}{l}\right)\quad(0\leqslant x\leqslant l+l_1)$$

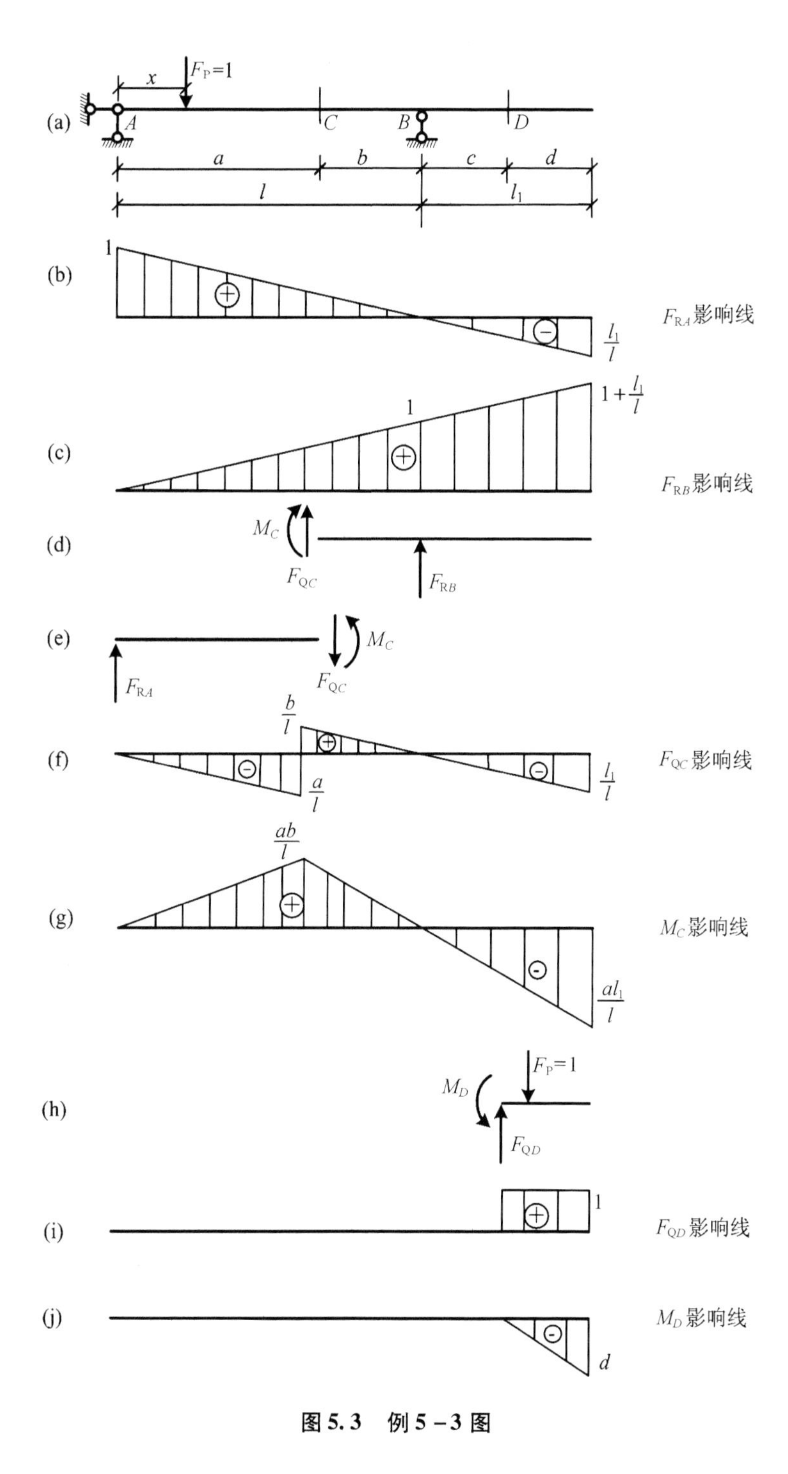

图5.3　例5-3图

$$\sum M_A = 0,\ \overline{F}_{RB} = \frac{x}{l} \quad (0 \leqslant x \leqslant l + l_1)$$

根据上式影响线方程可绘制 F_{RA},F_{RB}影响线,分别如图5.3(b)(c)所示。

(2)求 F_{QC},M_C的影响线

当 $F_P=1$ 作用在 $0 \leqslant x < a$ 段时,取 C 点右侧为隔离体,如图5.3(d)所示,可知

$$F_{QC}=-F_{RB}=-\frac{x}{l},\quad M_C=F_{RB}b=\frac{bx}{l}$$

当 $F_P=1$ 作用在 $a<x\leqslant l+l_1$ 段时，取 C 点左侧为隔离体，如图 5.3(e)所示，可知

$$F_{QC}=F_{RA}=\left(1-\frac{x}{l}\right),\quad M_C=F_{RA}a=\left(1-\frac{x}{l}\right)a$$

可绘制 F_{QC}，M_C影响线，分别如图 5.3(f)(g)所示。

(3)求 F_{QD}，M_D的影响线

当 $F_P=1$ 作用在 $0\leqslant x<l+c$ 段时，取 D 点右侧为隔离体得

$$F_{QD}=0,\quad M_D=0$$

当 $F_P=1$ 作用在 $l+c<x\leqslant l+l_1$ 段时，取 D 点右侧为隔离体，如图 5.3(h)所示，可知

$$F_{QD}=1,\quad M_D=(l+c)-x$$

可绘制 F_{QD}，M_D影响线，分别如图 5.3(i)(j)所示。

4. 静力法作静定刚架内力影响线

利用静力法作静定刚架内力影响线与用静力法作静定梁内力影响线的方法和步骤一样。对于影响线的正负号，剪力和轴力影响线与梁相同，即剪力绕隔离体顺时针转动为正，轴力以受拉为正；弯矩自行规定以杆件受拉侧为正。

例 5-4 如图 5.4(a)所示刚架，当单位集中荷载 $F_P=1$ 在 AB 段移动时，求 F_{QC}，M_E，F_{NE}，F_{QD}，M_D的影响线。

解 取 A 点为坐标原点，用 x 表示荷载 $F_P=1$ 作用点的横坐标，如图 5.4(a)所示。当单位集中荷载 $F_P=1$ 在 AB 段移动时，支座反力的影响线与相应简支梁相同。

(1)求 F_{QC}的影响线

取 AC 段为隔离体，只有当荷载 $F_P=1$ 作用在 AC 段时，才对 F_{QC}产生影响，即

$$F_{QC}=-1\quad\left(0\leqslant x<\frac{l}{4}\right)$$

F_{QC}的影响线如图 5.4(b)所示。

(2)求 M_E，F_{NE}的影响线

规定使 E 点左侧受拉为正，从 E 点切开取 E 点上部为隔离体，如图 5.4(c)所示，则有

$$M_E=x-\frac{l}{2}\quad(0\leqslant x\leqslant l)$$

$$F_{NE}=-1\quad(0\leqslant x\leqslant l)$$

M_E，F_{NE}的影响线如图 5.4(d)(e)所示。

(3)求 F_{QD}，M_D的影响线

从 D 点切开，取 FD 段为隔离体，可直接看出

$$F_{QD}=F_{RF}\quad(0\leqslant x\leqslant l)$$

$$\overline{M}_D=\frac{l}{4}\overline{F}_{RF}\quad(0\leqslant x\leqslant l)$$

F_{QD}，M_D的影响线分别如图 5.4(f)(g)所示。

5. 间接荷载下主梁的内力影响线

如图 5.5(a)所示结构体系，纵梁两端简支在横梁上，横梁由主梁支承；荷载直接作用于纵梁上，并通过横梁传到主梁。不论纵梁承受何种荷载，主梁只有在与横梁相交的结点处承

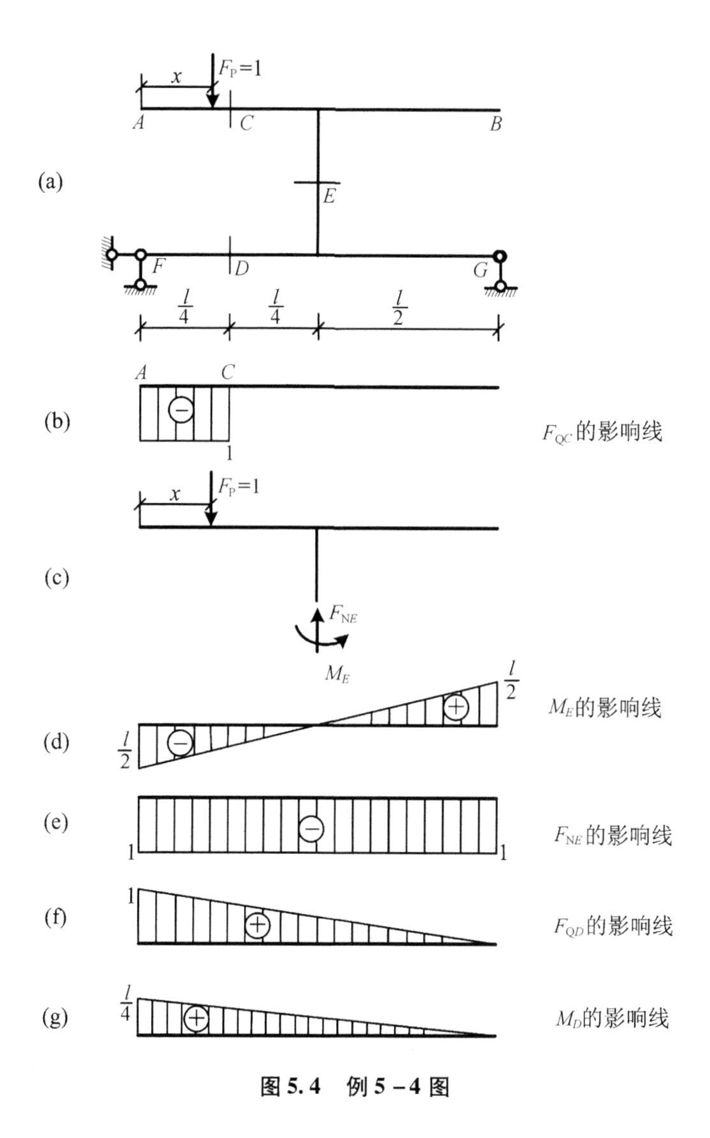

图 5.4 例 5-4 图

受集中荷载,因此主梁承受的是结点荷载。纵梁的承载方式称为直接承载方式,主梁的承载方式称为间接承载方式。绘制间接荷载作用下某量的影响线,可根据静定结构影响线是直线或折线这一性质,通过修正直接荷载作用下相应某量影响线的方法得到。其具体作法为:

(1)先作直接荷载作用下的影响线;

(2)将各结点向影响线作投影点;

(3)用直线连接相邻投影点的竖距,就得到结点荷载作用下的影响线。

下面通过具体例题介绍间接荷载下主梁内力影响线的绘制。

例 5-5 如图 5.5(a)所示结构体系,G 点为 DE 段中点。当单位集中荷载 $F_P=1$ 在纵梁上移动时,求 F_{RA},F_{RB},F_{QE},M_E,M_G,F_{QDE}的影响线。

解 取 A 点为坐标原点,用 x 表示荷载 $F_P=1$ 作用点的横坐标,如图 5.5(a)所示。

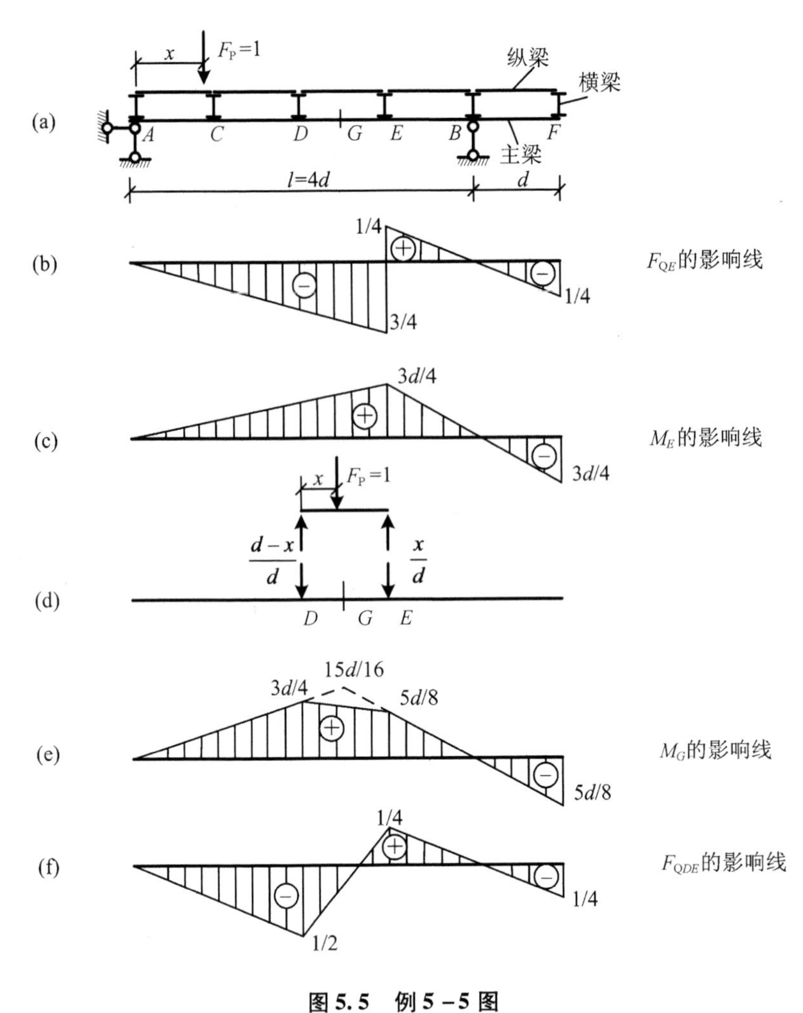

图 5.5 例 5-5 图

(1)求支座反力 F_{RA},F_{RB}的影响线

支座反力的影响线与前面介绍的伸臂梁影响线一致,这里不再赘述。

(2)求 F_{QE},M_E的影响线

E 点正好是结点。当 $F_P=1$ 作用在 $0\leqslant x<3d$ 段时,取 E 点右侧为隔离体,可知

$$F_{QE}=-F_{RB}=-\frac{x}{l},M_E=F_{RB}\quad d=\frac{x}{l}\times d=\frac{1}{4}x$$

当 $F_P=1$ 作用在 $3d<x\leqslant l+d$ 段时,取 E 点左侧为隔离体,可知

$$F_{QE}=F_{RA}=\left(1-\frac{x}{l}\right),\ M_E=F_{RA}\times 3d=3d\left(1-\frac{x}{l}\right)$$

本部分隔离体的选取与例 5-3 中图 5.3(d)(e)给出的受力形式一致,这里不再赘述。由此可以看出,F_{QE},M_E的影响线作法与图 5.3(f)(g)完全相同,如图 5.5(b)(c)所示。

(3)求 M_G的影响线

根据绘制间接荷载作用下某量的影响线的具体方法,可知绘制 M_G影响线的具体步骤如下:

①先绘制单位荷载直接作用在主梁上 M_G的影响线。

②将 D 点和 E 点向影响线作投影点,根据三角形比例关系可确定为

$$y_D=\frac{3d}{4},y_E=\frac{5d}{8}$$

③用直线连接 D 点和 E 点投影点的竖距即得到 M_G的影响线,如图 5.5(e)所示。

具体证明如下:

当荷载作用在 D 点以左和 E 点以右时,M_G的影响线与荷载直接作用在主梁上完全相同,所以在间接承载方式下 M_G影响线在 D 点的竖距 y_D和在 E 点的竖距 y_E与直接承载方式下相应的竖距相等,即

$$M_G=F_{RB}\times 1.5d=1.5d\frac{x}{l}\quad(0\leqslant x\leqslant 2d),y_D=\frac{3d}{4}$$

$$M_G=F_{RA}\times 2.5d=2.5d\left(1-\frac{x}{l}\right)\quad(3d\leqslant x\leqslant 5d),\ y_E=\frac{5d}{8}$$

当单位荷载作用在 DE 之间时,取 D 点为坐标原点,用 x 表示荷载 $F_P=1$ 作用点的横坐标,则主梁所承受的荷载如图 5.5(d)所示,$F_{PD}=\frac{d-x}{d}$,$F_{PE}=\frac{x}{d}$,则利用叠加原理求得 M_G的影响系数为

$$M_G=y_D\times\frac{d-x}{d}+y_E\times\frac{x}{d}\quad(0\leqslant x\leqslant d)$$

上式为 x 的一次函数,即在间接承载方式下,M_G的影响线在 DE 段为一直线,当 $x=0$ 时,$M_G=y_D$;当 $x=d$ 时,$M_G=y_E$。

(4)求 F_{QDE}的影响线

在间接承载方式下,主梁 D,E 两结点间没有外力,因此 DE 结点间任意截面上剪力都相等,通常被称为结间剪力,用 F_{QDE}表示。依据上述理论可直接作出 F_{QDE}的影响线,如图 5.5(f)所示。

根据上述分析,关于结点荷载下主梁内力影响线绘制可得下述结论:

①主梁支座反力影响线与直接荷载作用下的相同;

②结点处的内力影响线与直接荷载作用下的相同;

③在间接荷载作用下,结构任何影响线在相邻两结点间为一直线。

6. 静力法作桁架内力影响线

因桁架通常承受结点荷载,所以在用静力法作静定桁架内力影响线时仍可利用间接承载方式作结构内力影响线的方法。当荷载作用在桁架上弦时称为上承桁架,当荷载作用在桁架下弦时称为下承桁架。

例 5-6 如图 5.6(a)所示桁架,当单位集中移动荷载在上弦移动时,求杆 1、杆 2、杆 3 竖向分量和杆 4 轴力的影响线。

解 因桁架承受结点荷载,其荷载传递方式与图 5.6(b)所示梁式体系相同。依据前述间接荷载下主梁的内力影响线的内容可知,任意杆轴力的影响线在相邻两结点之间为一直线,即可把 $F_P=1$ 依次作用在结点上,计算出杆件轴力,用竖距表示出来,连以直线,就得到了该根杆件的影响线。

因支座反力的影响线与简支梁相同,这里不再赘述。

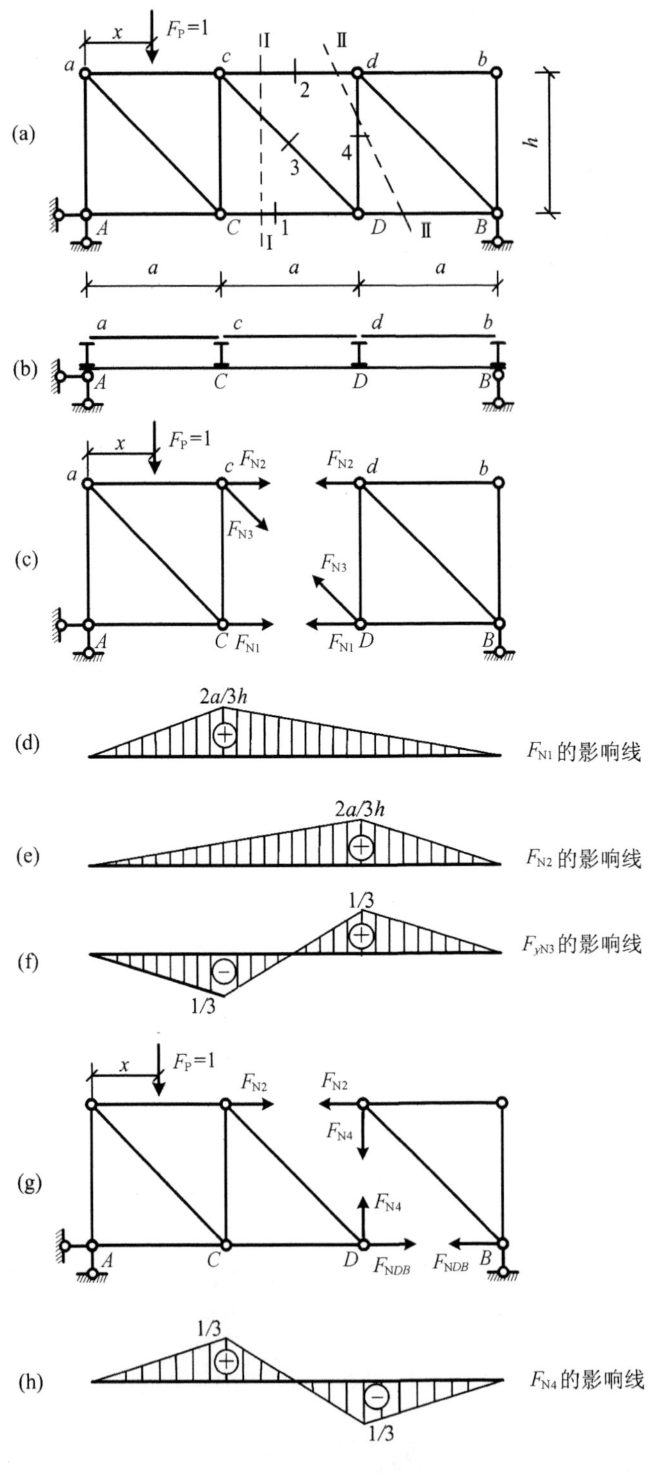

(a)
(b)
(c)
(d)
(e)
(f)
(g)
(h)
x
$F_P=1$
Ⅰ
Ⅱ
a c d b
A C D B
1 2 3 4
h
a a a
F_{N1} F_{N2} F_{N3} F_{N4}
F_{NDB}
2a/3h
1/3
F_{N1}的影响线
F_{N2}的影响线
F_{yN3}的影响线
F_{N4}的影响线

图5.6 例5-6图

(1)求下弦杆杆 1 轴力 F_{N1} 的影响线

当 $F_P=1$ 作用在 $0\leqslant x\leqslant a$ 时,从Ⅰ-Ⅰ截面切开,取右侧为隔离体,如图 5.6(c)所示,则

$$\sum M_c = 0 \Rightarrow F_{N1}h - F_{RB}\cdot 2a = 0 \Rightarrow F_{N1} = \frac{2aF_{RB}}{h} = \frac{M_C^0}{h}$$

当 $F_P=1$ 作用在 $a\leqslant x\leqslant 3a$ 时,从Ⅰ-Ⅰ截面切开,取左侧为隔离体,如图 5.6(c)所示,则

$$\sum M_c = 0 \Rightarrow F_{N1}h - F_{RA}a = 0 \Rightarrow F_{N1} = \frac{aF_{RA}}{h} = \frac{M_C^0}{h}$$

式中,M_C^0 表示相应简支梁结点 C 处截面弯矩,将其竖距除以力臂 h 即得到下弦杆杆 1 轴力 F_{N1} 的影响线如图 5.6(d)所示。

(2)求上弦杆杆 2 轴力 F_{N2} 的影响线

从Ⅰ-Ⅰ截面切开,以结点 D 为力矩中心,由力矩方程 $\sum M_D = 0$ 得

$$F_{N2} = \frac{M_D^0}{h}$$

上弦杆杆 2 轴力 F_{N2} 的影响线如图 5.6(e)所示。

(3)求斜杆杆 3 轴力竖向分量的影响线

当 $F_P=1$ 作用在 $0\leqslant x\leqslant a$ 时,从Ⅰ-Ⅰ截面切开,取右侧为隔离体,如图 5.6(c)所示。根据 $\sum F_y = 0$ 得

$$F_{yN3} = -F_{RB}$$

当 $F_P=1$ 作用在 $2a\leqslant x\leqslant 3a$ 时,从Ⅰ-Ⅰ截面切开,取左侧为隔离体,如图 5.6(c)所示。根据 $\sum F_y = 0$ 得

$$F_{yN3} = F_{RA}$$

当 $F_P=1$ 作用在 c,d 之间时,影响线为一直线,因此得斜杆杆 3 轴力竖向分量的影响线如图 5.6(f)所示,利用相应梁结间 CD 的剪力 F_{QCD}^0,可将上述分析概括成

$$F_{yN3} = F_{QCD}^0$$

图 5.6(f)所示的影响线就是相应梁的结间剪力 F_{QCD}^0 的影响线。

(4)求竖杆杆 4 轴力的影响线

当 $0\leqslant x\leqslant a$ 时,从Ⅱ-Ⅱ截面切开,取右侧为隔离体,如图 5.6(g)所示。根据 $\sum F_y=0$ 得

$$F_{N4} = F_{RB}$$

当 $2a\leqslant x\leqslant 3a$ 时,从Ⅱ-Ⅱ截面切开,取左侧为隔离体,如图 5.6(g)所示。根据 $\sum F_y = 0$ 得

$$F_{N4} = -F_{RA}$$

可利用相应梁结间 CD 的剪力 F_{QCD}^0 可得

$$F_{N4} = -F_{QCD}^0$$

竖杆杆 4 轴力的影响线如图 5.6(h)所示,可按结间剪力 F_{QCD}^0 的影响线作出,但将正负号作了改变。

5.2.2 机动法作静定梁内力影响线

作静定结构影响线的机动法是以刚体体系的虚功原理为依据,把作内力或支座反力影

响线的静力问题转化为作位移图的几何问题。其优点是不经过计算就能很快地绘出影响线的轮廓。通常情况下,可用静力法作影响线,用机动法来校核。具体步骤为:

(1)建立坐标系;

(2)撤去与所求未知量 Z 对应的约束,代以未知力 Z(得到几何可变体系);

(3)使体系沿与 Z 一致的方向发生微小虚位移 δ_Z,作出单位荷载移动范围内杆件的位移图,由此可定出 Z 的影响线的轮廓;

(4)令 δ_Z 等于1,就可以进一步确定影响线各竖距的数值;

(5)若影响线的图形在 y 轴正向,则影响线取正号,反之取负号。

下面通过作简支梁支座反力的影响线来介绍机动法。

求图5.7(a)所示简支梁 B 点支座反力的影响线,具体作法如下:

取由 A 点指向 B 点的方向为 x 轴的正方向,逆时针旋转90°为 y 轴正向。

撤去 B 点支杆,代以未知力 Z,此时体系为有一个自由度的机构,如图5.7(b)所示;使体系沿与 Z 一致的方向绕 A 点转动,发生微小的虚位移 δ_Z,如图5.7(b)所示;此时,体系上作用着一个平衡力系,又有一个符合约束条件的无限小的刚体体系的位移状态,利用刚体体系的虚功原理可列出虚功方程,即

$$Z\delta_Z + F_P\delta_P = 0 \tag{5.1}$$

δ_Z 是与 Z 相应的位移, δ_P 是与单位荷载 $F_P=1$ 相应的位移;当位移与相应点的力的方向一致时,二者乘积为正,反之为负。因 $F_P=1$,所以有

$$\overline{Z} = -\frac{\delta_P}{\delta_Z} \tag{5.2}$$

当 $F_P=1$ 移动时,δ_P 也随着变化,是一个关于 x 的函数,δ_Z 是一个常量,所以式(5.2)可表达为

$$\overline{Z}(x) = \left(-\frac{1}{\delta_Z}\right)\delta_P(x) \tag{5.3}$$

令 $\delta_Z=1$ 得

$$\overline{Z}(x) = -\delta_P(x) \tag{5.4}$$

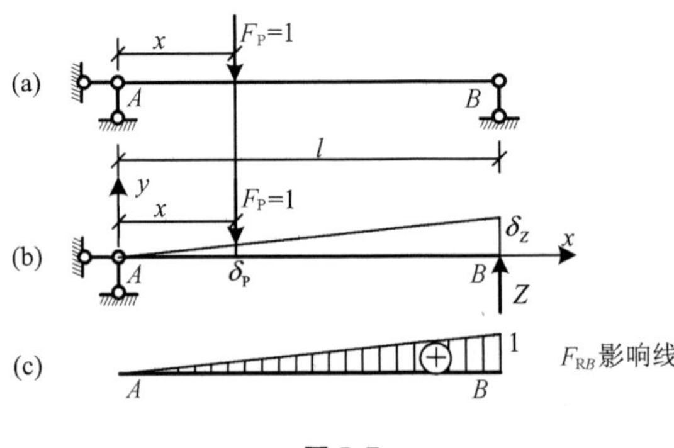

图5.7

即确定了影响线的形状和数值,得到 B 点支座反力影响线如图5.7(c)所示,因在 y 轴正向,所以影响线取正号。

下面通过简支梁来讲述如何利用机动法作梁式杆件任意截面弯矩和剪力的影响线。

例5-7 利用机动法求图5.8(a)所示简支梁K点的弯矩和剪力的影响线。

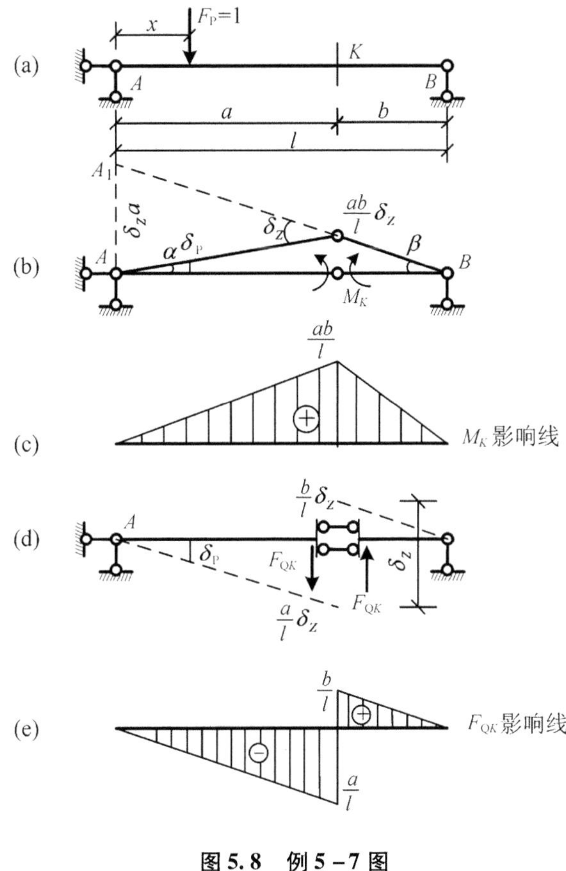

图5.8 例5-7图

解 (1)用机动法求K点弯矩的影响线

撤去截面K处与M_K相应的约束,即将截面K处改为铰,代以一对正向的力偶M_K,让刚片AK、刚片BK沿M_K正向发生微小的虚位移,铰K两侧截面的相对转角为$\delta_Z(\delta_Z=\alpha+\beta)$,如图5.8(b)所示。其中$AA_1=\delta_Z\cdot a$,利用几何关系可求出$K$点竖向位移为$\frac{ab}{l}\delta_Z$,即得到的位移图为$M_K$的影响线的轮廓。令$\delta_Z=1$,放大竖距,即得到的影响线如图5.8(c)所示,其中K点的影响系数为$\frac{ab}{l}$。

注意 相对转角δ_Z是微小值,令$\delta_Z=1$不是把铰K处的相对转角δ_Z换成1 rad,而只是把竖距放大$1/\delta_Z$倍,即把竖距中的参数δ_Z换成1。

(2)用机动法求K点剪力的影响线

撤去截面K处与F_{QK}相应的约束,即将截面K处改为定向支座,代以剪力F_{QK},让体系沿F_{QK}正向发生微小的剪切虚位移δ_Z,因K处能发生竖向的相对位移,但不能发生相对的转动和平动,所以切口两侧的梁在发生微小的剪切虚位移后保持平行,如图5.8(d)所示。利用几何关系可求出K点基线上方和下方的数值分别为$\frac{b}{l}\delta_Z$和$\frac{a}{l}\delta_Z$,令$\delta_Z=1$,放大竖距,即得到的影响线如图5.8(e)所示。

例 5-8 利用机动法求图 5.9(a)所示静定多跨梁的 M_G, F_{RB}, F_{QH}, M_H, F_{QC}^{L}, F_{QC}^{R} 的影响线。

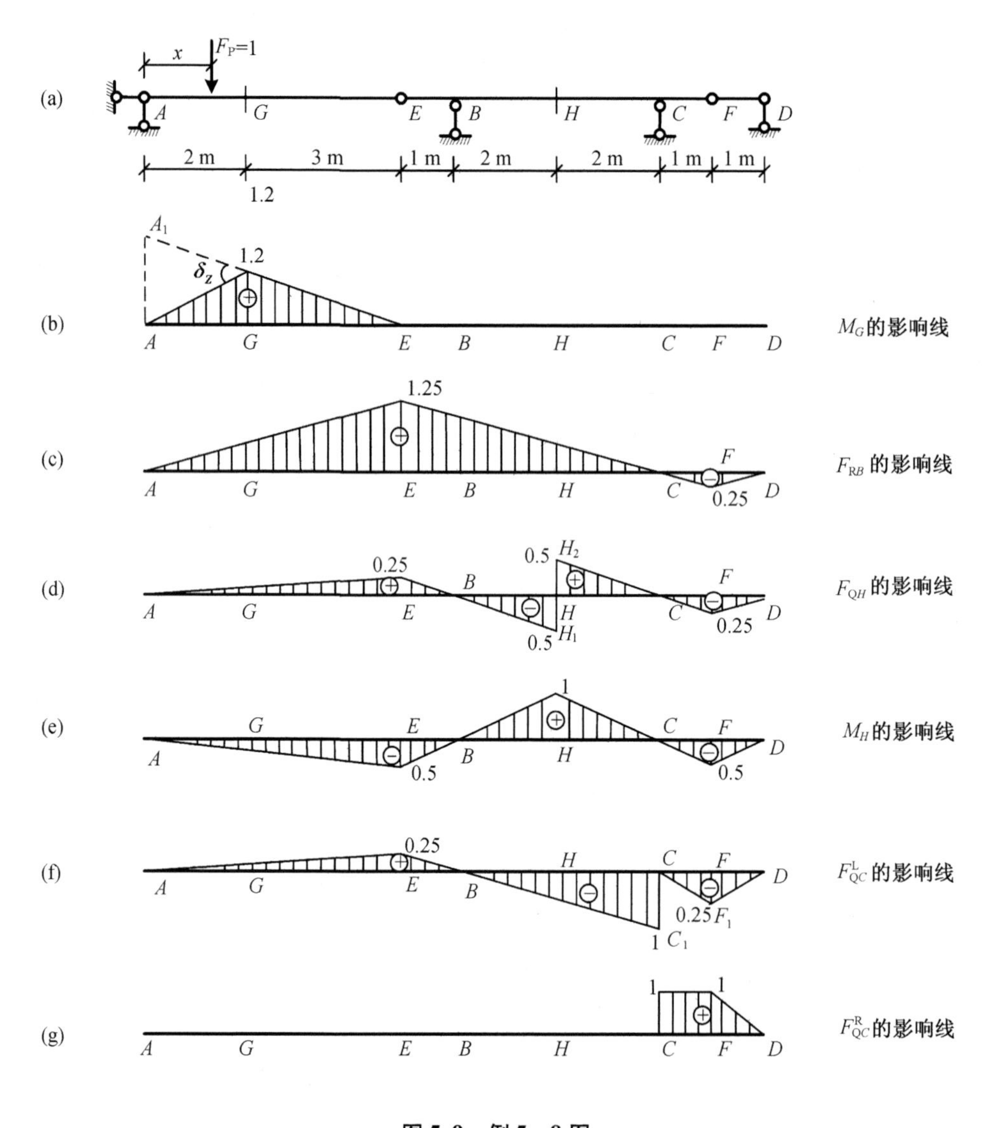

图 5.9 例 5-8 图

解 (1)进行几何构造分析

在对静定多跨梁进行受力分析前,要先进行几何构造分析。从图中可以看出,伸臂梁 *EF* 是基础部分,简支梁 *AE* 和简支梁 *FD* 分别是梁 *EF* 的附属部分。

(2)求 M_G的影响线

在 *G* 点加铰,使铰 *G* 两侧沿其正向的相对转角为 δ_Z,杆 *AG* 可绕 *A* 点转动,因 *B* 点有滚轴支座,则 *E* 点不能移动,所以 *GE* 杆可绕 *E* 点转动,其他部分不能发生移动,其中 $AA_1=\delta_Z\times 2$,利用几何关系可求出 *G* 点竖向位移为$\frac{2\times 3}{5}\delta_Z$,令 $\delta_Z=1$,得 *G* 点竖距 1.2,在基线上方为正,M_G的影响线如图 5.9(b)所示。

(3)求 F_{RB}的影响线

撤去 B 点的支座,因 A 点和 C 点的支座不能移动,所以 $EBCF$ 杆件可绕 C 点转动,令 EC 段绕 C 点发生向上虚位移,CF 段绕 C 点发生向下位移,根据约束条件带动其他部分发生位移,令 B 点竖向虚位移 $\delta_Z=1$,根据几何关系可确定 F_{RB}的影响线如图 5.9(c)所示。

(4)求 F_{QH}的影响线

撤去 H 点约束剪力的约束,让其沿着剪力的正向发生相对竖向移动,因 B 点和 C 点的支座不能移动,令 BH 段绕 B 点发生向下虚位移,CH 段绕 C 点发生向上虚位移,根据约束条件带动其他部分发生位移,因只能发生竖向的相对位移,不能转动和平动,所以 BH_1 和 CH_2 相互平行,令 H 点的相对虚位移 H_1H_2 为 1,根据几何关系可确定 F_{QH}的影响线如图 5.9(d)所示。

(5)求 M_H的影响线

在 H 点加铰,使铰 H 两侧沿其正向的相对转角为 δ_Z,杆 BH 可绕 B 点转动,杆 CH 可绕 C 点转动,使 H 点发生向上虚位移,根据约束条件带动其他部分发生位移,令 H 点两侧的相对转角为 1,根据几何关系可确定 M_H的影响线如图 5.9(e)所示。

(6)求 F_{QC}^{L}的影响线

撤去支座 C 点左侧约束剪力的约束,让其沿着剪力的正向发生相对竖向移动,因 B 点支座不能移动,令 BC 段绕 B 点发生向下虚位移,从而使 E 点发生向上虚位移,因 C 点支座不能移动,从而使 F 点发生向下虚位移,BC_1 和 CF_1 相互平行,令 $CC_1=1$,根据几何关系可确定 F_{QC}^{L}的影响线如图 5.9(f)所示。

(7)求 F_{QC}^{R}的影响线

撤去支座 C 点右侧约束剪力的约束,让其沿着剪力的正向发生相对竖向移动,因 C 点和 D 点支座不能移动,从而使 CF 段发生向上的平动 δ_Z,令 $\delta_Z=1$,根据几何关系可确定 F_{QC}^{R} 影响线如图 5.9(g)所示。

当荷载作用在静定多跨梁基础部分上时,对附属部分没有影响;但当荷载作用在附属部分上时,对基础部分有影响;所以对于静定多跨梁,当作基础部分上弯矩、剪力和支座反力影响线时,一般影响线分布在全梁上;附属部分上弯矩、剪力和支座反力影响线只分布在附属部分上,基础部分纵坐标为零。

5.3 影响线的应用

影响线的应用主要有两方面:一是当荷载作用位置已知时,利用影响线计算内力和支座反力;二是在移动荷载作用下,利用影响线确定结构上某量的最不利荷载位置,并求出相应位置的最大响应,作为结构设计依据。

5.3.1 固定荷载作用下利用影响线求结构的内力和支座反力

1. 集中荷载作用情况

如图 5.10(a)所示简支梁上作用一组位置固定的集中荷载 $F_{P1},F_{P2},F_{P3},\cdots,F_{Pn}$,结构上某量 Z 的影响线如图 5.10(b)所示,利用影响线求在此组集中荷载作用下某量 Z 的量值。作影响线时,用的是单位荷载,所以可以根据叠加原理,利用影响线求这组集中荷载作用下结构上某量 Z 的量值。如图 5.10(b)所示与各集中荷载作用点相对应的影响线的竖距分别

为 $y_1, y_2, y_3, \cdots, y_n$，根据叠加原理得 Z 的量值为

$$Z = F_{P1}y_1 + F_{P2}y_2 + F_{P3}y_3 + \cdots + F_{Pn}y_n = \sum_{i=1}^{n} F_{Pi}y_i \tag{5.5}$$

2. 分布荷载作用情况

如果在结构上某段 AB 作用着分布荷载 $q(x)$，如图 5.11(a)所示，微段 dx 上作用的荷载 $q(x)dx$ 可看作集中荷载，所对应的影响线上的竖距为 y，则它引起的 Z 值为 $yq(x)dx$，因此在 AB 段上分布荷载作用下的 Z 值为

$$Z = \int_A^B yq(x)dx \tag{5.6}$$

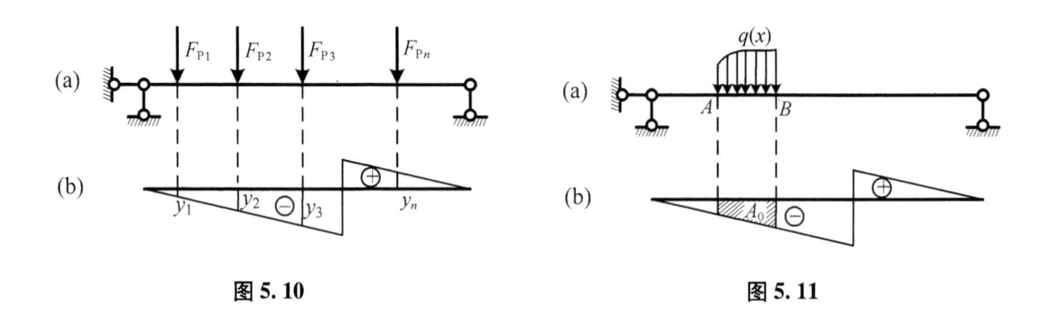

图 5.10　　图 5.11

如果 $q(x)$ 为常数，Z 值为

$$Z = \int_A^B yq(x)dx = q\int_A^B ydx = qA_0 \tag{5.7}$$

A_0表示影响线图形在受载段上的面积。qA_0表示均布荷载引起的 Z 值，等于荷载集度乘以受载段的影响线面积，计算时注意 A_0的正负。

例 5-9　如图 5.12(a)所示伸臂梁上作用均布荷载 10 kN/m，在 C 点和 K 点分别作用着集中荷载 20 kN 和 10 kN，利用影响线求 K 截面弯矩 M_K，F_{QK}^{L}和 F_{QK}^{R}。

解　(1)求 K 截面弯矩

K 点弯矩影响线如图 5.12(b)所示，根据叠加原理得

$$M_K = \left(\frac{1}{2}\times 6\times\frac{3}{2} - \frac{1}{2}\times 1\times 2\times 2\right)\times 10 + 10\times\frac{3}{2} - 20\times 1 = 20\ \text{kN}\cdot\text{m}$$

(2)求 F_{QK}^{L}和 F_{QK}^{R}

K 点剪力影响线如图 5.12(c)所示。因 K 点作用集中荷载，剪力在 K 点存在突变；单位集中荷载作用在 K 点时，K 点对应的影响线没有意义。F_{QK}^{L}和 F_{QK}^{R}的影响线形状与 K 点剪力影响线形状及竖距相同，只是当求 F_{QK}^{L}时，K 点集中荷载对应的影响线竖距为 1/2，求 F_{QK}^{R}时，K 点集中荷载对应的影响线竖距为 -1/2，因均布荷载引起的 F_{QK}^{L}和 F_{QK}^{R}为零，所以有

$$F_{QK}^{L} = 20\times\frac{1}{3} + 10\times\frac{1}{2} = \frac{35}{3}\ \text{kN}$$

$$F_{QK}^{R} = 20\times\frac{1}{3} - 10\times\frac{1}{2} = \frac{5}{3}\ \text{kN}$$

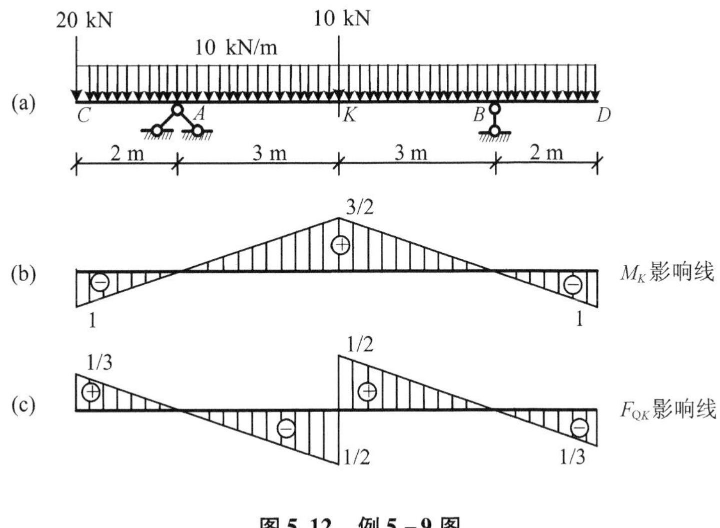

图 5.12 例 5-9 图

5.3.2 确定最不利荷载位置

1. 最不利荷载位置

荷载移动到某个位置,使结构中某量 Z 达到最大值(或最小值),则此荷载位置即为 Z 的最不利荷载位置。

对于一些简单的情况,只需把数量大、排列密的荷载放在影响线竖距较大的部分即可得到最不利荷载位置。

2. 一个移动集中荷载作用下的最不利荷载位置

如图 5.13(a)所示伸臂梁上作用一移动集中荷载,K 点弯矩影响线如图 5.13(b)所示,则最不利位置是这个集中荷载作用在影响线正向或负向竖距最大处,即

$$M_{K\max} = F_{\mathrm{P}} \cdot y_K$$
$$M_{K\min} = F_{\mathrm{P}} \cdot y_A$$

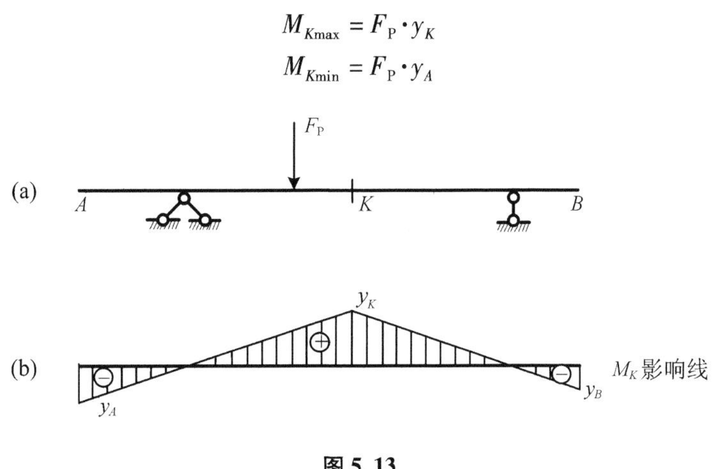

图 5.13

3. 均布活荷载作用下的最不利荷载位置

均布活荷载是指分布集度是常数,且可按任意方式分布的荷载。利用影响线可方便地确定均布活荷载的最不利分布。如图 5.14(a)所示伸臂梁上作用任意移动的均布活荷载,K

点弯矩影响线如图 5. 14(b)所示,确定 M_K的最不利荷载分布。若使 M_K的正弯矩最大,则把均布活荷载满布于影响线正号部分,得 $M_{K\max}$,如图 5. 14(c)所示;若使 M_K的负弯矩最大,则把均布活荷载满布于影响线负号部分,得 $M_{K\min}$,如图 5. 14(d)所示。

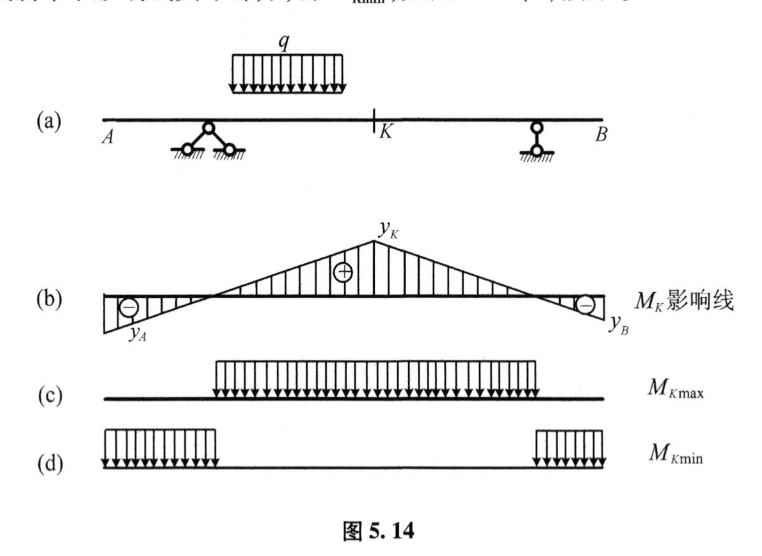

图 5. 14

例 5 -10 如图 5. 12(a)所示伸臂梁承受均布荷载 $q=10$ kN/m 作用,荷载可以在梁上任意布置,试求 F_{QK}的最大正值和最大负值。

解 由图 5. 12(c)所示 F_{QK}的影响线可知,当均布荷载作用在 CA 段和 KB 段时得最大正剪力为

$$F_{QK}=qA_0=\frac{1}{2}\left(3\times\frac{1}{2}+2\times\frac{1}{3}\right)\times 10=\frac{65}{6}\text{ kN}$$

当均布荷载作用在 AK 段和 BD 段时,最大负剪力为

$$F_{QK}=qA_0=-\frac{1}{2}\left(3\times\frac{1}{2}+2\times\frac{1}{3}\right)\times 10=-\frac{65}{6}\text{ kN}$$

4. 一组移动集中荷载作用下的最不利荷载位置

在一组集中荷载中,在最不利位置时必有一个集中荷载作用在影响线的顶点。对于一些简单情况,只需对影响线和荷载特性加以分析和判断就可以确定出荷载的最不利位置。

例 5 -11 吊车梁上有两台行驶的吊车,两台吊车的轮压和轮距如图 5. 15(a)所示,试求截面 C 的最大正剪力。

解 C 点剪力的影响线如图 5. 15(b)所示。要求 F_{QC}的最大正剪力,首先荷载应放在影响线的正号部分,将轮压 445 kN 放在影响线正向最大处,根据几何关系可知轮压 225 kN 对应着影响线竖距为 5/12 的位置,得

$$F_{QC\max}=445\times\frac{2}{3}+225\times\frac{5}{12}=390.4\text{ kN}$$

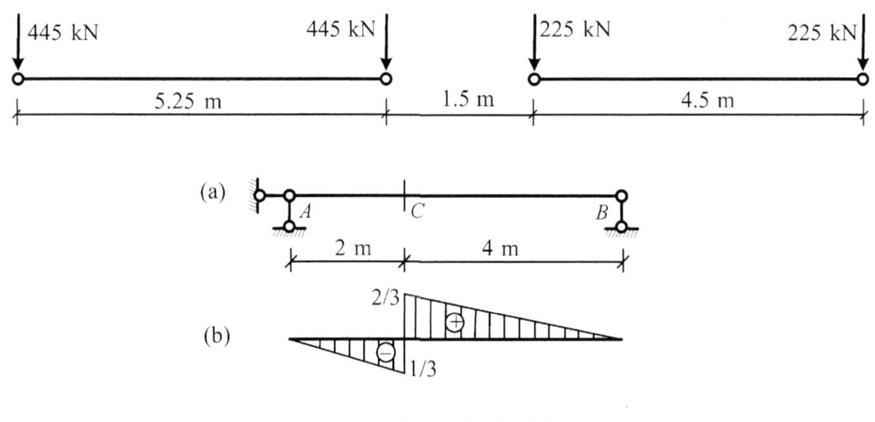

图 5.15 例 5-11 图

如图 5.16(a)所示是一组彼此间距和数值保持不变的移动荷载,图 5.16(b)是某量 Z 的影响线,对于此种情况很难直接判断 Z 的最不利荷载位置。通常情况下分两步确定其最不利位置:

第一步是找到荷载的临界位置,即求出使 Z 达到极值的荷载位置;

第二步从 Z 的极大值中选出最大值,从极小值中找到最小值,即从临界位置中选出荷载的最不利位置。

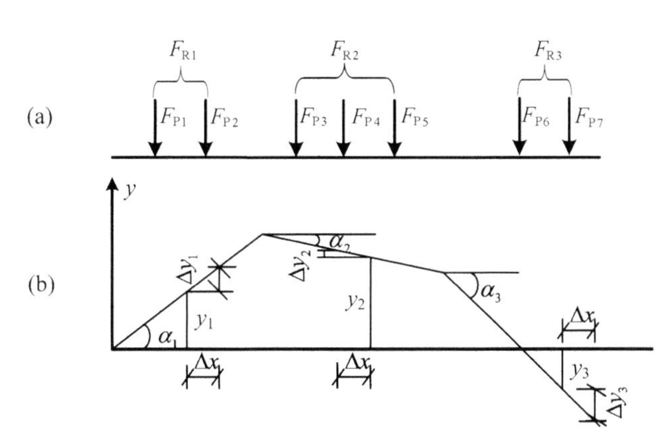

图 5.16

下面以图 5.16 为例说明如何确定荷载的临界位置。图 5.16(b)中影响线各段与水平方向的夹角用 $\alpha_1, \alpha_2, \alpha_3$ 表示,以逆时针转动的角度为正。利用叠加原理并按各段区间内荷载的合力来计算,得

$$Z = F_{R1} \cdot y_1 + F_{R2} \cdot y_2 + F_{R3} \cdot y_3$$

如果荷载向右或向左移动 Δx(当向右移动时 $\Delta x > 0$)时,则各段合力对应影响线位置的竖距变化为 $\Delta y = \Delta x \cdot \tan\alpha_i$,$Z$ 的变化为 $\Delta Z = \Delta x \cdot \sum_{i=1}^{3} F_{Ri} \tan\alpha_i$。

如果使 Z 成为极大值的临界位置必须满足以下条件:荷载自临界位置向左或向右移

动,Z 值均应减小或无变化,即 $\Delta Z = \Delta x \cdot \sum_{i=1}^{3} F_{Ri}\tan\alpha_i \leqslant 0$ 。

所以有

$$\begin{cases} \sum F_{Ri}\tan\alpha_i \leqslant 0 & (\Delta x > 0) \\ \sum F_{Ri}\tan\alpha_i \geqslant 0 & (\Delta x < 0) \end{cases} \tag{5.8}$$

同理,如果 Z 为极小值的临界位置,必须满足如下情况,即

$$\begin{cases} \sum F_{Ri}\tan\alpha_i \geqslant 0 & (\Delta x > 0) \\ \sum F_{Ri}\tan\alpha_i \leqslant 0 & (\Delta x < 0) \end{cases} \tag{5.9}$$

因此有如下结论:在只讨论 $\sum F_{Ri}\tan\alpha_i \neq 0$ 情形下,如果 Z 为极值,则荷载稍向左移或右移, $\sum_{i=1}^{3} F_{Ri}\tan\alpha_i$ 必变号。

因为影响线各段 $\tan\alpha_i$ 为常数,所以要使 $\sum_{i=1}^{3} F_{Ri}\tan\alpha_i$ 变号,只有各段内力合力改变数值,所以在临界位置中必有一个集中荷载正好在影响线的顶点。经上述分析给出确定临界位置的具体步骤如下:

(1) 从荷载中选定一个集中力 F_{Pcr} 作用在影响线的一个顶点上;

(2) 令 F_{Pcr} 在该顶点稍微向左或右移动,分别求 $\sum F_{Ri}\tan\alpha_i$,如果变号,则此荷载位置为临界位置,荷载为临界荷载;

(3) 在每个临界位置可求出一个 Z 的极值,然后从各极值中选出最大值或最小值,则为荷载的最不利位置。

例 5-12 如图 5.17(a) 所示为一车队荷载,求该组荷载在影响线 Z(图 5.17(b))上的最不利位置和 Z 的绝对最大值。

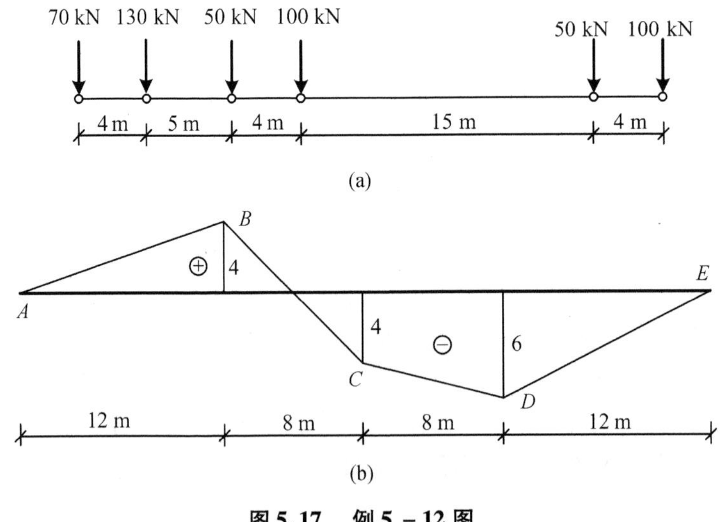

图 5.17 例 5-12 图

解 (1) 左侧车队荷载数值较大和较密集,可以判断最不利荷载位置是把荷载 70 kN 作用于影响线的 C 点,从而可确定荷载布置情况。

(2) 计算 $\sum F_{Ri}\tan\alpha_i$

影响线各段的斜率从左到右分别为

$$\tan\alpha_1 = \frac{1}{3},\ \tan\alpha_2 = -1,\ \tan\alpha_3 = -\frac{1}{4},\ \tan\alpha_4 = \frac{1}{2}$$

把荷载稍微向左移动,各段合力分别为

$$F_{R1} = 0, F_{R2} = 70\ \text{kN}, F_{R3} = 130\ \text{kN}, F_{R4} = 150\ \text{kN}$$

$$\sum F_{Ri}\tan\alpha_i = 70 \times (-1) + 130 \times \left(-\frac{1}{4}\right) + 150 \times \frac{1}{2} = -27.5\ \text{kN} < 0$$

把荷载稍微向右移动,各段合力分别为

$$F_{R1} = 0, F_{R2} = 0, F_{R3} = 200\ \text{kN}, F_{R4} = 150\ \text{kN}$$

$$\sum F_{Ri}\tan\alpha_i = 200 \times \left(-\frac{1}{4}\right) + 150 \times \frac{1}{2} = 25\ \text{kN} > 0$$

由于 $\sum F_{Ri}\tan\alpha_i$ 变号,可判断此位置为临界位置。

(3) 计算最大值

$$Z = \left(70 \times 4 + 130 \times 5 + 50 \times \frac{1}{2} \times 11 + 100 \times \frac{1}{2} \times 7\right) = 1\ 555$$

当影响线为三角形时,可用更方便的形式表示。如图5.18(a)所示是一组彼此间距和数值保持不变的移动荷载,图5.18(b)是某量 Z 的影响线,为一三角形。如果要求 Z 的极大值,则必有一个集中荷载作用在影响线的顶点上,用 F_{Pcr} 表示,用 F_R^L 表示左方荷载的合力,用 F_R^R 表示右方荷载的合力,则式(5.8)可写为

$$\begin{cases} F_R^L\tan\alpha - (F_{Pcr} + F_R^R)\tan\beta \leqslant 0 & (\Delta x > 0) \\ (F_R^L + F_{Pcr})\tan\alpha - F_R^R\tan\beta \geqslant 0 & (\Delta x < 0) \end{cases} \tag{5.10}$$

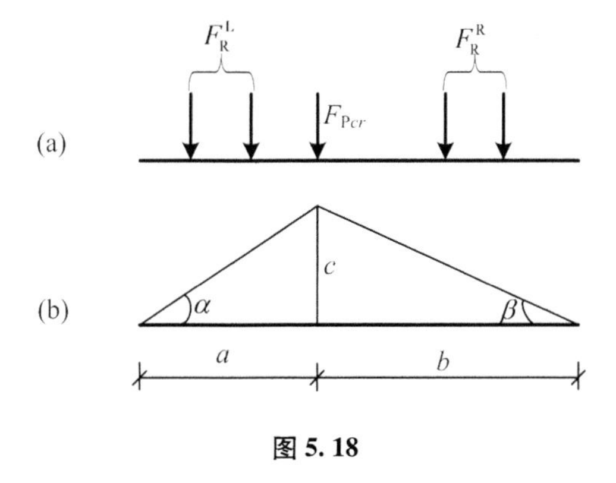

图 5.18

因为有 $\tan\alpha = \frac{c}{a}, \tan\beta = \frac{c}{b}$,所以式(5.10)改写为

$$\begin{cases} \dfrac{F_R^L}{a} \leqslant \dfrac{(F_{Pcr} + F_R^R)}{b} \\ \dfrac{(F_R^L + F_{Pcr})}{a} \geqslant \dfrac{F_R^R}{b} \end{cases} \tag{5.11}$$

式(5.11)即用来确定影响线为三角形,某量 Z 为极大值时,临界位置的判定。

例5－13 如图5.19(a)所示为一组间距不变的集中荷载,求这组荷载作用下简支梁C截面的最大弯矩。

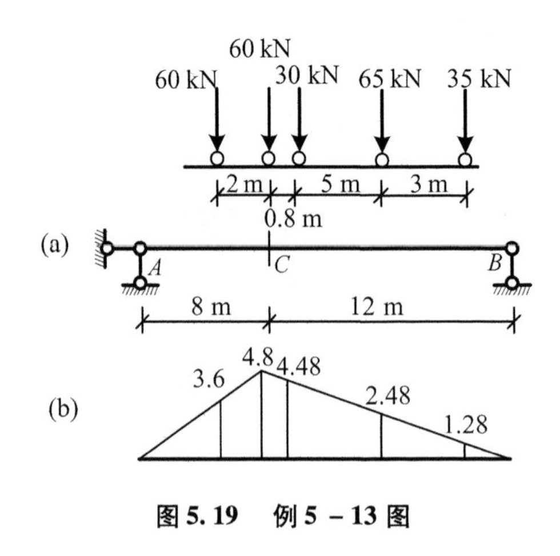

图5.19 例5－13图

解 (1)把左侧第2个荷载60 kN作用在影响线的顶点处。

(2)利用式(5.11)判断是否该点为临界点。当荷载稍微右移动时

$$\frac{F_R^L}{a}=\frac{60}{8}=7.5,\quad \frac{(F_{Pcr}+F_R^R)}{b}=\frac{190}{12}\approx 15.83$$

满足

$$\frac{F_R^L}{a}\leqslant\frac{(F_{Pcr}+F_R^R)}{b}$$

当荷载稍微向左移动时

$$\frac{(F_R^L+F_{Pcr})}{a}=\frac{120}{8}=15,\quad \frac{F_R^R}{b}=\frac{130}{12}\approx 10.8$$

满足

$$\frac{(F_R^L+F_{Pcr})}{a}\geqslant\frac{F_R^R}{b}$$

所以此荷载位置为临界位置。

(3)求C截面最大弯矩。荷载临界位置各荷载对应影响线的竖距如图5.19(b)所示,得

$$M_{max}=60\times 3.6+60\times 4.8+30\times 4.48+65\times 2.48+35\times 1.28=844.4\ \text{kN}\cdot\text{m}$$

5.4 本章小结

本章从影响线的基本概念入手,主要学习了影响线的绘制及其应用。具体内容如下:

5.4.1 基本概念

1. 移动荷载

荷载大小、方向不变,作用点改变的荷载称为移动荷载。结构在移动荷载作用下,结构的反应(支座反力、内力、位移等)随荷载作用点的变化而变化。

2. 影响线

表示单位集中荷载 $F_P=1$ 沿结构移动时,表示结构某量 Z 变化规律的图形,称为某量 Z 的影响线,即影响系数与荷载位置的关系曲线。影响线的横坐标表示荷载作用位置参数,纵坐标表示荷载作用于此点时某量值的大小。

3. 荷载的最不利位置

荷载移动到某个位置,使结构中某量 Z 达到最大值(或最小值),则此荷载位置即为 Z 的最不利荷载位置。

4. 荷载的临界位置

荷载移动到某个位置,使结构中某量 Z 达到极值的荷载位置,则此荷载位置称为荷载的临界位置。

5.4.2 绘制影响线的方法

1. 静力法

静力法作影响线是利用结构的平衡条件建立所求量值的影响线方程,然后作出该量值的影响线。具体求解步骤:

(1)确定坐标原点,将单位集中荷载 $F_P=1$ 作用在距离原点为 x 处位置;

(2)利用静力平衡条件建立影响线方程;

(3)根据影响线方程作出影响线。

2. 机动法

机动法是以刚体体系的虚功原理为依据,把作内力或支座反力影响线的静力问题转化为作位移图的几何问题。通常情况下,可用静力法作影响线,用机动法来校核。具体步骤为:

(1)建立坐标系;

(2)撤去与所求未知量 Z 对应的约束,代以未知力 Z(得到几何可变体系);

(3)使体系沿与 Z 一致的方向发生微小虚位移 δ_Z,作出单位荷载移动范围内杆件的位移图,由此可定出 Z 的影响线的轮廓;

(4)令 δ_Z 等于1,就可以进一步确定影响线各竖距的数值;

(5)若影响线的图形在 y 轴正向,则影响线取正号;反之,取负号。

5.4.3 影响线的应用

1. 固定荷载作用下利用影响线求结构的内力和支座反力

当结构上同时作用着多个集中荷载和分布荷载时,根据影响线定义和叠加原理,计算 Z 的总量值。

2. 利用影响线确定荷载的最不利位置

本部分内容的关键是准确判断临界荷载和临界位置。

习 题

5－1 判断题(正确的打✓,错误的打×)

(1)简支梁绝对最大弯矩值是梁中各截面最大弯矩中的最大值。( )

(2)静定结构中任何量值的影响线都是由直线段组成。( )

(3)结构上某截面剪力的影响线,在该截面处必定有突变。( )

(4)内力影响线是表示单位移动荷载作用下结构各截面内力分布规律的图形。( )

(5)作影响线时,只需要考虑单位集中荷载,不需要考虑结构上的实际荷载。( )

(6)用静力法作影响线时,影响线方程中的变量代表截面位置的横坐标。( )

(7)机动法作静定结构内力影响线的依据是刚体体系的虚位移原理。( )

(8)影响线仅用于解决活荷载作用下结构的计算问题,不能用于恒载作用下的计算。( )

(9)当影响线为折线时,在移动集中荷载作用下发生最不利荷载位置的必要条件是移动集中荷载中必有一个荷载位于影响线的一个顶点。( )

(10)悬臂梁跨中截面 C 弯矩影响线的物理意义是单位荷载作用在截面 C 的弯矩图。( )

5－2 试用静力法绘制题 5－2 图所示结构中指定量值的影响线。

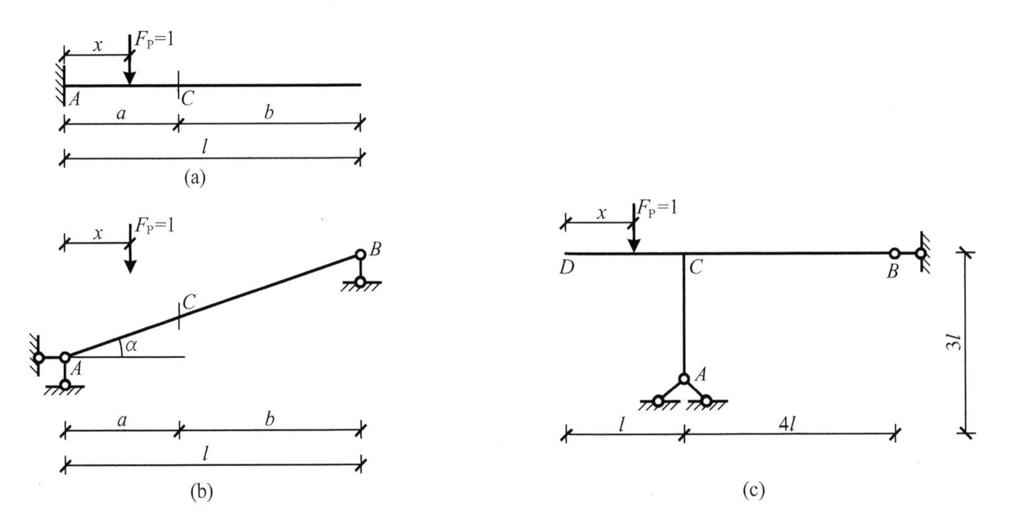

题 5－2 图

(1)绘制题 5－2 图(a)中 F_{yA},M_A,M_C,F_{QC}的影响线;

(2)绘制题 5－2 图(b)中 F_{yA},M_C,F_{QC},F_{NC}的影响线;

(3)绘制题 5－2 图(c)中 F_{xB},M_{CA}的影响线(从 D 指向 B 的方向为 x 正方向,CA 杆以左侧受拉为正)。

5－3 试用静力法绘制题 5－3 图所示结构中指定量值的影响线。

(1)绘制题 5－3 图(a)中 F_{RD},F^{L}_{QC},M_F,F_{RB},F_{QE}的影响线;

(2)绘制题5-3图(b)中 F_{yA},F_{yB},M_A,M_C,M_B,F_{QC}^{R},F_{QF}^{L},F_{QE}^{R}的影响线。

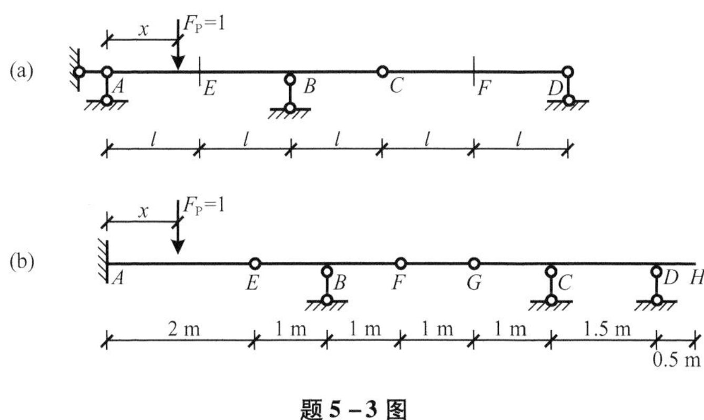

题5-3图

5-4　试用静力法绘制题5-4图所示结构中 F_{yA},F_{RG},F_{Nbc},F_{NCD},F_{ybC},F_{NcC},F_{NdD}的影响线。

5-5　试用静力法绘制题5-5图所示结构中 F_{xA},F_{N1}的影响线(水平推力以受压为正)。

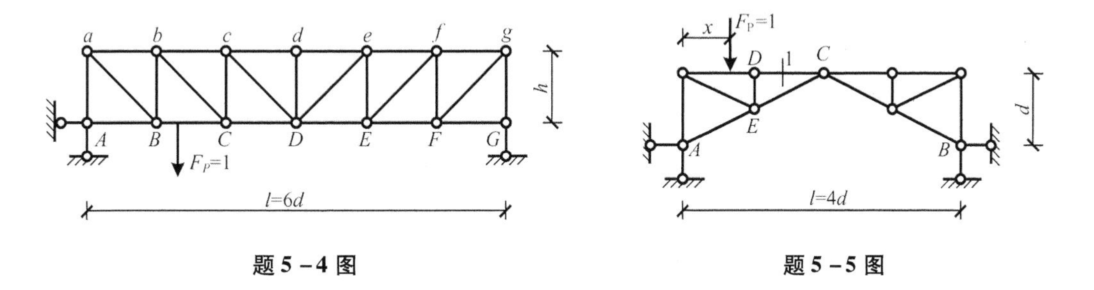

题5-4图　　**题5-5图**

5-6　试用静力法绘制题5-6图所示结构中 F_{N1},F_{N2},F_{QG}^{R},M_F 的影响线。

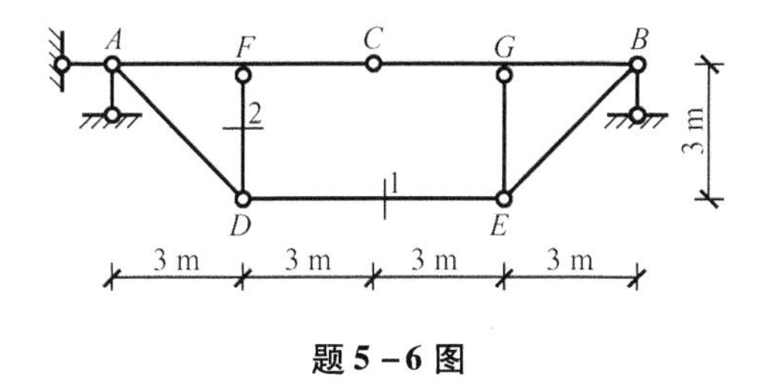

题5-6图

5-7　试用机动法绘制题5-3图所示结构中指定量值的影响线。

5-8　试利用影响线求题5-8图所示静定多跨梁 B 点右侧剪力 F_{QB}^{R}及弯矩 M_B。

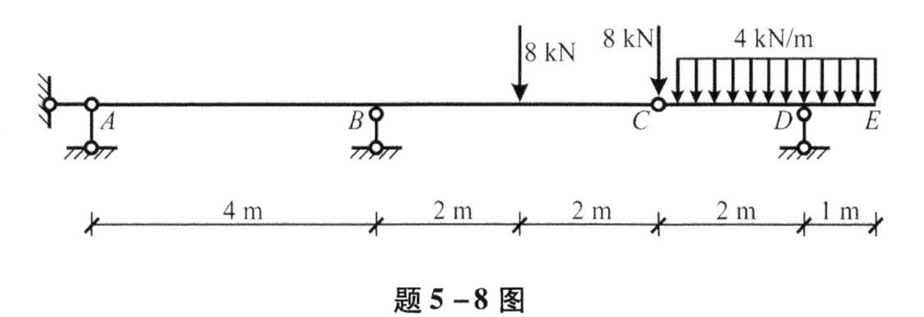

题5-8图

5 -9　如题 5 -9 图所示结构,在一组移动荷载作用下,其中 100 kN 移动到 C 点时,试求截面 C 的弯矩。

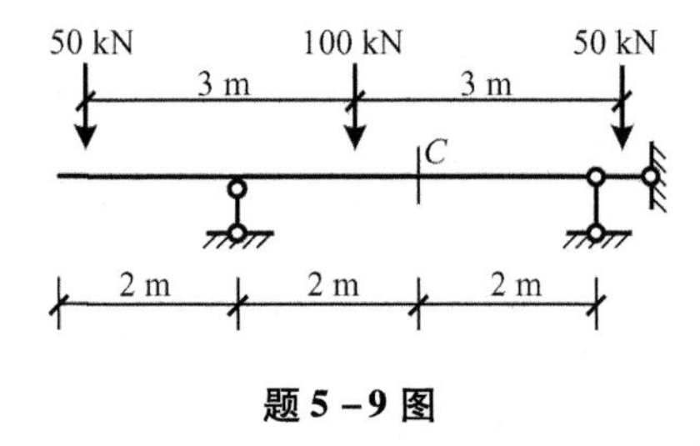

题 5 -9 图

5 -10　两台吊车如题 5 -10 图所示,试求吊车荷载最不利位置,并计算其最大值和最小值。

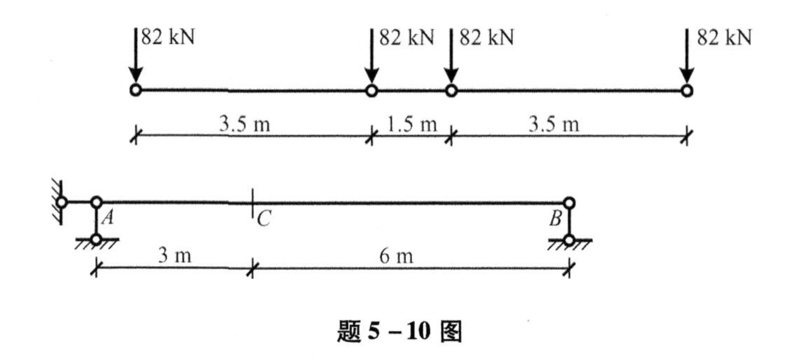

题 5 -10 图

第6章　力　　法

第1章至第5章主要介绍了静定结构的内力分析及位移计算方法。从本章开始讨论超静定结构的分析问题。超静定结构的内力计算与静定结构不同,必须要同时考虑静力平衡条件和变形协调条件才能求解,其基本计算方法包括力法和位移法。本章主要讨论力法。

本章学习的主要内容有:超静定结构的性质,超静定结构次数的确定,超静定结构的计算思想与基本方法;力法的基本概念;荷载作用下用力法计算超静定梁、刚架、排架、桁架和组合结构;支座移动、温度改变情况下用力法计算超静定结构;对称结构的特性和对称性的应用;超静定结构的位移计算。

通过学习本章内容,熟练掌握力法基本未知量和基本体系的确定;掌握力法典型方程的建立及其物理意义;熟练掌握如何利用力法进行超静定结构的内力及位移计算;掌握利用对称性简化计算。

6.1　超静定结构总论

6.1.1　超静定结构的静力特征和几何特征

一个结构,如果它的支座反力和各截面的内力都可以用静力平衡条件唯一地确定,就称为静定结构。图6.1(a)所示简支梁为静定结构的一个例子。一个结构,如果它的支座反力和各截面的内力不能完全由静力平衡条件唯一地确定,则为超静定结构,即超静定结构的静力特征是仅由静力平衡方程不能求解出所有的内力和支座反力。图6.1(b)所示连续梁是超静定结构的一个例子。

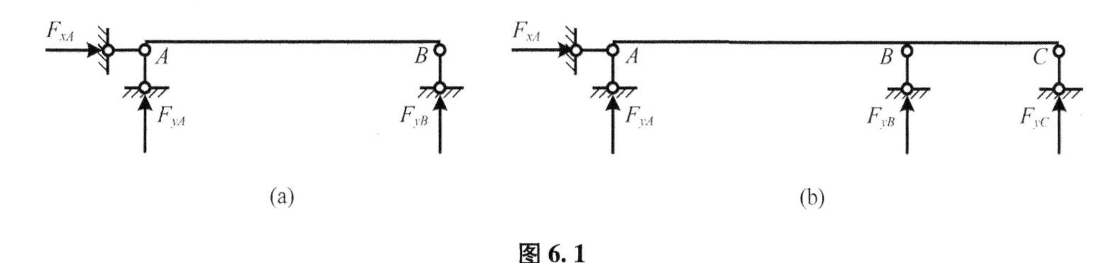

图6.1

从几何构造来看,简支梁和连续梁都是几何不变体系。但简支梁是无多余约束的几何不变体系,而连续梁是有多余约束的几何不变体系,即超静定结构的几何特征是有多余约束的几何不变体系。

超静定结构内力是超静定的,并有多余约束,这就是超静定结构区别于静定结构的两大特征。超静定结构用静力平衡方程无法求解出所有的内力和支座反力,因此超静定结构的求解要同时考虑结构的变形条件、本构关系及平衡条件。

6.1.2 超静定结构的性质

与静定结构相比,超静定结构内力分布均匀、抵抗破坏能力强;超静定结构的内力与材料的截面几何形状和尺寸有关;通常情况下,超静定结构在温度改变及支座移动时会产生内力。

6.1.3 超静定结构的计算方法

(1)力法——以多余约束力作为基本未知力;
(2)位移法——以结点位移作为基本未知量;
(3)混合法——以结点位移和多余约束力作为基本未知量;
(4)力矩分配法——以位移法为理论基础的近似计算方法;
(5)矩阵位移法——以位移法为理论基础的结构矩阵分析法之一。
本章主要学习力法,其他方法将在后续章节讲解。

6.1.4 超静定次数的确定

从几何特征看,超静定次数是指超静定结构多余约束的个数,即 $n=-W$,去掉几个约束变成静定结构就是几次超静定;从静力分析看,超静定次数等于根据平衡方程计算未知力时所缺少方程的个数,即多余未知力的个数。确定超静定次数的方法主要有两种,即去多余约束法和求解计算自由度法。

1. 去多余约束法

去多余约束法即将超静定结构中的多余约束去掉,将结构变为相应的静定结构,去掉多余约束的个数即为原超静定结构的超静定次数。求超静定次数时,关键是把原结构拆成一个静定结构。例如图 6.2(a) ~ (f) 所示超静定结构,在撤去或切断多余约束后,即变为图 6.3(a) ~ (f) 中的静定结构。从图中可以看出,去掉多余约束的方式通常有以下三种:

(1)撤去一根支杆、切断一根链杆、在梁式杆加一单铰、将固定端改为铰支座及将刚结点改为单铰,等于去掉一个约束(图 6.3(a) ~ (c));

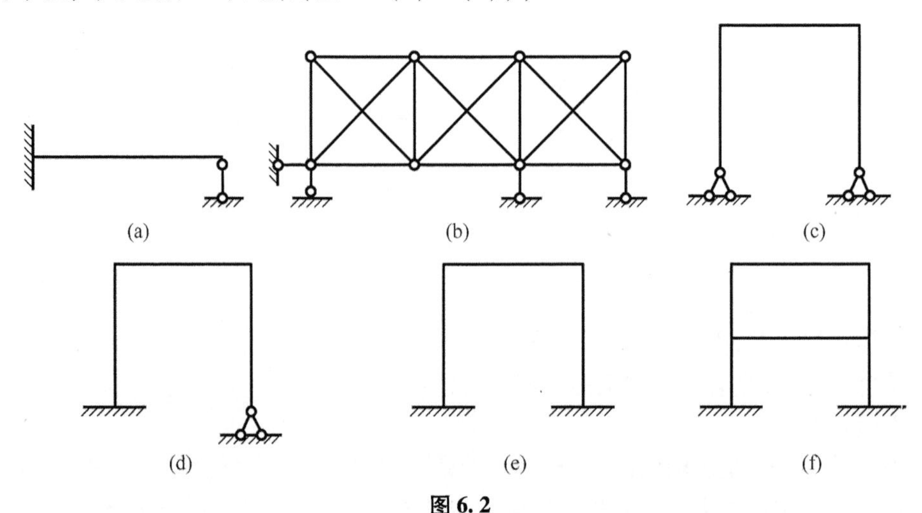

图 6.2

(2)撤去一个铰支座、去掉一个单铰或一个定向支座,等于去掉两个约束(图 6.3(d));

(3)撤去一个固定端或切断一根梁式杆,等于去掉 3 个约束(图 6.3(e)(f))。

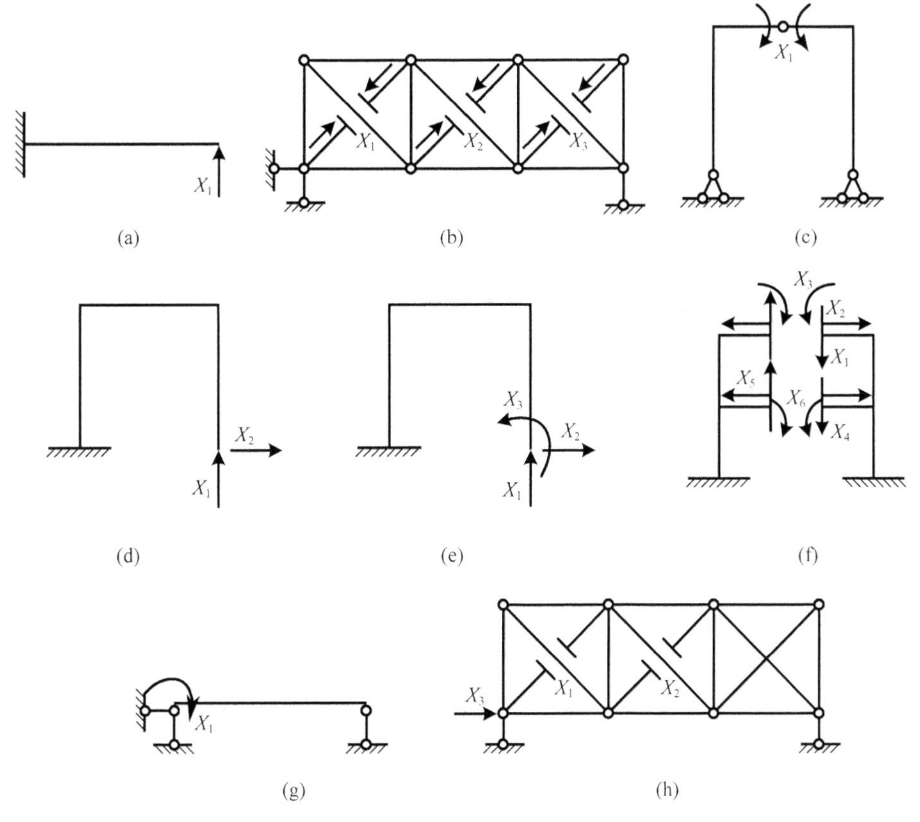

图 6.3

用去掉多余约束法确定超静定次数时,需要注意的是对于同一个结构,可采用各种不同的方式去掉多余约束而得到不同的静定结构。如图 6.2(a)所示的超静定结构,可分别采用去掉滚轴支座或将固定端改为铰支座的方式变静定结构(图 6.3(a)及图 6.3(g))。同时要注意去掉的约束一定是多余的,不能去掉非多余约束,即在去掉多余约束时,不能将原结构变为几何可变体系。如图 6.2(b)所示超静定桁架,若采用图 6.3(h)的方式将水平支杆去掉,则原结构变为几何可变体系,这种去除约束的方式不能用作求解超静定结构。此外,要去掉全部多余约束,如图 6.2(f)所示刚架中有一个封闭框,在第 2 章讲到封闭框有三个多余约束,所以必须把封闭框再切开一个截面,才能得到静定结构,如图 6.3(f)所示,该刚架有六个多余约束。

2. 求解计算自由度法

可通过求解计算自由度确定超静定次数,如图 6.2(b)所示桁架计算超静定次数为

$$n = -W = -(2j - b) = 19 - 2 \times 8 = 3$$

再如图 6.2(f)所示刚架计算超静定次数为

$$n = -W = -(3m - 3g - 2h - b) = 2 \times 3 + 3 - 3 = 6$$

6.2 力法的基本原理

6.2.1 力法的基本概念

力法是求解超静定结构最基本的方法。用力法求解超静定结构不是孤立地研究超静定结构,而是要找到静定结构与超静定结构之间的联系,最终把求解超静定结构的问题转化为求解静定结构的问题。通过下述例子掌握力法的三个基本概念,即基本未知量、基本体系及基本方程。

1. 基本未知量

如图6.4(a)所示刚架为一次超静定结构,有4个未知力,利用三个平衡方程无法求出全部未知力。从图中可以看出,C处的支座为多余约束,因此可以把对应的约束力看作多余未知力X_1,只要求出X_1,求解超静定的问题则转化为静定问题。力法最核心最关键的问题是求解这个多余的未知力,把处于关键地位的这个多余的未知力称为力法的基本未知量。

2. 基本体系

把图6.4(a)中多余的约束力去掉,并代以未知力X_1,如图6.4(b)所示,这样得到的含有多余未知力的静定结构称为力法的基本体系。把原超静定结构去掉多余约束后得到的静定结构称为基本结构,如图6.4(c)所示。比较图6.4(a)和图6.4(b)可以看出,基本体系与原结构的区别是把原先的被动力变为了主动力,因此基本体系的受力状态与原结构完全相同。基本体系是一静定结构,但能反应原结构的受力状态,所以说基本体系是静定结构过渡到超静定结构的桥梁。

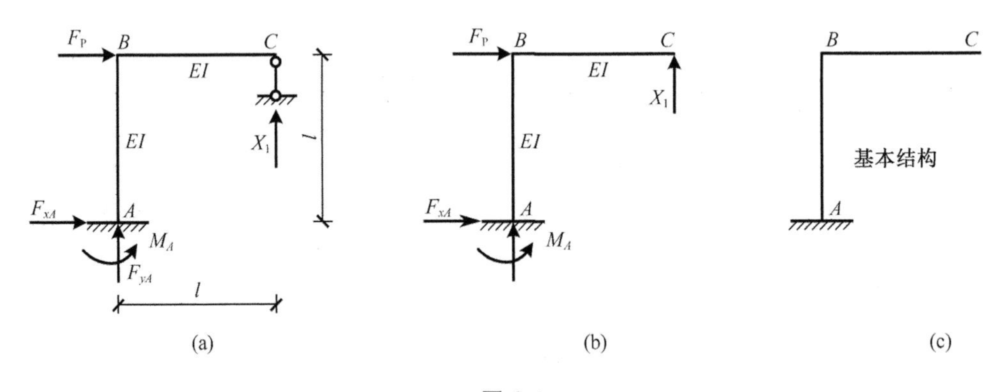

图6.4

3. 基本方程

利用平衡条件无法求解出基本未知量X_1,需要补充变形协调条件。基本体系不仅要反映原结构的受力状态,同时其变形条件也要与原结构相同。原结构在支座C处的竖向位移Δ_1等于零,所以基本体系在C点的竖向位移Δ_1也为零,即

$$\Delta_1 = 0 \tag{6.1}$$

这里只讨论线性变形体系的情况,应用叠加原理把变形条件式(6.1)写成含有多余未知力X_1的展开形式,即为力法的基本方程。

基本体系 C 点的竖向位移是由基本结构在外荷载 F_P 作用下引起的 C 点竖向位移 Δ_{1P}（图 6.5(a)）和基本结构在多余未知力 X_1 作用下引起的 C 点竖向位移 Δ_{11}（图 6.5(b)）之和，则 C 点的竖向位移可表示为

$$\Delta_1 = \Delta_{1P} + \Delta_{11} = 0 \tag{6.2}$$

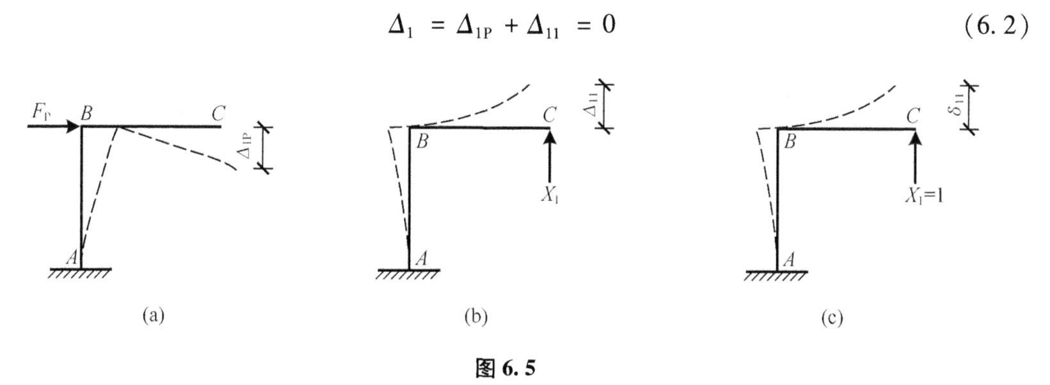

图 6.5

Δ_{11}是由未知力 X_1 引起的位移，根据叠加原理，位移 Δ_{11} 应与未知力 X_1 成正比，用 δ_{11} 表示基本结构在单位力 $X_1=1$ 单独作用下沿 X_1 方向产生的位移（图 6.5(c)），则式(6.2)可表示为

$$\delta_{11}X_1 + \Delta_{1P} = 0 \tag{6.3}$$

式(6.3)即为在线性变形条件下一次超静定结构的力法基本方程。方程中 δ_{11} 称作柔度系数，在数值上等于基本结构在单位力 $X_1=1$ 单独作用下沿 X_1 方向产生的位移；Δ_{1P} 称作自由项，表示基本结构在荷载单独作用下沿 X_1 方向的位移。注意 C 点沿 X_1 方向的位移，其符号均以沿 X_1 方向为正。δ_{11} 和 Δ_{1P} 是静定结构在荷载作用下的位移，可利用结构位移计算公式或图乘法求得，求出 δ_{11} 和 Δ_{1P} 后，基本未知量 X_1 即可通过式(6.3)求得。

下面利用图乘法计算 δ_{11} 和 Δ_{1P}。分别绘制 $X_1=1$ 和 F_P 单独作用下基本结构的弯矩图，如图 6.6(a)(b)所示。

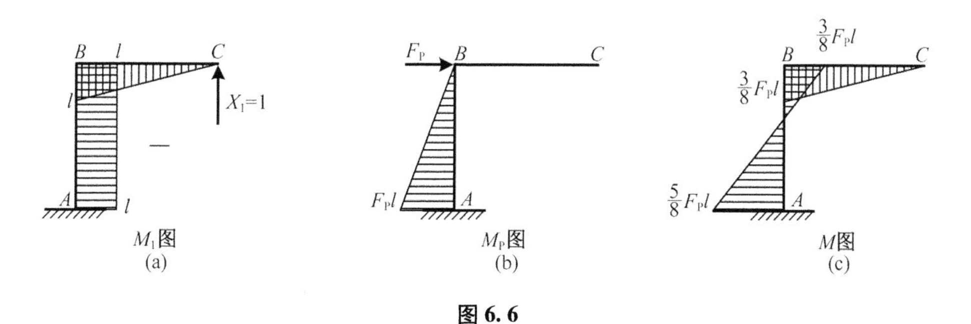

图 6.6

$$\delta_{11} = \int \frac{\overline{M}_1\overline{M}_1}{EI}dx = \frac{1}{EI}\left(\frac{1}{2}\times l\times l\times\frac{2}{3}l + l\times l\times l\right) = \frac{4l^3}{3EI}$$

$$\Delta_{1P} = \int \frac{\overline{M}_1 M_P}{EI}dx = -\frac{1}{EI}\times\frac{1}{2}\times F_Pl\times l\times l = -\frac{F_Pl^3}{2EI}$$

将以上 δ_{11} 和 Δ_{1P} 代入式(6.3) 得

$$X_1 = \frac{3}{8}F_P(\uparrow)$$

求得多余未知力 X_1 后,利用静力平衡条件即可求出所有的内力和支座反力。根据叠加原理,即

$$M=\overline{M}_1X_1+M_P$$

可绘制原超静定结构的弯矩图,如图 6.6(c)所示。

根据上述内容,可知利用力法求解超静定结构的基本步骤为:

(1)确定基本未知量,基本体系;

(2)根据位移条件,写出力法方程;

(3)在基本结构上作单位荷载作用下的内力图及外荷载作用下的内力图;

(4)求出柔度系数和自由项;

(5)解力法方程求基本未知量;

(6)利用叠加原理作内力图。

注意 利用力法求解超静定结构时,基本未知量一定是多余的约束力,不能选取非多余约束力作为基本未知量,即不能去掉约束后把原结构变为几何可变体系。例如图 6.4(a)所示刚架不能选取图 6.7(a)所示体系作为基本体系,因为水平约束力 F_{xA} 为非多余约束,去掉后,原结构即为可变体系。同时要注意力法的基本未知量为多余约束力,说明力法的基本体系形式不是唯一的,选取基本体系时遵循使计算简化的原则。例如图 6.4(a)所示刚架选取基本体系时,可采取图 6.7(b)(c)的形式。

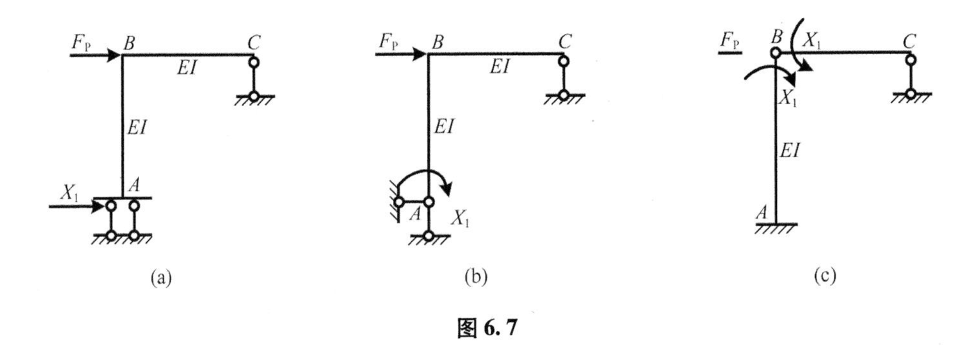

图 6.7

6.2.2 多次超静定分析及力法的典型方程

1. 多次超静定分析

依据力法的基本思想并通过讲解一个二次超静定的例子来说明多次超静定的分析。如图 6.8(a)所示二次超静定刚架。

第一步选取基本未知量,基本体系。可选取支座 C 的两个支座反力作为基本未知量,去掉两个支杆,把约束力变为主动力 X_1 和 X_2,如图 6.8(b)所示的基本体系。

第二步根据位移条件,写出力法方程。基本体系需反映原结构的受力状态和变形条件。原结构在支座 C 水平和竖直方向的位移均为零,则基本体系在 C 点沿 X_1 和 X_2 的位移也为零,即

$$\begin{cases}\Delta_1=0\\ \Delta_2=0\end{cases}\tag{6.4}$$

基本体系沿 X_1 方向的位移 Δ_1 是由基本结构在基本未知量 X_1 作用下沿 X_1 方向引起的

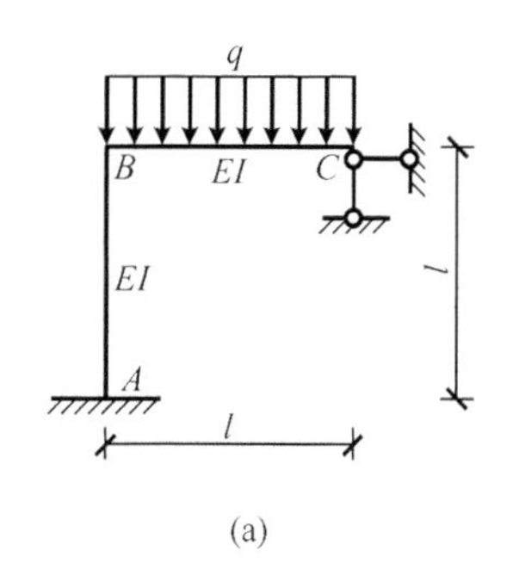

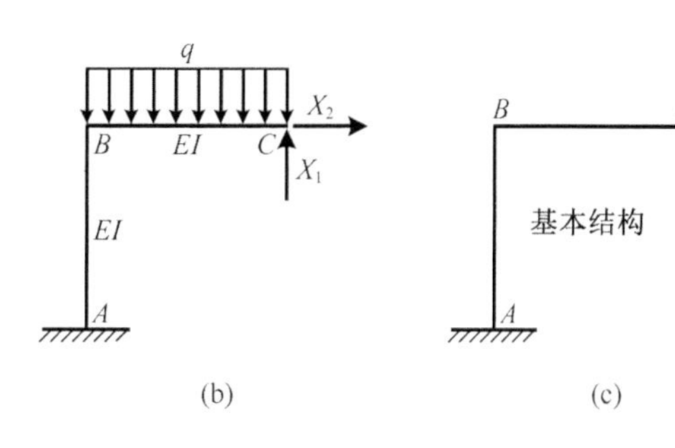

图6.8

位移Δ_{11}、基本结构在基本未知量X_2作用下沿X_1方向引起的位移Δ_{12}及基本结构在外荷载作用下沿X_1方向引起的位移Δ_{1P}之和。同理,基本体系沿X_2方向的位移Δ_2是由基本结构在基本未知量X_1作用下沿X_2方向引起的位移Δ_{21}、基本结构在基本未知量X_2作用下沿X_2方向引起的位移Δ_{22}及基本结构在外荷载作用下沿X_2方向引起的位移Δ_{2P}之和,则式(6.4)可表示为

$$\begin{cases}\Delta_1 = \Delta_{11} + \Delta_{12} + \Delta_{1P} = 0 \\ \Delta_2 = \Delta_{21} + \Delta_{22} + \Delta_{2P} = 0\end{cases} \tag{6.5}$$

如6.2.1节所述,根据叠加原理,位移Δ_{11}应与未知力X_1成正比,用δ_{11}表示基本结构在单位力$X_1 = 1$单独作用下沿X_1方向产生的位移(图6.9(b));位移Δ_{12}应与未知力X_2成正比,用δ_{12}表示基本结构在单位力$X_2 = 1$单独作用下沿X_1方向产生的位移(图6.9(c)),则Δ_1可表示为

$$\delta_{11}X_1 + \delta_{12}X_2 + \Delta_{1P} = 0 \tag{6.6}$$

同理,Δ_2可表示为

$$\delta_{21}X_1 + \delta_{22}X_2 + \Delta_{2P} = 0 \tag{6.7}$$

故,二次超静定力法的典型方程可表示为

$$\begin{cases}\delta_{11}X_1 + \delta_{12}X_2 + \Delta_{1P} = 0 \\ \delta_{21}X_1 + \delta_{22}X_2 + \Delta_{2P} = 0\end{cases} \tag{6.8}$$

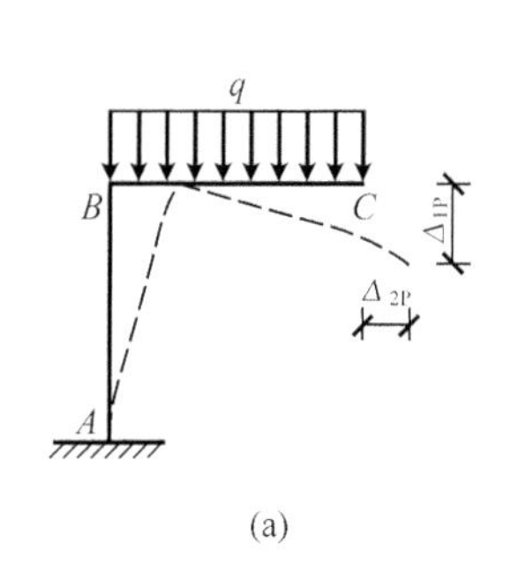

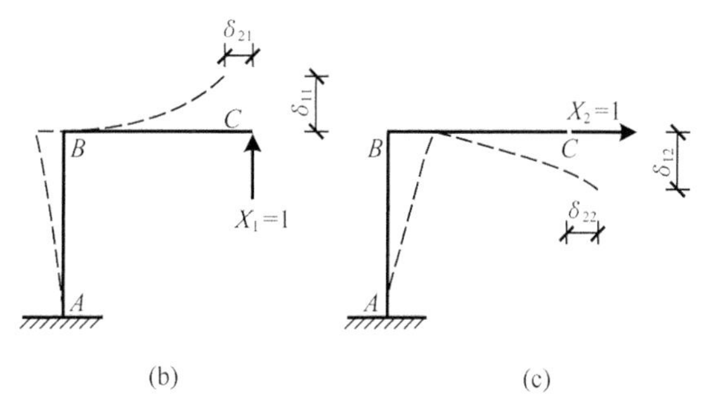

图6.9

方程中δ_{ij}在数值上等于基本结构在单位力$X_j = 1$单独作用下沿X_i方向产生的位移。根据位移互等定理有$\delta_{ij} = \delta_{ji}$。

第三步在基本结构上作单位荷载作用下的弯矩图及外荷载作用下的弯矩图。典型方程中的柔度系数及自由项是静定结构在荷载作用下的位移，对于等截面直杆的刚架可采用图乘法计算。图6.10(a)～(c)分别给出了基本结构在 $X_1=1, X_2=1$ 及外荷载单独作用下的弯矩图。

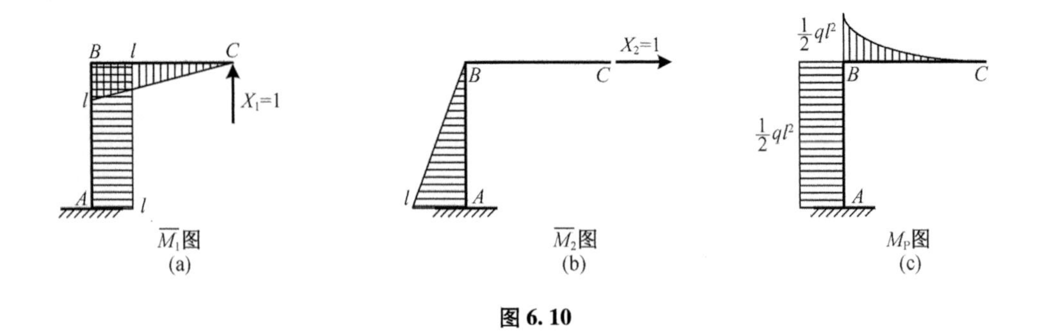

图 6.10

第四步求出柔度系数和自由项。根据图乘法可得

$$\delta_{11}=\int\frac{\overline{M}_1\overline{M}_1}{EI}\mathrm{d}x=\frac{1}{EI}\left(\frac{1}{2}\times l\times l\times\frac{2}{3}l+l\times l\times l\right)=\frac{4l^3}{3EI}$$

$$\delta_{12}=\delta_{21}=\int\frac{\overline{M}_1\overline{M}_2}{EI}\mathrm{d}x=-\frac{1}{EI}\times\frac{1}{2}\times l\times l\times l=-\frac{l^3}{2EI}$$

$$\delta_{22}=\int\frac{\overline{M}_2\overline{M}_2}{EI}\mathrm{d}x=\frac{1}{EI}\times\frac{1}{2}\times l\times l\times\frac{2}{3}l=\frac{l^3}{3EI}$$

$$\Delta_{1P}=\int\frac{\overline{M}_1M_P}{EI}\mathrm{d}x=-\frac{1}{EI}\left(\frac{1}{3}\times\frac{1}{2}ql^2\times l\times\frac{3}{4}l+\frac{1}{2}ql^2\times l\times l\right)=-\frac{5ql^4}{8EI}$$

$$\Delta_{2P}=\int\frac{\overline{M}_2M_P}{EI}\mathrm{d}x=\frac{1}{EI}\left(\frac{1}{2}\times l\times l\times\frac{1}{2}ql^2\right)=\frac{ql^4}{4EI}$$

可得方程为

$$\frac{4l^3}{3EI}X_1-\frac{l^3}{2EI}X_2-\frac{5ql^4}{8EI}=0$$

$$-\frac{l^3}{2EI}X_1+\frac{l^3}{3EI}X_2+\frac{ql^4}{4EI}=0$$

基本未知量的求解及作内力图详见6.3节。

2. 力法的典型方程

下面讨论 n 次超静定的一般形式。n 次超静定即有 n 个多余约束，用力法求解时，则有 n 个基本未知量 $X_1, X_2, X_3, \cdots, X_n$；力法的基本体系则是去掉这 n 个多余约束，取而代之的是相应的 n 个多余的未知量后得到的静定结构；力法的基本方程则是含有 n 个基本未知量的变形协调方程。在线性变形条件下，根据叠加原理，力法的典型方程通常可写为

$$\begin{cases}\delta_{11}X_1+\delta_{12}X_2+\delta_{13}X_3+\cdots+\delta_{1n}X_n+\Delta_{1P}=0\\\delta_{21}X_1+\delta_{22}X_2+\delta_{23}X_3+\cdots+\delta_{2n}X_n+\Delta_{2P}=0\\\delta_{n1}X_1+\delta_{n2}X_2+\delta_{n3}X_3+\cdots+\delta_{nn}X_n+\Delta_{nP}=0\end{cases}\tag{6.9}$$

式(6.9)可写成矩阵形式为

$$\begin{pmatrix} \delta_{11} & \delta_{12} & \delta_{13} & \cdots & \delta_{1n} \\ \delta_{21} & \delta_{22} & \delta_{23} & \cdots & \delta_{2n} \\ \vdots & \vdots & \vdots & & \vdots \\ \delta_{n1} & \delta_{n2} & \delta_{n3} & \cdots & \delta_{nn} \end{pmatrix} \begin{pmatrix} X_1 \\ X_2 \\ X_3 \\ \vdots \\ X_n \end{pmatrix} + \begin{pmatrix} \Delta_{1P} \\ \Delta_{2P} \\ \vdots \\ \Delta_{nP} \end{pmatrix} = 0 \tag{6.10}$$

式中，由柔度系数 δ_{ij} 组成的矩阵称为柔度矩阵，该矩阵为对称矩阵，在主对角线上的系数 δ_{ij} $(i=j)$ 称作主系数，主系数均大于零；不在主对角线上的系数 $\delta_{ij}(i\neq j)$ 称作副系数，副系数可以大于零、小于零，也可以等于零。

根据位移互等定理可知 $\delta_{ij}=\delta_{ji}$。在求系数及自由项时，需注意当 Δ_{iP} 或 δ_{ij} 的方向与 X_i 的正方向相同时为正；反之为负。同样根据叠加原理可求得内力，即

$$\begin{cases} M = \overline{M}_1X_1 + \overline{M}_2X_2 + \overline{M}_3X_3 + \cdots + \overline{M}_nX_n + M_P \\ F_Q = \overline{F}_{Q1}X_1 + \overline{F}_{Q2}X_2 + \overline{F}_{Q3}X_3 + \cdots + \overline{F}_{Qn}X_n + F_{QP} \\ F_N = \overline{F}_{N1}X_1 + \overline{F}_{N2}X_2 + \overline{F}_{N3}X_3 + \cdots + \overline{F}_{Nn}X_n + F_{NP} \end{cases} \tag{6.11}$$

6.3　荷载作用下用力法求解超静定结构

不同类型的结构在荷载作用下，轴向变形、剪切变形和弯曲变形对位移的影响不同，所以在计算柔度系数及自由项时，采取考虑主要影响、忽略次要影响的原则，对系数计算进行简化。本节主要以在荷载作用下超静定梁、刚架、排架、桁架、组合结构和拱为例，讲述力法的基本解法。

6.3.1　超静定梁及刚架

计算梁及刚架时，除特殊情况（如轴向变形在高层刚架的柱中比较大，当杆件短而粗时剪切变形比较大等），通常忽略轴向及剪切变形，只考虑弯矩的影响。

例 6－1　图 6.11（a）所示超静定梁上作用均布荷载 q，杆件刚度 EI 为常数，作内力图。

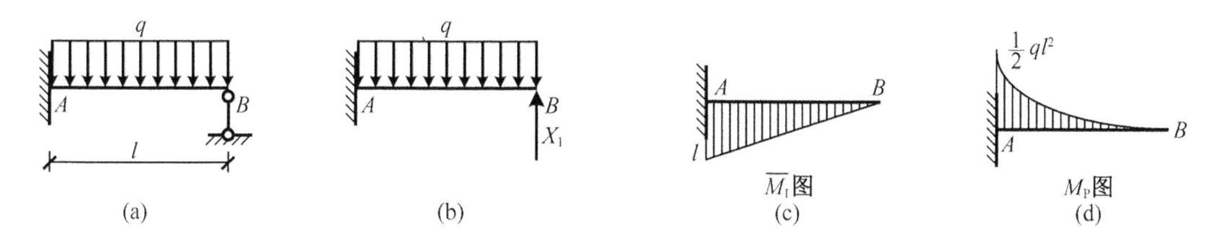

图 6.11　例 6－1 图

解　（1）确定基本未知量及基本体系

该超静定梁为一次超静定，选取支座 B 处的多余约束作为基本未知量，基本体系如图 6.11（b）所示。

（2）列出基本方程

基本体系满足 B 点无竖向位移的变形条件。力法方程为

$$\delta_{11}X_1+\Delta_{1P}=0$$

(3)作 $\overline{M}_1$、M_P 图

在基本结构上作单位荷载作用下的弯矩图及外荷载作用下的弯矩图(图 6.11(c)(d))。

(4)求柔度系数及自由项

$$\delta_{11}=\int\frac{\overline{M}_1\overline{M}_1}{EI}\mathrm{d}x=\frac{1}{EI}\left(\frac{1}{2}\times l\times l\times\frac{2}{3}l\right)=\frac{l^3}{3EI}$$

$$\Delta_{1P}=\int\frac{\overline{M}_1M_P}{EI}\mathrm{d}x=-\frac{1}{EI}\times\left(\frac{1}{3}\times\frac{ql^2}{2}\times l\times\frac{3}{4}l\right)=-\frac{ql^4}{8EI}$$

(5)解力法方程求基本未知量

将 δ_{11} 和 Δ_{1P} 代入力法基本方程得

$$X_1=\frac{3}{8}ql(\uparrow)$$

(6)作内力图

基本未知量求出后,作内力图的问题即为静定结构问题。作内力图的次序通常是利用已作好的 $\overline{M}_1$ 图和 M_P 图,通过叠加得最后弯矩图;然后利用弯矩图作剪力图;最后利用剪力图和结点平衡作轴力图。也可利用式(6.11)作剪力图及轴力图,但多数情况下相对麻烦。

利用弯矩叠加公式 $M=\overline{M}_1X_1+M_P$ 得弯矩图如图 6.12(a)所示。

作任一杆的剪力图,可取此杆为隔离体,利用已知的杆端弯矩,由平衡条件求出杆端剪力,再根据内力图规律作此杆的剪力图。杆 AB 的隔离体如图 6.12(b)所示(此杆无轴力),求出杆端剪力 $F_{QAB}=\frac{5}{8}ql$,$F_{QBA}=-\frac{3}{8}ql$。作剪力图时,先绘出杆端剪力,因跨中作用均布荷载,所以 AB 间的剪力图为斜线,得剪力图如图 6.12(c)所示。

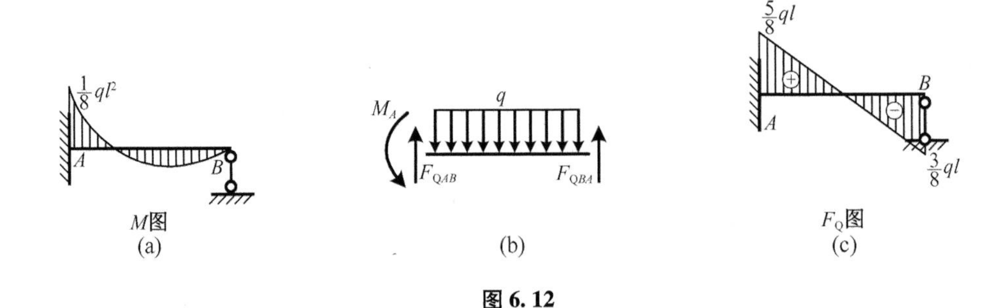

图 6.12

例 6-2 用力法计算图 6.13(a)所示结构,作内力图,已知 EI 为常数。

解 (1)确定基本未知量及基本体系

该超静定结构为一次超静定,选取支座 B 水平方向的多余约束作为基本未知量,基本体系如图 6.13(b)所示。

(2)列出基本方程

基本体系满足 B 点无水平方向位移的变形条件。力法方程为

$$\delta_{11}X_1+\Delta_{1P}=0$$

(3)作 $\overline{M}_1$、M_P 图

在基本结构上作单位荷载作用下的弯矩图及外荷载作用下的弯矩图(图6.13(c)(d))。

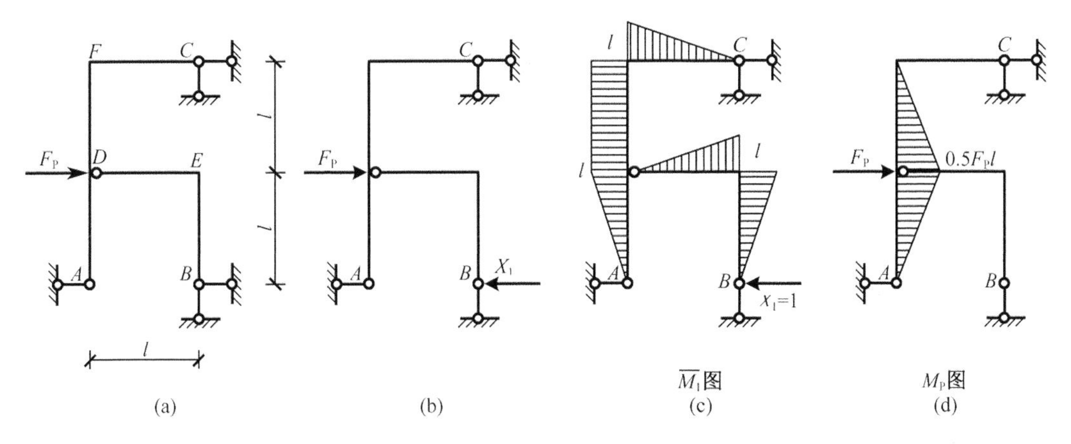

图6.13　例6-2图

(4)求柔度系数及自由项

$$\delta_{11} = \int \frac{\overline{M}_1 \overline{M}_1}{EI} dx = \frac{1}{EI}\left(\frac{1}{2} \times l \times l \times \frac{2}{3} l \times 4 + l \times l \times l\right) = \frac{7l^3}{3EI}$$

$$\Delta_{1P} = \int \frac{\overline{M}_1 M_P}{EI} dx = -\frac{1}{EI} \times \left(\frac{1}{2} \times \frac{F_P l}{2} \times l \times \frac{2}{3} l + \frac{1}{2} \times \frac{F_P l}{2} \times l \times l\right) = -\frac{5F_P l^3}{12EI}$$

(5)解力法方程求基本未知量

将 δ_{11} 和 Δ_{1P} 代入力法基本方程得

$$X_1 = \frac{5}{28} F_P (\longleftarrow)$$

(6)作内力图

利用弯矩叠加公式 $M = \overline{M}_1 X_1 + M_P$ 得弯矩图如图6.14(a)所示。利用弯矩图作剪力图,以杆 BE 为例,其隔离体如图6.14(b)所示,求出杆端剪力 $F_{QBE} = F_{QEB} = \frac{5}{28} F_P$,剪力图如图6.14(c)所示。利用剪力图和结点平衡作轴力图,以杆 BE 为例,如图6.14(b)所示,F_{NBE} 在数值上等于支座 B 的竖向支反力 $\frac{5}{28} F_P$。根据 E 点的结点平衡(图6.14(d))可得 $F_{NED} = -\frac{5}{28} F_P$,轴力图如图6.14(e)所示。

例6-3　图6.15(a)所示超静定梁,刚度 EI 为常数,弹簧支座刚度系数 $k = 3EI/l^3$,求柔度系数及自由项,并列出力法方程。

(1)确定基本未知量及基本体系

该超静定梁为二次超静定,选取支座 B 及支座 C 的多余约束作为基本未知量 X_1,X_2,基本体系如图6.15(b)所示。

(2)列出基本方程

与前面的例题不同,因原结构支座 B 是一个弹簧支座,在外荷载作用下支座有移动,所

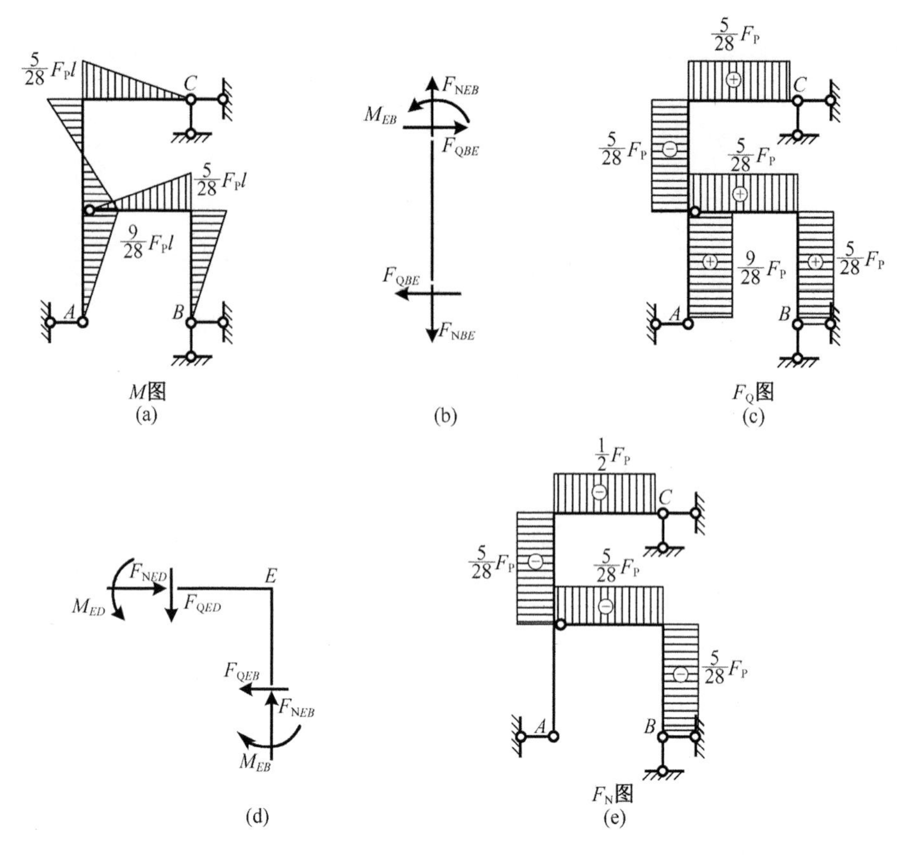

图 6.14

以基本体系为能反映原结构的受力及变形状态，在 B 点则有竖向位移，在数值上等于 X_1/k，位移方向与 X_1 相反，基本体系在 C 点的竖向位移为零，则力法方程为

$$\begin{cases}\delta_{11}X_1+\delta_{12}X_2+\Delta_{1P}=-\dfrac{X_1}{k}\\ \delta_{21}X_1+\delta_{22}X_2+\Delta_{2P}=0\end{cases}$$

(3)作$\overline{M}_1$、$\overline{M}_2$ 和 M_P 图

在基本结构上作单位荷载作用下的弯矩图及外荷载作用下的弯矩图(图 6.15(c) ~ (e))。

(4)求柔度系数及自由项

$$\delta_{11}=\int\frac{\overline{M}_1\overline{M}_1}{EI}dx=\frac{1}{EI}\left(\frac{1}{2}\times l\times l\times\frac{2}{3}l\right)=\frac{l^3}{3EI}$$

$$\delta_{12}=\delta_{21}=\int\frac{\overline{M}_1\overline{M}_2}{EI}dx=\frac{1}{EI}\left(\frac{1}{2}\times l\times l\times\frac{5}{3}l\right)=\frac{5l^3}{6EI}$$

$$\delta_{22}=\int\frac{\overline{M}_2\overline{M}_2}{EI}dx=\frac{1}{EI}\left(\frac{1}{2}\times 2l\times 2l\times\frac{2}{3}\times 2l\right)=\frac{8l^3}{3EI}$$

$$\Delta_{1P}=\int\frac{\overline{M}_1M_P}{EI}dx=-\frac{1}{EI}\times\left(\frac{1}{2}\times l\times l\times\frac{5}{3}ql^2-\frac{2}{3}\times\frac{ql^2}{2}\times l\times\frac{3}{8}l\right)=-\frac{17ql^4}{24EI}$$

$$\Delta_{2P} = \int \frac{\overline{M}_2 M_P}{EI} dx = -\frac{1}{EI} \times \left(\frac{1}{3} \times 2ql^2 \times 2l \times \frac{3}{4} \times 2l\right) = -\frac{2ql^4}{EI}$$

则力法方程为

$$\begin{cases} \frac{l^3}{3EI}X_1 + \frac{5l^3}{6EI}X_2 - \frac{17}{24EI}ql^4 = -\frac{X_1}{K} \\ \frac{5l^3}{6EI}X_1 + \frac{8l^3}{3EI} \times 2 - \frac{2ql^4}{EI} = 0 \end{cases}$$

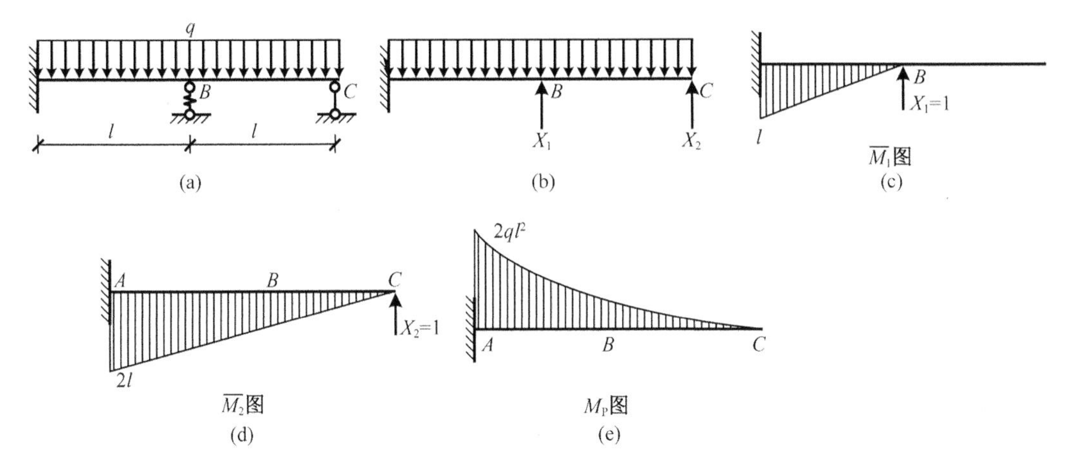

图 6.15 例 6-3 图

6.3.2 超静定排架

排架结构是由基础、柱及屋架组成,适用于单层厂房。通常装配式单层单跨厂房的计算简图如图 6.16(a)所示,柱与基础固接,与横梁铰接,计算时通常忽略横梁的轴向变形,柱子一般采用变截面柱。计算排架时,一般切断横梁的轴向约束作为多余约束,利用切开两侧相对位移为零的条件建立力法方程。注意这里只切断与轴力相应的约束,而与剪力和弯矩相应的约束仍然保留,其切口的详图如图 6.16(b)所示。切断的轴向约束为一内力,是由数值相等、方向相反的一对力组成(图 6.16(c))。

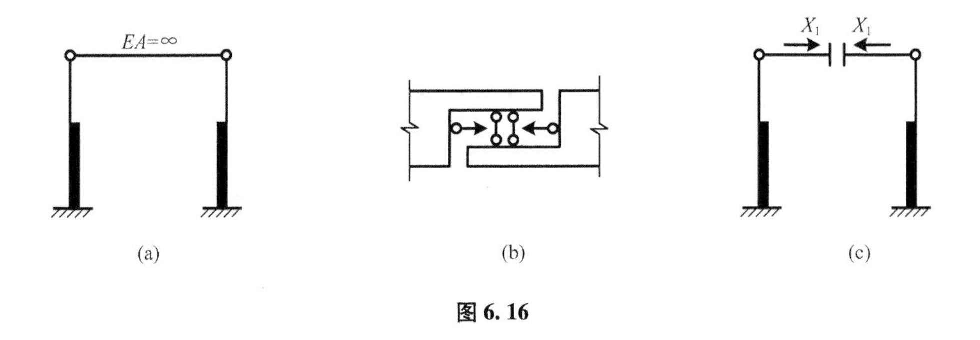

图 6.16

例 6-4 用力法计算图 6.17 所示排架,作弯矩图(各杆段刚度如图 6.17 所示)。

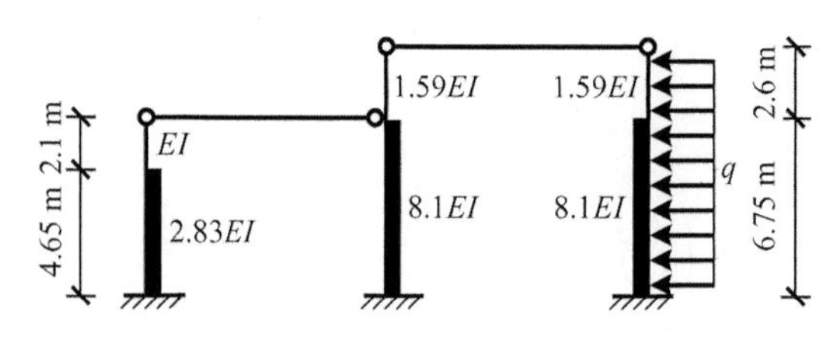

图 6.17 例 6-4 图

解 (1)确定基本未知量及基本体系

该超静定排架为二次超静定,切断两根横梁的轴向多余约束作为基本未知量 X_1,X_2,基本体系如图 6.18(a)所示。

(2)列出基本方程

利用切开两侧相对位移为零的条件建立力法方程为

$$\delta_{11}X_1 + \delta_{12}X_2 + \Delta_{1P} = 0$$

$$\delta_{21}X_1 + \delta_{22}X_2 + \Delta_{2P} = 0$$

(3)作 $\overline{M}_1$、$\overline{M}_2$、M_P 图

在基本结构上作单位荷载作用下的弯矩图及外荷载作用下的弯矩图分别如图 6.18(b)~(d)所示。

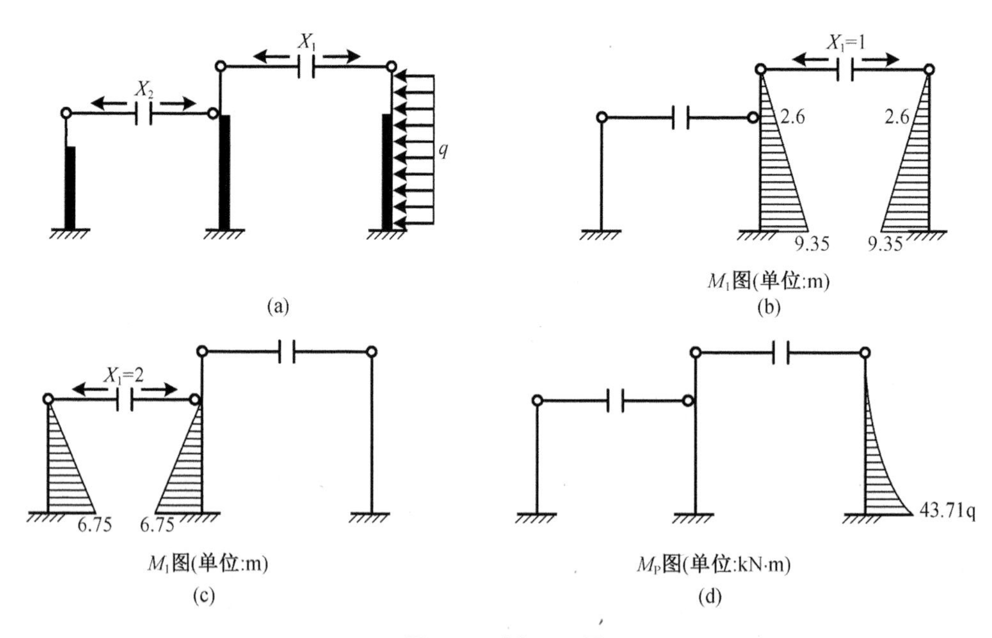

图 6.18 例 6-4 图

(4)求柔度系数及自由项

因荷载作用下,内力只与各杆刚度相对值有关,而与绝对值无关,故令 $EI = 1$。

$$\delta_{11}=\int\frac{\overline{M}_1\overline{M}_1}{EI}dx=\frac{1}{1.59}\times\frac{1}{2}\times2.6\times2.6\times\frac{2}{3}\times2.6\times2+\frac{1}{8.1}\times2.6\times 6.75\times5.975\times2+\frac{1}{8.1}\times\frac{1}{2}\times6.75\times6.75\times\left(2.6+\frac{2}{3}\times6.75\right)\times2=73.19$$

$$\delta_{12}=\delta_{21}=\int\frac{\overline{M}_1\overline{M}_2}{EI}dx=-\frac{1}{8.1}\times\left(\frac{1}{2}\times6.75\times6.75\times\frac{2}{3}\times6.75+2.6\times6.75\times3.375\right)=-19.97$$

$$\delta_{22}=\int\frac{\overline{M}_2\overline{M}_2}{EI}dx=\frac{1}{8.1}\times\frac{1}{2}\times6.75\times6.75\times\frac{2}{3}\times6.75+\frac{1}{2}\times2.1\times2.1\times\frac{2}{3}\times2.1+\frac{4.65}{6\times2.83}\times(2.1\times2.1+6.75\times6.75+4\times4.425\times4.425)=50.87$$

$$\Delta_{1P}=\int\frac{\overline{M}_1M_P}{EI}dx=-\frac{2.6}{6\times1.59}\times(4\times1.3\times0.845q+2.6\times3.38q)-\frac{6.75}{6\times8.1}\times(3.38q\times2.6+43.71q\times9.35+4\times17.85q\times5.975)=-120.12q$$

$$\Delta_{2P}=\int\frac{\overline{M}_2M_P}{EI}dx=0$$

(5)解力法方程求基本未知量

将求得的柔度系数及自由项代入力法基本方程,可得

$$\begin{cases}73.19X_1-19.97X_2-120.12q=0\\-19.97X_1+50.97X_2=0\end{cases}$$

得

$$\begin{cases}X_1=1.84q\\X_2=0.722q\end{cases}$$

(6)利用叠加原理作弯矩图

弯矩图如图6.19所示。

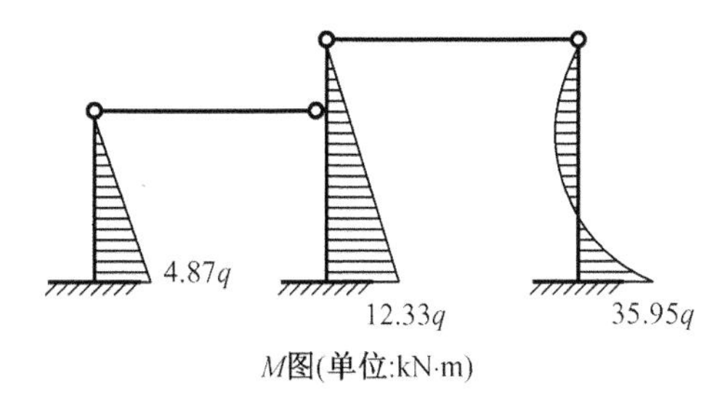

图6.19

6.3.3 超静定桁架

桁架为二力杆体系,在用力法求解超静定桁架时,计算柔度系数及自由项只需考虑轴力的影响。

例 6-5 用力法计算图 6.20(a)所示桁架,求各杆轴力,已知 EA = 常数。

(1)确定基本未知量和基本体系

此桁架是内部有一个多余约束的超静定结构,其基本未知量和基本体系如图 6.20(b)所示。

(2)列出基本方程

利用切开两侧相对位移为零的条件建立力法方程为

$$\delta_{11}X_1+\Delta_{1P}=0$$

(3)作 $\overline{F}_{N1}$ 图、F_{NP} 图

分别求基本结构在单位荷载作用下各杆轴力及在外荷载作用下各杆轴力(图 6.20(c)(d))。

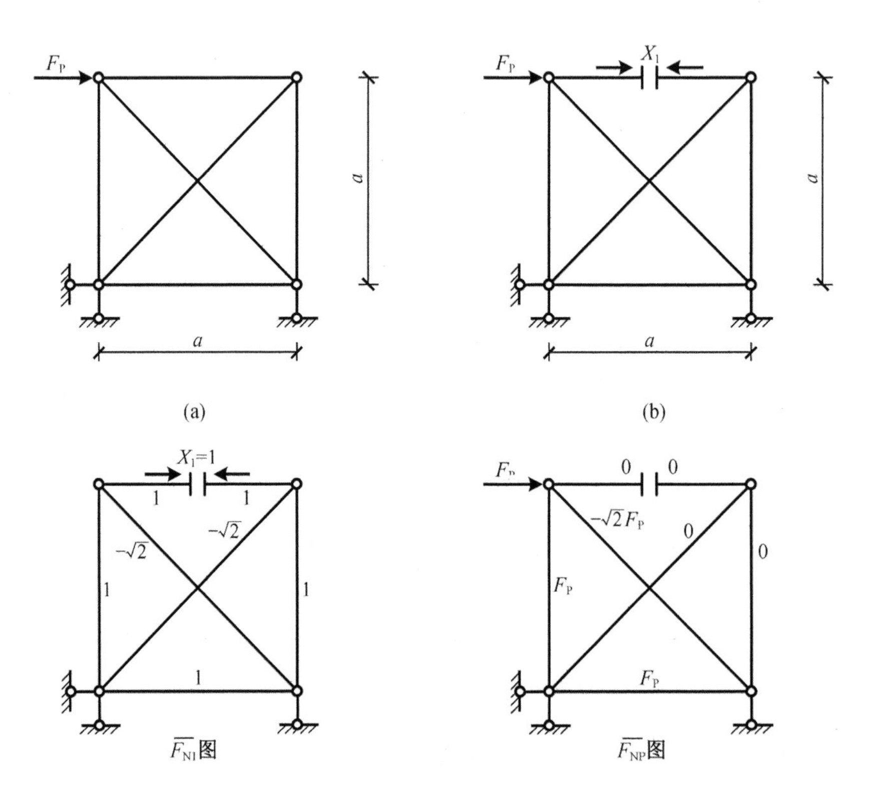

图 6.20 例 6-5 图

(4)求柔度系数及自由项

$$\delta_{11}=\sum\frac{\overline{F}_{N1}\overline{F}_{N1}}{EA}l=4(1+\sqrt{2})\frac{a}{EA}$$

$$\Delta_{1P}=\sum\frac{\overline{F}_{N1}\overline{F}_{NP}}{EA}l=2(1+\sqrt{2})\frac{F_Pa}{EA}$$

(5)用力法方程求基本未知量

将求得的柔度系数及自由项代入力法基本方程得

$$X_1 = -\frac{F_P}{2}$$

(6)利用叠加原理($F_N = \overline{F}_{N1}X_1 + F_{NP}$)求各杆轴力

各杆轴力(F_N)如图6.21所示。

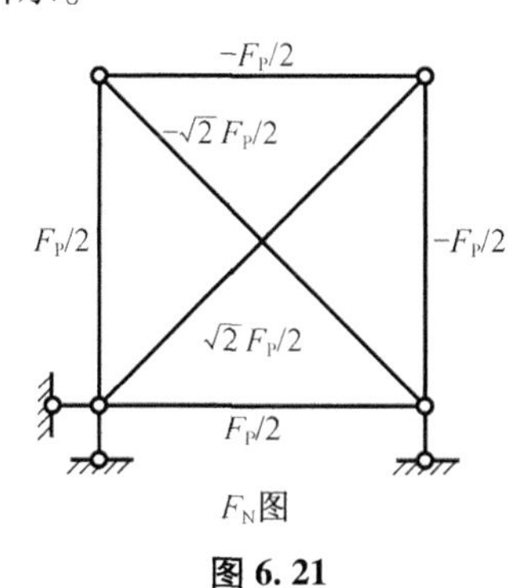

图6.21

例6-6 用力法计算图6.22(a)所示桁架,求各杆轴力,已知EA=常数。

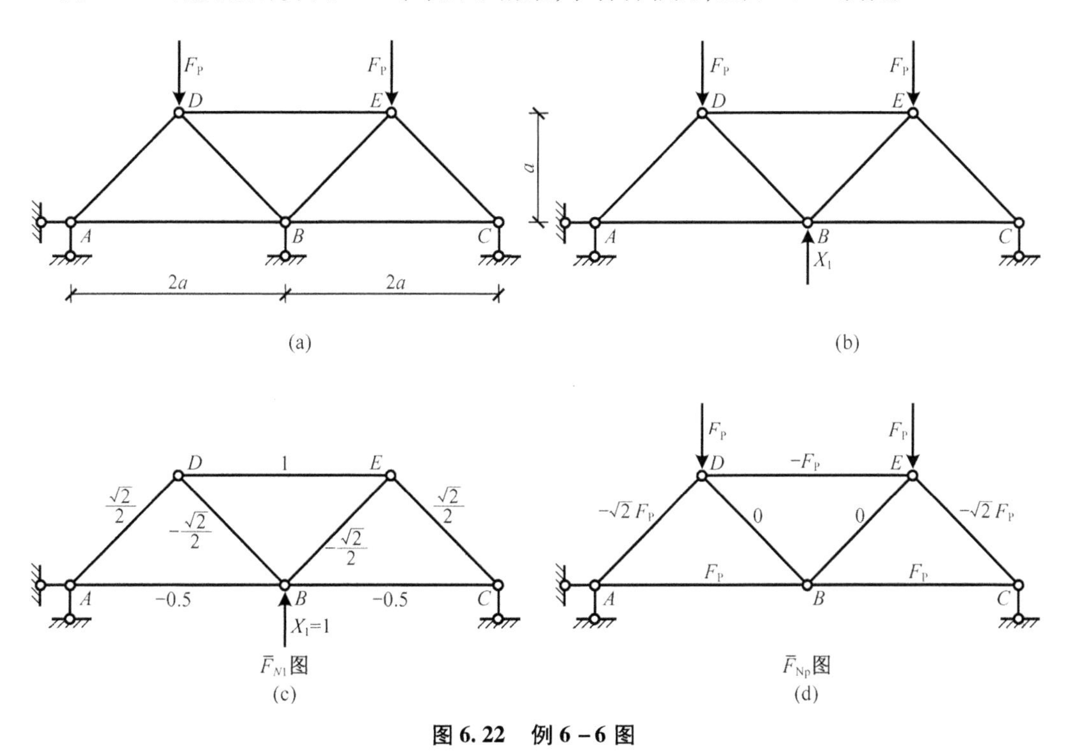

图6.22 例6-6图

解 (1)确定基本未知量及基本体系

此桁架去掉支座后内部无多余约束,故存在着外部的多余约束,可以把支座B处的约束去掉,取而代之的主动力作为基本未知量。基本未知量及基本体系如图6.22(b)所示。

(2)列出基本方程

利用B点竖向位移为零的条件建立力法方程为

$$\delta_{11}X_1+\Delta_{1P}=0$$

(3)作$\overline{F}_{N1}$图、$\overline{F}_{NP}$图

分别求基本结构在单位荷载作用下各杆轴力及在外荷载作用下各杆轴力(图6.22(c)(d))。

(4)求柔度系数及自由项

$$\delta_{11}=\sum\frac{\overline{F}_{N1}\overline{F}_{N1}}{EA}l=(3+2\sqrt{2})\frac{a}{EA}$$

$$\Delta_{1P}=\sum\frac{\overline{F}_{N1}\overline{F}_{NP}}{EA}l=-(4+2\sqrt{2})\frac{F_Pa}{EA}$$

(5)用力法方程求基本未知量

将求得的柔度系数及自由项代入力法基本方程得

$$X_1=1.172F_P$$

(6)利用叠加原理($F_N=\overline{F}_{N1}X_1+F_{NP}$)求各杆轴力

求出各杆轴力后,可直接标注在原结构上,也可以用表格表示,如表6.1所示。

表6.1 柔度系数、自由项和各杆轴力的计算(EA=常数)

杆件	杆长	$\overline{F}_{N1}$	$\overline{F}_{NP}$	$\overline{F}_{N1}\overline{F}_{N1}l$	$\overline{F}_{N1}\overline{F}_{NP}l$	$F_N=\overline{F}_{N1}X_1+F_{NP}$
AB	$2a$	-0.5	F_P	$0.5a$	$-aF_P$	$0.414\ F_P$
BC	$2a$	-0.5	F_P	$0.5a$	$-aF_P$	$0.414\ F_P$
DE	$2a$	1	$-F_P$	$2a$	$-2aF_P$	$0.172F_P$
AD	$\sqrt{2}a$	$\sqrt{2}/2$	$-\sqrt{2}F_P$	$\sqrt{2}a/2$	$-\sqrt{2}aF_P$	$-0.585\ F_P$
DB	$\sqrt{2}a$	$-\sqrt{2}/2$	0	$\sqrt{2}a/2$	0	$-0.828\ F_P$
BE	$\sqrt{2}a$	$-\sqrt{2}/2$	0	$\sqrt{2}a/2$	0	$-0.828\ F_P$
EC	$\sqrt{2}a$	$\sqrt{2}/2$	$-\sqrt{2}F_P$	$-\sqrt{2}a/2$	$-\sqrt{2}aF_P$	$-0.585\ F_P$
$\sum$				$(3+2\sqrt{2})a$	$-(4+2\sqrt{2})F_Pa$	

6.3.4 超静定组合结构

组合结构通常是由二力杆和梁式杆组成,计算柔度系数及自由项时,对于梁式杆只需要考虑弯曲的影响,对于二力杆只需要考虑轴力的影响。

例6-7 用力法计算图6.23(a)所示组合结构,求二力杆轴力,作梁式杆弯矩图,已知弹性模量E=常数,横梁截面惯性矩$I=1\times10^{-4}\ m^4$,二力杆截面面积$A=1\times10^{-3}\ m^2$。

(1)确定基本未知量及基本体系

此超静定组合结构是一加劲梁,为计算方便,取切断二力杆的多余约束作为基本未知量,基本未知量及基本体系如图6.23(b)所示。

(2)列出基本方程

利用切开两侧相对位移为零的条件建立力法方程

$$\delta_{11}X_1+\Delta_{1P}=0$$

(3)作二力杆轴力图和梁式杆弯矩图

分别求基本结构在单位荷载作用下及在外荷载作用下的二力杆轴力图和梁式杆的弯矩图(图6.23(c)(d))。

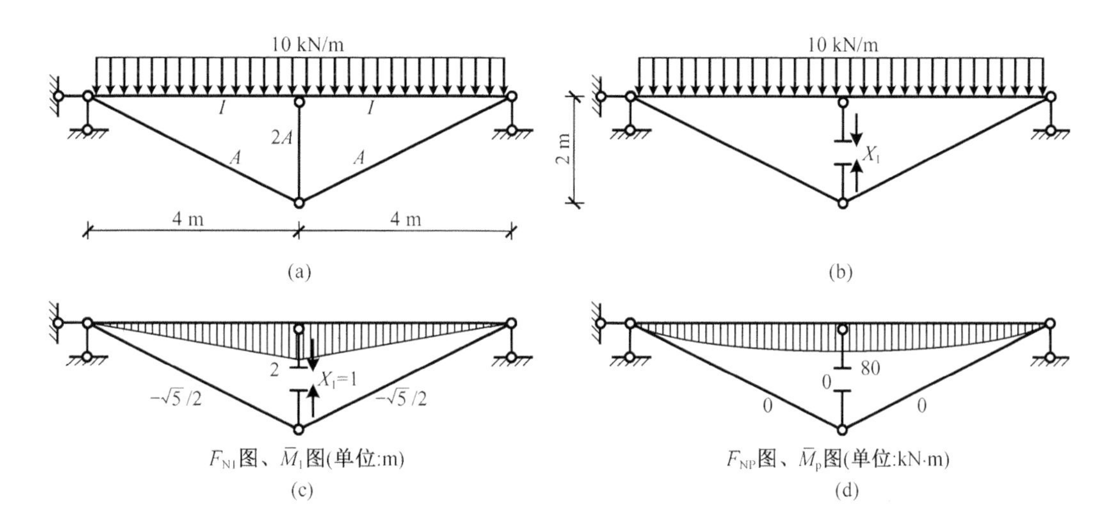

图6.23 例6-7图

(4)求柔度系数及自由项

$$\delta_{11}=\int\frac{\overline{M}_1\overline{M}_1}{EI}\mathrm{d}x+\sum\frac{\overline{F}_{N1}\overline{F}_{N1}}{EA}l$$

$$=\frac{1}{EI}\times\frac{1}{2}\times2\times4\times\frac{2}{3}\times2\times2+\frac{1}{EA}\times\frac{5}{4}\times2\sqrt{5}\times2+\frac{1}{2EA}\times1\times2$$

$$=\frac{10.67}{EI}+\frac{12.2}{EA}$$

$$\Delta_{1P}=\int\frac{\overline{M}_1\overline{M}_P}{EI}\mathrm{d}x+\sum\frac{\overline{F}_{N1}\overline{F}_{NP}}{EA}l=\frac{1}{EI}\times\frac{2}{3}\times80\times4\times\frac{5}{8}\times2\times2=\frac{533.3}{EI}$$

(5)解力法方程求基本未知量

将求得的柔度系数及自由项代入力法基本方程得

$$X_1=-44.9\ \mathrm{kN}$$

(6)作内力图

利用叠加原理求二力杆轴力,作梁式杆弯矩图如图6.24所示。

讨论 比较图6.23(d)和图6.24,有下部链杆时横梁的最大弯矩为15.4 kN·m,当无下部链杆时横梁的最大弯矩为80 kN·m,有无下部链杆横梁最大弯矩比为15.4/80≈0.193=19.3%,可见加劲梁受力更为合理,可有效减少横梁的最大弯矩。另外通过改变链杆的刚度可调整横梁内的弯矩分布。讨论下面两种情况。

情况1:假如二力杆的面积趋近于无穷大,即$A\to\infty$,此时加劲梁的受力状态等效于两

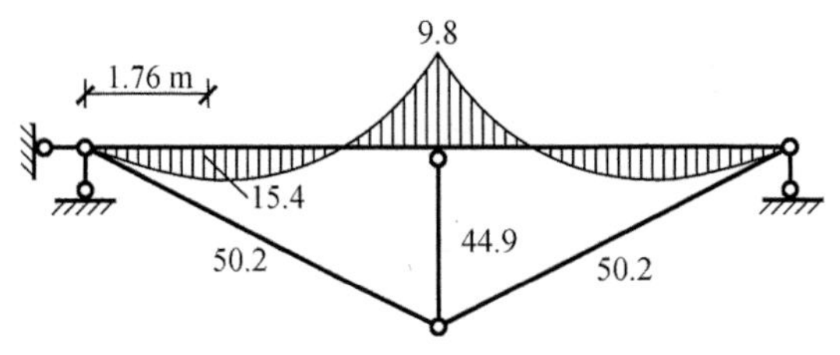

图 6.24

跨的连续梁,则有

$$X_1 = -\frac{533.3}{10.67} = -49.98\ \text{kN}$$

二力杆的轴力图及梁式杆弯矩图如图 6.25(a)所示。

情况 2:当梁的正、负弯矩相等时,求二力杆的面积 A。

设基本未知量为 X_1,取左侧支座处为坐标原点,则横梁任意截面的弯矩为

$$M(x) = (40 - 0.5X_1)x - \frac{1}{2} \times 10x^2 \tag{6.12}$$

一阶导数为零的点是正弯矩最大的点,故有

$$M'(x) = (40 - 0.5X_1) - 10x = 0$$

则 x 可表示为

$$x = 4 - 0.05X_1$$

把求得的 x 代入式(6.12),得最大正弯矩为

$$(40 - 0.5X_1)(4 - 0.05X_1) - 5(4 - 0.05X_1)^2$$

跨中最大负弯矩为

$$-4(40 - 0.5X_1) + 80$$

另

$$(40 - 0.5X_1)(4 - 0.05X_1) - 5(4 - 0.05X_1)^2 = -4(40 - 0.5X_1) + 80$$

得

$$X_1 = 46.86\ \text{kN}$$

把求得的 X_1 代入典型方程可求得面积,即

$$A = 1.72 \times 10^{-3}\ \text{m}^2$$

二力杆的轴力图及梁式杆弯矩图如图 6.25(b)所示。

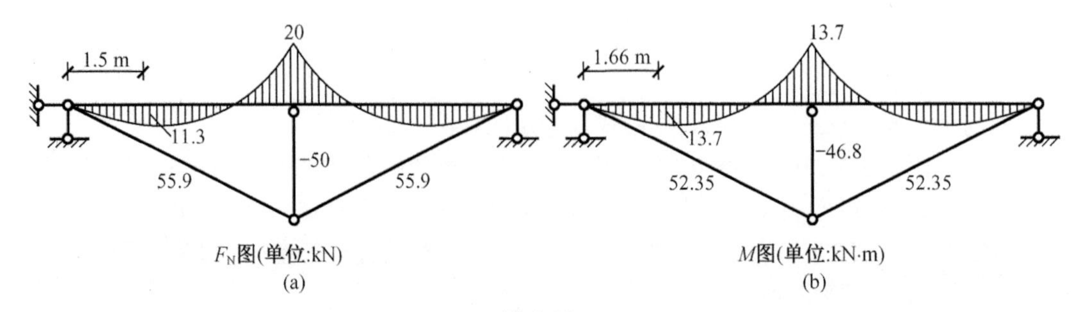

图 6.25

6.3.5 超静定拱

拱结构在工程中应用较广,常用的超静定拱有两铰拱和无铰拱(图6.26),图6.26(c)所示的超静定拱称为有拉杆的两铰拱。拱的轴线为曲线,超静定结构的内力又与变形有关,所以在计算超静定拱之前,需先确定拱轴线方程和截面变化规律。本部分以两铰拱为例,说明如何利用力法求解超静定拱。

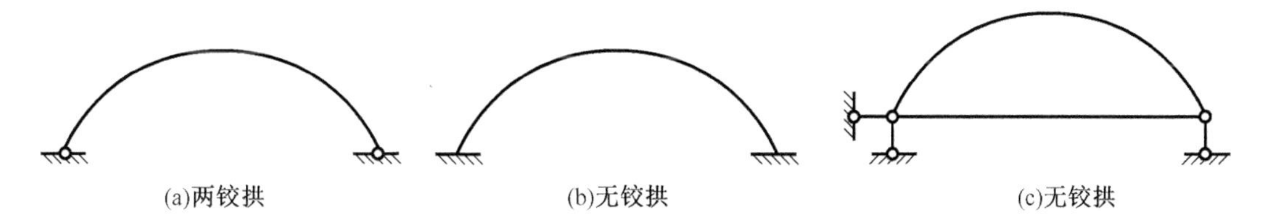

图6.26 超静定拱的类型

两铰拱是一次超静定结构,其整个的求解思想与前述超静定结构相同。

1. 确定基本未知量及基本体系

可采用简支曲梁作为基本结构,如图6.27(a)所示在集中荷载作用下的两铰拱,选取基本体系时,可去掉 B 点的水平多余约束,取而代之的水平推力 X_1 作为基本未知量(图6.27(b))。

2. 力法的基本方程

根据支座 B 水平方向位移为零建立力法的基本方程为

$$\delta_{11}X_1 + \Delta_{1P} = 0 \tag{6.13}$$

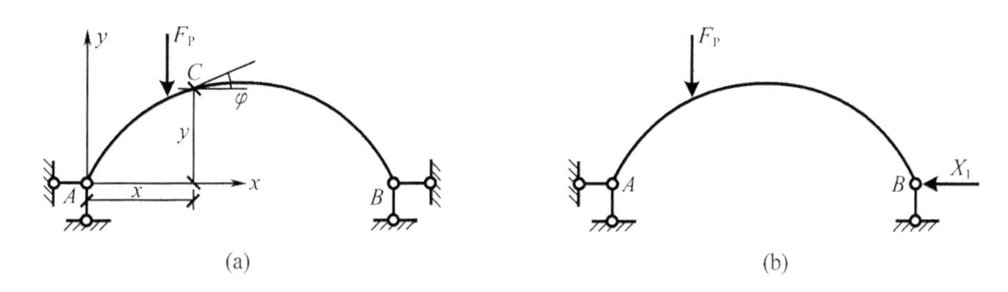

图6.27

3. 计算 $\overline{M}_1$,$\overline{F}_{N1}$,M_P

当基本结构在 $X_1=1$ 单独作下时,竖向支座反力为零,则任意截面 C 的弯矩和轴力为

$$\begin{cases}\overline{M}_1 = -y \\ \overline{F}_{N1} = -\cos\varphi\end{cases} \tag{6.14}$$

当基本结构在外荷载作用下时,则简支曲梁任意截面的弯矩与其相应的等代梁相应截面的弯矩相等,有

$$M_P = M^0 \tag{6.15}$$

注意 关于内力正负号的规定与三铰拱的一样。坐标系的正方向如图6.27(a)所示,φ 表示任意截面处拱轴线切线与 x 轴所成的锐角,左半边 φ 取正值,右半边 φ 取负值;弯矩 M 以使拱的内边缘受拉为正,轴力 F_N 以受拉为正。

4. 计算柔度系数 δ_{11} 和自由项 Δ_{1P}

由于拱是曲杆，计算柔度系数 δ_{11} 及自由项 Δ_{1P} 时不能采用图乘法，对于较平的扁拱且截面较厚时，计算柔度系数 δ_{11} 时，需要考虑轴力的影响，其余情况不予考虑轴力的影响；因为基本结构为曲梁，计算自由项 Δ_{1P} 时，一般只考虑弯曲的影响。因此

$$\delta_{11} = \int \frac{\overline{M}_1 \overline{M}_1}{EI} ds + \int \frac{\overline{F}_{N1} \overline{F}_{N1}}{EA} ds$$

$$\Delta_{1P} = \int \frac{\overline{M}_1 M_P}{EI} ds \tag{6.16}$$

将式(6.14)和式(6.15)代入式(6.16)中即可求得 δ_{11} 和 Δ_{1P}。

5. 计算基本未知量

将求得的 δ_{11} 和 Δ_{1P} 代入式(6.13)中，即可求出基本未知量。

6. 作内力图

利用叠加原理及作三铰拱内力图的方法即可得到内力图。

当两铰拱为超静定拉杆拱时(图 6.28(a)是在集中荷载作用下的拉杆铰拱)，选取基本体系时，通常切断拉杆的轴向约束作为基本未知量，其基本体系如图 6.28(b)所示，力法的典型方程与两铰拱相同。

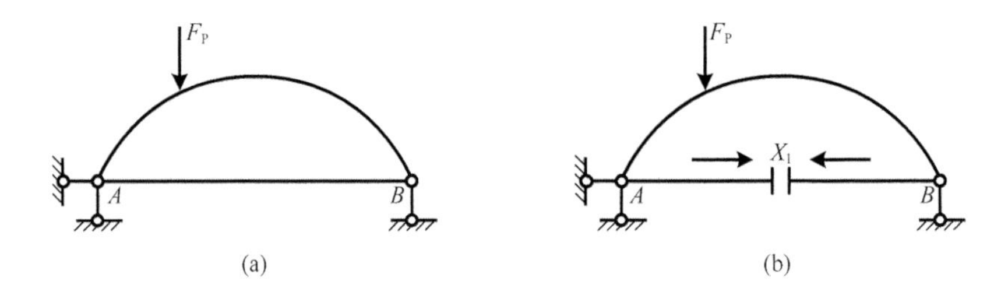

图 6.28

拉杆拱自由项 Δ_{1P} 的计算与两铰拱相同，而柔度系数的计算还应考虑拉杆轴力的影响，因此

$$\delta_{11} = \int \frac{\overline{M}_1 \overline{M}_1}{EI} ds + \int \frac{\overline{F}_{N1} \overline{F}_{N1}}{EA} ds + \frac{l}{E_1 A_1} \tag{6.17}$$

式中，l 表示拉杆的长度；E_1A_1 表示拉杆的抗拉刚度。

例 6-8 图 6.29(a)所示为一抛物线两铰拱，拱上作用垂直向下的均布荷载 q，试求水平推力 F_H。设拱的截面尺寸为常数，以左支点为原点，拱的轴线方程为

$$y = \frac{4f}{l^2} x(l - x)$$

解 计算时可采用两个简化假设：忽略轴向变形的影响，只考虑弯曲变形的影响；当拱比较平时，可近似地取 $ds = dx$。

(1)确定基本体系及基本未知量

基本体系及基本未知量如图 6.29(b)所示。

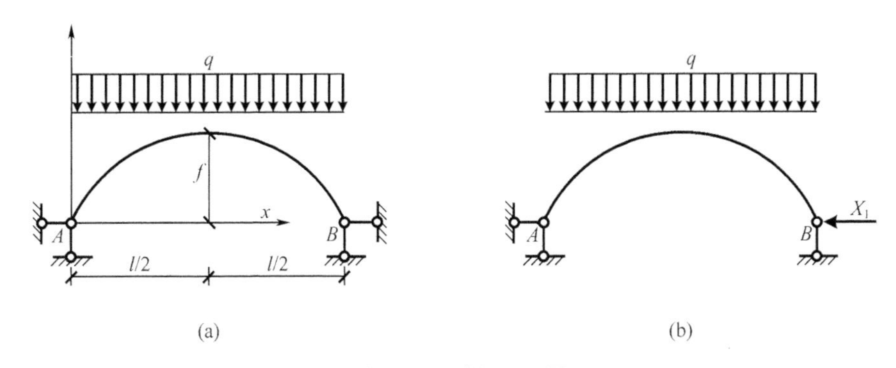

图 6.29 例 6-8 图

(2)力法的基本方程

$$\delta_{11}X_1+\Delta_{1P}=0$$

(3)分别写出 $\overline{M}_1$ 和 M_P 表达式

$$\overline{M}_1=-y$$

$$M_P=M^0=\frac{1}{2}qlx-\frac{1}{2}qx^2$$

(4)计算柔度系数 δ_{11} 和自由项 Δ_{1P}

$$\delta_{11}=\int\frac{\overline{M}_1\overline{M}_1}{EI}dx=\frac{1}{EI}\int_0^l y^2dx=\frac{1}{EI}\int_0^l\left[\frac{4f}{l^2}x(l-x)\right]^2dx=\frac{8f^2l}{15EI}$$

$$\Delta_{1P}=\int\frac{\overline{M}_1M_P}{EI}dx=-\frac{1}{EI}\int_0^l yM^0=-\frac{1}{EI}\int_0^l\frac{4f}{l^2}x(l-x)\left(\frac{1}{2}qlx-\frac{1}{2}qx^2\right)dx=-\frac{fql^3}{15EI}$$

(5)求基本未知量

代入力法的基本方程得

$$F_H=X_1=-\frac{\Delta_{1P}}{\delta_{11}}=\frac{ql^2}{8f}$$

F_H 求出后,可利用公式 $M=M^0-F_Hy$ 作弯矩图。

6.3.6 无弯矩情况判别

在荷载作用下,梁式杆在不计轴向变形前提下,下述情况无弯矩,但有轴力。

(1)集中荷载沿柱轴线作用(图 6.30(a));

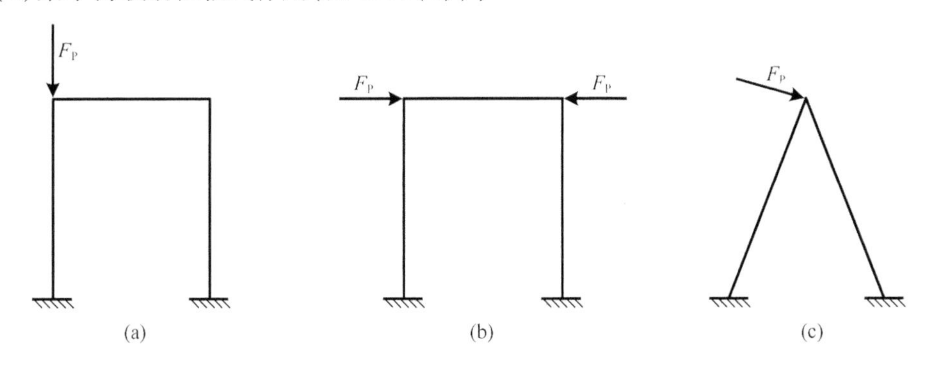

图 6.30

(2)等值反向共线集中荷载沿杆件轴线作用(图6.30(b));

(3)集中荷载作用在不动结点上(图6.30(c))。

判别无弯矩状态的方法是把所有刚结点变成铰结点后,若体系能平衡外力,则原结构为无弯矩状态。例如图6.30(a)(b)(c)所示结构,把刚结点变为铰结点后分别如图6.31(a)(b)(c)所示。虽然图6.31(a)(b)所示体系为机构,但仍然能够平衡外力,即可判定原结构在图示荷载作用下为无弯矩状态。

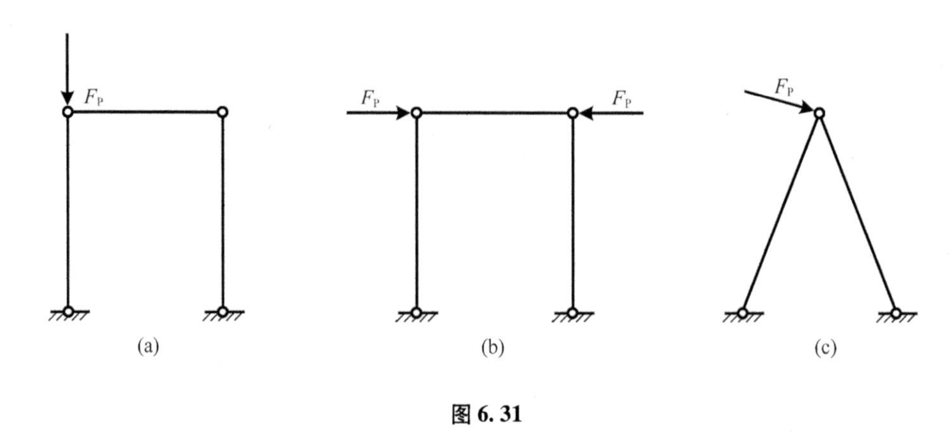

图6.31

6.4 力法求解对称结构

3.4.3节中给出了关于对称性的基本概念,以及对称结构的受力特点。在讲解力法求解对称结构前,对关于对称性的内容作简要回顾。

对称结构是指结构的几何形状、支承情况或刚度分布情况关于某轴对称的结构。如图6.32(a)(b)所示结构为对称结构;图6.32(c)所示结构因支承情况不对称,严格意义上讲不是对称结构,但若该结构只有竖向荷载作用情况下,可按对称结构计算。

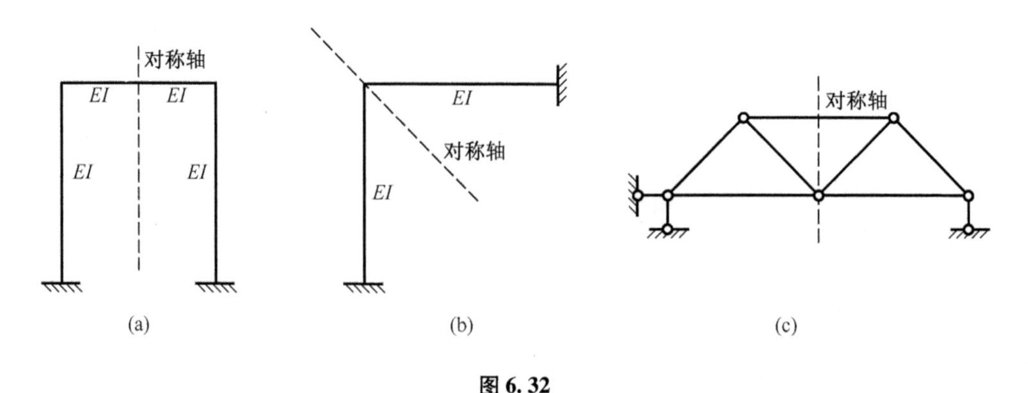

图6.32

对称荷载是指作用在对称结构对称轴两侧,大小相等,方向和作用点对称的荷载,图6.33为结构在对称荷载作用下的情况。

反对称荷载是指作用在对称结构对称轴两侧,大小相对,作用点对称,方向反对称的荷载,图6.34为结构在反对称荷载作用下的情况。

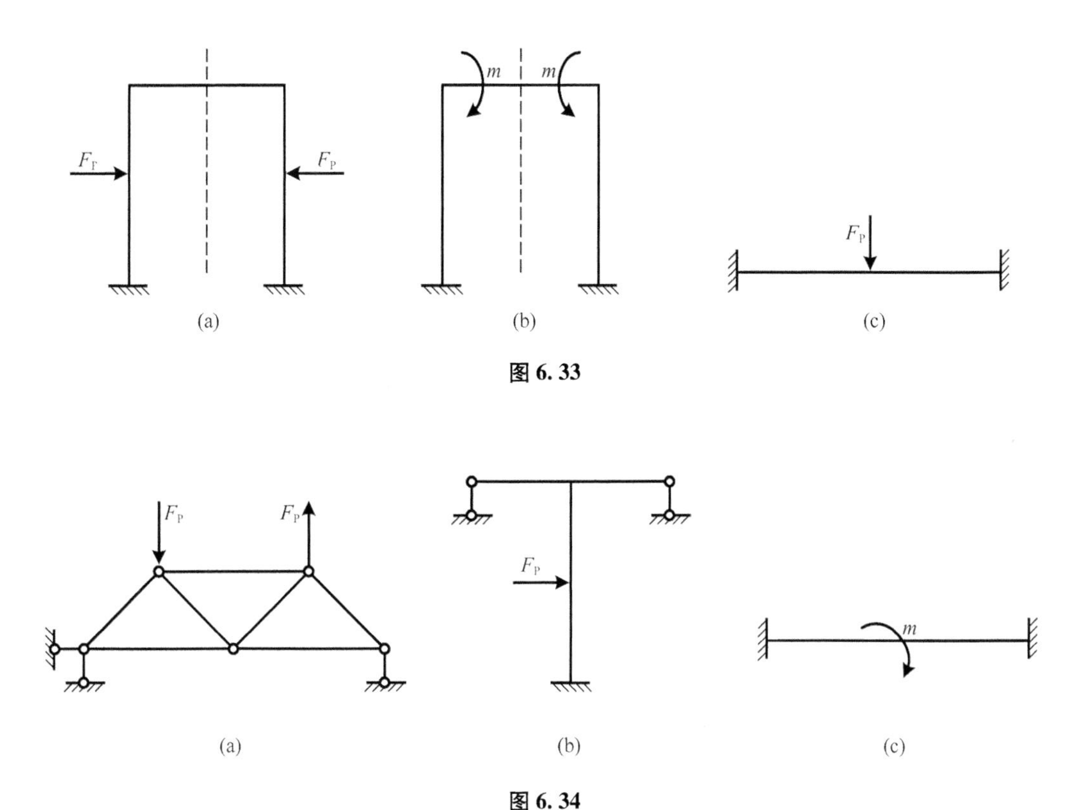

图 6.33

图 6.34

注意图 6.33(c)与图 6.34(c)的区别。图 6.33(c)所示集中荷载作用在对称轴上,是两个 $F_P/2$ 分别作用在对称轴上,大小相等,方向和作用点对称,故为对称荷载;图 6.34(c)所示集中力偶也作用在对称轴上,是两个 $m/2$ 分别作用在对称轴上,大小相等,作用点对称,但方向反对称,故为反对称荷载。

6.4.1 基本未知量及基本结构的选取

计算超静定对称结构时,通常选取对称或反对称的基本未知量,同时取对称的基本结构。如图 6.35(a)所示一个三次超静定刚架,在刚架左柱上作用一集中荷载 F_P,选取基本未知量和基本体系时,可沿对称轴上梁的中间截面切开,则有三对多余未知力 X_1,X_2,X_3(分别是一对弯矩,一对轴力和一对剪力),其中 X_1 和 X_2 是对称的未知力,X_3 是反对称的未知力,基本体系则是对称的(图 6.35(b))。根据切开截面两侧的相对转角为零、水平相对位移和竖直相对位移为零,可列出力法的基本方程为

$$\begin{cases}\delta_{11}X_1+\delta_{12}X_2+\delta_{13}X_3+\Delta_{1P}=0\\ \delta_{21}X_1+\delta_{22}X_2+\delta_{23}X_3+\Delta_{2P}=0\\ \delta_{31}X_1+\delta_{32}X_2+\delta_{33}X_3+\Delta_{3P}=0\end{cases}\tag{6.18}$$

图 6.35(c)(d)(e)分别给出了各单位荷载作用下的弯矩图和变形图。从图中可以看出该对称体系在对称未知量作用下,内力图及变形图是对称的;在反对称未知量作用下,内力图及变形图是反对称的,故有

$$\delta_{13}=\delta_{31}=\delta_{23}=\delta_{32}=0$$

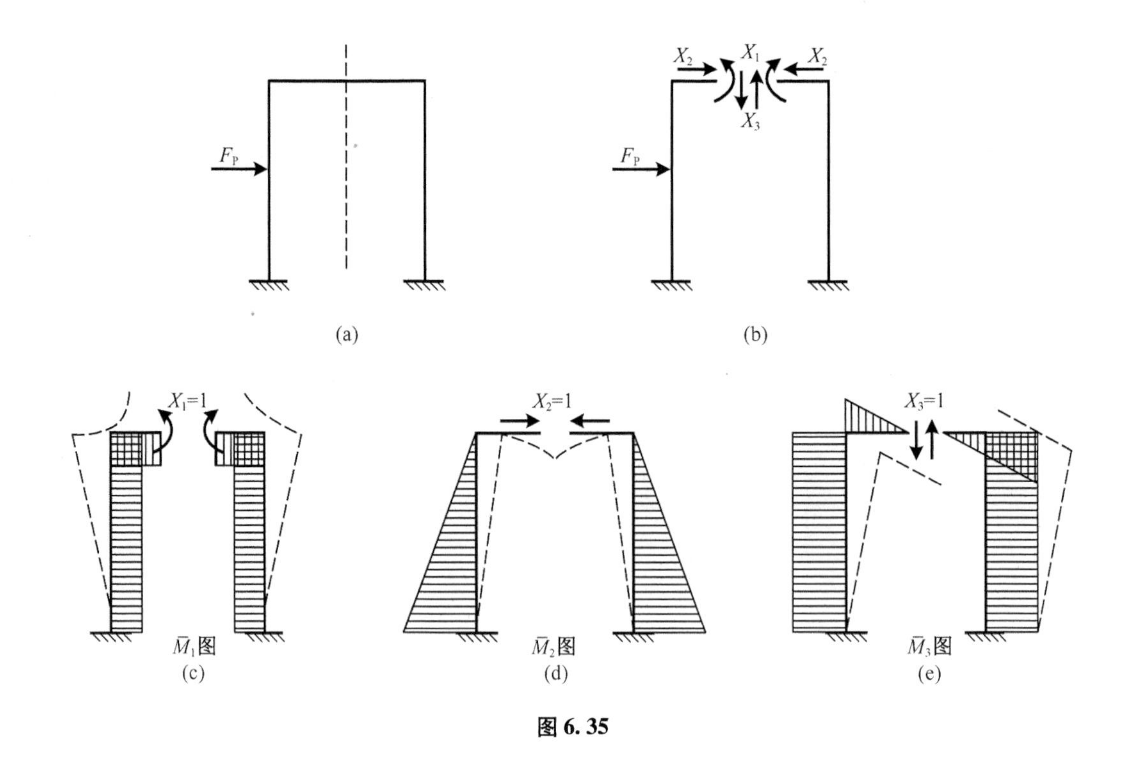

图 6.35

则式(6.18)可表达为

$$\begin{cases}\delta_{11}X_1 + \delta_{12}X_2 + \Delta_{1P} = 0 \\ \delta_{21}X_1 + \delta_{22}X_2 + \Delta_{2P} = 0 \\ \delta_{33}X_3 + \Delta_{3P} = 0\end{cases} \tag{6.19}$$

可以看出,方程已经分为两组,一组只含有对称的基本未知量 X_1 和 X_2,另一组只含有反对称的基本未知量 X_3,从而使原来的高阶方程分解成为两个低阶方程组,使计算得到简化。

上述讨论的是对称结构在一般荷载作用下的情况,下面讨论对称结构在对称荷载或反对称荷载作用下的情况。

1. 对称结构在对称荷载作用下的分析

如图 6.36(a)所示对称结构在对称荷载作用情况下,其基本体系如图 6.36(b)所示,$\overline{M}_1$

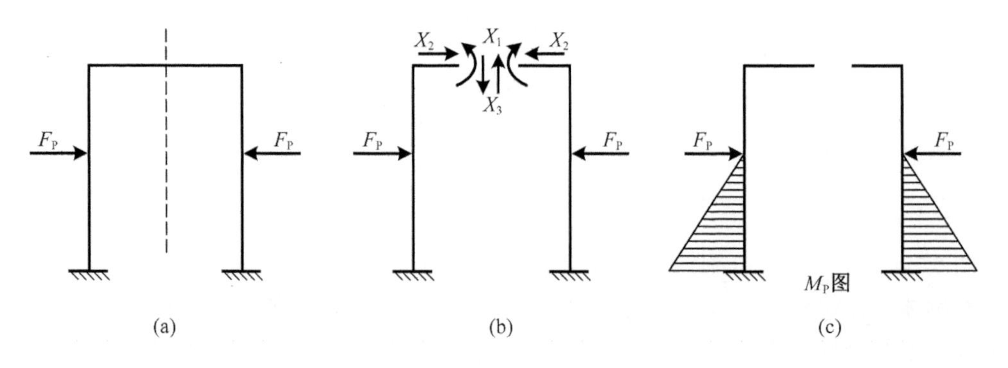

图 6.36

图、$\overline{M}_2$ 图、$\overline{M}_3$ 图分别如图 6.35(c)(d)(e)所示，M_P 图如图 6.36(c)所示，根据对称性有

$$\Delta_{3P} = \int \frac{\overline{M}_3 M_P}{EI} dx = 0$$

可知 X_3 必等于零。对于对称结构在对称荷载作用情况下，只需求解关于对称的基本未知量，即用力法求解对称的超静定结构时，如果基本结构是对称的，则在对称荷载作用下，反对称的基本未知量必为零。

2. 对称结构在反对称荷载作用下的分析

如图 6.37(a)所示对称结构在反对称荷载作用情况下，其基本体系如图 6.37(b)所示，$\overline{M}_1$ 图、$\overline{M}_2$ 图、$\overline{M}_3$ 图分别如图 6.35(c)(d)(e)所示，M_P 图如图 6.37(c)所示，根据对称性有

$$\Delta_{1P} = \int \frac{\overline{M}_1 M_P}{EI} dx = 0$$

$$\Delta_{2P} = \int \frac{\overline{M}_2 M_P}{EI} dx = 0$$

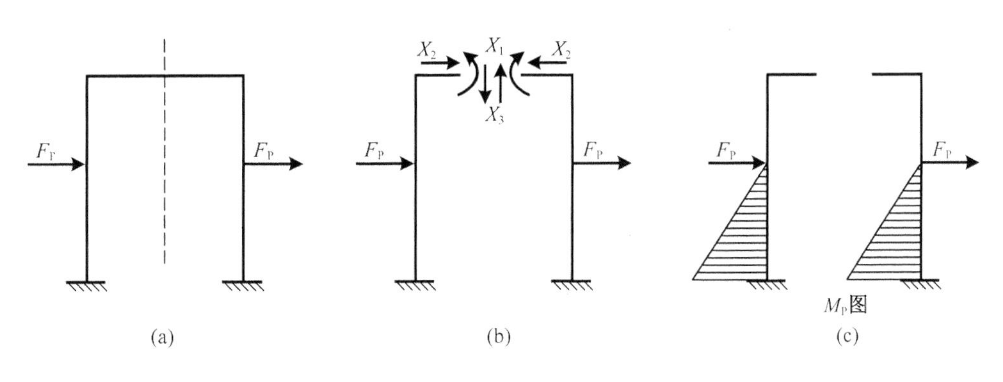

图 6.37

可知 X_1,X_2 必等于零。对于对称结构在反对称荷载作用情况下，只需要求解关于反对称的基本未知量，即用力法求解对称的超静定结构时，如果基本结构是对称的，则在反对称荷载作用下，对称的基本未知量必为零。

例 6-9 如图 6.38(a)所示两层刚架，在柱顶作用一个集中荷载 20 kN，各杆刚度均为 EI，作弯矩图。

解 图 6.38(a)所示刚架为一对称刚架，在柱顶作用一个集中荷载，可把该非对称荷载分解为一组对称荷载和一组反对称荷载，即原结构的受力状态等效于图 6.38(b)所示对称荷载作用加上图 6.38(c)所示反对称荷载作用。图 6.38(b)所示对称荷载作用下，因该对称荷载等值反向共线作用在杆件的轴线上，故在该对称荷载作用下的弯矩为零，则只需分析图 6.38(c)所示的反对称荷载作用即可。

(1)基本未知量和基本体系的选取

因一个封闭框有 3 个多余约束，所以该刚架有 4 个多余约束。在反对称荷载作用下，对称的基本未知量为零，为降低方程组阶数，选取图 6.39(a)所示体系为基本体系。

(2)基本方程的确定

X_2,X_3,X_4 均为对称基本未知量，所以都为零，则基本方程为

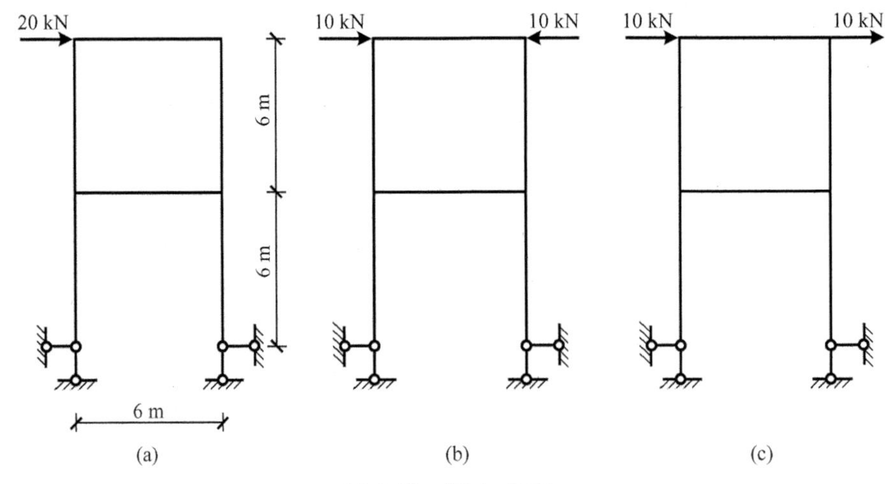

图 6.38 例 6-9 图

$$\delta_{11}X_1 + \Delta_{1P} = 0$$

(3)作 $\overline{M}_1$ 图，M_P 图

单位荷载及外荷载作用下的弯矩图分别如图 3.39(b)(c)所示。

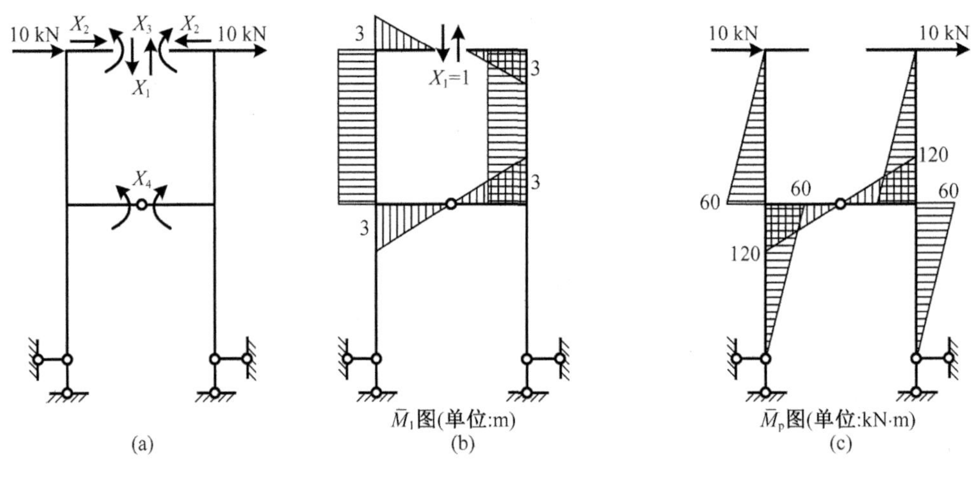

图 6.39

(4)计算柔度系数 δ_{11} 和自由项 Δ_{1P}

$$\delta_{11} = \int \frac{\overline{M}_1 \overline{M}_1}{EI} dx = \frac{1}{EI}\left(\frac{1}{2} \times 3 \times 3 \times \frac{2}{3} \times 3 \times 4 + 3 \times 6 \times 3 \times 2\right) = \frac{144}{EI}$$

$$\Delta_{1P} = \int \frac{\overline{M}_1 M_P}{EI} dx = \frac{1}{EI}\left(\frac{1}{2} \times 120 \times 3 \times \frac{2}{3} \times 3 \times 2 + 3 \times 6 \times 30 \times 2\right) = \frac{1\ 800}{EI}$$

(5)求基本未知量

代入力法的基本方程得

$$X_1 = -\frac{\Delta_{1P}}{\delta_{11}} = -12.5\ \text{kN}$$

(6)作弯矩图

利用叠加原理作弯矩图,如图6.40所示。

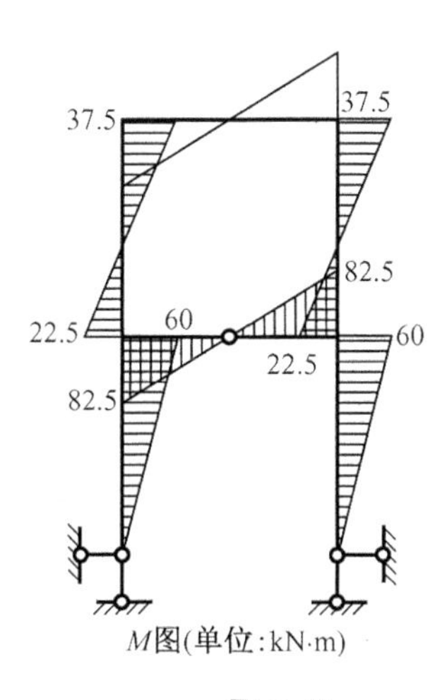

图6.40

例6-10 用力法计算图6.41(a)所示刚架,并作弯矩图,已知各杆刚度均为EI。

解 (1)确定基本未知量及基本体系

该刚架是三次超静定,在对称荷载作用下,取对称轴上的多余约束力作为基本未知量,因为对称结构在对称荷载作用下,反对称的基本未知量为零,所以取对称的基本未知量X_1,X_2,基本未知量和基本体系如图6.41(b)所示。

(2)列出基本方程

利用切开两侧相对位移为零的条件建立力法方程

$$\delta_{11}X_1+\delta_{12}X_2+\Delta_{1P}=0$$

$$\delta_{21}X_1+\delta_{22}X_2+\Delta_{2P}=0$$

(3)作$\overline{M}_1$、$\overline{M}_2$和M_P图

在基本结构上作单位荷载作用下的弯矩图及外荷载作用下的弯矩图(图6.41(c)(d)(e))。

(4)计算柔度系数δ_{11}和自由项Δ_{1P}

$$\delta_{11}=\int\frac{\overline{M}_1\overline{M}_1}{EI}\mathrm{d}x=\frac{1}{EI}\times1\times6\times1\times4=\frac{24}{EI}$$

$$\delta_{12}=\delta_{21}=\int\frac{\overline{M}_1\overline{M}_2}{EI}\mathrm{d}x=-\frac{1}{EI}\times1\times6\times3\times2=-\frac{36}{EI}$$

$$\delta_{22}=\int\frac{\overline{M}_2\overline{M}_2}{EI}\mathrm{d}x=\frac{1}{EI}\times\frac{1}{2}\times6\times6\times\frac{2}{3}\times6\times2=\frac{144}{EI}$$

$$\Delta_{1P}=\int\frac{\overline{M}_1M_P}{EI}\mathrm{d}x=-\frac{1}{EI}\times\frac{1}{3}\times360\times6\times1\times2=-\frac{1\ 440}{EI}$$

$$\Delta_{2P}=\int\frac{\overline{M}_2M_P}{EI}\mathrm{d}x=\frac{1}{EI}\times\frac{1}{3}\times360\times6\times\frac{3}{4}\times6\times2=\frac{6\ 480}{EI}$$

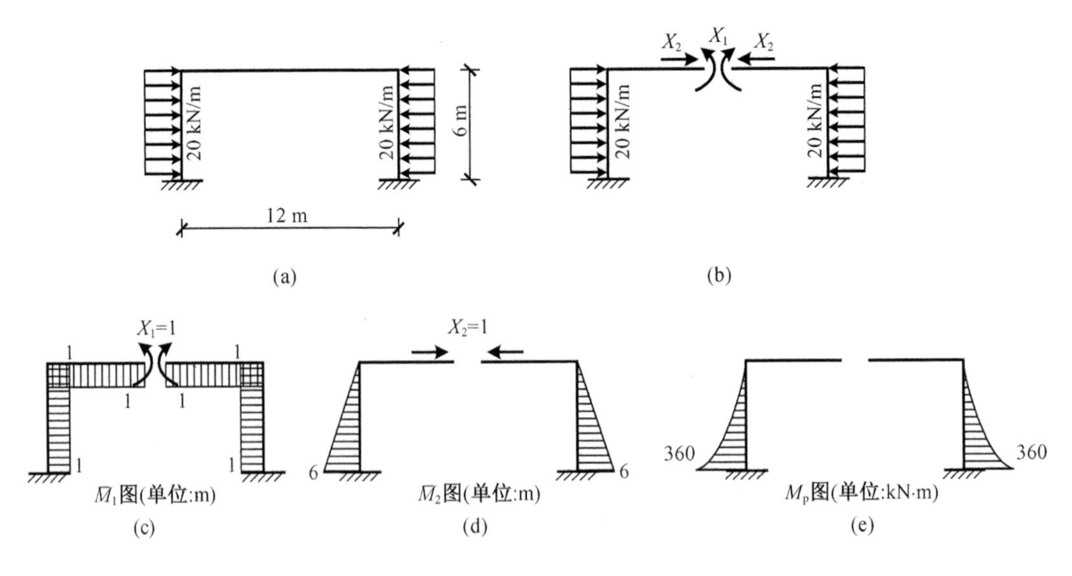

图 6.41 例 6－10 图

(5)用力法方程求基本未知量

将求得的柔度系数及自由项代入力法基本方程

$$\begin{cases}24X_1-36X_2-1\ 440=0\\-36X_1+144X_2+6\ 480=0\end{cases}$$

得

$$\begin{cases}X_1=-12\ \text{kN·m}\\X_2=-48\ \text{kN}\end{cases}$$

(6)利用叠加原理作弯矩图

弯矩图如图 6.42 所示。

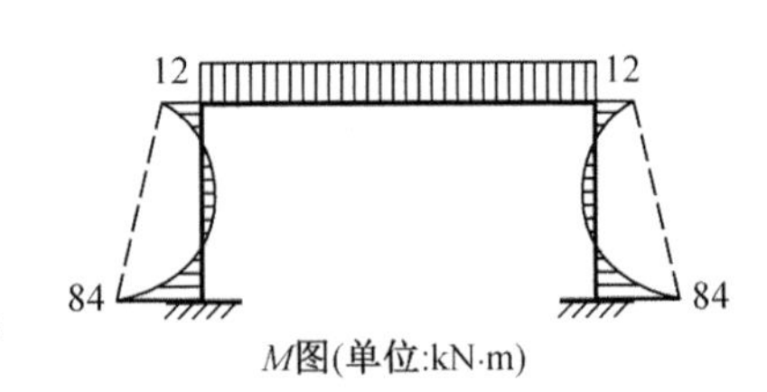

图 6.42

6.4.2 半结构

对称结构在任意荷载作用下,均可以分为对称荷载和反对称荷载两部分。根据对称结构在对称荷载或反对称荷载作用下的变形规律和内力图规律,计算对称结构时,只需选取半边结构进行分析。下面依据受力及变形特点讲述如何选取半结构。

1. 奇数跨对称结构在对称荷载作用的情况

如图 6.43(a)所示奇数跨刚架在对称荷载作用的情况下,在对称轴上的截面 C 没有转角和水平位移,但可有竖向位移。在选取半结构时,需要约束截面转角及水平位移,因此在 C 端加一定向支座,所选取半结构如图 6.43(b)所示。

2. 奇数跨对称结构在反对称荷载作用的情况

如图 6.43(c)所示奇数跨刚架在反对称荷载作用的情况下,在对称轴上的截面 C 没有竖向位移,但可以有转角和水平位移,在选取半结构时,需要约束竖向位移,因此在 C 端加一滚轴支座,所选取半结构如图 6.43(d)所示。

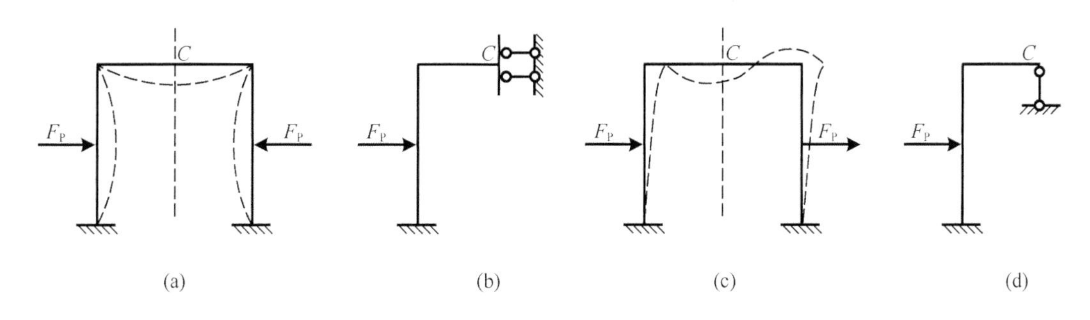

(a) (b) (c) (d)

图 6.43

3. 偶数跨对称结构在对称荷载作用的情况

如图 6.44(a)所示偶数跨刚架在对称荷载作用的情况下,在对称轴上的截面 C 没有转角和水平位移。对称结构在对称荷载作用的情况下,内力和变形是对称的,弯矩图和轴力图是对称的,剪力图是反对称的,因此可以判断中柱 CD 没有弯矩和剪力,只有轴力。忽略轴向变形的影响,C 端取固定端,半结构如图 6.44(b)所示。

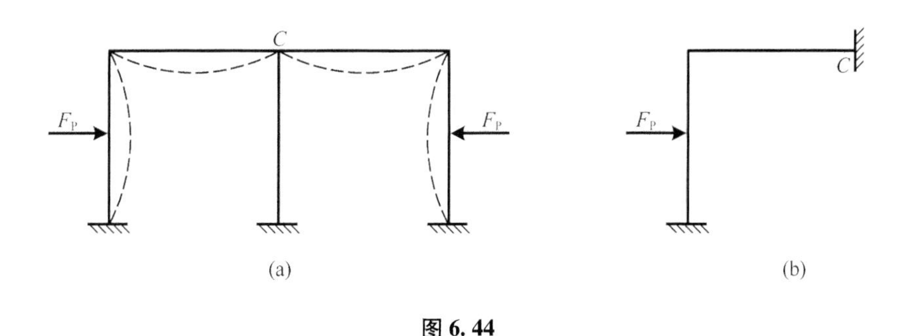

(a) (b)

图 6.44

4. 偶数跨对称结构在反对称荷载作用的情况

如图 6.45(a)所示偶数跨刚架反对称荷载作用的情况下,在对称轴中柱上没有轴向变形,但有弯矩和剪切变形。可将中柱分成两根柱子,在两根分柱之间增加一跨,并令其跨度为零,每根分柱的截面惯性矩为原中柱的一半(图 6.45(b)),则结构变为奇数跨对称结构反对称荷载作用,可取图 6.45(c)所示半结构。因忽略轴向变形影响,则可取消 C 端滚轴支座,半结构如图 6.45(d)所示。在求解此类结构时需注意中柱总内力为两根分柱之和,所以在求解半结构时,要注意内力的叠加。

例 6-11 利用半结构用力法计算图 6.46(a)所示刚架,并作弯矩图,已知各杆 I 如图所示。

解 利用半结构用力法求解超静定结构时,首先需要选取半结构,其余步骤与前述相同。

(1)选取半结构

该刚架为一偶数跨对称刚架,在对称荷载作用情况下,对称轴上截面 C 无转角和水平位移,有轴力,无弯矩和剪力,但因中柱通过一个滚轴支座与基础相连,所以截面 C 有竖向位移,选半结构时,需要在 C 端加定向支座,如图 6.46(b)所示。

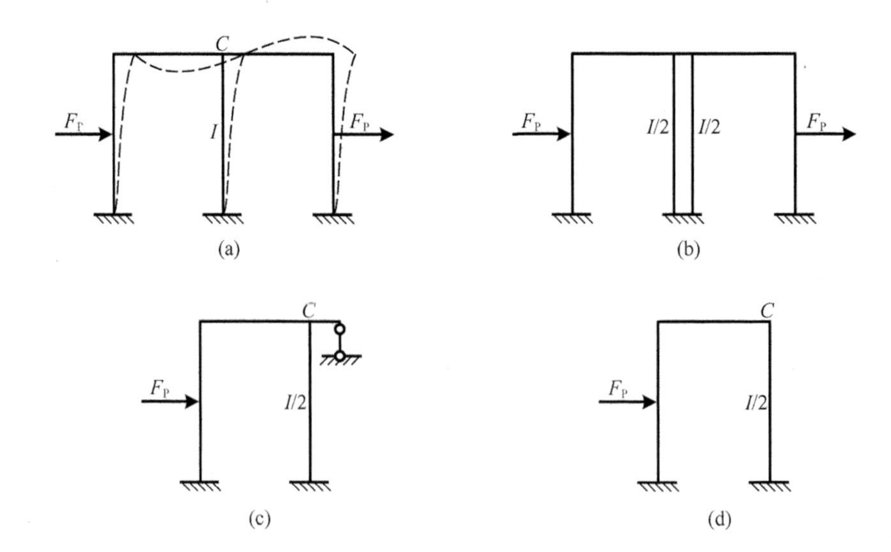

图 6.45

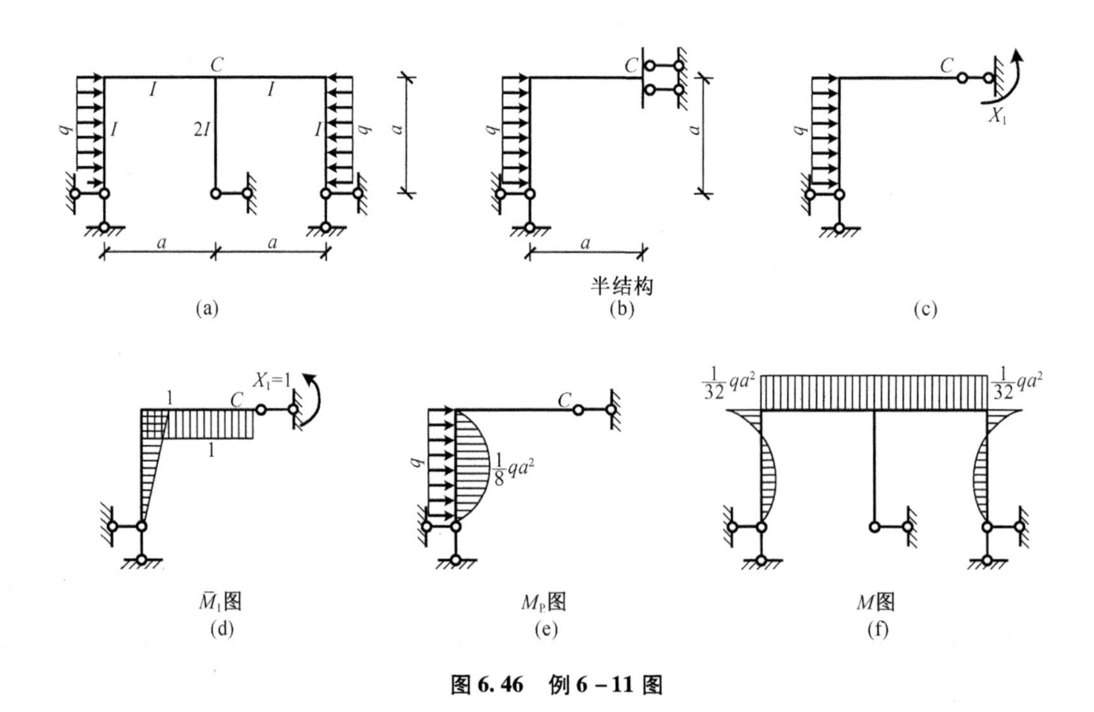

图 6.46 例 6-11 图

(2)确定基本未知量及基本体系

半结构为一次超静定刚架,基本未知量 X_1 及基本体系如图 6.46(c)所示。

(3)列出基本方程

依据 C 截面无转角,得力法基本方程为

$$\delta_{11}X_1+\Delta_{1P}=0$$

(4)作 $\overline{M}_1$ 图、M_P 图

在基本结构上作单位荷载作用下的弯矩图及外荷载作用下的弯矩图(图 6.46(d)(e))。

(5)计算柔度系数 δ_{11} 和自由项 Δ_{1P}

$$\delta_{11}=\int\frac{\overline{M}_1\overline{M}_1}{EI}\mathrm{d}x=\frac{1}{EI}\left(\frac{1}{2}\times1\times a\times\frac{2}{3}+1\times a\times1\right)=\frac{4a}{3EI}$$

$$\Delta_{1P}=\int\frac{\overline{M}_1M_P}{EI}\mathrm{d}x=\frac{1}{EI}\times\frac{2}{3}\times\frac{1}{8}qa^2\times a\times\frac{1}{2}=\frac{qa^3}{24EI}$$

(6)解力法方程求基本未知量

$$X_1=-\frac{\Delta_{1P}}{\delta_{11}}=-\frac{qa^2}{32}$$

(7)作弯矩图

根据叠加原理及对称性作弯矩图,如图6.46(f)所示。

例6-12 利用半结构用力法分析图6.47(a)所示桁架,求杆 DE 轴力,已知各杆 EA = 常数。

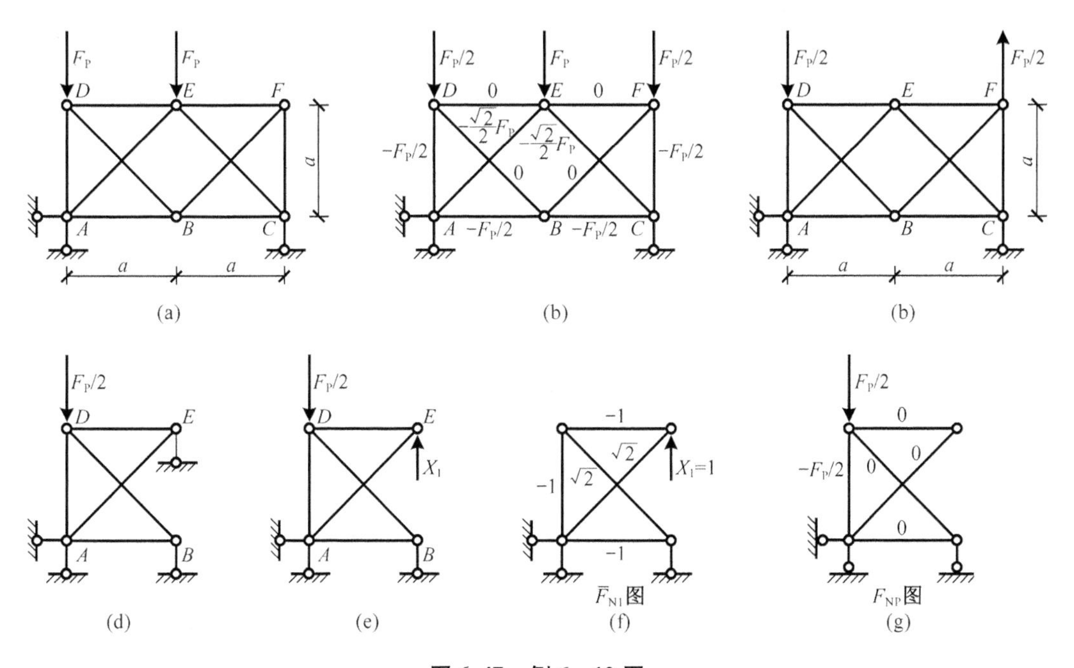

图6.47 例6-12图

解 该桁架为一对称结构,可把其分解为图6.47(b)所示对称荷载作用下和图6.47(c)所示反对称荷载作用下分别进行分析,然后再叠加。

结构在对称荷载作用下,根据对称性可直接判断杆 DB 的轴力为0,根据 D 点的受力平衡,可知杆 DE 轴力为0,杆 DA 轴力为 $-F_P/2$(压杆);根据对称性,可知杆 EF 轴力也为0,根据 E 点竖向合力为零的平衡方程,可知杆 EA 和杆 EC 的轴力为 $-\sqrt{2}F_P/2$(压杆),该对称结构在此组对称荷载作用下的轴力如图6.47(b)所示。

下面分析结构在反对称荷载作用下的情况。

(1)选取半结构

该桁架在图6.47(c)所示反对称荷载作用下,在对称轴上 E 点和 B 点有转动,有水平位移,但没有竖向位移,所以选取图6.47(d)所示半结构。

(2)确定基本未知量及基本体系

选取的半结构为一次超静定桁架,基本未知量和基本体系如图6.47(e)所示。

(3)列出基本方程

根据 E 点无竖向位移,列出力法的基本方程为

$$\delta_{11}X_1+\Delta_{1P}=0$$

(4)作 $\overline{F}_M$ 图,F_{NP}图

分别求基本结构在单位荷载作用下各杆轴力及在外荷载作用下各杆轴力(图6.47(f)(g))。

(5)求柔度系数及自由项

$$\delta_{11}=\sum\frac{\overline{F}_{N1}\overline{F}_{N1}}{EA}l=(3+4\sqrt{2})\frac{a}{EA}$$

$$\Delta_{1P}=\sum\frac{\overline{F}_{N1}\overline{F}_{NP}}{EA}l=\frac{F_Pa}{2EA}$$

(6)解力法方程求基本未知量

将求得的柔度系数及自由项代入力法基本方程得

$$X_1=-\frac{\Delta_{1P}}{\delta_{11}}=-\frac{F_P}{2(3+4\sqrt{2})}$$

(7)求杆 DE 轴力

杆 DE 的轴力为在对称荷载作用下的轴力加上在反对称荷载作用下的轴力,即

$$F_{NDE}=\frac{F_P}{2(3+4\sqrt{2})}$$

6.5 支座移动和温度改变时的计算

静定结构在支座移动、温度改变、制造误差等非荷载因素作用下只会产生位移或变形,但不会产生内力。与静定结构不同,超静定结构在这些非荷载因素作用下,不仅会产生位移和变形,一般情况下也会产生内力,这些内力是由于多余约束力而产生的,所以称作自内力。超静定结构在支座移动和温度改变下的计算方法和步骤与荷载作用下相同,下面通过例子加以说明。

6.5.1 支座移动时的计算

例6-13 如图6.48(a)所示一次超静定梁,在支座 A 处有支座转动 θ,杆件刚度为 EI,作弯矩图。

解 方法一:

(1)确定基本未知量及基本体系

基本未知量 X_1 及基本体系如图6.48(b)所示。

(2)列出基本方程

依据 B 点竖向位移为零,得力法基本方程为

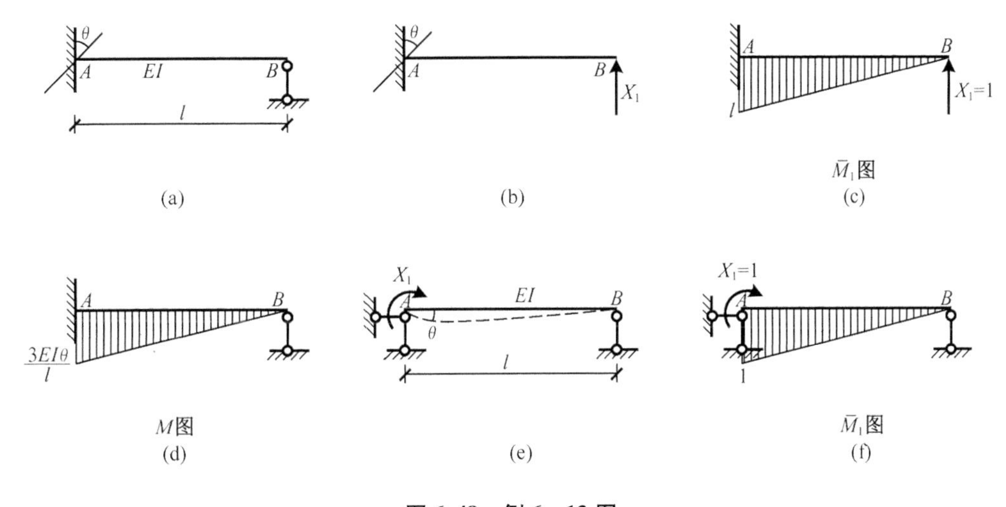

图6.48 例6-13图

$$\delta_{11}X_1+\Delta_{1c}=0$$

与荷载作用情况不同,自由项 Δ_{1c} 的物理意义是指由于支座移动引起的沿 X_1 方向的位移。

(3)作 $\overline{M}_1$ 图

因为基本结构为静定结构,支座 A 的转动不会引起内力,所以无弯矩图,只需作基本结构在单位荷载作用下的弯矩图(图6.48(c))。

(4)计算柔度系数 δ_{11} 和自由项 Δ_{1c}

$$\delta_{11}=\int\frac{\overline{M}_1\overline{M}_1}{EI}\mathrm{d}x=\frac{1}{EI}\left(\frac{1}{2}\times l\times l\times\frac{2}{3}l\right)=\frac{l^3}{3EI}$$

$$\Delta_{1c}=-\sum\overline{F}_{\mathrm{RC}}\Delta_c=-l\theta$$

(5)解力法方程求基本未知量

$$X_1=-\frac{\Delta_{1c}}{\delta_{11}}=\frac{3EI\theta}{l^2}$$

(6)作弯矩图

依据 $M=\overline{M}_1X_1$ 作弯矩图(图6.48(d)),从式 $M=\overline{M}_1X_1$ 可知,内力完全是由多余约束力引起的。

方法二:

(1)确定基本未知量及基本体系

与解法一不同,选取图6.48(e)所示的基本未知量 X_1 及基本体系。

(2)列出基本方程

依据 A 点有转角 θ,得力法基本方程为

$$\delta_{11}X_1+\Delta_{1c}=\theta$$

对于支座移动情况下超静定内力分析,基本方程的右侧不一定为零。

(3)作 $\overline{M}_1$ 图

因为基本结构为静定结构,支座 A 的转动不会引起内力,所以无弯矩图,只需作基本结

构在单位荷载作用下的弯矩图(图6.48(f))。

(4)计算柔度系数δ_{11}和自由项Δ_{1c}

$$\delta_{11}=\int\frac{\overline{M}_1\overline{M}_1}{EI}\mathrm{d}x=\frac{1}{EI}\left(\frac{1}{2}\times 1\times l\times\frac{2}{3}\right)=\frac{l}{3EI}$$

$$\Delta_{1c}=-\sum\overline{F}_{RC}\Delta_c=0$$

(5)解力法方程求基本未知量

$$X_1=\frac{3EI\theta}{l}$$

在荷载作用情况下求得的柔度系数及自由项中有EI,但求得的基本未知量中无EI,说明,在荷载作用下基本未知量只与各杆刚度比值有关,与刚度绝对值无关;但从本题计算的基本未知量可知,在支座移动情况下,求得的基本未知量与杆件刚度的绝对值有关。

(6)作弯矩图

依据$M=\overline{M}_1X_1$作弯矩图,如图4.48(d)所示。

从上述分析可以看出,与荷载作用时的计算相比,支座移动时的计算特点:

(1)力法基本方程的右边项依据变形协调条件的不同,可能不为零;

(2)自由项是基本结构由支座移动产生的;

(3)内力全部是由多余约束力引起的;

(4)内力与杆件刚度的绝对值有关,且成正比。

6.5.2 温度改变时的计算

例6-14 如图6.49(a)所示一次超静定刚架,刚架内侧温度升高10 ℃,线膨胀系数α,杆件截面高度h,各杆刚度EI,作弯矩图。

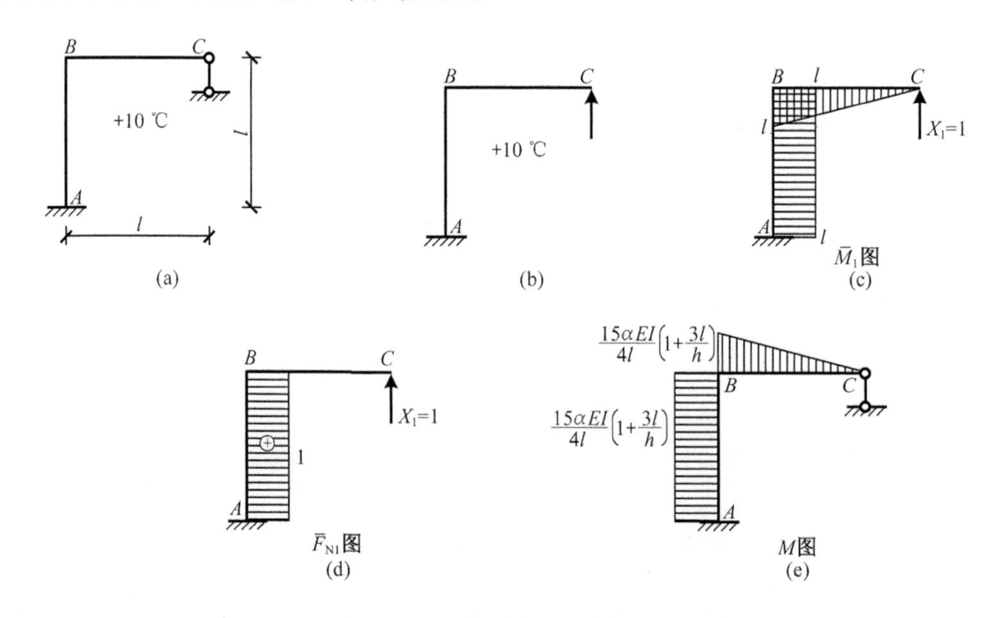

图6.49 例6-14图

解 (1)确定基本未知量及基本体系

基本未知量 X_1 及基本体系如图 6. 49(b)所示。

(2)列出基本方程

依据 C 点竖向位移为零,得力法基本方程为

$$\delta_{11}X_1 + \Delta_{1T} = 0$$

与前述内容不同,自由项 Δ_{1T} 的物理意义是由于温度改变引起的沿 X_1 方向的位移。

(3)作 $\overline{M}_1$、$\overline{F}_{N1}$ 图

因为基本结构为静定结构,温度改变不会引起内力,所以无弯矩图,只需作基本结构在单位荷载作用下的弯矩图(图 6. 49(c))。因在计算 Δ_{1T} 时,要考虑轴力的影响,需作基本结构在单位荷载作用下的轴力图(图 6. 49(d))。

(4)计算柔度系数 δ_{11} 和自由项 Δ_{1c}

$$\delta_{11} = \int \frac{\overline{M}_1\overline{M}_1}{EI}dx = \frac{1}{EI}\left(\frac{1}{2} \times l \times l \times \frac{2}{3}l + l \times l \times l\right) = \frac{4l^3}{3EI}$$

$$\Delta_{1T} = \sum \alpha \frac{\Delta t}{h}\int \overline{M}_1 dx + \sum \alpha t_0 \int \overline{F}_{N1} dx = \alpha \times \frac{10}{h} \times \left(l^2 + \frac{1}{2}l^2\right) + \alpha \times \frac{10}{2} \times (1 \times l)$$

$$= 5\alpha l\left(1 + \frac{3l}{h}\right)$$

(5)解力法方程求基本未知量

$$X_1 = -\frac{15\alpha EI}{4l^2}\left(1 + \frac{3l}{h}\right)$$

从本题计算的基本未知量可知,在温度改变情况下,求得的基本未知量与杆件刚度的绝对值有关。

(6)作弯矩图

依据 $M = \overline{M}_1X_1$ 作弯矩图(图 4. 49(e)),从式 $M = \overline{M}_1X_1$ 可知,内力完全是由多余约束力引起的,与静定结构温度改变时情况不同,超静定结构在温度改变时,温度降低的一侧受拉。

从上述分析可以看出,与荷载作用时的计算相比,温度改变时的计算特点:

(1)自由项是基本结构由温度改变产生的;

(2)内力全部是由多余约束力引起的;

(3)内力与杆件刚度的绝对值有关,且成正比;

(4)当杆件有温差时,温度降低的一侧受拉。

6.6 超静定结构的位移计算

与静定结构相同,超静定结构的位移计算也可采用单位荷载法求得。超静定结构在荷载作用、支座移动、温度改变、制造误差等情况下均会产生内力,因此求超静定结构的位移时,需分别求出超静定结构在荷载作用、支座移动、温度改变以及单位荷载作用下的内力图,计算烦琐,这里介绍一种简化的计算方法。

当超静定结构在上述因素作用下求位移时,先用力法计算出基本未知量,然后把求得的未知量及原超静定结构上的作用一同作用在基本结构上,则该体系的受力及变形状态与原超静定结构相同,则求解超静定结构位移计算问题转化为求解静定结构位移计算问题。故

求解超静定结构位移的计算公式与静定结构的相似，在荷载作用、支座移动及温度改变的情况下，超静定结构的位移计算公式可表示为

$$\Delta = \sum\int\left(\frac{\overline{F}_N F_N}{EA} + \frac{k\overline{F}_Q F_Q}{GA} + \frac{\overline{M}M}{EI}\right)ds + \left(\sum\int\alpha t_0\overline{F}_N ds + \sum\int\frac{\alpha\Delta t}{h}\overline{M}ds\right) - \sum\overline{F}_{RK}\cdot c_K \tag{6.20}$$

式中，$\overline{F}_N$，$\overline{F}_Q$，$\overline{M}$，$\overline{F}_{RK}$分别表示单位荷载作用于基本结构上的轴力、剪力、弯矩和支座反力；F_N，F_Q，M 是超静定结构的轴力、剪力和弯矩 。

注意 用力法求解超静定结构时，基本结构的形式不是唯一的，故超静定结构的内力并不依赖于选取的基本结构，因此，虚设的单位力可作用在任意一个基本结构上。同前所述一样，为计算简便，通常选取内力图绘制相对简单的基本结构。

超静定结构求位移的步骤归纳如下：

(1)求基本未知量；

(2)把多余未知力作为主动力加在基本结构上；

(3)转化为求静定结构的位移。

例 6－15 如图 6.50(a)所示，一次超静定刚架，求荷载作用点的竖向位移，已知各杆刚度 EI = 常数，该刚架在外荷载作用下的弯矩图如图 6.50(b)所示。

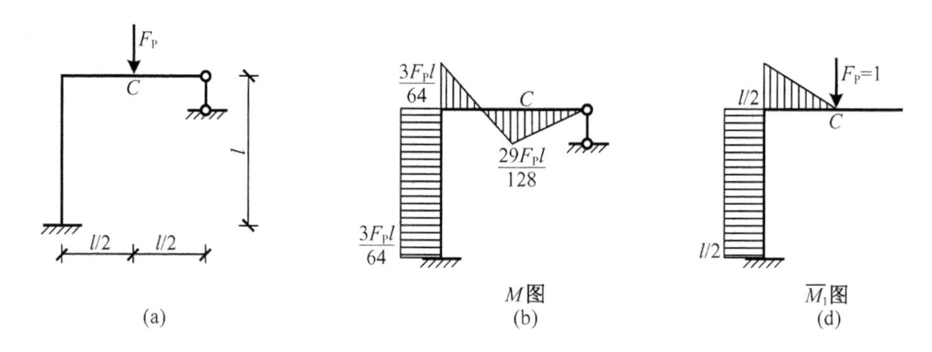

图 6.50 例 6－15 图

解 可用图乘法求 C 点竖向位移，可在任意的基本结构上，把单位荷载作用在 C 点，并作相应单位荷载作用下的弯矩图(所选取的基本结构及相应单位荷载作用下的弯矩图如图 6.50(c)所示)。

$$\Delta_{CV} = \frac{1}{EI}\left(\frac{3}{64}F_P l\times l\times\frac{l}{2} + \frac{1}{2}\times\frac{l}{2}\times\frac{l}{2}\times\frac{5}{6}\times\frac{3}{64}F_P l - \frac{1}{2}\times\frac{l}{2}\times\frac{l}{2}\times\frac{1}{6}\times\frac{1}{4}F_P l\right)$$

$$= \frac{1}{EI}\left(\frac{3}{128} + \frac{5}{16\times128} - \frac{1}{8\times24}\right)F_P l^3$$

$$= 0.021\frac{F_P l^3}{EI}(\downarrow)$$

6.7 本章小结

本章主要学习了如何利用力法求解超静定结构，通过求解思路理解力法的三个基本概念及求解步骤；利用结构对称性的特点使结构分析得到简化；讲述了支座移动及温度改变情况下超静定结构受力特点及分析过程；最后给出了如何计算超静定结构的位移。

6.7.1 基本概念

本章的基本概念有超静定结构、力法的基本未知量、力法的基本体系、力法的基本方程、对称结构、对称荷载及反对称荷载。

1. 超静定结构

超静定结构的几何特征是有多余约束的几何不变体，静力特征是用静力平衡方程无法求解出所有的内力和支座反力，因此在用力法求解超静定结构时，需要引入变形协调条件。

与静定结构不同，超静定结构不仅在荷载作用下会产生内力和变形，在支座移动及温度改变的情况下，也会产生内力和变形。

2. 力法的基本未知量

处于关键位置的多余未知力称作基本未知量。基本未知量一定是多余约束，非多余约束不能作为基本未知量，选取基本未知量的原则是尽量使计算简化。

3. 力法的基本体系

含有基本未知量的静定结构称作基本体系。基本体系是从超静定结构过渡到静定结构的桥梁，是力法求解的关键。选取基本结构时，选取的原则是使计算简单。

4. 力法的基本方程

含有基本未知量的变形协调方程称作基本方程。

5. 对称结构

结构的几何形状、支承情况及刚度分布情况关于某轴对称的结构称为对称结构。

6. 对称荷载

作用在对称结构对称轴两侧，大小相等，方向和作用点对称的荷载称为对称荷载。

7. 反对称荷载

作用在对称结构对称轴两侧，大小相等，作用点对称，方向反对称的荷载称为反对称荷载。

6.7.2 重要知识点

1. 力法求解超静定结构的基本思路

超静定结构不仅在荷载作用下会产生内力和变形、一般情况下支座移动及温度改变也会产生内力和变形。在不同作用下，用力法求解超静定结构的基本思路是一样的，即：

(1)确定基本未知量及基本体系；

(2)根据位移条件，写出力法方程；

(3)在基本结构上作单位荷载作用下的内力图及外部作用下的内力图；

(4)求出柔度系数和自由项；

(5)解力法方程求基本未知量；

(6)利用叠加原理作内力图。

超静定结构在荷载作用下,自由项 Δ_{iP}是基本结构在外荷载作用下产生的位移,内力仅与杆件刚度相对值有关,与杆件刚度绝对值无关;在支座移动情况下,自由项 Δ_{ic}是基本结构由支座移动产生的位移,内力全部是由多余未知力引起的,内力与杆件刚度绝对值有关,内力与杆件刚度成正比;在温度改变情况下,自由项 Δ_{iT}是基本结构由温度改变产生的位移,内力全部是由多余未知力引起的,内力与杆件刚度绝对值有关,内力与杆件刚度成正比,当杆件有温差时,温度降低的一侧受拉。

2. 无弯矩状态的判别

在计算超静定结构时,为简化计算,要注意结构是否处于无弯矩状态。判别无弯矩状态的方法是把所有刚结点变成铰结点后,若体系能平衡外力,则原结构为无弯矩状态。

3. 对称性的应用

(1)对称结构在对称荷载作用下,选取对称轴上的多余约束作为基本未知量,则反对称的基本未知量为零;对称结构在对称荷载作用下,内力和变形是对称的,弯矩图和轴力图是对称的,剪力图是反对称的。

(2)对称结构在反对称荷载作用下,选取对称轴上的多余约束作为基本未知量,则对称的基本未知量为零;对称结构在反对称荷载作用下,内力和变形是反对称的,弯矩图和轴力图是反对称的,剪力图是对称的。

4. 超静定结构的位移计算

求解超静定结构位移的计算问题可转化为求解静定结构位移的计算问题。求解超静定结构位移的计算公式与静定结构的相似,在荷载作用、支座移动及温度改变的情况下,超静定结构的位移计算公式为式(6.20)。注意单位荷载可以加在任意的基本结构上。

习　　题

6-1　判断题(正确的打√,错误的打×)

(1)力法只能用于线性变形体系。(　　)

(2)力法方程的物理意义是多余未知力作用点沿力方向的平衡条件方程。(　　)

(3)题6-1(3)图(a)所示结构用力法计算时最简便的计算简图如题6-1(3)图(b)所示。(　　)

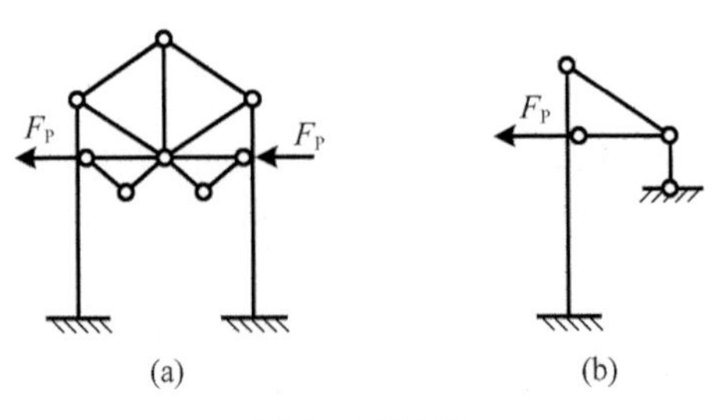

题6-1(3)图

(4)题6-1(4)图(a)所示结构用力法计算时,未知量最少的基本结构如题6-1(4)图(b)所示。(　　)

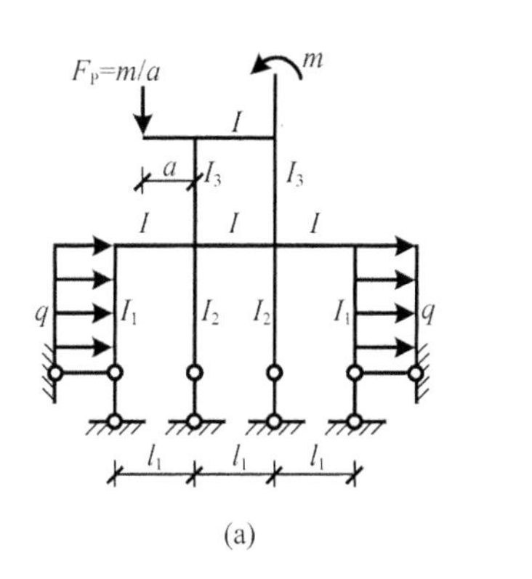

(a)

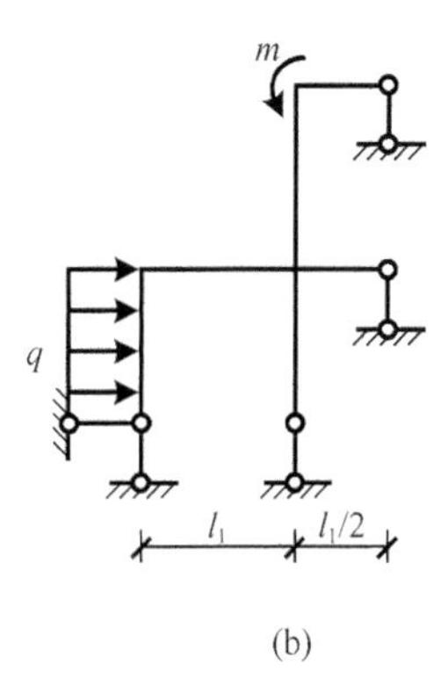

(b)

题 6－1(4)图

(5)题6－1(5)图所示为某超静定刚架对应的力法基本体系,其力法方程的主系数δ_{22}是$\dfrac{36}{EI}$。(　　)

(6)题6－1(6)图所示为单跨超静定梁的力法基本体系,其力法方程的主系数δ_{11}是$\dfrac{l}{EA}$。(　　)

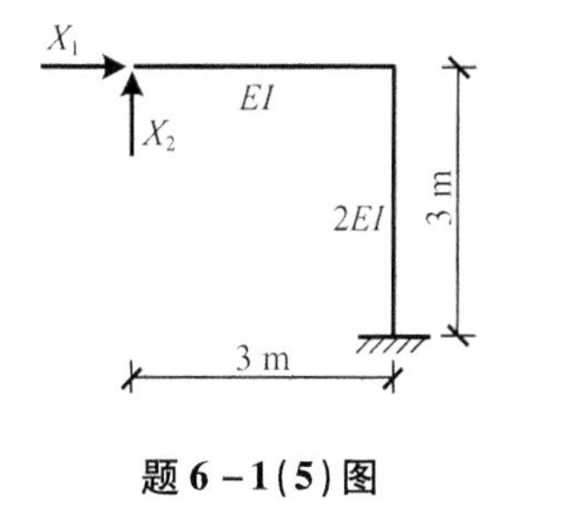

题 6－1(5)图

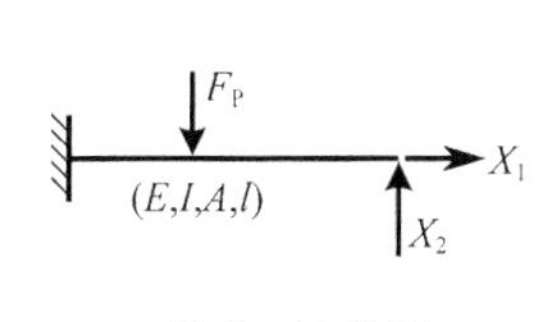

题 6－1(6)图

(7)题6－1(7)图所示桁架各杆EA相同,C点受水平荷载F_P作用,则AB杆内力$F_{NAB}=\dfrac{\sqrt{2}F_P}{2}$。(　　)

(8)题6－1(8)图所示为一力法基本体系,当$X_1=1$时,$\overline{F}_{NEC}=-\dfrac{1}{4}$。(　　)

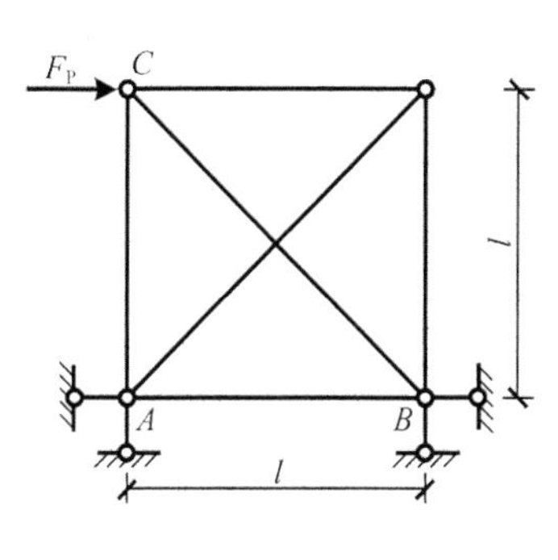

题 6－1(7)图

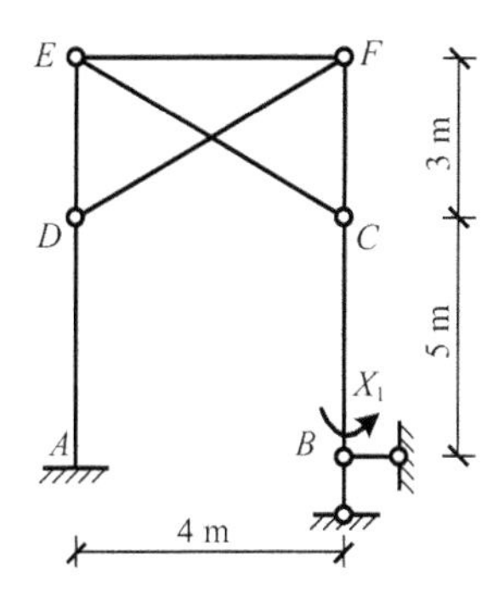

题 6－1(8)图

(9)题 6－1(9)图所示对称桁架，各杆 EA, l 相同，$F_{NAB}=\dfrac{F_P}{2}$。(　　)

(10)对题 6－1(10)图(a)所示桁架用力法计算时，取题 6－1(10)图(b)作为基本体系，则其典型方程为：$\delta_{11}X_1+\Delta_{1P}=0$。(　　)

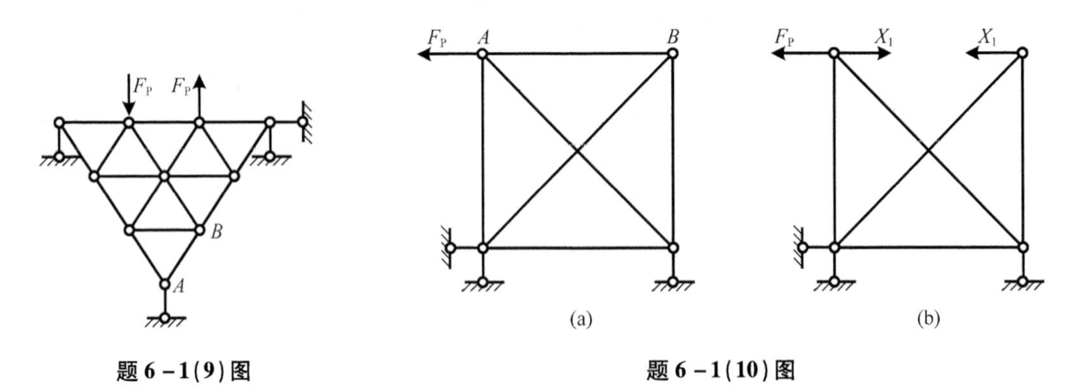

题 6－1(9)图　　　　题 6－1(10)图

6－2　确定题 6－2 图所示各结构超静定次数。

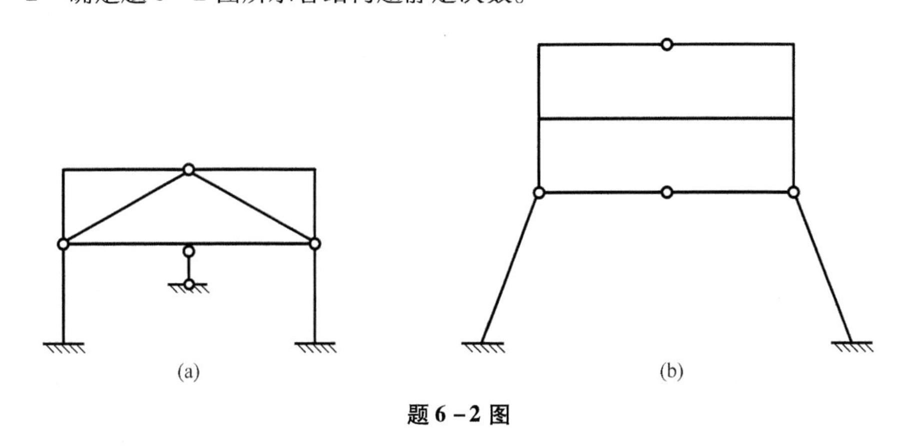

题 6－2 图

6－3　试用力法计算题 6－3 图所示刚架，作弯矩图，已知各杆 EI＝常数。

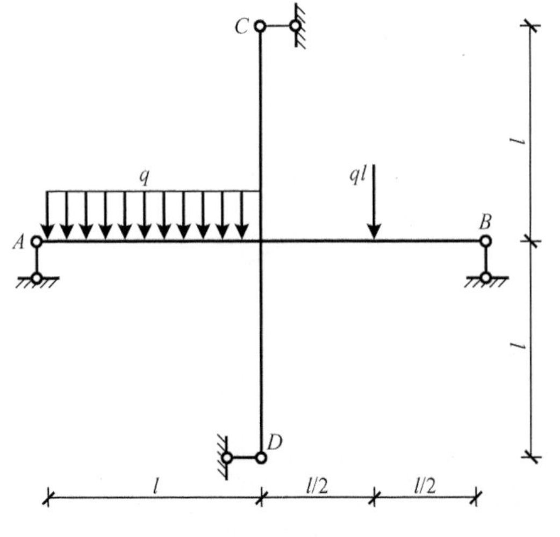

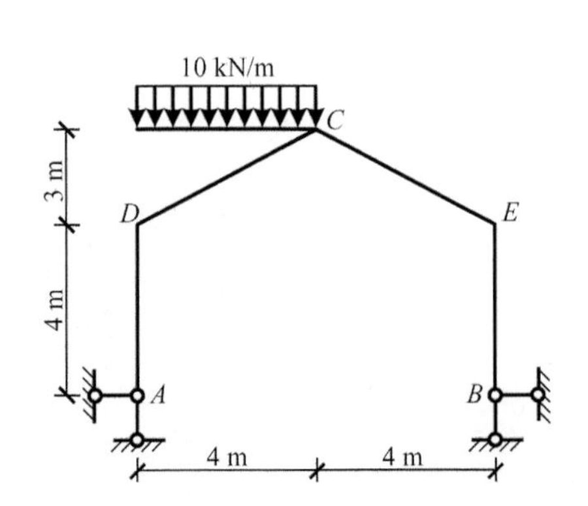

题 6－3 图

6-4 用力法计算题6-4图所示结构中AB杆的内力。EI=常数。

6-5 用力法计算题6-5图所示结构,并作M图。各杆EI=常数。

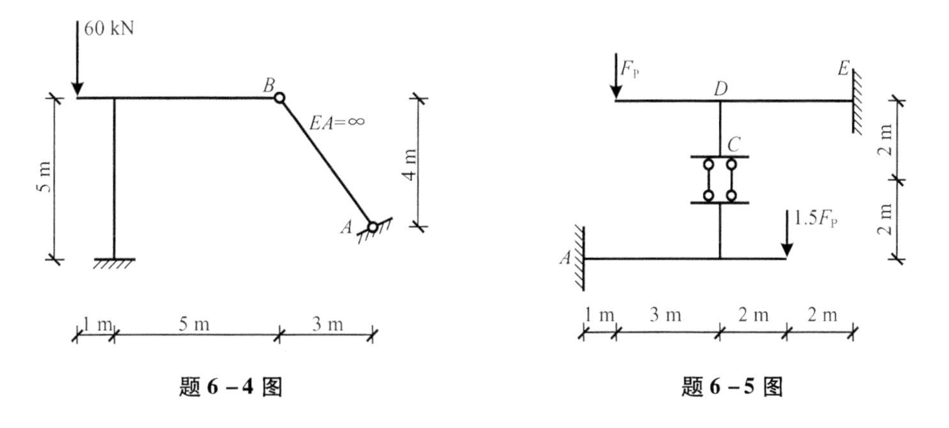

题6-4图 题6-5图

6-6 用力法计算,并做出题6-6图所示结构的M图。EI=常数。

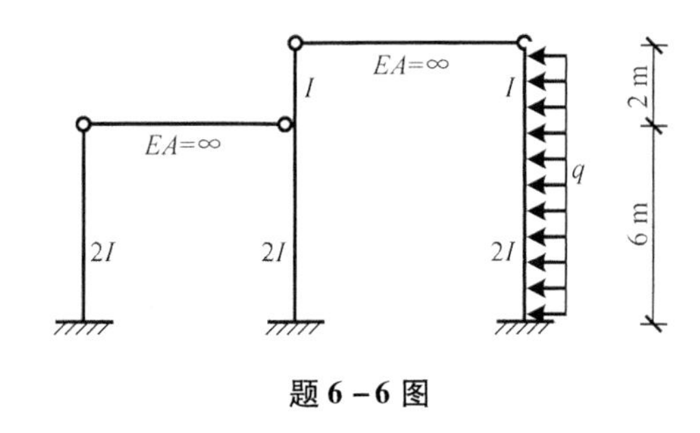

题6-6图

6-7 用力法计算题6-7图所示结构,并作M图。高跨下柱抗弯刚度为$4EI$,高跨上柱与右边柱抗弯刚度均为EI,两横梁$EA=\infty$。

6-8 用力法计算题6-8图所示桁架各杆件内力。各杆EA=常数。

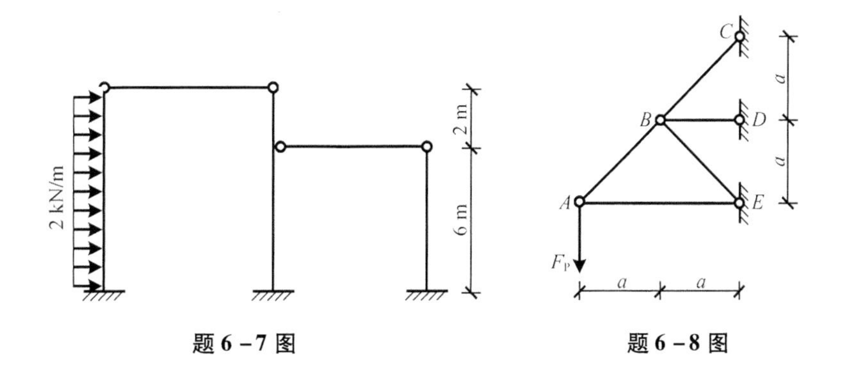

题6-7图 题6-8图

6-9 题6-9图所示桁架,已知EA=常数,试用力法求出a杆内力。

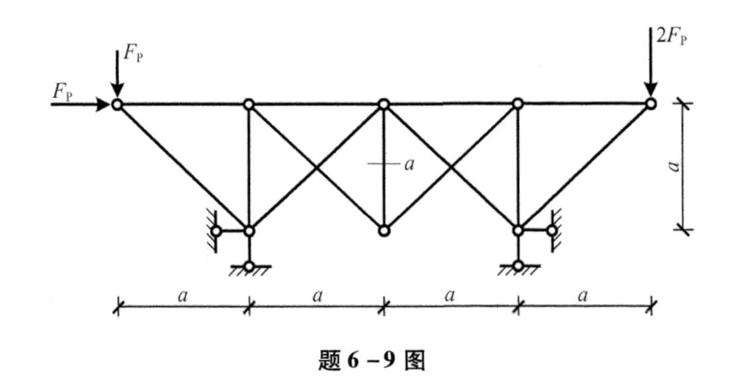

题 6－9 图

6－10 用力法计算题 6－10 图所示桁架中指定杆件 1,2,3,4 的内力,各杆 EA＝常数。

6－11 利用对称性用力法计算题 6－11 图所示结构,画出 M 图,EI＝常数。

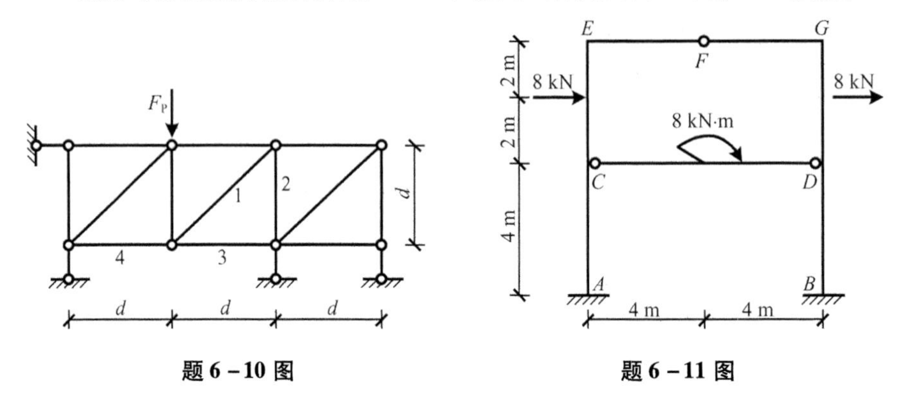

题 6－10 图

题 6－11 图

6－12 用力法计算题 6－12 图所示对称结构,并作 M 图。不考虑各杆的轴向变形,EI＝常数。

6－13 用力法求解题 6－13 图所示桁架,已知斜杆抗拉刚度为$\sqrt{2}EA$,其余杆件抗拉刚度均为 EA。(用半结构作图)

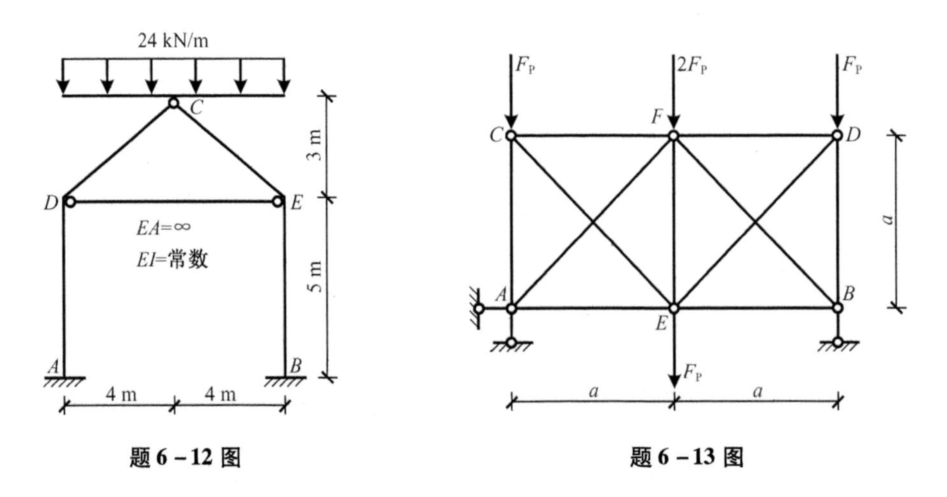

题 6－12 图

题 6－13 图

6－14 题 6－14 图(a)所示桁架,EA＝常数,若采用题 6－14 图(b)所示的基本体系,求力法典型方程中的 Δ_{1P}。

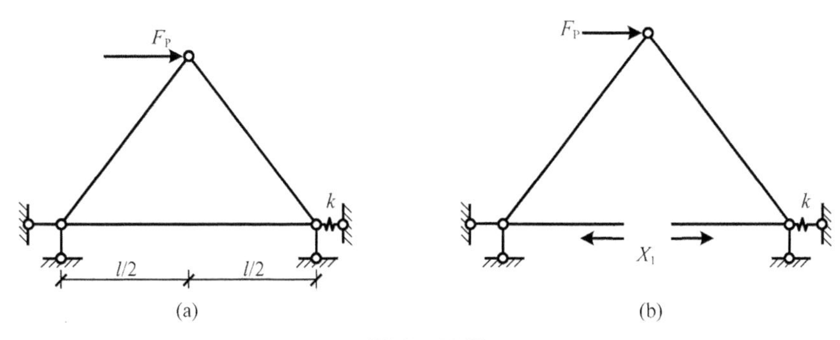

题 6－14 图

6－15 题6－15 图(a)所示结构的各杆均匀上升 t 摄氏度,线膨胀系数为 α,取题6－15 图(b) 为力法基本体系,求解 Δ_{1t}。

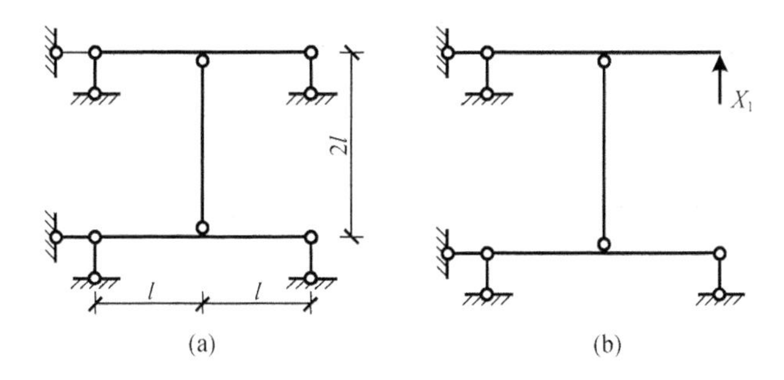

题 6－15 图

6－16 用力法计算题 6－16 图(a)所示结构,画出弯矩图。图中 $k=\dfrac{12EI}{l^3}$,必须按题6－16 图(b) 所示的基本体系进行计算。

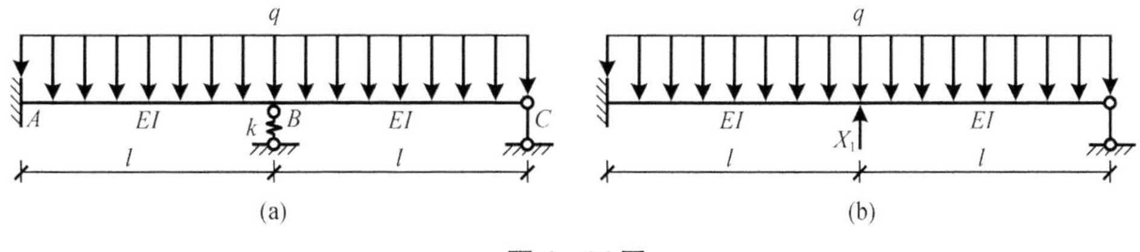

题 6－16 图

6－17 题 6－17 图所示结构 B 支座的弹性支撑转动刚度为 $k=\dfrac{3EI}{l}$,试用力法求解,并作出结构的弯矩图。

6－18 试用力法分析题 6－18 图所示结构,并作出弯矩图。已知荷载作用之前,梁与 C 支座之间存在间隙 $d=\dfrac{l}{600}$。

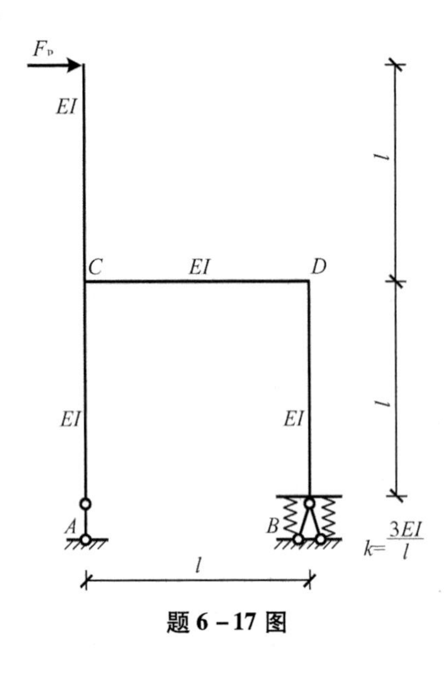

题 6－17 图

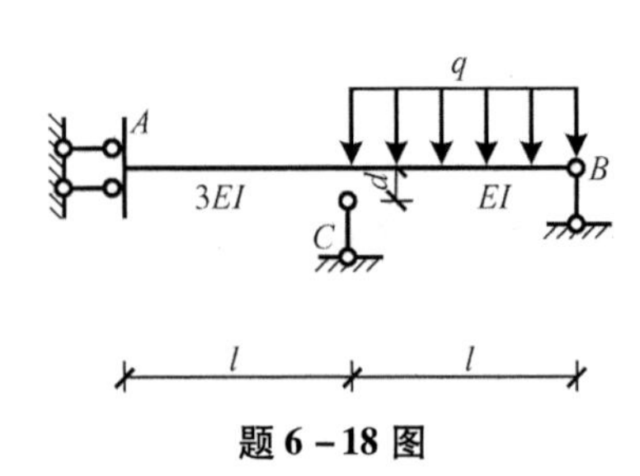

题 6－18 图

第7章　位　移　法

本章学习求解超静定结构的另一个基本方法——位移法。力法是以多余的未知力作为基本未知量,而位移法是以独立的角位移或线位移作为基本未知量。与力法不同,位移法不仅可以用于求解超静定结构,也可以求解静定结构。

本章学习的主要内容有位移法的基本概念,单跨超静定梁的形常数、载常数和转角位移方程,用位移法计算刚架和排架,用位移法求解对称结构。

通过本章内容的学习,要熟练掌握位移法基本未知量和基本结构的确定,掌握位移法典型方程的建立及其物理意义,熟记一些常用的形常数和载常数,熟练掌握如何利用位移法进行超静定结构的内力和位移计算,掌握利用对称性简化计算。

7.1　位移法的基本原理

7.1.1　位移法的基本概念及思路

在超静定结构计算中,满足基本假设的几何不变体系在一定外力作用下,内力和位移的物理关系是一一对应的,力满足平衡条件,位移满足变形协调条件。在力法中,是先确保原结构与基本结构受力状态一致,然后再保证变形一致,即建立变形协调方程。位移法与力法相反,是先确保原结构与基本结构变形状态一致,然后再保证受力状态一致,即利用变形条件建立力的平衡方程。

位移法以位移作为基本未知量,即位移法的基本未知量是结构独立的结点位移。结点位移包括结点线位移和结点角位移,定义中“独立”的意思是该位移不能用其他位移来表示。位移法的基本思想是化整为零和化零为整的过程,计算基本未知量主要分为两步:第一步化整为零,对结构中的单根杆件进行分析,找到杆端力与杆端位移的关系;第二步,化零为整,对整个结构进行分析,找到结点力与结点位移的关系。

下面通过一个简单的例子说明位移法的基本概念及思路。

如图7.1(a)所示对称结构,在D点承受一集中荷载F_{P},则在D点有一个竖直向下的位移Δ,称为结点线位移,该位移不能用其他位移来表示,可作为位移法的基本未知量。

位移法分析的第一步,化整为零,即对结构中的单根杆件进行分析,找到杆端力与杆端位移的关系。用l_i表示各杆长度,$F_{\mathrm{N}i}$表示各杆轴力,EA_i为各杆抗拉刚度,则各杆轴力可表示为

$$F_{\mathrm{N}i} = \frac{EA_i}{l_i}\Delta_i \tag{7.1}$$

式中，$\frac{EA_i}{l_i}$称作刚度系数，其物理意义是使杆端产生单位位移时所需要施加的杆端力。式(7.1)称作刚度方程，该方程表示杆端力 F_{Ni}与杆端位移 Δ_i 的关系。

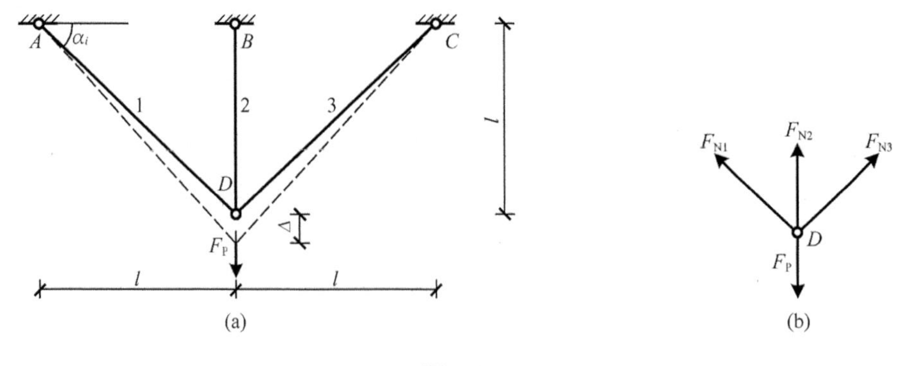

图 7.1

在 D 点各杆杆端沿轴线位移与结点 D 的竖向位移之间有下列关系，即

$$\Delta_i = \Delta\sin\alpha_i \tag{7.2}$$

式中，α_i 表示各杆与水平方向的夹角。

位移法分析的第二步，化零为整，即对整个结构进行分析，找到结点力与结点位移的关系。

根据结点 D 竖向合力为零的平衡条件，可知

$$\sum_{i=1}^{3} F_{Ni}\sin\alpha_i = F_P \tag{7.3}$$

把式(7.1)代入式(7.3)有

$$\sum_{i=1}^{3} \frac{EA_i}{l_i}\Delta\sin^2\alpha_i = F_P \tag{7.4}$$

因此有

$$\Delta = \frac{F_P}{\sum_{i=1}^{3} \frac{EA_i}{l_i}\sin^2\alpha_i} \tag{7.5}$$

把式(7.5)代入式(7.2)后，再把式(7.2)代入式(7.1)，可得各杆轴力为

$$F_{Ni} = \frac{\frac{EA_i}{l_i}\sin\alpha_i}{\sum_{i=1}^{3} \frac{EA_i}{l_i}\sin^2\alpha_i}F_P \tag{7.6}$$

设各杆 EA 都相同，得

$$\Delta = \frac{2F_P l}{(2+\sqrt{2})EA}$$

$$F_{N1} = F_{N3} = \frac{F_P}{2+\sqrt{2}}, \quad F_{N2} = \frac{2F_P}{2+\sqrt{2}}$$

从上述分析总结位移法计算步骤为：

(1)确定基本未知量(结点位移的数量);

(2)对每根杆件进行分析,找到杆端力与杆端位移的关系;

(3)对整个结构进行分析,找到结点平衡或截面平衡建立方程;

(4)解方程,得到结点位移;

(5)把求得的结点位移代入杆端力与杆端位移关系方程,求得杆端力;

(6)作内力图。根据杆端弯矩作弯矩图;选取杆件为研究对象,依据杆端弯矩及外荷载求杆端剪力,作剪力图;依据结点平衡,求出杆端轴力,作轴力图。

7.1.2 位移法计算刚架的基本思路

位移法求解超静定结构的基本思想是化整为零和化零为整的过程。亦即先对单根杆件进行分析,找到杆端力与杆端位移的关系;然后再对整体进行分析,找到结点力与结点位移的关系,通过静力平衡方程可求得基本未知量。用位移法求解刚架的基本思想亦是如此。对于刚架通常只考虑弯曲变形,忽略剪切和拉伸变形。

图7.2(a)所示刚架,在图示荷载作用下,忽略轴向和剪切变形,则结点 B 发生转角 θ_B,水平杆件发生侧移 Δ,且 B 点和 C 点的水平位移相同。因 θ_B 和 Δ 都是独立的未知结点位移,则基本未知量为 θ_B 和 Δ。依据位移法的基本思路,先对单根杆件进行分析(图7.2(b)(c)),找到杆端力和杆端位移关系。杆 AB 的受力和变形状态为 A 端固定、B 端固定且有转角 θ_B 和侧移 Δ,并在跨中作用一集中荷载 F_P。杆 BC 的受力和变形状态为 B 端固定且有转角 θ_B,C 端简支,并承受均布荷载作用。图7.2(b)及图7.2(c)所示单跨超静定梁应用力法即可求出杆端内力与荷载和结点位移(θ_B 和 Δ)的关系式,若 θ_B 和 Δ 为已知量,那么杆端内力可随之求出。由此可见,若将结点位移作为基本未知量并设法求出,则各杆内力也随之求出。若用力法分别对各单跨超静定梁进行计算,问题要复杂很多,在7.2节中将详细讨论各单跨超静定梁的形常数和载常数。

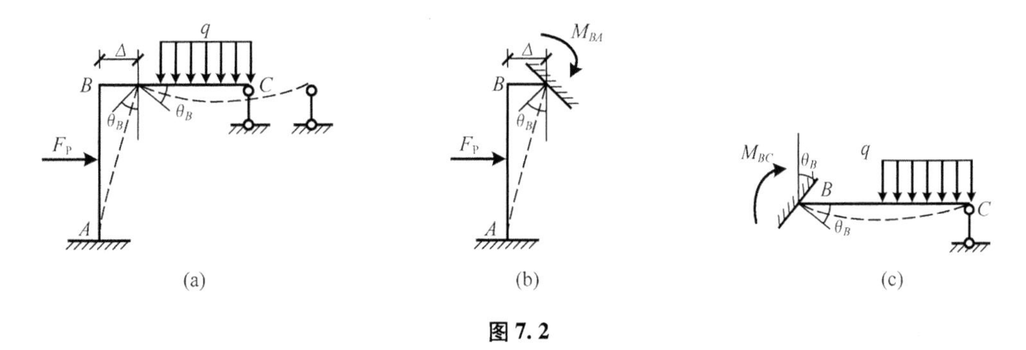

图7.2

7.1.3 位移法基本未知量的确定

位移法基本未知量是独立的结点线位移和角位移,此处独立强调该位移不能用其他位移来表示;结点是指杆件与杆件相交的点,不包括支座处的结点;为减少未知量,对梁式杆一般忽略轴向变形的影响,即 $EA=\infty$。对于简单情况可直接确定其基本未知量,如图7.2(a)所示刚架,可直接判断有一个角位移和一个线位移;而对于复杂情况有时不能直接确定。这里给出确定位移法基本未知量的一般方法。

1. 角位移的确定

通常情况下，在有刚结点的地方就有角位移。

2. 线位移的确定

把所有刚结点（包括支座）变为铰结点后，若体系为不变体系，则无结点线位移；若体系变为可变体系，为把体系变为不变体系添加滚轴支座的个数即为线位移的个数。

例 7－1 确定图 7.3 所示各结构用位移法求解时的基本未知量。

解 （1）分析图 7.3(a) 所示刚架。其共有 4 个刚结点（点 C,D,E,F），故有 4 个角位移，分别是 $\theta_C,\theta_D,\theta_E,\theta_F$；把所有刚结点变为铰结点后变为图 7.4(a) 所示机构，在 D 点和 F 点处添加两个水平滚轴支座后，体系变为几何不变体系，故有两个水平线位移，分别是 Δ_D，Δ_F。综上分析，共有 6 个基本未知量。对于梁式杆忽略轴向和剪切变形，所以不考虑竖向杆件的线位移，水平杆件 E 点和 F 点的水平位移相同，同理 C 点和 D 点的水平位移相同。

（2）分析图 7.3(b) 所示刚架。直接可确定有一个角位移 θ_B；把所有刚结点变为铰结点后变为图 7.4(b) 所示机构，在 C 点添加一个水平滚轴支座后，体系变为几何不变体系，故基本未知量有水平线位移 Δ_C。此处需注意，支座 D 为弹簧支座，在荷载作用下会引起弹簧支座的移动，该移动是独立的线位移，故也是位移法的基本未知量，因此用位移法求解时，共有 3 个基本未知量，即一个角位移 θ_B，两个线位移 Δ_C,Δ_D。

（3）分析图 7.3(c) 所示刚架。有两个刚结点和一个半铰结点，故有 3 个角位移，分别是 θ_G，θ_F,θ_E。把所有刚结点变为铰结点后变为图 7.4(c) 所示机构，若杆 ED 的刚度 EA 趋近于无穷大，E 点和 D 点水平位移相同，则有两个线位移 Δ_F,Δ_D；若 EA 为常数，杆 ED 有变形，则有三个线位移 $\Delta_F,\Delta_D,\Delta_E$。

（4）分析图 7.3(d) 所示刚架，有 6 个角位移和 4 个线位移，如图 7.4(d) 所示。

（5）分析图 7.3(e) 所示刚架，有 1 个角位移和 1 个线位移，如图 7.4(e) 所示。

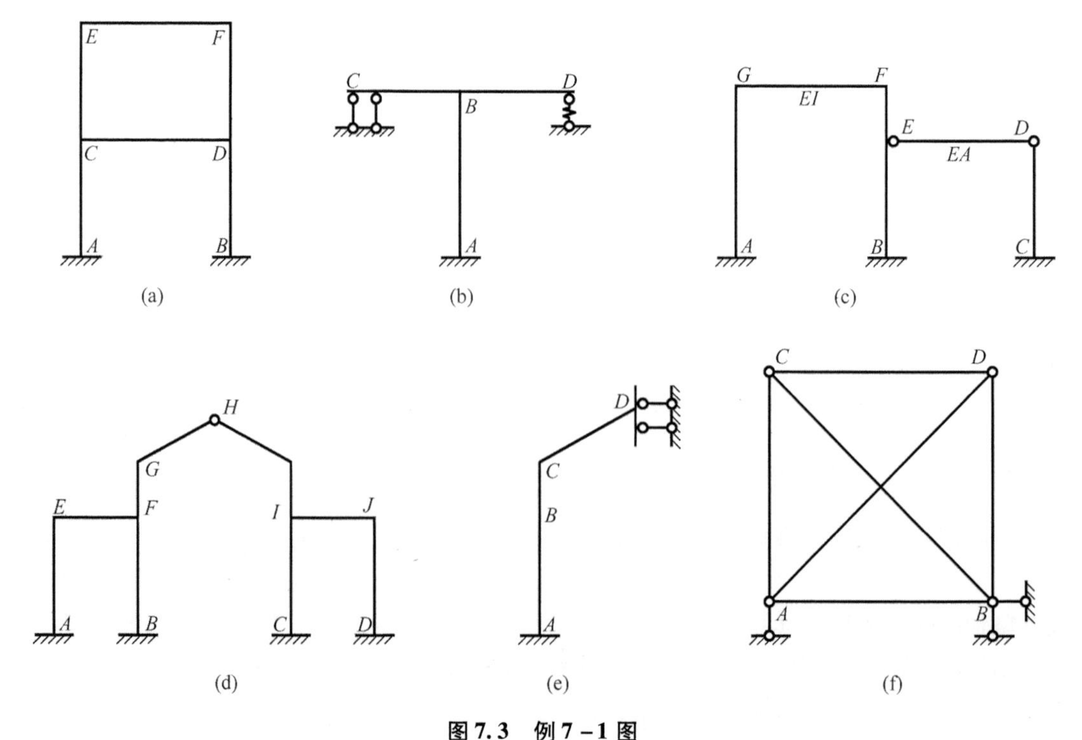

图 7.3 例 7－1 图

(6)分析图7.3(f)所示桁架。桁架杆件轴向变形不能忽略,因此每个结点有两个线位移。该结构基本未知量Δ_{CH},Δ_{CV},Δ_{DH},Δ_{DV},Δ_{AH}。

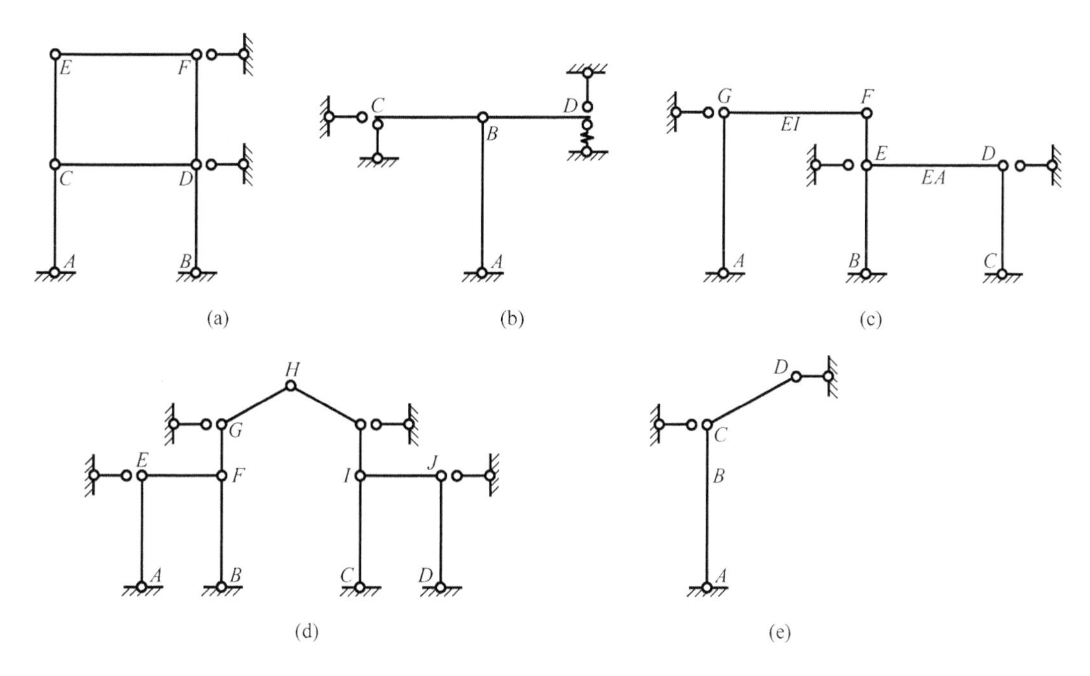

图7.4

7.2　杆件单元的形常数和载常数

在7.1节中讲述了位移法求解超静定结构的基本思路,每根杆件的杆端力与荷载及杆端位移存在着一定的关系,称之为转角位移方程,也叫刚度方程。在7.1.3节中讨论位移法计算刚架中可知为求得基本未知量及简化计算,在单根杆件分析时,需要由杆端位移求杆端内力和由已知荷载求固端力。本节学习在单根杆件分析时如何由杆端位移求杆端力(确定形常数)和如何由已知荷载求固端力(确定载常数)。

7.2.1　杆端力和杆端位移符号规定

在单根杆件分析中,杆端转角以顺时针为正;杆两端相对线位移,以使杆件产生顺时针转动为正;杆端弯矩以顺时针为正;杆端剪力以使作用截面产生顺时针转动为正。

注意　这里杆端弯矩正负号规定仅是为了方便建立位移法基本方程而设定的,与前述弯矩不分正负,作弯矩图时画在受拉侧并不矛盾。

7.2.2　由杆端位移求杆端力

1. 两端为固接的单跨超静定梁

图7.5(a)所示两端固定的单跨超静定梁,A端和B端有已知的角位移,分别为θ_A,θ_B,两端垂直于杆轴的顺时针相对侧移Δ,抗弯刚度EI为常数,跨度为l,求由该位移引起的杆端弯矩M_{AB},M_{BA}和杆端剪力F_{QAB},F_{QBA}。

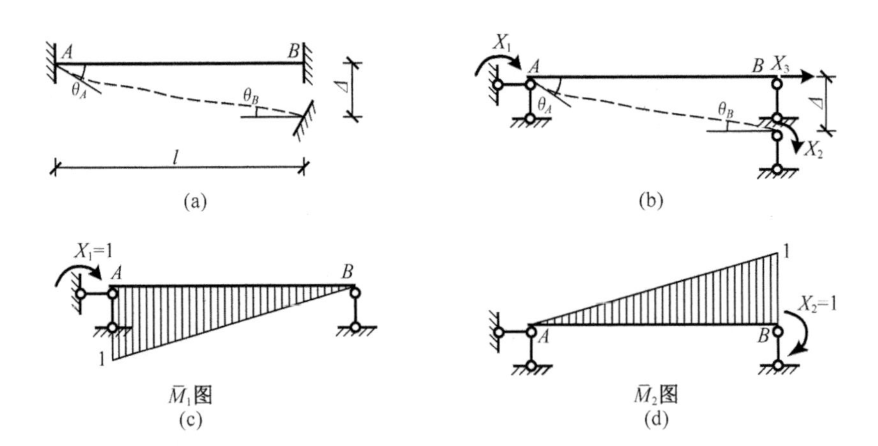

图 7.5

两端固定的梁为三次超静定梁，可采用图 7.5(b)为基本体系，基本未知量 X_3 不产生弯矩，故在计算中忽略不计。

$\overline{M}_1$ 图和 $\overline{M}_2$ 图分别如图 7.5(c)(d)所示，则有

$$\delta_{11}=\delta_{22}=\frac{l}{3EI},\ \delta_{12}=\delta_{21}=-\frac{l}{6EI},\ \Delta_{1c}=\frac{\Delta}{l},\ \Delta_{2c}=\frac{\Delta}{l}$$

因 $M_{AB}=X_1$，$M_{BA}=X_2$，令 $i=\frac{EI}{l}$，i 称为杆件的线刚度，则力法的典型方程为

$$\begin{cases}\dfrac{1}{3i}M_{AB}-\dfrac{1}{6i}M_{BA}+\dfrac{\Delta}{l}=\theta_A\\[2ex]-\dfrac{1}{6i}M_{AB}+\dfrac{1}{3i}M_{BA}+\dfrac{\Delta}{l}=\theta_B\end{cases}$$

解方程可得

$$\begin{cases}M_{AB}=4i\theta_A+2i\theta_B-\dfrac{6i}{l}\Delta\\[2ex]M_{BA}=2i\theta_A+4i\theta_B-\dfrac{6i}{l}\Delta\end{cases}\tag{7.7}$$

式(7.7)就是由杆端位移求杆端弯矩的公式，习惯上称为转角位移方程。由平衡条件可求得杆端剪力为

$$F_{QAB}=F_{QBA}=-\frac{1}{l}(M_{AB}+M_{BA})=-\frac{6i}{l}\theta_A-\frac{6i}{l}\theta_B+\frac{12i}{l^2}\Delta\tag{7.8}$$

把式(7.7)和式(7.8)写成矩阵的形式为

$$\begin{pmatrix}M_{AB}\\M_{BA}\\F_{QAB}\end{pmatrix}=\begin{pmatrix}4i & 2i & -\dfrac{6i}{l}\\[2ex] 2i & 4i & -\dfrac{6i}{l}\\[2ex] -\dfrac{6i}{l} & -\dfrac{6i}{l} & \dfrac{12i}{l^2}\end{pmatrix}\begin{pmatrix}\theta_A\\\theta_B\\\Delta\end{pmatrix}\tag{7.9}$$

式(7.9)称为弯曲杆件的刚度方程。

式中

$$\begin{pmatrix} 4i & 2i & -\frac{6i}{l} \\ 2i & 4i & -\frac{6i}{l} \\ -\frac{6i}{l} & -\frac{6i}{l} & \frac{12i}{l^2} \end{pmatrix}$$

称为弯曲杆件的刚度矩阵,其中的系数称为刚度系数。刚度系数是只与杆件长度、截面尺寸和材料性质有关的常数,故又称为形常数。刚度系数表示单位杆端位移引起的杆端力。

2. 一端固定一端铰接的单跨超静定梁

图7.6(a)所示一端固定一端铰接的单跨超静定梁,可知 $M_{BA}=0$,代入式(7.7),则得

$$M_{AB} = 3i\theta_A - 3i\frac{\Delta}{l} \tag{7.10}$$

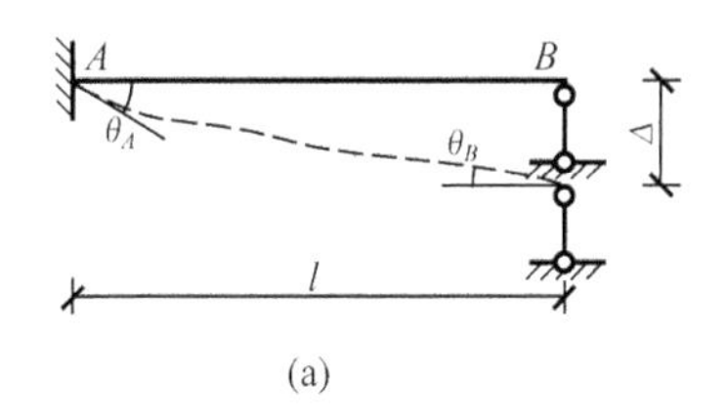

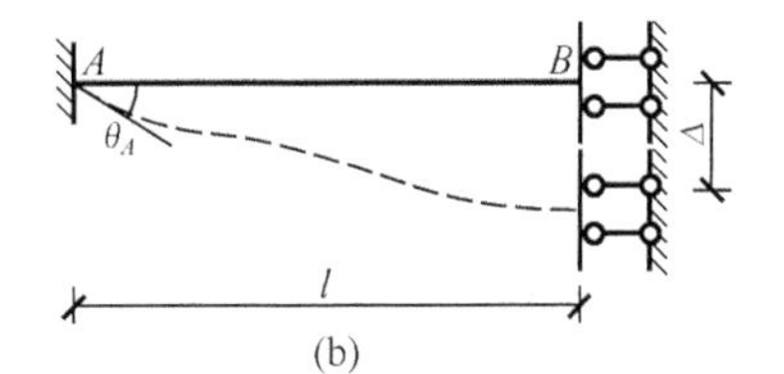

图7.6

3. 一端固定一端定向的单跨超静定梁

图7.6(b)所示一端固定一端定向支座的单跨超静定梁,令 $\theta_B=0$,$F_{QAB}=F_{QBA}=0$,代入式(7.7),则得

$$\begin{cases} M_{AB} = i\theta_A \\ M_{BA} = -i\theta_A \end{cases} \tag{7.11}$$

7.2.3 由荷载求固端力

表7.1中给出了几种常见单跨超静定梁在荷载作用下的杆端弯矩和杆端剪力,通常称为固端弯矩和固端剪力。固端力的大小只与杆件所承受的荷载有关,即在给定荷载作用下为常数,故又称为载常数。一般用 M_{AB}^{F},M_{BA}^{F} 表示固端弯矩,用 F_{QAB}^{F},F_{QBA}^{F} 表示固端剪力。

利用叠加原理,等截面杆件在荷载及杆端位移共同作用下,杆端力一般公式为

$$\begin{cases} M_{AB} = 4i\theta_A + 2i\theta_B - \frac{6i}{l}\Delta + M_{AB}^{F} \\ M_{BA} = 2i\theta_A + 4i\theta_B - \frac{6i}{l}\Delta + M_{BA}^{F} \\ F_{QAB} = -\frac{6i}{l}\theta_A - \frac{6i}{l}\theta_B + \frac{12i}{l^2}\Delta + F_{QAB}^{F} \\ F_{QBA} = -\frac{6i}{l}\theta_A - \frac{6i}{l}\theta_B + \frac{12i}{l^2}\Delta + F_{QBA}^{F} \end{cases} \tag{7.12}$$

表 7.1 等截面杆件的固端弯矩和剪力

	编号	简图	固端弯矩	固端剪力
两端固定	1	F_P; A, B; l/2, l/2	$M_{AB}^F=-\dfrac{F_Pl}{8}$ $M_{BA}^F=\dfrac{F_Pl}{8}$	$F_{QAB}^F=\dfrac{F_P}{2}$ $F_{QBA}^F=-\dfrac{F_P}{2}$
	2	F_P; A, B; a, b	$M_{AB}^F=-\dfrac{F_Pab^2}{l^2}$ $M_{BA}^F=\dfrac{F_Pa^2b}{l^2}$	$F_{QAB}^F=\dfrac{F_Pb^2}{l^2}\left(1+\dfrac{2a}{l}\right)$ $F_{QBA}^F=-\dfrac{F_Pa^2}{l^2}\left(1+\dfrac{2b}{l}\right)$
	3	q; A, B; l	$M_{AB}^F=-\dfrac{ql^2}{12}$ $M_{BA}^F=\dfrac{ql^2}{12}$	$F_{QAB}^F=\dfrac{ql}{2}$ $F_{QBA}^F=-\dfrac{ql}{2}$
	4	A, B; l	$M_{AB}^F=-\dfrac{ql^2}{30}$ $M_{BA}^F=\dfrac{ql^2}{20}$	$F_{QAB}^F=\dfrac{3ql}{20}$ $F_{QBA}^F=-\dfrac{7ql}{20}$
	5	t_1, t_2; A, B; $\Delta t=t_1-t_2$	$M_{AB}^F=\dfrac{EI\alpha\Delta t}{h}$ $M_{BA}^F=-\dfrac{EI\alpha\Delta t}{h}$	$F_{QAB}^F=0$ $F_{QBA}^F=0$

表 7.1(续一)

	编号	简图	固端弯矩	固端剪力
一端固定另一端铰接	6	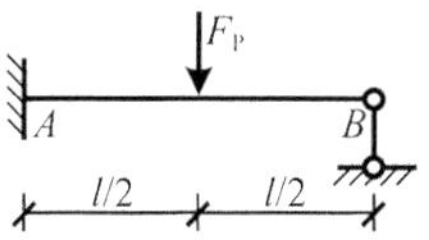	$M_{AB}^{F} = -\frac{3F_Pl}{16}$	$F_{QAB}^{F} = \frac{11}{16}F_P$ $F_{QBA}^{F} = -\frac{5}{16}F$
	7	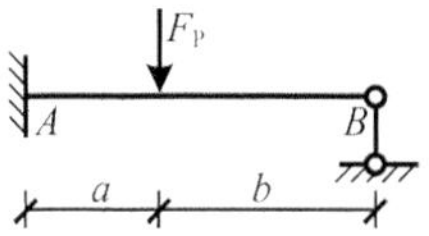	$M_{AB}^{F} = -\frac{F_Pb(l^2-b^2)}{2l^2}$	$F_{QAB}^{F} = \frac{F_Pb(3l^2-b^2)}{2l^3}$ $F_{QBA}^{F} = -\frac{F_Pa^2(3l-b^2)}{2l^3}$
	8	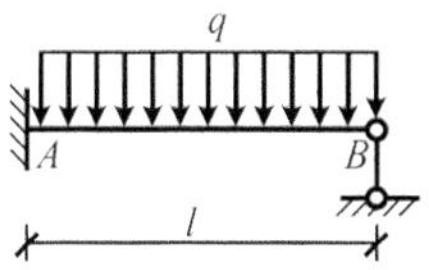	$M_{AB}^{F} = -\frac{ql^2}{8}$	$F_{QAB}^{F} = \frac{5}{8}ql$ $F_{QBA}^{F} = -\frac{3}{8}ql$
	9	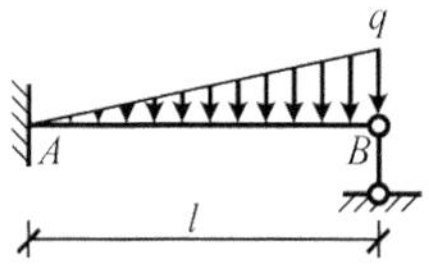	$M_{AB}^{F} = -\frac{7}{120}ql^2$	$F_{QAB}^{F} = \frac{9}{40}ql$ $F_{QBA}^{F} = -\frac{11}{40}ql$
	10	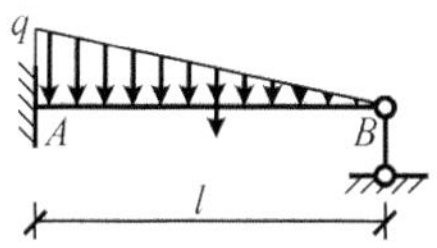	$M_{AB}^{F} = -\frac{ql^2}{15}$	$F_{QAB}^{F} = \frac{2}{5}ql$ $F_{QBA}^{F} = -\frac{ql}{10}$
	11	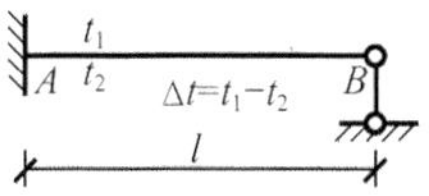	$M_{AB}^{F} = \frac{3EI\alpha\Delta t}{2h}$	$F_{QAB}^{F} = F_{QBA}^{F} = -\frac{3EI\alpha\Delta t}{2hl}$

表 7.1(续二)

	编号	简图	固端弯矩	固端剪力
一端固定另一端定向	12	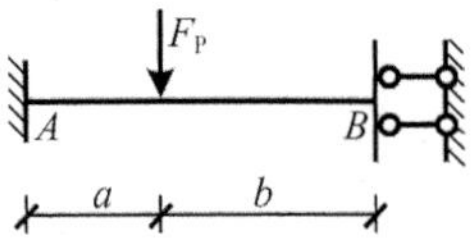	$M_{AB}^{F}=-\frac{F_{P}a}{2l}(2l-a)$ $M_{BA}^{F}=-\frac{F_{P}a^{2}}{2l}$	$F_{QAB}^{F}=F_{P}$ $F_{QBA}^{F}=0$
	13	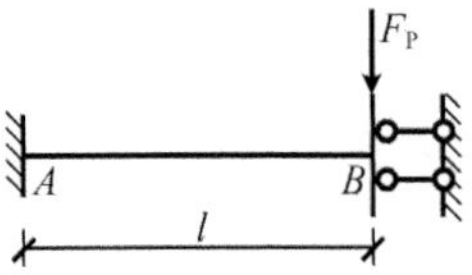	$M_{AB}^{F}=M_{BA}^{F}=-\frac{F_{P}l}{2}$	$F_{QAB}^{F}=F_{P}$ $F_{QB}^{L}=F_{P}$ $F_{QB}^{R}=0$
	14	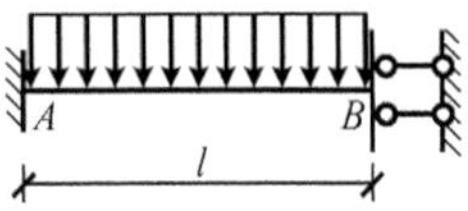	$M_{AB}^{F}=-\frac{ql^{2}}{3}$ $M_{BA}^{F}=-\frac{ql^{2}}{6}$	$F_{QAB}^{F}=ql$ $F_{QBA}^{F}=0$
	15	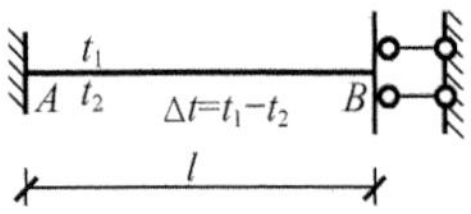	$M_{AB}^{F}=\frac{EI\alpha\Delta t}{h}$ $M_{BA}^{F}=-\frac{EI\alpha\Delta t}{h}$	$F_{QAB}^{F}=0$ $F_{QBA}^{F}=0$

7.3 位移法的计算方法

利用位移法求解超静定结构有两种方法:一种是直接平衡法,即通过建立结点或截面的平衡方程来求解超静定结构;另一种是典型方程法,即通过基本体系建立位移法典型方程,从而对超静定结构进行求解。

7.3.1 直接平衡法

在 7.1 节中通过桁架讲解了直接平衡法的基本作法,这里主要通过例题讲解如何利用直接平衡法求解超静定刚架。刚架依据是否有侧移可分为无侧移刚架和有侧移刚架。无侧移刚架的基本未知量只有角位移,有侧移刚架的基本未知量不仅有角位移还有线位移。

例 7-2 用位移法计算图 7.7(a)所示连续梁,作弯矩图,已知杆件抗弯刚度 $EI=$常数。

解 (1)确定基本未知量

连续梁没有线位移，属于无侧移问题，在荷载作用下，结点 B 只有角位移，故基本未知量为 θ_B，铰支座 A，C 处虽有角位移，但不是独立的，位移法中可不选作基本未知量。

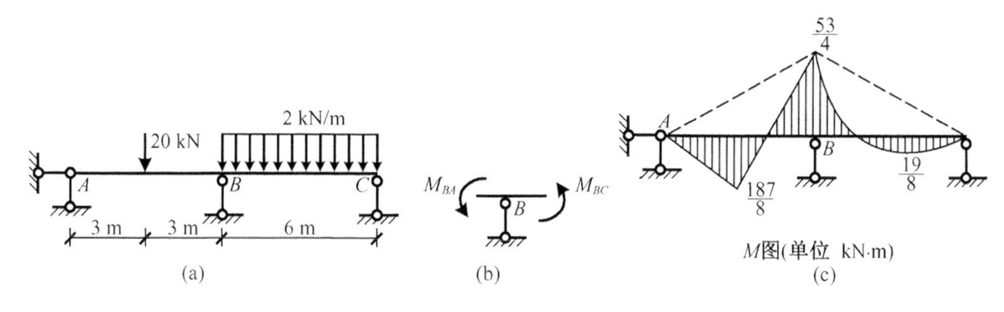

图7.7　例7－2图

(2)对每根杆件进行分析，找到杆端力与杆端位移的关系

杆 AB 的支承情况是 A 端铰接，B 端刚接，由表7.1可求出各杆的固端弯矩为

$$M_{BA}^{F}=\frac{3F_{P}l}{16}=\frac{3}{16}\times20\times6=\frac{45}{2}\ \text{kN}\cdot\text{m}$$

同理可知

$$M_{BC}^{F}=-\frac{ql^{2}}{8}=-\frac{2\times36}{8}=-9\ \text{kN}\cdot\text{m}$$

令 $i=i_{AB}=i_{BC}=\dfrac{EI}{6}$，利用式(7.12)得

$$\begin{cases}M_{BA}=3i\theta_B+\dfrac{45}{2}\\M_{BC}=3i\theta_B-9\end{cases}$$

(3)对整个结构进行分析，找到结点平衡或截面平衡建立方程

建立的结点平衡方程或截面平衡方程即为位移法的基本方程。位移法的基本方程是含有基本未知量的平衡方程，故为求得基本未知量 θ_B，取结点 B 为隔离体，如图7.7(b)所示，可列出力矩平衡方程为

$$\sum M_B=0,\quad M_{BA}+M_{BC}=0$$

(4)解方程，求基本未知量

把第二步求得的 M_{BA} 和 M_{BC} 代入上式，则平衡方程可写为

$$6i\theta_B+\frac{27}{2}=0$$

得

$$\theta_B=-\frac{9}{4i}$$

(5)求杆端力

$$\begin{cases}M_{BA}=3i\theta_B+\dfrac{45}{2}=\dfrac{53}{4}\ \text{kN}\cdot\text{m}\\M_{BC}=3i\theta_B-9=-\dfrac{53}{4}\ \text{kN}\cdot\text{m}\end{cases}$$

(6)作弯矩图

弯矩图如图 7.7(c)所示。

一般来说,用位移法求解无侧移问题,在每个刚结点处有一个角位移,即基本未知量;与每个基本未知量相应,在每个刚结点处可写出一个力矩平衡方程,即基本方程。与力法相同,基本未知量的个数与基本方程个数相同,可解出全部基本未知量。

例 7-3 用位移法计算图 7.8(a)所示刚架,并作弯矩图。

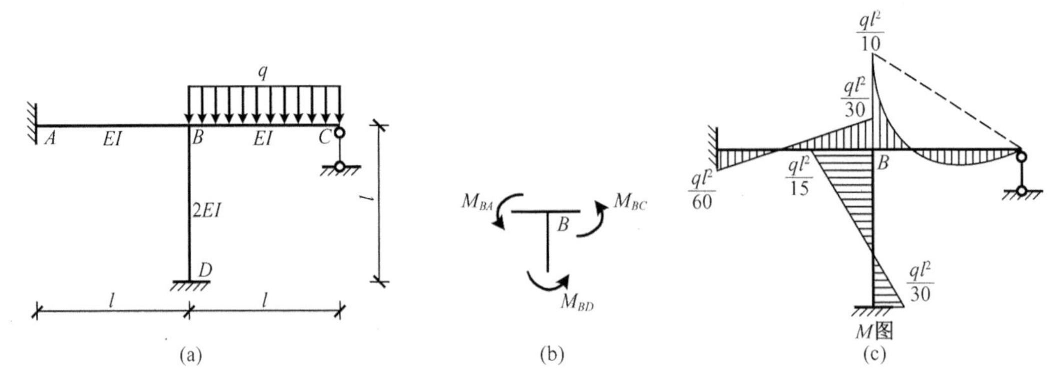

图 7.8 例 7-3 图

解 (1)确定基本未知量

该刚架无侧移,在结点 B 有角位移,故基本未知量为 θ_B。

(2)对每根杆件进行分析,找到杆端力与杆端位移的关系

$$i_{AB}=i_{BC}=\frac{EI}{l}=i,\quad i_{BD}=\frac{2EI}{l}=2i$$

$$M_{AB}=2i\theta_B,\quad M_{BA}=4i\theta_B$$

$$M_{DB}=2i_{BD}\theta_B=4i\theta_B,\quad M_{BD}=4i_{BD}\theta_B=8i\theta_B$$

$$M_{BC}^{\mathrm{F}}=-\frac{ql^2}{8}$$

$$M_{BC}=3i\theta_B-\frac{ql^2}{8}$$

(3)对整个结构进行分析,找到结点平衡或截面平衡建立方程

取结点 B 为隔离体,如图 7.8(b)所示,可列出力矩平衡方程为

$$\sum M_B=0,\quad M_{BA}+M_{BC}+M_{BD}=0$$

(4)解方程,求基本未知量

平衡方程可写为

$$15i\theta_B-\frac{ql^2}{8}=0$$

得

$$\theta_B=\frac{ql^2}{120i}$$

(5)求杆端力

$$M_{AB}=\frac{ql^2}{60},\quad M_{BA}=\frac{ql^2}{30}$$

$$M_{DB}=2i_{BD}\theta_B=\frac{ql^2}{30},\quad M_{BD}=4i_{BD}\theta_B=\frac{ql^2}{15}$$

$$M_{BC}=-\frac{ql^2}{10}$$

(6)作弯矩图

弯矩图如图7.8(c)所示。

例7-4 用位移法计算图7.9(a)所示刚架,作弯矩图,已知杆件抗弯刚度 EI = 常数。

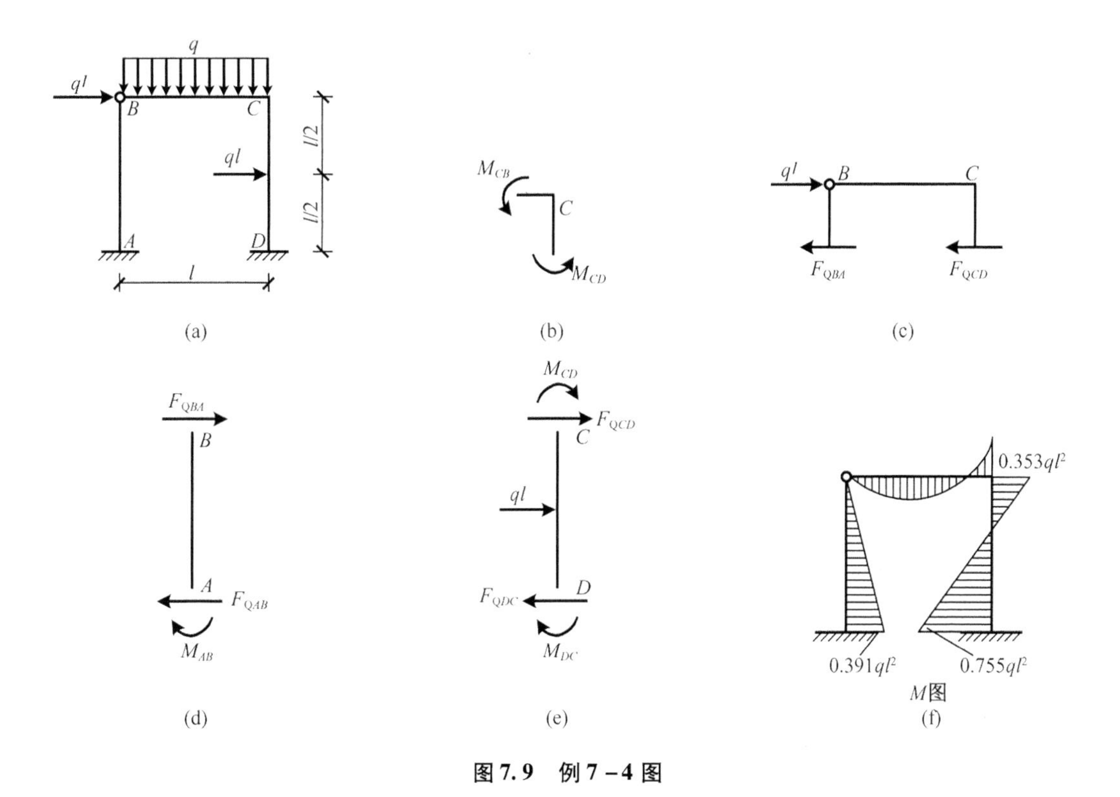

图7.9 例7-4图

解 (1)确定基本未知量

该刚架在水平荷载作用下,有侧向移动,梁式杆忽略轴向变形的影响,则结点 B 和结点 C 水平方向的移动 Δ 相同,在结点 C 有角位移,故基本未知量为 θ_C 和 Δ。

(2)对每根杆件进行分析,找到杆端力与杆端位移的关系

各杆件的线刚度相同,即 $i=\frac{EI}{l}$。

分析 AB 段,可把杆 AB 看作一端固定一端铰接的单跨超静定梁,上部无荷载作用,A 端无角位移,杆件两侧有相对侧移 Δ,则转角位移方程为

$$M_{AB}=-\frac{3i}{l}\Delta,\quad M_{BA}=0$$

分析 BC 段,可把杆 BC 看作一端固定一端铰接的单跨超静定梁,上部作用均布荷载 q,

C 端有角位移 θ_C，杆件两侧无相对侧移，则杆端弯矩为

$$M_{CB}=3i\theta_C+\frac{ql^2}{8},\quad M_{BC}=0$$

分析 CD 段，可把杆 CD 看作两端均固接的单跨超静定梁，跨中作用一个集中荷载 ql，C 端有角位移 θ_C，杆件两侧相对侧移 Δ，则杆端弯矩为

$$M_{CD}=4i\theta_C-\frac{6i}{l}\Delta+\frac{ql^2}{8},\quad M_{DC}=2i\theta_C-\frac{6i}{l}\Delta-\frac{ql^2}{8}$$

(3)对整个结构进行分析，找到结点平衡或截面平衡建立方程

与结点 C 角位移 θ_C 对应，取结点 C 为隔离体，如图 7.9(b)所示，可列出力矩平衡方程为

$$\sum M_C=0,\quad M_{CB}+M_{CD}=0$$

即

$$7i\theta_C-\frac{6i}{l}\Delta+\frac{ql^2}{4}=0$$

与横梁 BC 水平位移 Δ 对应，取柱顶以上横梁 BC 部分为隔离体，如图 7.9(c)所示，可列出水平投影方程

$$\sum F_x=0,\quad F_{QBA}+F_{QCD}-ql=0$$

为求出 F_{QBA}，取 AB 段为隔离体(图 7.9(d))，根据 $\sum M_A=0$ 得

$$F_{QBA}=-\frac{M_{AB}}{l}=\frac{3i}{l^2}\Delta$$

为求出 F_{QCD}，取 CD 段为隔离体(图 7.9(e))，根据 $\sum M_D=0$ 得

$$F_{QCD}=-\frac{M_{CD}+M_{DC}}{l}-\frac{ql}{2}=-\frac{6i}{l}\theta_C+\frac{12i}{l^2}\Delta-\frac{ql}{2}$$

则有

$$-\frac{6i}{l}\theta_C+\frac{15i}{l^2}\Delta-\frac{3}{2}ql=0$$

(4)解方程，求基本未知量

平衡方程可写为

$$\begin{cases}7i\theta_C-\dfrac{6i}{l}\Delta+\dfrac{ql^2}{4}=0\\-\dfrac{6i}{l}\theta_C+\dfrac{15i}{l^2}\Delta-\dfrac{3}{2}ql=0\end{cases}$$

得

$$\begin{cases}\theta_C=\dfrac{7}{92i}ql^2\\\Delta=\dfrac{3}{23i}ql^3\end{cases}$$

(5)求杆端力

$$M_{AB}=0.391ql^2$$
$$M_{CB}=0.353ql^2$$
$$M_{CD}=-0.353ql^2$$
$$M_{DC}=-0.755ql^2$$

(6)作弯矩图

弯矩图如图7.9(f)所示。

例7-5　用位移法计算图7.10(a)所示刚架,作弯矩图。

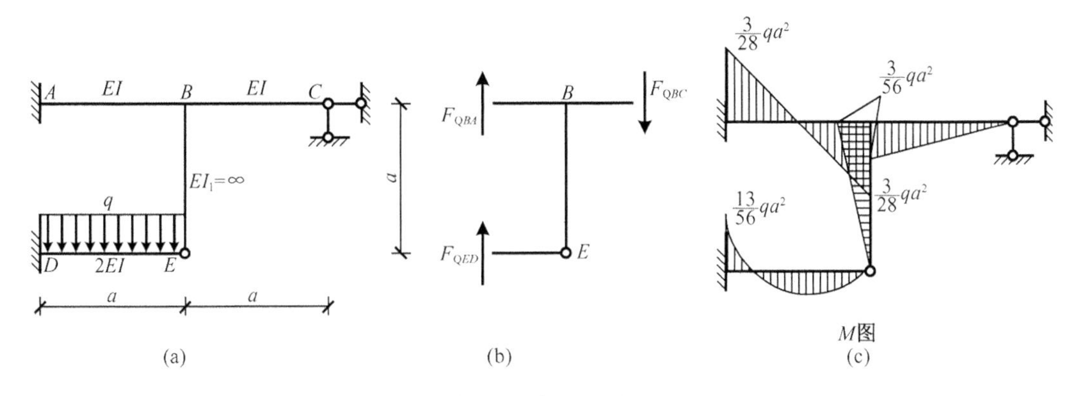

图7.10　例7-5图

解　(1)确定基本未知量

该刚架在图示荷载作用下,B点和E点有竖直向下的位移,则杆BA,BC,ED有侧向移动,忽略杆BE轴向变形的影响,则结点B和结点E竖直方向的移动Δ相同;因$EI_1=\infty$,则结点B无角位移。故基本未知量为Δ。

(2)对每根杆件进行分析,找到杆端力与杆端位移的关系

$$i_{AB}=i_{BC}=\frac{EI}{a}=i,\quad i_{DE}=\frac{2EI}{a}=2i$$

列出每根杆件的转角位移方程,即

$$M_{AB}=-\frac{6i}{l}\Delta,\quad M_{BA}=-\frac{6i}{l}\Delta$$

$$M_{BC}=\frac{3i}{l}\Delta,\quad M_{CB}=0$$

$$M_{DE}=-3\times\frac{2i}{l}\Delta-\frac{1}{8}ql^2=-\frac{6i}{l}\Delta-\frac{1}{8}ql^2,\quad M_{ED}=0$$

注意　在7.2节中给出的转角位移方程中,由侧向移动引起的杆端弯矩是按侧移绕杆件轴线顺时针转动计算得到的。在本例题中,杆BC两端的相对侧移绕杆轴线逆时针转动,故取$M_{BC}=\frac{3i}{l}\Delta$。

(3)对整个结构进行分析,找到结点平衡或截面平衡建立方程

与杆BE竖向位移Δ对应,取图7.10(b)所示部分为隔离体,可列出竖向投影方程

$$\sum F_y=0\qquad F_{QBA}-F_{QBC}+F_{QED}=0$$

为求出 F_{QBA},取 AB 段为隔离体,根据 $\sum M_A = 0$ 得

$$F_{QBA} = -\frac{M_{AB}+M_{BA}}{l} = \frac{12i}{l^2}\Delta$$

同理得

$$F_{QBC} = -\frac{M_{BC}}{l} = -\frac{3i}{l^2}\Delta$$

$$F_{QED} = -\frac{M_{DE}}{l} - \frac{1}{2}ql = \frac{6i}{l^2}\Delta - \frac{3}{8}ql$$

(4)解方程,求基本未知量

平衡方程可写为

$$\frac{21i}{l^2}\Delta - \frac{3}{8}ql = 0$$

$$\Delta = \frac{1}{56i}ql^3$$

(5)求杆端力

$$M_{AB} = -\frac{6i}{l}\Delta = -\frac{3}{28}ql^2$$

$$M_{BA} = -\frac{6i}{l}\Delta = -\frac{3}{28}ql^2$$

$$M_{BC} = \frac{3i}{l}\Delta = \frac{3}{56}ql^2$$

$$M_{DE} = -3\times\frac{2i}{l}\Delta - \frac{ql^2}{8} = -\frac{6i}{l}\Delta - \frac{ql^2}{8} = -\frac{13}{56}ql^2$$

(6)作弯矩图

弯矩图如图 7.10(c)所示。

7.3.2 典型方程法

利用典型方程法建立位移法的基本方程,进行超静定结构的求解过程与力法求解超静定结构十分相似,即首先确定位移法的基本未知量和基本体系,然后建立用位移表示的力的平衡方程。基本未知量如前所述,即为独立的角位移和独立的线位移,这里主要讲述如何确定位移法的基本体系和建立位移法的基本方程。

如图 7.11(a)所示刚架,用位移法求解时,有两个基本未知量,即结点 B 的角位移 Δ_1 和结点 C 的水平位移 Δ_2。在典型方程法求解超静定结构时,基本未知量统一用 Δ 表示。下面讲述如何确定位移法的基本体系和基本方程。

1. 基本体系

位移法分析的第一步是化整为零,对每根杆件进行分析。为把结构拆分成若干个单跨超静定梁,在有角位移的地方添加附加刚臂,约束其转动;在有线位移的地方添加附加链杆,约束其线位移。附加刚臂用"▽"表示,附加链杆用"⏊"表示。图 7.11(a)添加附加约束后的结构如图 7.11(b)所示。图 7.11(b)为位移法的基本结构,即位移法的基本结构是在原结构中增加了与位移法基本未知量相应的可控约束而得到的结构。

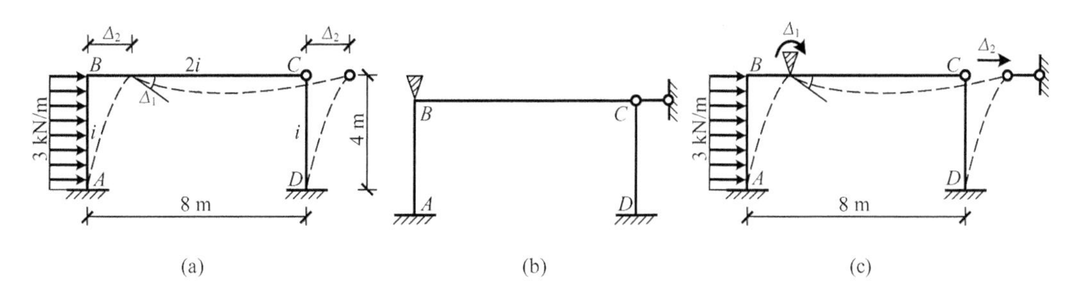

图 7.11

基本体系是用来分析原结构的工具和桥梁。它不仅简化了计算,更重要的性质是要体现原结构的受力及变形状态。在图 7.11(a)所示荷载作用下,结构会发生如图 7.11(a)虚线所示的位移和变形。把荷载作用在基本结构上后,由于附加刚臂约束结点 B 不能转动,附加链杆约束结点 C 不能水平移动,故只把荷载作用在基本结构上不能体现原结构的受力及变形状态;若人为地在附加刚臂上加一个角位移 Δ_1,让附加链杆有一个水平线位移 Δ_2(图 7.11(c)),则该体系体现了原结构的受力及变形状态。即在基本结构上添加基本未知量和荷载形成的体系称为位移法的基本体系。

2. 基本方程

下面通过分析位移法的基本体系确定位移法的基本方程。在基本体系中,因给定的基本未知量 Δ_1 和 Δ_2 与图 7.11(a)中的相同,则基本体系能体现原结构的变形状态;因原结构中无附加刚臂和附加链杆,为使基本体系体现原结构的受力状态,则附加刚臂的反力 F_1 和附加链杆的反力 F_2 均为零,即

$$\begin{cases} F_1 = 0 \\ F_2 = 0 \end{cases} \tag{7.13}$$

原结构的受力状态等同于基本结构在基本未知量 Δ_1 作用下(图 7.12(a))、基本结构在基本未知量 Δ_2 作用下(图 7.12(b))及基本结构在荷载作用下(图 7.12(c))三种受力状态的和,即

$$\begin{cases} F_1 = F_{11} + F_{12} + F_{1P} = 0 \\ F_2 = F_{21} + F_{22} + F_{2P} = 0 \end{cases} \tag{7.14}$$

其中,F_{11} 和 F_{21} 是基本结构在基本未知量 Δ_1 作用下在附加刚臂和附加链杆中引起的反力;F_{12} 和 F_{22} 是基本结构在基本未知量 Δ_2 作用下在附加刚臂和附加链杆中引起的反力;F_{1P} 和 F_{2P} 是基本结构在外荷载作用下在附加刚臂和附加链杆中引起的反力。

约束反力 F_{11} 和 F_{21} 与基本未知量 Δ_1 成正比,用 k_{11} 和 k_{21} 表示基本结构在单位位移 $\Delta_1 = 1$ 单独作用下在附加刚臂和附加链杆中引起的反力(图 7.12(d));约束反力 F_{12} 和 F_{22} 与基本未知量 Δ_2 成正比,用 k_{12} 和 k_{22} 表示基本结构在单位位移 $\Delta_2 = 1$ 单独作用下在附加刚臂和附加链杆中引起的反力(图 7.12(e)),则式(7.14)可表示为

$$\begin{cases} k_{11}\Delta_1 + k_{12}\Delta_2 + F_{1P} = 0 \\ k_{21}\Delta_1 + k_{22}\Delta_2 + F_{2P} = 0 \end{cases} \tag{7.15}$$

式(7.15)为位移法的基本方程,即含有基本未知量的平衡方程为位移法的基本方程。利用典型方程形式建立位移法的基本方程与力法的基本思路一样,都属于过渡法,即由基本体系

过渡到原结构。过渡的步骤是先锁住后放松，根据放松条件建立位移法的基本方程。先锁住，即把原结构拆分成孤立的单根杆件，后放松是要求附加约束实际上不起作用，即各个杆件综合到一起满足平衡条件。

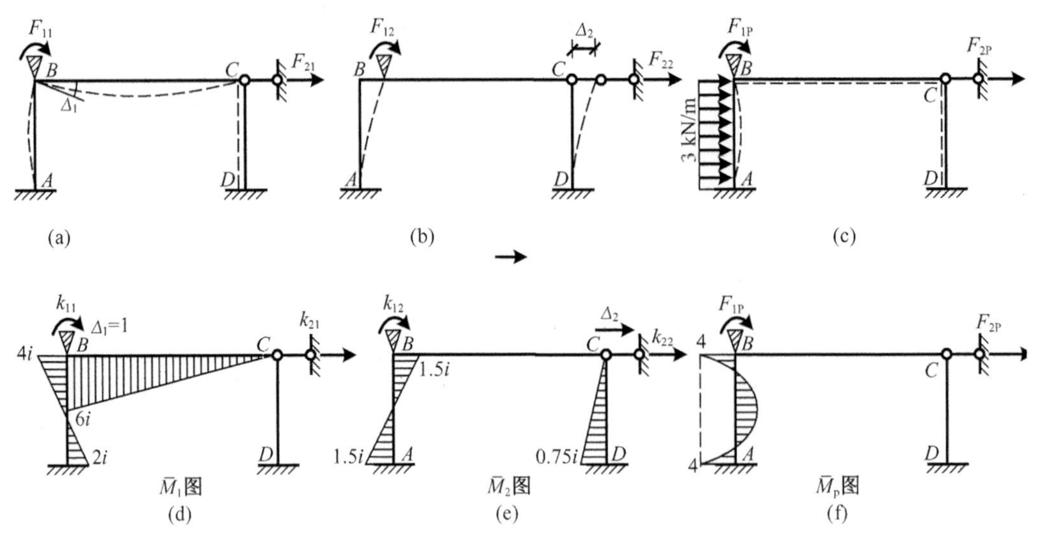

图 7.12

3. 求解基本未知量

欲求式(7.15)中的基本未知量，首先需要确定 k_{11}，k_{12}，k_{21}，k_{22}，F_{1P}和 F_{2P}。

首先求基本结构在单位转角 $\Delta_1=1$ 作用下在附加刚臂和附加链杆中引起的反力 k_{11}，k_{21}。基本结构在 $\Delta_1=1$ 作用下的弯矩图（$\overline{M}_1$ 图）如图 7.12(d)所示。由结点 B 处的弯矩平衡（图 7.13(a)）和柱顶以上横梁 BC 在水平方向合力为零（图 7.13(b)）可知

$$k_{11}=4i+6i=10i,\quad k_{21}=-1.5i$$

接下来求基本结构在单位水平位移 $\Delta_2=1$ 作用下在附加刚臂和附加链杆中引起的反力 k_{12}，k_{22}。基本结构在 $\Delta_2=1$ 作用下的弯矩图（$\overline{M}_2$ 图）如图 7.12(e)所示。由结点 B 处的弯矩平衡（图 7.13(c)）和柱顶以上横梁 BC 在水平方向合力为零（图 7.13(d)）可知

$$k_{12}=-1.5i,\quad k_{22}=\frac{15}{16}i$$

最后求基本结构在荷载作用下在附加刚臂和附加链杆中引起的反力 F_{1P}，F_{2P}。基本结构在荷载作用下的弯矩图（M_P 图）如图 7.12(f)所示。由结点 B 处的弯矩平衡（图 7.13(e)）和柱顶以上横梁 BC 在水平方向合力为零（图 7.13(f)）可知

$$F_{1P}=4\ \text{kN·m},\quad F_{2P}=-6\ \text{kN}$$

由式(7.8)列出基本方程为

$$\begin{cases}10i\Delta_1-1.5i\Delta_2+4=0\\ -1.5i\Delta_1+\dfrac{15}{16}i\Delta_2-6=0\end{cases}$$

由基本方程可求出

$$\begin{cases} \Delta_1 = \dfrac{0.737}{i} \\ \Delta_2 = \dfrac{7.58}{i} \end{cases}$$

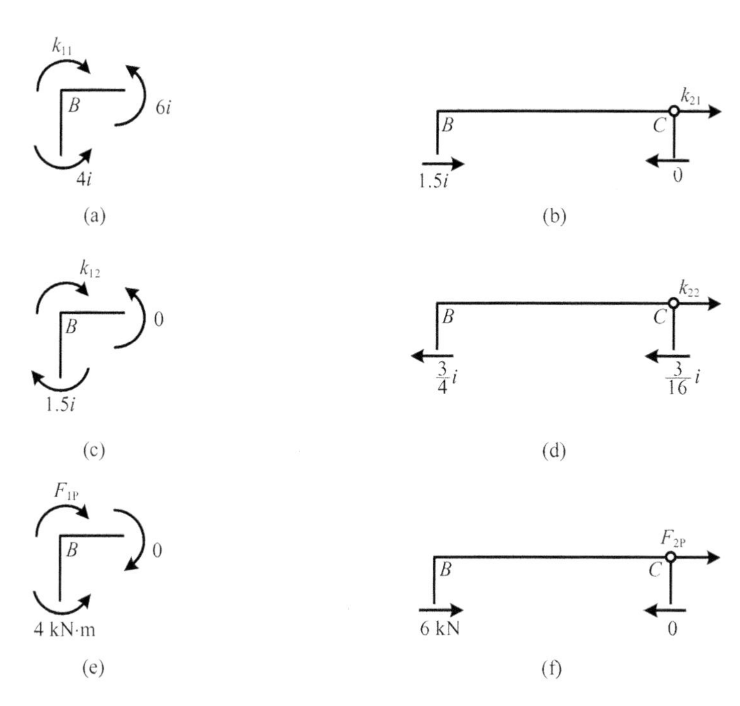

图 7.13

利用叠加原理($M=\overline{M}_1\Delta_1+\overline{M}_2\Delta_2+M_P$)可作弯矩图,如图 7.14 所示。

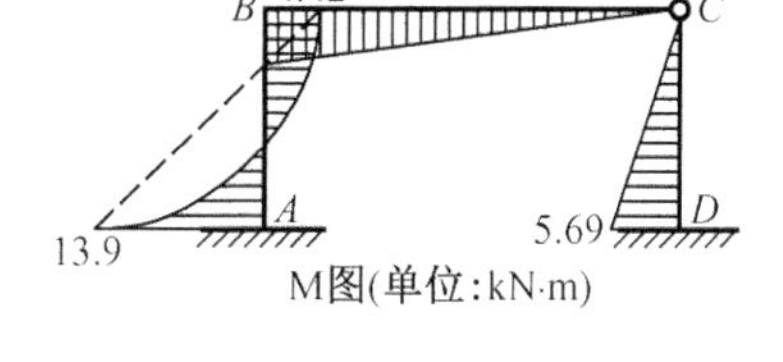

图 7.14

综上所述,利用典型方程法求解的具体步骤:

(1)确定基本未知量和基本体系;

(2)列出位移法基本方程;

(3)作单位位移作用下及外荷载作用下的内力图;

(4)求系数和自由项;

(5)解方程,求基本未知量;

(6)利用叠加原理作内力图。

上述例子是一个有两个基本未知量的问题,说明如何确定基本未知量和基本体系,并说明了基本方程的意义。对于有 n 个基本未知量的问题,位移法的典型方程可写为

$$\begin{cases} k_{11}\Delta_1 + k_{12}\Delta_2 + \cdots + k_{1n}\Delta_n + F_{1P} = 0 \\ k_{21}\Delta_1 + k_{22}\Delta_2 + \cdots + k_{2n}\Delta_n + F_{2P} = 0 \\ \qquad\qquad\vdots \\ k_{n1}\Delta_1 + k_{n2}\Delta_2 + \cdots + k_{nn}\Delta_n + F_{nP} = 0 \end{cases} \tag{7.16}$$

式(7.16)可写成矩阵形式为

$$\begin{pmatrix} k_{11} & k_{12} & k_{13} & \cdots & k_{1n} \\ k_{21} & k_{22} & k_{23} & \cdots & k_{2n} \\ \vdots & \vdots & \vdots & & \vdots \\ k_{n1} & k_{n2} & k_{n3} & \cdots & k_{nn} \end{pmatrix} \begin{pmatrix} \Delta_1 \\ \Delta_2 \\ \vdots \\ \Delta_n \end{pmatrix} + \begin{pmatrix} F_{1P} \\ F_{2P} \\ \vdots \\ F_{nP} \end{pmatrix} = 0 \tag{7.17}$$

式(7.17)中由刚度系数 k_{ij} 组成的矩阵称为刚度矩阵，该矩阵为对称矩阵，在主对角线上的系数 $k_{ij}(i=j)$ 称作主系数，主系数均大于零；不在主对角线上的系数 $k_{ij}(i\neq j)$ 称作副系数，副系数可以大于零、小于零，也可以等于零。根据反力互等定理可知 $k_{ij}=k_{ji}$。

例 7-6 利用典型方程法计算图 7.10(a)所示刚架。

(1)确定基本未知量和基本体系

基本未知量为 E 点竖向位移，基本体系如图 7.15(a)所示。

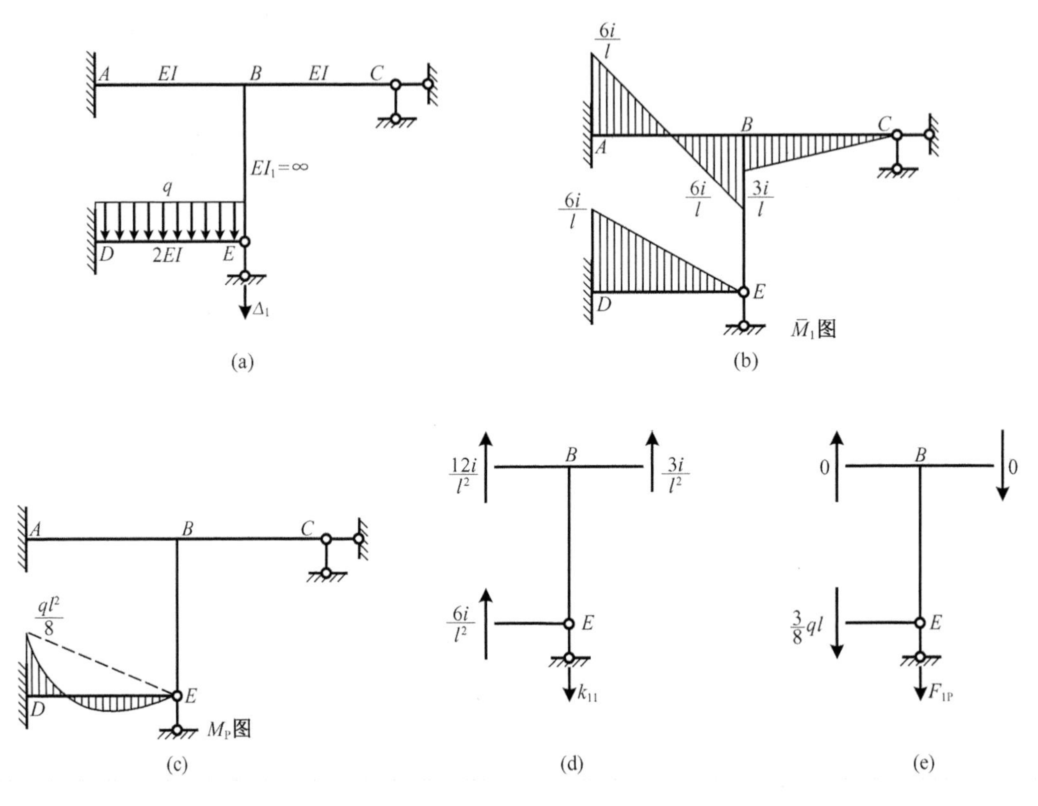

图 7.15 例 7-6 图

(2)列出位移法基本方程

由附加链杆反力为零可知

$$k_{11}\Delta_1 + F_{1P} = 0$$

(3)作单位位移作用下及外荷载作用下的弯矩图

单位位移作用下的弯矩图如图 7.15(b)所示；外荷载作用下的弯矩图如图 7.15(c)所示。

(4)求系数和自由项

求刚度系数 k_{11} 时，取图 7.15(d)所示隔离体得

$$k_{11} = \frac{21i}{l^2}$$

求自由项时，取图 7.15(e)所示隔离体，得

$$F_{1P} = -\frac{3}{8}ql$$

(5)解方程，求基本未知量

把求得的刚度系数及自由项代入位移法基本方程得

$$\frac{21i}{l^2}\Delta_1 - \frac{3}{8}ql = 0$$

可见利用典型方程法得到的基本方程与例 7-5 用平衡法得到的基本方程是一致的。则有

$$\Delta_1 = \frac{ql^3}{56i}$$

(6)利用叠加原理作弯矩图

弯矩图同例 7-5 一样，这里不再赘述。

例 7-7 用典型方程法计算图 7.16(a)所示结构，作 M 图。已知各杆件线刚度均为 i。

解 (1)确定基本未知量和基本体系

该结构有两个结点角位移，故有两个基本未知量：结点 C 的转角 Δ_1 和结点 E 的转角 Δ_2。基本结构如图 7.16(b)所示。

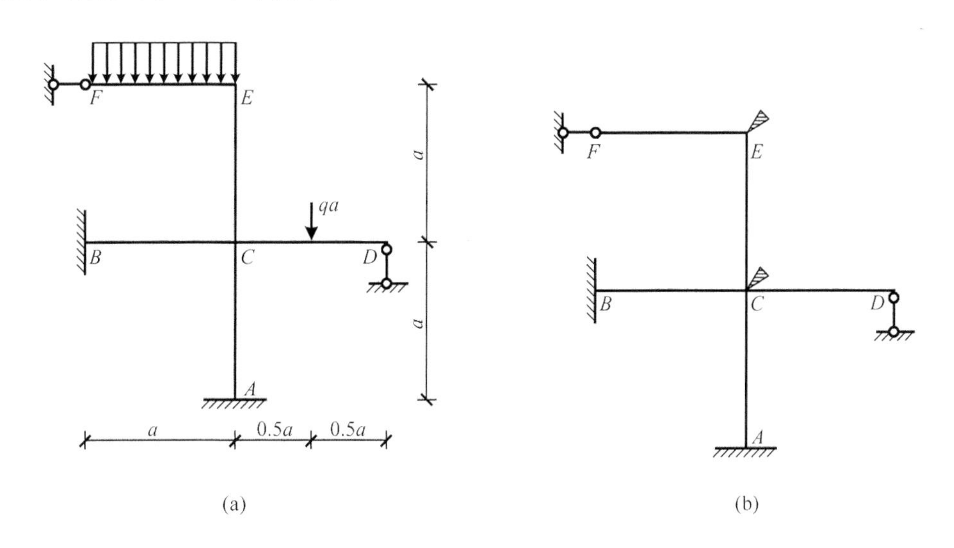

图 7.16 例 7-7 图

(2)列出位移法基本方程

由附加刚臂反力为零可知

$$\begin{cases} k_{11}\Delta_1 + k_{12}\Delta_2 + F_{1P} = 0 \\ k_{21}\Delta_1 + k_{22}\Delta_2 + F_{2P} = 0 \end{cases}$$

(3)作单位位移作用下及外荷载作用下的弯矩图

单位位移作用下的 $\overline{M}_1$ 图、$\overline{M}_2$ 图如图 7.17(a)及图 7.17(b)所示；外荷载作用下的弯矩图如图 7.17(c)所示。

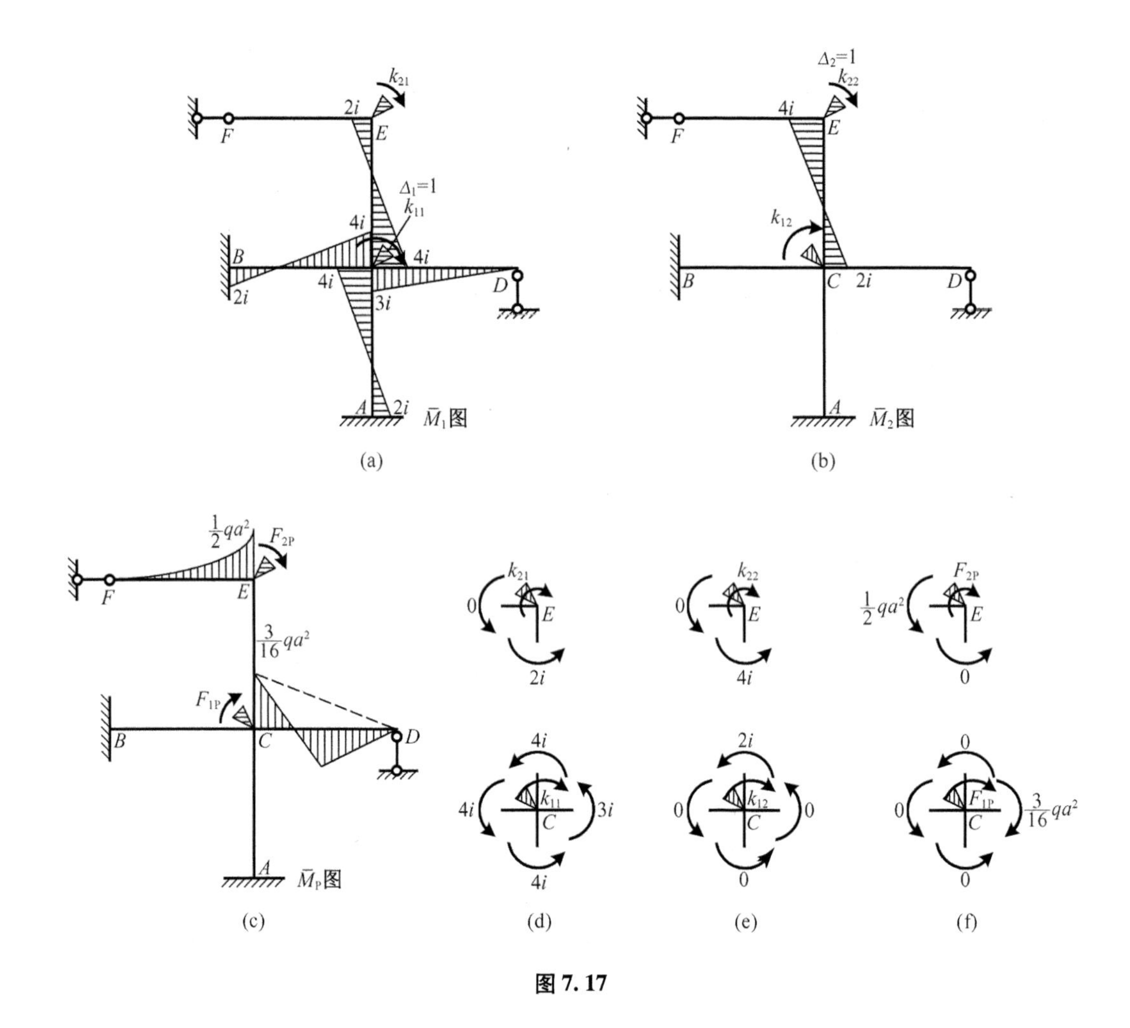

图 7.17

(4)求系数和自由项

求刚度系数 k_{11} 和 k_{21} 时,取图 7.17(a)中结点 C 和结点 E 为隔离体,如图 7.17(d)所示,根据力矩的平衡,得 $k_{11}=15i, k_{21}=2i$。

求刚度系数 k_{12} 和 k_{22} 时,取图 7.17(b)中结点 C 和结点 E 为隔离体,如图 7.17(e)所示,根据力矩的平衡,得 $k_{12}=2i, k_{11}=4i$。

求自由项 F_{1P} 和 F_{2P} 时,取图 7.17(c)中结点 C 和结点 E 为隔离体,如图 7.17(f)所示,根据力矩的平衡,得 $F_{1P}=-\frac{3}{16}qa^2, F_{2P}=\frac{1}{2}qa^2$。

(5)解方程,求基本未知量

把求得的刚度系数及自由项代入位移法基本方程得

$$\begin{cases} 15i\Delta_1+2i\Delta_2-\frac{3}{16}qa^2=0 \\ 2i\Delta_1+4i\Delta_2+\frac{1}{2}qa^2=0 \end{cases}$$

解方程得

$$\begin{cases}\Delta_1 = \dfrac{qa^2}{32i} \\ \Delta_2 = -\dfrac{9qa^2}{64i}\end{cases}$$

（6）利用叠加原理作内力图

根据 $M = \overline{M}_1\Delta_1 + \overline{M}_2\Delta_2 + M_P$，弯矩图如图 7. 18 所示。

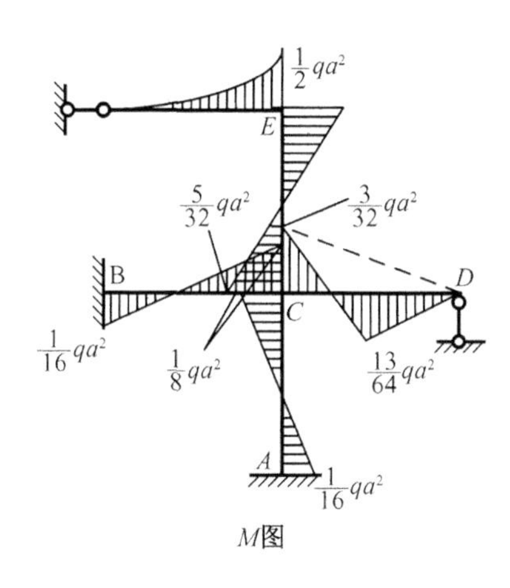

图 7. 18

7. 4 位移法求解对称结构

在 6. 4 节中讨论了用力法求解超静定对称结构，给出了对称结构在对称荷载或反对称荷载作用下半结构的选取；并说明对称结构在任意荷载作用下，均可分解为对称结构在对称荷载作用下和对称结构在反对称荷载作用下两部分进行计算；对称结构在对称荷载作用下，内力和变形是对称的，弯矩图和轴力图是对称的，剪力图是反对称的；对称结构在反对称荷载作用下，内力和变形是反对称的，弯矩图和轴力图是反对称的，剪力图是对称的。用位移法计算对称结构时，可利用这些规律取半结构进行分析。

例 7 - 8 利用对称性计算图 7. 19(a)所示结构，作 M 图。已知 $l = 5$ m，$F_P = 10$ kN。

解 对称结构在反对称荷载作用下，取半结构如图 7. 19(b)所示。取半结构时，注意中柱刚度减半。

（1）确定基本未知量和基本体系

因 BD 杆刚度趋于无穷大，故结点 B 和结点 D 的水平位移相同，所以有两个基本未知量，结点 B 的转角 Δ_1 和结点 D 的水平位移 Δ_2，基本体系如图 7. 19(c)所示。

（2）列出位移法基本方程

由附加刚臂和附加链杆反力为零可知

$$k_{11}\Delta_1 + k_{12}\Delta_2 + F_{1P} = 0$$
$$k_{21}\Delta_1 + k_{22}\Delta_2 + F_{2P} = 0$$

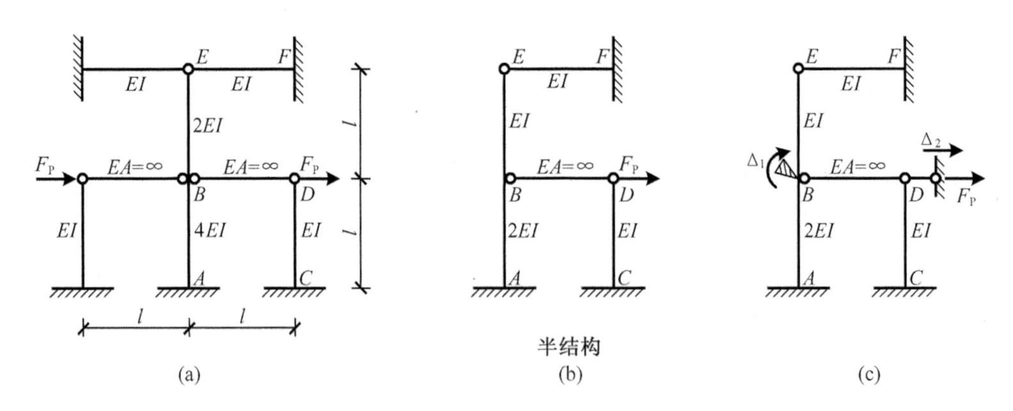

(a) (b) (c)

图 7.19 例 7-8 图

(3)作单位位移作用下及外荷载作用下的弯矩图

令 $i=\dfrac{EI}{l}$,单位位移作用下的弯矩图如图 7.20(a)(b)所示;在外荷载作用时,因附加链杆的反力与外荷载是作用在同一轴线上、大小相等、方向相反的一对力,故在外荷载作用下结构处于无弯矩状态,受力图如图 7.20(c)所示。

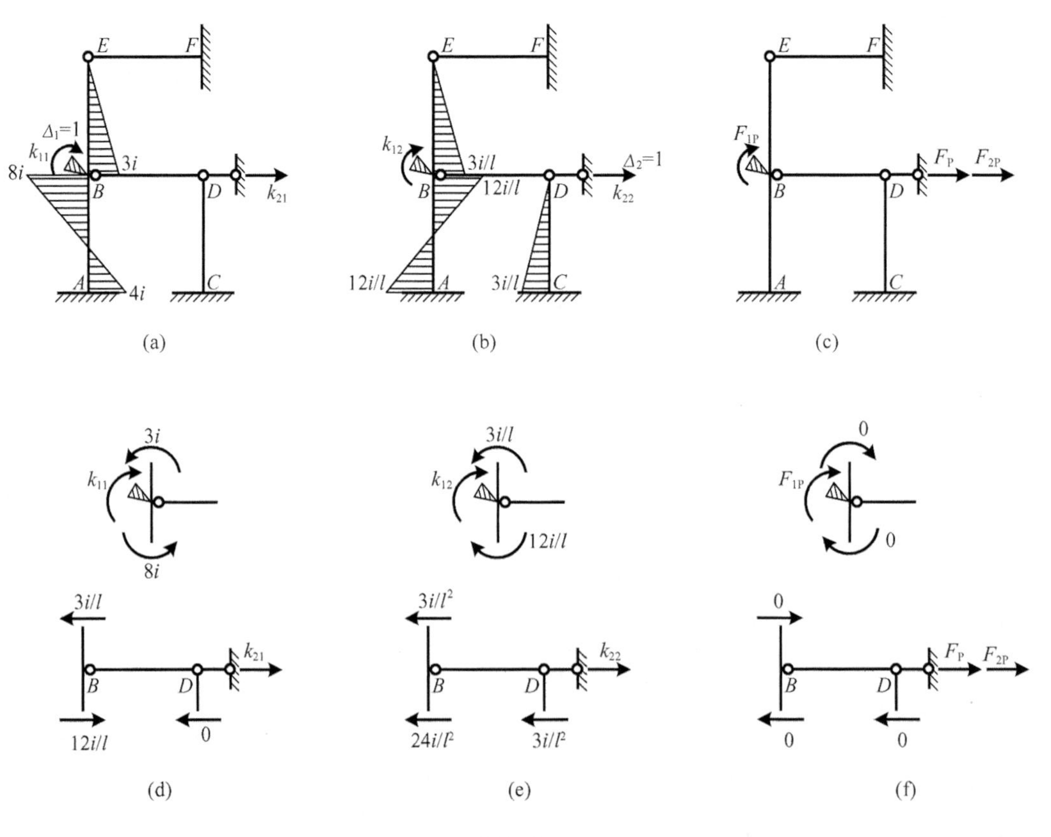

(a) (b) (c)

(d) (e) (f)

图 7.20

(4)求系数和自由项

求刚度系数 k_{11} 和 k_{21} 时,取图 7.20(a)中隔离体,如图 7.20(d)所示,由隔离体的平衡可求得

$$k_{11}=11i,\ k_{21}=-\frac{9i}{l}$$

求刚度系数 k_{12} 和 k_{22} 时,取图 7.20(b)中隔离体,如图 7.20(e)所示,由隔离体的平衡可求得

$$k_{21}=-\frac{9i}{l},\ k_{22}=\frac{30i}{l^2}$$

求自由项 F_{1P} 和 F_{2P} 时,取图 7.20(c)中隔离体,如图 7.20(f)所示,由隔离体的平衡可求得

$$F_{1P}=0,\ F_{2P}=-F_P$$

(5)解方程,求基本未知量

把求得的刚度系数及自由项代入位移法基本方程得

$$\begin{cases}11i\Delta_1-\dfrac{9i}{l}\Delta_2=0\\ -\dfrac{9i}{l}\Delta_1+\dfrac{30i}{l^2}\Delta_2-F_P=0\end{cases}$$

解方程得

$$\begin{cases}\Delta_1=0.036\dfrac{F_Pl}{i}\\ \Delta_2=0.044\dfrac{F_Pl^2}{i}\end{cases}$$

(6)利用叠加原理作内力图

根据 $M=\overline{M}_1\Delta_1+\overline{M}_2\Delta_2+M_P$,弯矩图如图 7.21 所示。

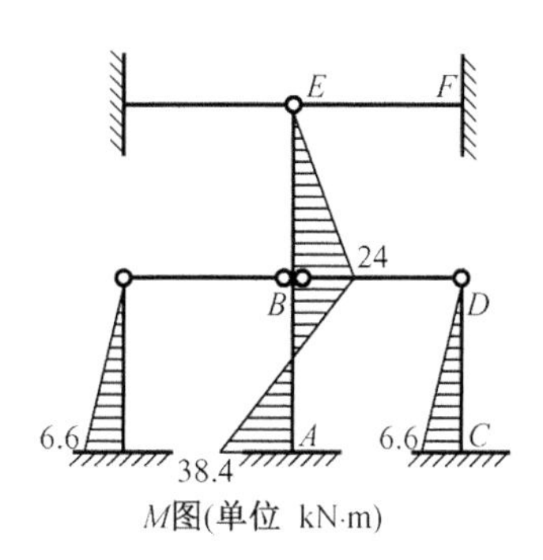

图 7.21

例 7-9 图 7.22(a)所示刚架利用对称性给出用位移法计算图示刚架的基本体系,已知各杆 EI=常数。

解 该结构为一对称结构,受一组对称荷载和一组反对称荷载共同作用。计算时可分别计算对称结构在对称荷载作用下的情况和对称结构在反对称荷载作用下的情况,并根据叠加原理进行叠加。用位移法求解对称结构,可只取半结构进行分析。在对称荷载作用下

取半结构进行分析的基本体系如图 7.22(b)所示;在反对称荷载作用下取半结构进行分析的基本体系如图 7.22(c)所示。

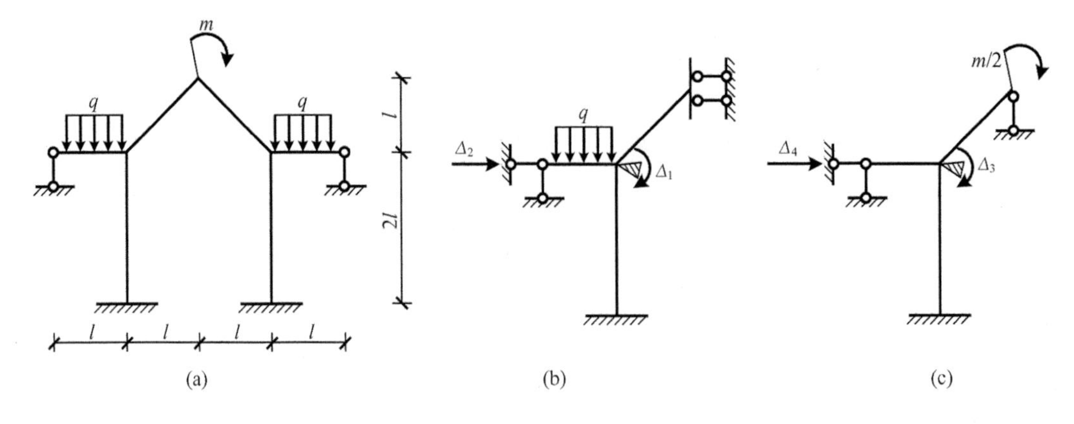

图 7.22 例 7-9 图

7.5 温度改变和支座移动时的计算

7.5.1 温度改变时的计算

超静定结构在温度改变时,结构中一般会产生内力。用位移法进行温度改变时超静定结构计算时,基本未知量、基本体系及解题步骤与荷载作用时一样,不同的是在温度改变时固端力是由温度改变而产生的固端弯矩。在温度改变时,固端弯矩由两部分组成:一是因杆件内外温差使杆件弯曲,因而产生一部分固端弯矩;二是因温度改变时杆件的轴向变形不能忽略,因轴向变形使结点产生位移,使杆件两端产生相对侧向位移,从而产生的另一部分固端弯矩。具体计算通过例题说明。

例 7-10 图 7.23(a)所示刚架,当温度发生改变时作刚架的弯矩图。已知材料线膨胀系数 α,各杆刚度相等且为常数,截面为矩形,截面高度为 $h=l/10$。

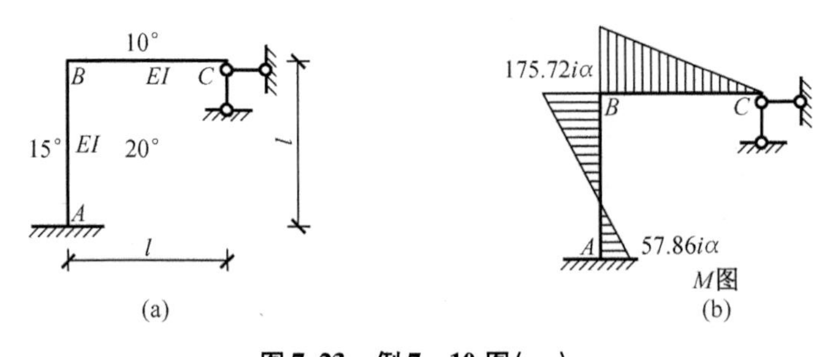

图 7.23 例 7-10 图(一)

解 利用两种方法分别求解,令 $i=\dfrac{EI}{l}$。

方法一:直接平衡法

(1)确定基本未知量

基本未知量为结点 B 的角位移 θ_B。

(2)计算杆端弯矩

温度改变时,计算杆端弯矩要同时考虑杆件弯曲引起的固端弯矩和杆件轴向变形导致杆件侧移而引起的固端弯矩。

杆 AB 内外表面温差 $|\Delta_{tAB}| = 20 - 15 = 5°$,轴线处温度提高 $t_{0AB} = \frac{15+20}{2} = 17.5°$,则杆件伸长为 $17.5\alpha l$;

杆 BC 内外表面温差 $|\Delta_{tBC}| = 20 - 10 = 10°$,轴线处温度提高 $t_{0BC} = \frac{10+20}{2} = 15°$,则杆件伸长为 $15\alpha l$;

由温度引起杆件的侧移分别为

$$\Delta_{BA} = 15\alpha l,\quad \Delta_{BC} = 17.5\alpha l$$

各杆杆端弯矩为

$$M_{AB} = 2i\theta_B + \frac{6i}{l}\times 15\alpha l - \frac{EI\alpha}{h}\times 5 = 2i\theta_B + 40i\alpha$$

$$M_{BA} = 4i\theta_B + \frac{6i}{l}\times 15\alpha l + \frac{EI\alpha}{h}\times 5 = 4i\theta_B + 140i\alpha$$

$$M_{BC} = 3i\theta_B - \frac{3i}{l}\times 17.5\alpha l - \frac{3EI\alpha}{2h}\times 10 = 3i\theta_B - 202.5i\alpha$$

(3)建立位移法基本方程

根据结点 B 力矩平衡得位移法基本方程

$$7i\theta_B - 62.5i\alpha = 0$$

(4)解方程,求基本未知量

$$\theta_B = 8.93\alpha$$

(5)求各杆杆端弯矩

$$M_{AB} = 57.86i\alpha$$

$$M_{BA} = 175.72i\alpha$$

$$M_{BC} = -175.72i\alpha$$

(6)依据各杆杆端弯矩作弯矩图

弯矩图如图7.23(b)所示。

方法二:典型方程法

(1)确定基本未知量和基本体系

基本未知量为结点 B 的角位移 Δ_1,基本体系如图7.24(a)所示。

(2)列出基本方程

$$k_{11}\Delta_1 + F_{1t} = 0$$

其中,F_{1t}表示基本结构在温度改变时,在附加约束中产生的约束反力。

(3)作单位位移作用下及温度改变情况下的弯矩图

单位位移作用下的弯矩图如图7.24(b)所示。如前所述温度改变时,杆端弯矩由两部分组成。由温度引起杆件的侧移分别为

$$\Delta_{BA} = 15\alpha l,\quad \Delta_{BC} = 17.5\alpha l$$

则由温度改变引起的弯矩图如图7.24(c)所示。

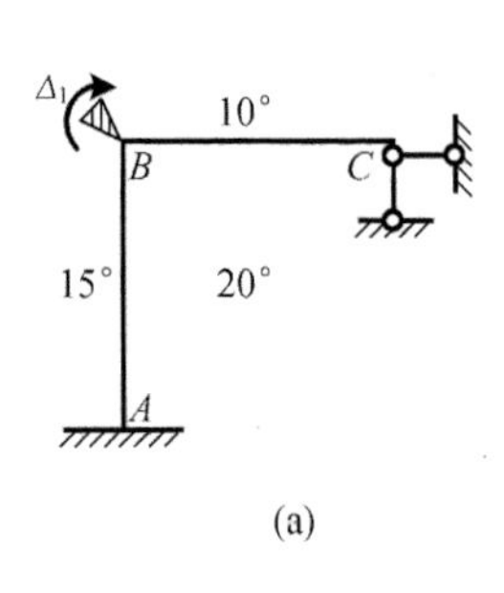

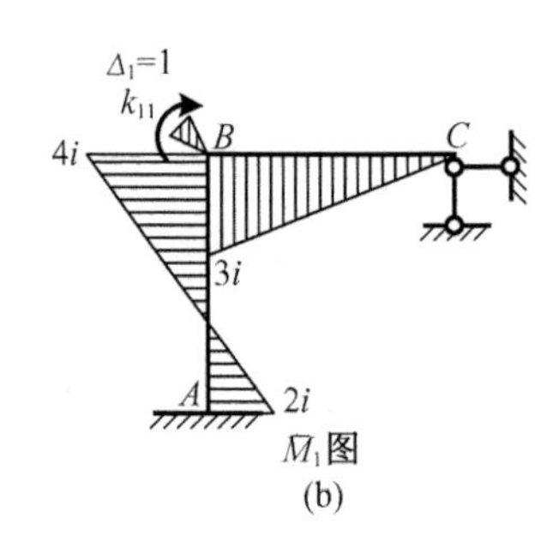

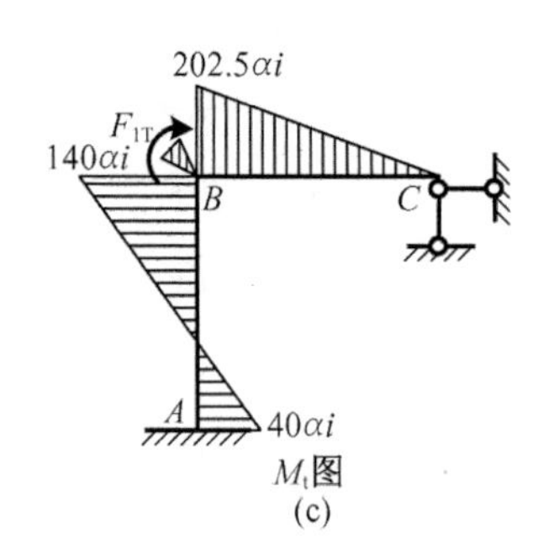

图 7.24　例 7－10 图(二)

(4)求系数和自由项

$$k_{11}=7i\ ,\quad F_{1t}=-62.5i\alpha$$

(5)解方程,求基本未知量

把求得的刚度系数及自由项代入位移法基本方程得

$$7i\Delta_1-62.5i\alpha=0$$

解方程得

$$\Delta_1=8.93\alpha$$

(6)利用叠加原理作弯矩图

弯矩图如图 7.23(b)所示。

7.5.2　支座移动时的计算

超静定结构在支座移动时,结构中一般会产生内力。用位移法进行支座移动时超静定结构计算,基本未知量、基本体系及解题步骤与荷载作用时一样,不同的是在支座移动时固端力是由支座移动而产生的固端弯矩。

例 7－11　图 7.25 所示连续梁,支座 C 下沉 1 cm,作弯矩图,已知 $EI=1.4\times10^5\ \text{kN}\cdot\text{m}^2$,$l=6$ m。

解　利用直接平衡法求解。

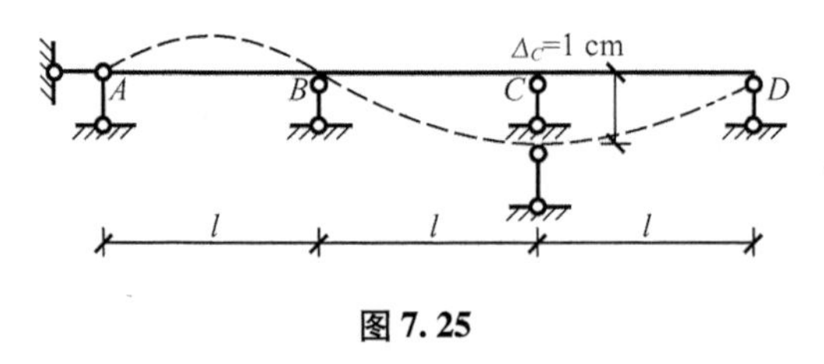

图 7.25

(1)确定基本未知量

基本未知量为结点 B 和结点 C 的角位移 θ_B,θ_C。

(2)计算杆端弯矩

令 $i=\dfrac{EI}{l}$,支座 C 下沉 $\Delta_C=1$ cm 时引起的固端弯矩为

$$M_{CD}^{F}=\frac{3i}{l}\Delta_C=3i\times\frac{0.01}{6}=0.005i$$

$$M_{BC}^{F}=M_{CB}^{F}=-\frac{6i}{l}\Delta_{C}=-6i\times\frac{0.01}{6}=-0.01i$$

$$M_{BA}=3i\theta_{B}$$

$$M_{BC}=4i\theta_{B}+2i\theta_{C}-0.01i$$

$$M_{CB}=2i\theta_{B}+4i\theta_{C}-0.01i$$

$$M_{CD}=3i\theta_{C}+0.005i$$

(3)建立位移法基本方程

分别根据结点 B 和结点 C 的力矩平衡得位移法基本方程

$$\begin{cases}7i\theta_{B}+2i\theta_{C}-0.01i=0\\2i\theta_{B}+7i\theta_{C}-0.005i=0\end{cases}$$

(4)解方程,求基本未知量

$$\begin{cases}\theta_{B}=\dfrac{2}{15}\times10^{-2}\\\theta_{C}=\dfrac{1}{30}\times10^{-2}\end{cases}$$

(5)求各杆杆端弯矩

$$M_{BA}=93.3\ \text{kN·m}$$

$$M_{BC}=-93.3\ \text{kN·m}$$

$$M_{CB}=-140\ \text{kN·m}$$

$$M_{CD}=140\ \text{kN·m}$$

(6)依据各杆杆端弯矩作弯矩图

弯矩图如图7.26所示。

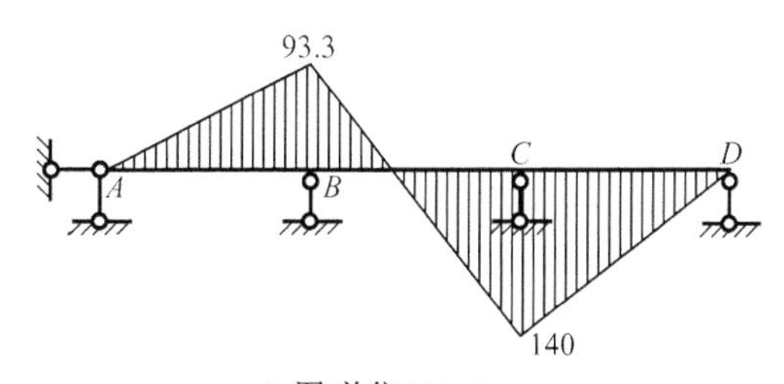

M图(单位:kN·m)

图7.26

利用位移法求解有弹簧支座的问题时,需要考虑弹簧支座位移而产生的固端弯矩,下面通过例题加以说明。

例7-12　图7.27(a)所示连续梁,C 为弹簧支座,弹簧刚度 $k=\dfrac{i}{l^2}$,用位移法求解,并作弯矩图。

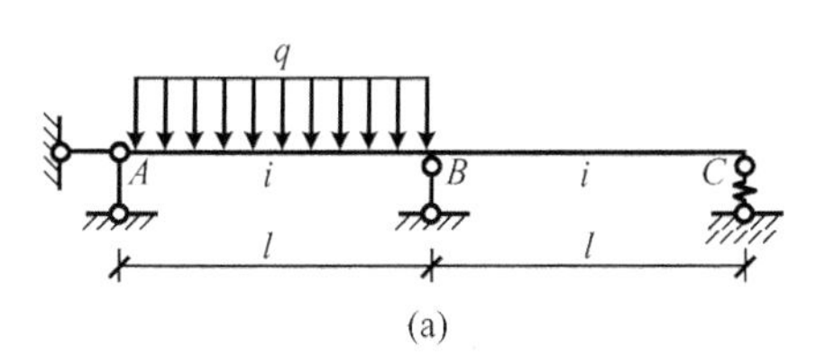

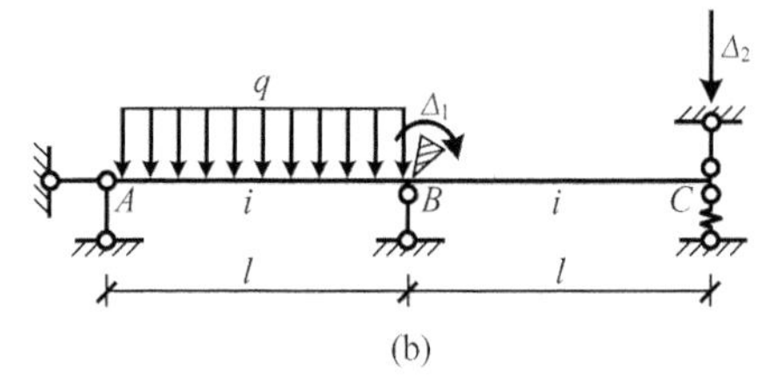

图7.27　例7-12图

解　本题利用典型方程法求解。

(1)确定基本未知量和基本体系

此结构有两个基本未知量,结点 B 的转角 Δ_1 和支座 C 的竖向位移 Δ_2。支座 C 为弹簧支座,在图示荷载作用下会产生竖向位移,因该结构为超静定结构,弹簧支座 C 的竖向移动

会使杆件 BC 产生固端弯矩，故 C 点的竖向位移 Δ_2 亦为基本未知量，基本体系如图7.27(b)所示。

(2)列出位移法的基本方程

$$k_{11}\Delta_1 + k_{12}\Delta_2 + F_{1P} = 0$$

$$k_{21}\Delta_1 + k_{22}\Delta_2 + F_{2P} = 0$$

(3)作单位位移作用下及外荷载作用下的弯矩图

单位位移作用下的弯矩图如图 7.28(a)(b)所示；外荷载作用下的弯矩图如图 7.28(c)所示。

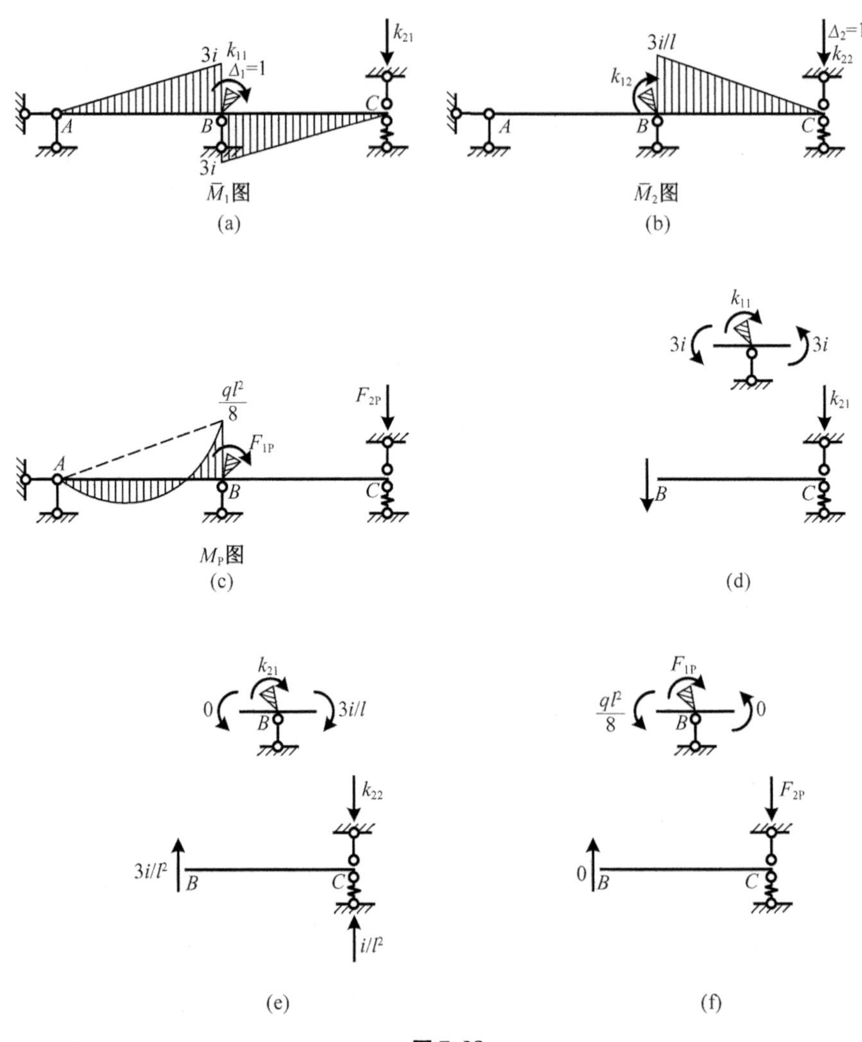

图 7.28

(4)求系数和自由项

求刚度系数 k_{11} 和 k_{21} 时，取图 7.28(a)中的隔离体，如图 7.28(d)所示，根据结点 B 的力矩平衡和结点 C 竖向力平衡，得 $k_{11} = 6i$，$k_{21} = -\dfrac{3i}{l}$。

求刚度系数 k_{12} 和 k_{22} 时，取图 7.28(b)中隔离体，如图 7.28(e)所示，根据结点 B 的力矩

平衡和结点 C 竖向力平衡，得 $k_{12}=-\dfrac{3i}{l}$，$k_{22}=\dfrac{3i}{l^2}+\dfrac{i}{l^2}=\dfrac{4i}{l^2}$。

求自由项 F_{1P}和 F_{2P}时，取图 7.28(c)中隔离体，如图 7.28(f)所示，根据结点 B 的力矩平衡和结点 C 竖向力平衡，得 $F_{1P}=\dfrac{1}{8}ql^2$，$F_{2P}=0$。

(5)解方程，求基本未知量

把求得的刚度系数及自由项代入位移法基本方程得

$$\begin{cases}6i\Delta_1-\dfrac{3i}{l}\Delta_2+\dfrac{1}{8}ql^2=0\\-\dfrac{3i}{l}\Delta_1+\dfrac{4i}{l^2}\Delta_2=0\end{cases}$$

解方程得

$$\begin{cases}\Delta_1=-\dfrac{ql^2}{30i}\\\Delta_2=-\dfrac{ql^3}{40i}\end{cases}$$

(6)利用叠加原理作弯矩图

根据 $M=\overline{M}_1\Delta_1+\overline{M}_2\Delta_2+M_P$，弯矩图如图 7.29 所示。

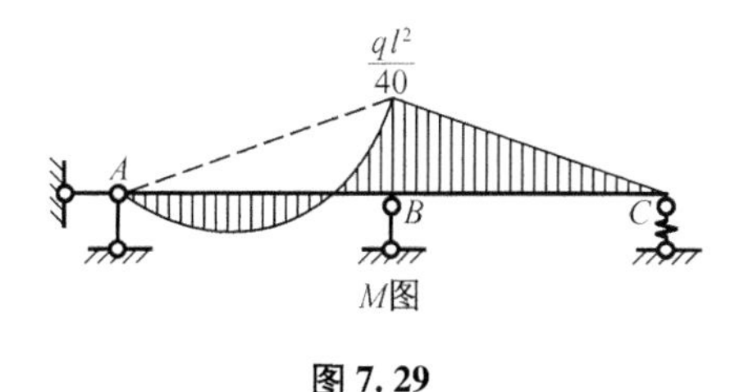

图 7.29

7.6 本章小结

本章主要学习了如何利用位移法求解超静定结构，用位移法求解超静定结构有两种方法，即直接平衡法和典型方程法。通过求解思路理解位移法的基本思想、基本概念及求解步骤；用位移法求解超静定结构时要注意正确选取半结构；对于支座移动及温度改变情况下用位移法求解时，要注意固端弯矩的求解与荷载作用时不同。

7.6.1 基本概念

本章的基本概念有形常数、载常数、转角位移方程、基本未知量、基本体系、基本方程、直接平衡法、典型方程法。

1. 形常数

形常数又称刚度系数，表示单位杆端位移引起的杆端力；形常数是只与杆件长度、截面尺寸和材料性质有关的常数。

2. 载常数

等截面直杆中,杆件只承受荷载作用时的杆端弯矩和杆端剪力,通常称为固端弯矩和固端剪力。固端力的大小只与杆件所承受的荷载有关,即在给定荷载作用下为常数,故又称为载常数。一般用 M_{AB}^{F},M_{BA}^{F} 表示固端弯矩,用 F_{QAB}^{F},F_{QBA}^{F} 表示固端剪力。

3. 转角位移方程

由杆端位移、荷载等因素求杆端力的方程称为转角位移方程,也称作刚度方程。

4. 基本未知量

独立的结点位移称作位移法的基本未知量。独立的结点位移包括角位移和线位移。

5. 基本结构

在原结构中增加了与位移法基本未知量相应的可控约束而得到的结构,在有角位移的地方加附加刚臂,在有线位移的地方加附加链杆。

6. 基本体系

在基本结构上添加基本未知量和荷载形成的体系称为位移法的基本体系。

7. 基本方程

含有基本未知量的平衡方程称为位移法的基本方程。

8. 直接平衡法

直接平衡法是通过建立结点或截面的平衡方程来求解超静定结构。

9. 典型方程法

典型方程法是通过基本体系建立位移法的典型方程。位移法典型方程的物理意义是基本结构在荷载等外界因素及结点位移共同作用下,附加约束的反力或反力矩均为零。典型方程即基本方程,是有基本未知量的力的平衡方程。

7.6.2 重要知识点

1. 正负号规定

杆端转角以顺时针为正,杆两端相对线位移,以使杆产生顺时针转动为正;杆端弯矩以顺时针转动为正,杆端剪力以绕隔离体顺时针转动为正。注意这里规定正负只是为便于计算,与前述弯矩画在受拉侧并不矛盾;同时要注意,弯矩图中弯矩是杆件的内力,杆端弯矩相对于隔离体是外力,要注意区分。

2. 直接平衡法的基本思路及求解步骤

基本思想是先化整为零,后化零为整,即把整个结构拆分成单根杆件,对每根杆件进行分析,找到杆端力与杆端位移的关系即转角位移方程;然后对整个结构进行分析,根据结点或截面的平衡方程找到结点力与结点位移的关系。其具体步骤为:

(1)确定基本未知量(结点位移的数量);

(2)对每根杆件进行分析,找到杆端力与杆端位移的关系;

(3)对整个结构进行分析,找到结点平衡或截面平衡建立方程;

(4)解方程,得到结点位移;

(5)把求得的结点位移代入杆端力与杆端位移关系方程,求得杆端力;

(6)作内力图。根据杆端弯矩作弯矩图;选取杆件为研究对象,依据杆端弯矩及外荷载求杆端剪力,作剪力图;依据结点平衡,求出杆端轴力,作轴力图。

3. 典型方程法的基本思想及求解步骤

典型方程法的基本思想与直接平衡法是一样的,其不同之处是通过添加附加约束把结构拆分成若干单跨超静定梁。其具体步骤为:

(1)确定基本未知量和基本体系;

(2)列出位移法基本方程;

(3)作单位位移作用下及外荷载作用下的弯矩图;

(4)求系数和自由项;

(5)解方程,求基本未知量;

(6)利用叠加原理作内力图。

4. 对称结构的计算

位移法求解对称结构时关键一步是正确选取半结构。正确选取半结构不仅是得到正确结果的基础,同时也可减少基本未知量个数。注意对称结构在对称荷载和反对称荷载作用下半结构选取的不同;对称结构在任意荷载作用下时,可分解为对称结构在对称荷载作用和对称结构在反对称荷载作用下,分别进行计算,然后再把计算结果进行叠加。

5. 温度改变时的计算

用位移法进行温度改变时超静定结构计算,基本未知量、基本体系及解题步骤与荷载作用时一样,不同的是在温度改变时固端力是由温度改变而产生的固端弯矩。在温度改变时,固端弯矩由两部分组成:一是因杆件内外温差使杆件弯曲,因而产生一部分固端弯矩;二是因温度改变时杆件的轴向变形不能忽略,因轴向变形使结点产生位移,使杆件两端产生相对侧向位移,从而产生的另一部分固端弯矩。

6. 支座移动时的计算

用位移法进行支座移动时超静定结构计算,基本未知量、基本体系及解题步骤与荷载作用时一样,不同的是在支座移动时固端力是由支座移动而产生的固端弯矩。

7.6.3 力法与位移法的区别

力法和位移法是求解超静定结构基本的两种解法。力法是以多余约束力作为基本未知量,位移法是以结点位移作为基本未知量,故力法只能用于求解超静定结构,但位移法不仅可以用来求解超静定结构,也可以用来求解静定结构。力法和位移法是相反互补的关系,有许多对偶关系,表7.2给出了两种解法的联系和对比。

表7.2 力法和位移法的比较

	力 法	位移法
基本未知量	多余约束力	独立的结点位移
基本体系	含有基本未知量的静定结构,即把多余约束去掉,把被动力变为主动力	通过添加附加约束把原超静定结构拆分成单根杆件进行分析
基本方程	含有基本未知量的变形协调方程	含有基本未知量的力平衡方程

习 题

7－1 判断题（正确的打✓，错误的打×）

（1）两端是固定端支座的单跨水平梁在竖向荷载作用下，若考虑轴向变形，则该梁轴力不为零。（ ）

（2）用位移法计算题7－1（2）图所示结构时，独立的基本未知数数目是4。（ ）

（3）若题7－1（3）图所示梁的材料、截面形状、温度变化均未改变而欲减小其杆端弯矩，则应减小 I/h 的值。（ ）

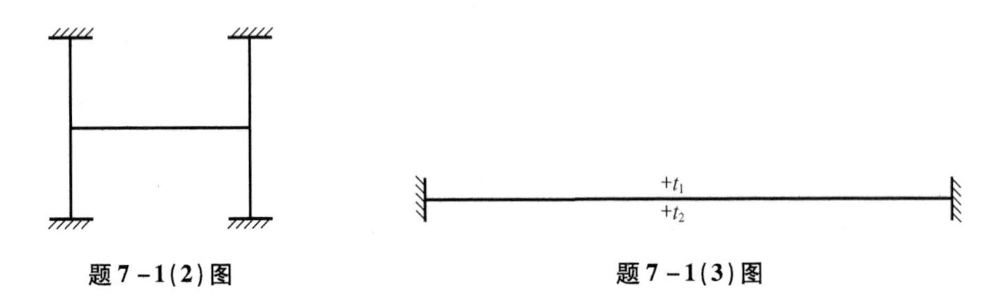

题7－1（2）图　　题7－1（3）图

（4）题7－1（4）图所示结构（EI＝常数）用位移法求解的基本未知量个数最少为1。（ ）

（5）题7－1（5）图所示结构（EI＝常数），用位移法求解时有一个基本未知量。（ ）

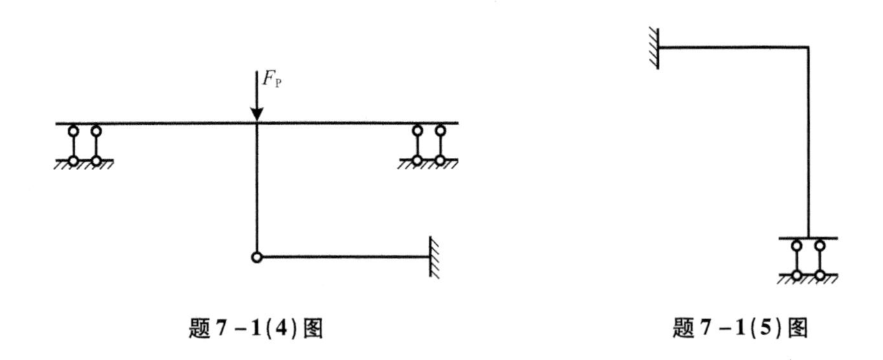

题7－1（4）图　　题7－1（5）图

（6）题7－1（6）图所示结构用位移法求解时，基本未知量个数是相同的。（ ）

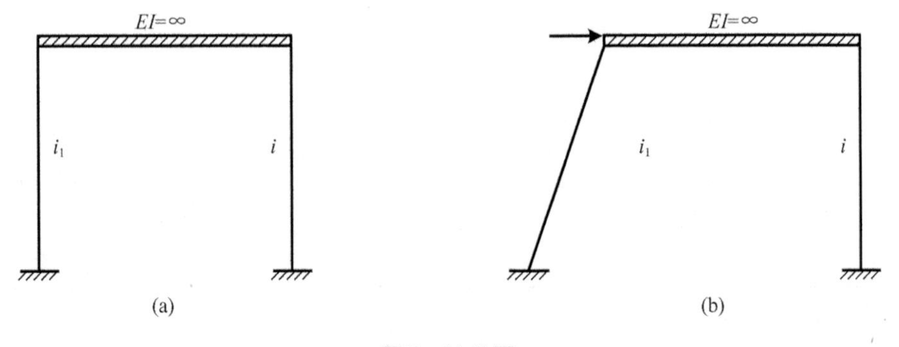

题7－1（6）图

(7)题7－1(7)图所示结构结点 B 的转角为零。(   )

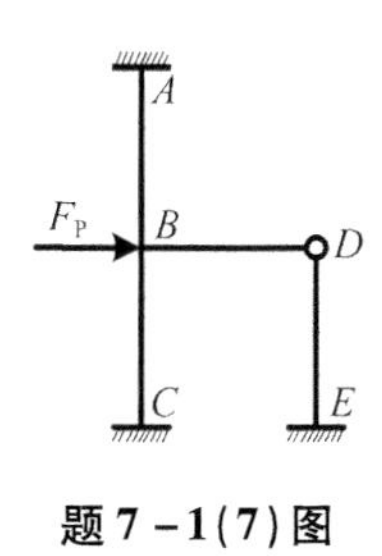

题7－1(7)图

(8)在位移法中,可以将铰接端的角位移,滑动支承端的线位移作为基本未知量,但不必要。(   )

(9)题7－1(9)图(a)所示结构的 M 图如题7－1(9)图(b)所示。(   )

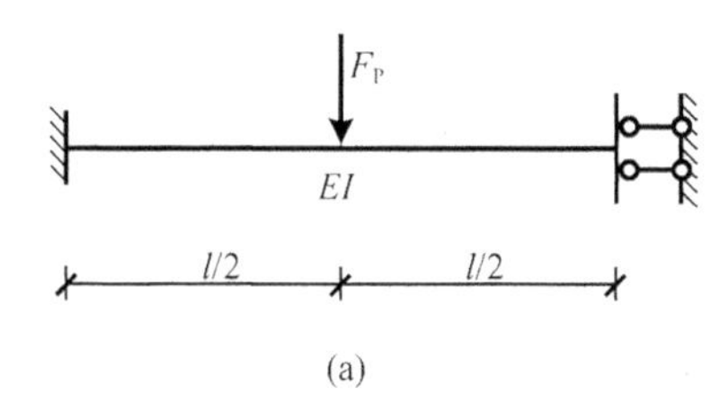

(a)

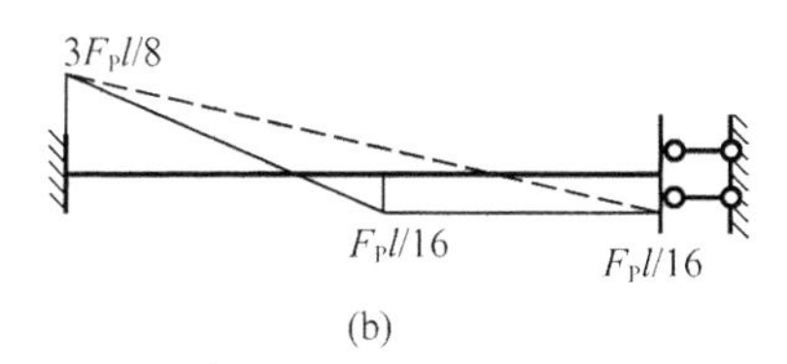

(b)

题7－1(9)图

(10)题7－1(10)图(b)是图题7－1(10)(a)所示结构用位移法计算时的 $\overline{M}_1$ 图。(   )

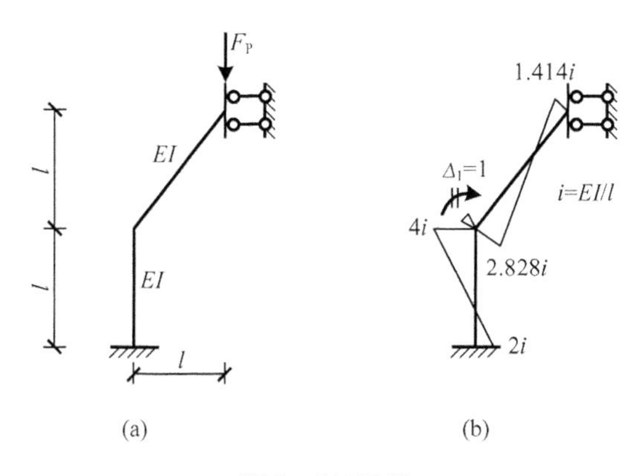

(a)　　(b)

题7－1(10)图

7－2　如题7－2图所示,用位移法计算时,确定基本未知量个数。

7－3　用位移法计算题7－3图所示结构,并作出 M 图。EI = 常数。

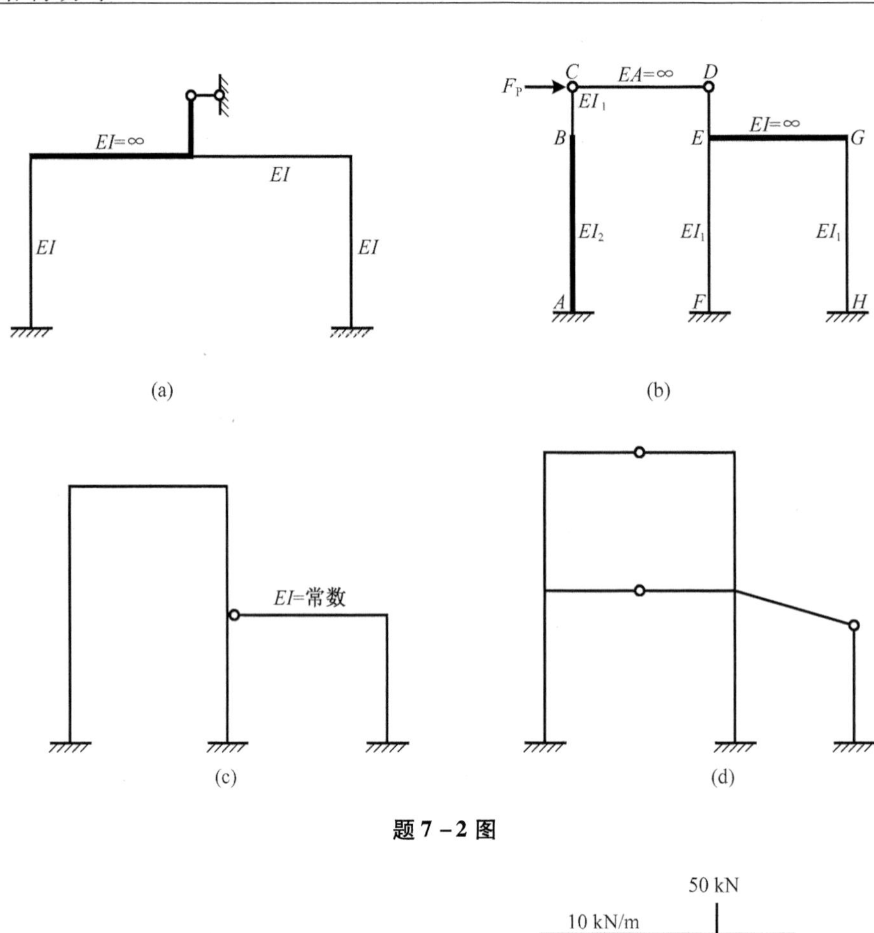
EI=∞
EI
EI
EI
(a)
F_P
C
EA=∞
D
EI_1
B
E
EI=∞
G
EI_2
EI_1
EI_1
A
F
H
(b)
EI=常数
(c)
(d)

题 7－2 图

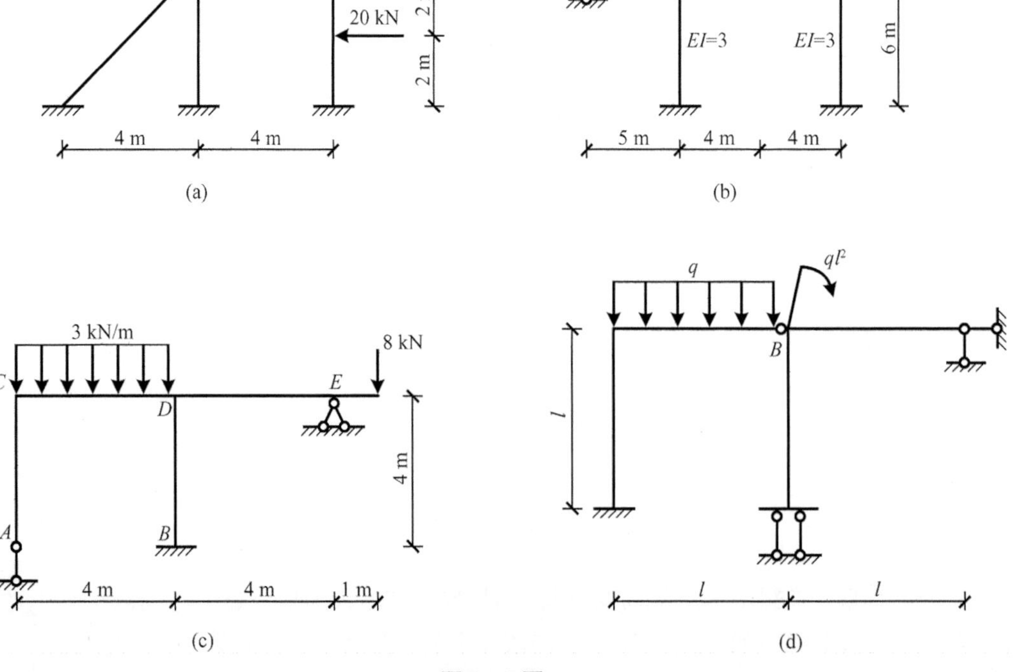
20 kN
2 m
2 m
4 m
4 m
(a)
50 kN
10 kN/m
EI=5
EI=6
EI=3
EI=3
6 m
5 m
4 m
4 m
(b)
3 kN/m
8 kN
C
D
E
A
B
4 m
4 m
4 m
1 m
(c)
q
ql^2
B
l
l
l
(d)

题 7－3 图

7－4 用位移法计算图7－4图所示结构，并作 M 图。已知 EI = 常数。

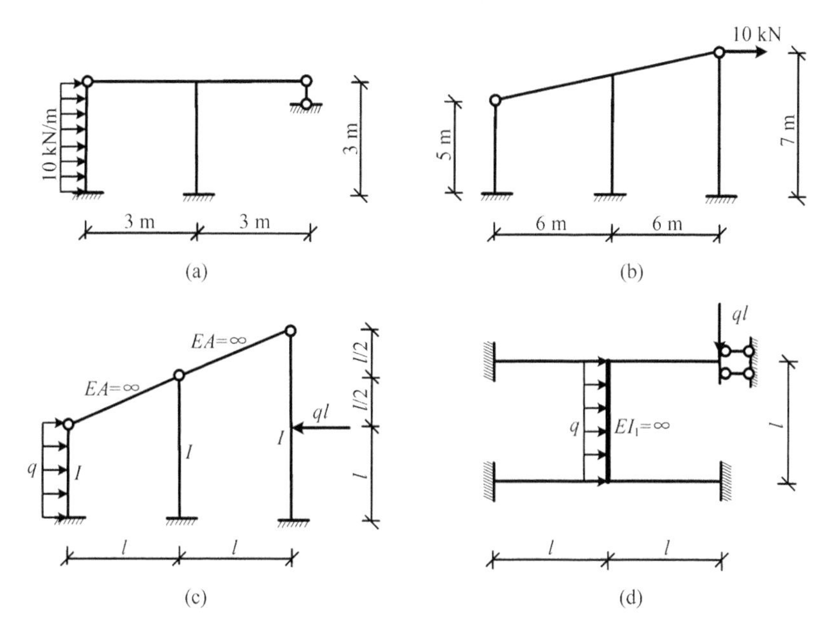

题7－4图

7－5 用位移法计算题7－5图所示结构，并作 M 图。

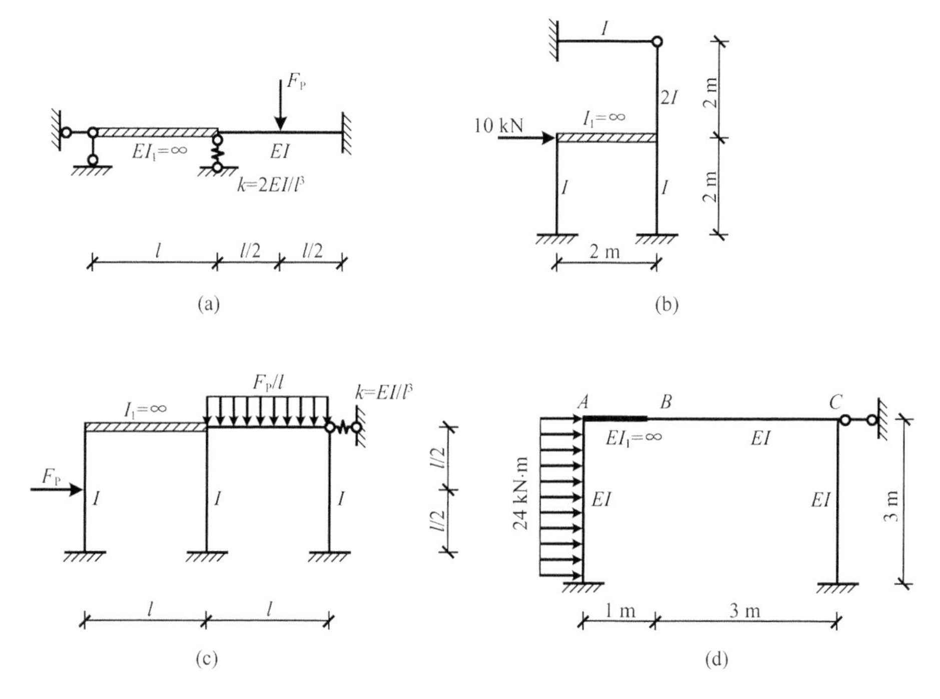

题7－5图

7－6 用位移法计算题7－6图所示对称结构，作弯矩图。EI = 常数。

7－7 若使题7－7图所示梁中 C 截面弯矩为零，EI 为常数。应如何设计弹簧刚度 k?

（用位移法求解）

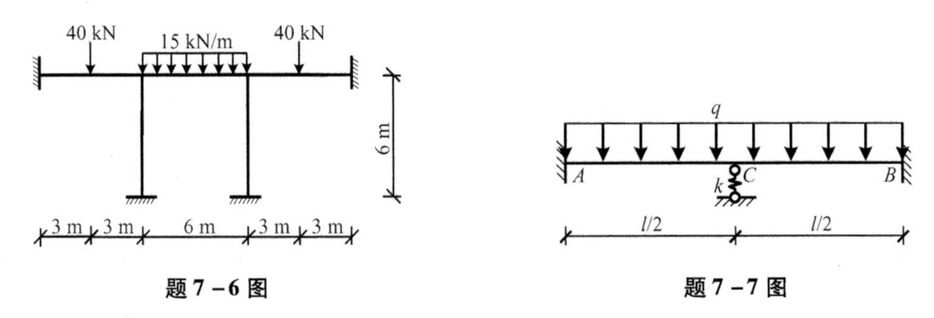

题 7－6 图　　　　题 7－7 图

7－8　用位移法计算题 7－8 图所示对称刚架，作 M 图。已知 $EI_1=\infty$，其余各杆 $EI=$ 常数，$q=4\ \text{kN/m}$。

7－9　如题 7－9 图所示结构，各杆 EI 相同。已知 q,l,B 点转角 $\varphi_B=\dfrac{-15ql^2}{184i}$（↻），$C$ 点水平位移 $\Delta=\dfrac{-3ql^3}{92i}$（←），取 $\dfrac{EI}{l}=i$，作 M 图。

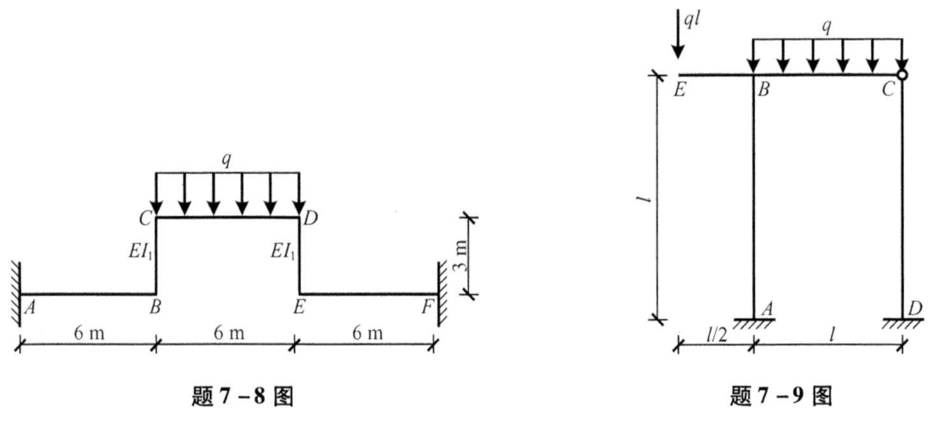

题 7－8 图　　　　题 7－9 图

7－10　题 7－10 图所示刚架 $q=12\ \text{kN/m}$，支座 A 的竖向沉陷 $\Delta=0.002\ \text{m}$，$EI=1\times10^4\ \text{kN}\cdot\text{m}^2$，求 B 点的竖向位移 Δ_{BV}。

7－11　求题 7－11 图所示刚架发生温度变化时的弯矩图。其中材料的线膨胀系数为 α，各杆 EI 相等且为常数，截面为矩形，截面高度为 $h=l/10$。

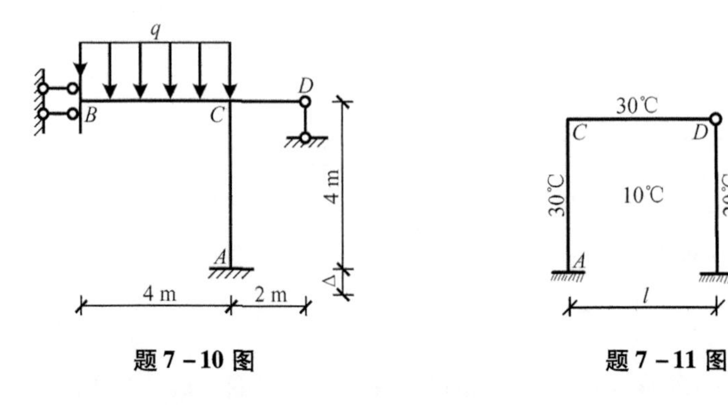

题 7－10 图　　　　题 7－11 图

第8章　渐近法及其他算法简述

第6章和第7章分别介绍了求解超静定结构的两种基本方法——力法和位移法，通过这两种方法得到的解是精确解。但当未知量较多时，求解线性方程组则有一定难度，尤其是手算时，难度则更大。本章学习近似的求解方法，在手算的情况下，可以得到较精确的解。主要介绍两种以位移法为理论基础的渐近法，即力矩分配法和无剪力分配法。

本章学习的主要内容有转动刚度、分配系数、传递系数的概念及确定，力矩分配法的概念，用力矩分配法计算连续梁和无侧移刚架，无剪力分配法的概念及计算，以及分层法和反弯点法。

通过本章内容的学习，要熟练掌握力矩分配法的基本概念，连续梁和无侧移刚架的计算，掌握无剪力分配法的计算，了解分层法和反弯点法。

8.1　力矩分配法

力矩分配法以位移法为理论基础，以杆端弯矩为计算对象，通过增量调整修正方法来逐渐靠近真实解；力矩分配法适用于连续梁和无侧移刚架。杆端弯矩的正负号规定与位移法相同。下面首先介绍力矩分配法中用到的几个名词。

8.1.1　名词解释

1. 转动刚度

转动刚度表示杆端对转动的抵抗能力，用 S 表示，它在数值上等于杆端产生单位转角时所需要施加的力矩。

如图8.1(a)所示超静定梁，把有转角的一端称为近端，无转角的一端称为远端。远端 B 端为固定端，为使近端 A 产生单位转角 $\theta_A=1$，根据位移法杆端弯矩公式(式(7.9))可知，需要在 A 端施加的力矩为 $4i$；故有当远端 B 为固定端时，近端 A 的转动刚度 $S_{AB}=4i$。同理可知，如果远端 B 为铰支、定向或自由时(图8.1(b)(c)(d))，近端 A 的转动刚度分别为 $S_{AB}=3i$，$S_{AB}=i$，$S_{AB}=0$。

从上述内容可见，转动刚度 S 除与杆件线刚度 i 有关外，还与远端的支承情况有关，而与近端的支承情况无关。例如图8.1中 A 端可为固定端或定向支座，并不影响 A 端的转动刚度 S_{AB}。转动刚度 S_{AB} 的下标中第一个字母表示近端，第二个字母表示远端。

2. 传递系数

如图8.1所示，当近端发生单位转角 $\theta_A=1$ 时，远端也产生杆端弯矩 M_{BA}。远端杆端弯矩 M_{BA} 与近端杆端弯矩 M_{AB} 的比值称为传递系数 C，即

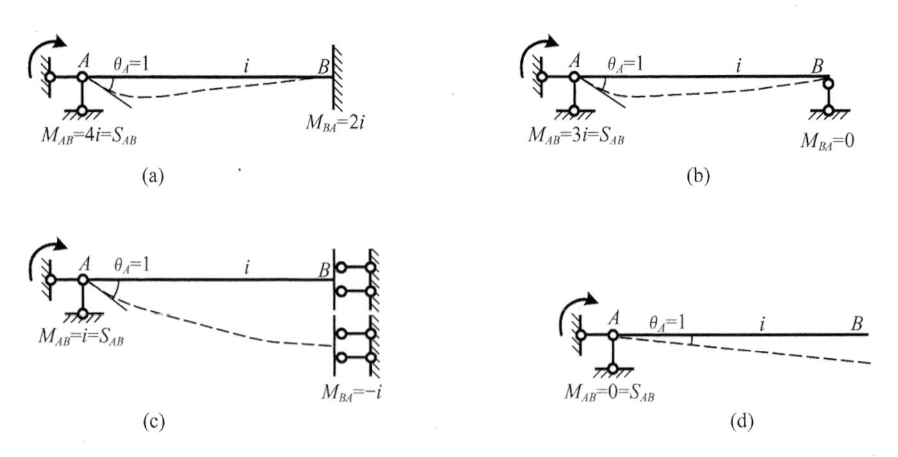

图 8.1

$$C_{AB} = \frac{M_{BA}}{M_{AB}} \tag{8.1}$$

其中传递系数 C_{AB}的下标中第一个字母表示近端,第二个字母表示远端。根据式(8.1)可知,远端固定时,$C = \frac{1}{2}$;远端铰接时,$C = 0$;远端定向时,$C = -1$。

3. 分配系数

通过下面这个例子说明什么是分配系数。如图 8.2(a)所示刚架,B,C,D 端分别通过铰支、固定和定向支座与基础相连。在结点 A 作用一个顺时针集中力偶 M,各杆线刚度均为 i。

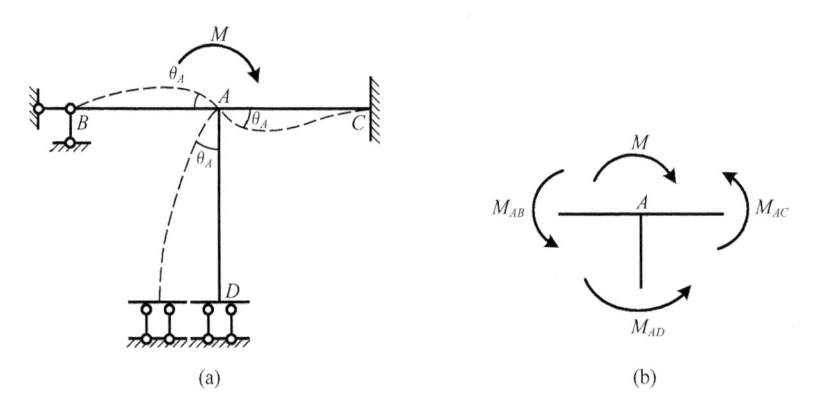

图 8.2

作用在结点 A 上的集中力偶 M 使结点 A 产生顺时针的转角 θ_A。根据转动刚度的定义,可知各杆 A 端的弯矩分别为

$$\begin{cases} M_{AB} = S_{AB}\theta_A = 3i\theta_A \\ M_{AC} = S_{AC}\theta_A = 4i\theta_A \\ M_{AD} = S_{AD}\theta_A = i\theta_A \end{cases} \tag{8.2}$$

取结点 A 为隔离体,如图 8.2(b)所示。根据结点 A 力矩平衡方程可知

$$M = M_{AB} + M_{AC} + M_{AD} = S_{AB}\theta_A + S_{AC}\theta_A + S_{AD}\theta_A \tag{8.3}$$

得

$$\theta_A = \frac{M}{S_{AB} + S_{AC} + S_{AD}} = \frac{M}{\sum_A S} \tag{8.4}$$

把求得的 θ_A 代入式(8.2)有

$$\begin{cases} M_{AB} = \dfrac{S_{AB}}{\sum_A S} M = \mu_{AB} M \\ M_{AC} = \dfrac{S_{AC}}{\sum_A S} M = \mu_{AC} M \\ M_{AD} = \dfrac{S_{AD}}{\sum_A S} M = \mu_{AD} M \end{cases} \tag{8.5}$$

其中,μ_{AB},μ_{AC},μ_{AD}称作弯矩分配系数,简称分配系数,可统一用 μ_{Aj}表示,其中 j 可以是 B,C 或 D。分配系数 μ_{Aj}等于杆 Aj 的转动刚度与交于 A 点的各杆的转动刚度之和的比值。同一结点各杆分配系数之间存在下列关系,即

$$\sum \mu_{Aj} = \mu_{AB} + \mu_{AC} + \mu_{AD} = 1$$

8.1.2　单结点转动的力矩分配

如图 8.3(a)所示连续梁,杆件为等截面直杆,线刚度为 i,在杆 AB 跨中作用一个集中荷载。在集中荷载作用下,连续梁出现如图 8.3(a)中虚线所示的变形,通过此例说明如何利用力矩分配法求杆端弯矩,具体步骤如下。

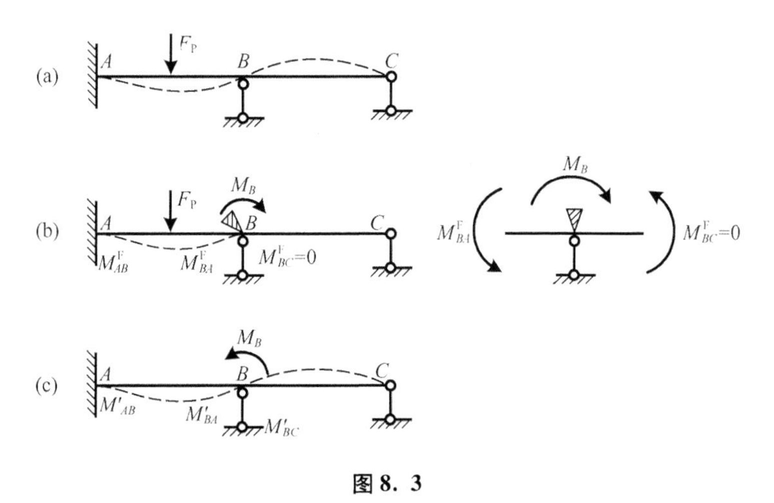

图 8.3

(1)先在结点 B 加一个附加刚臂,阻止结点 B 的转动,然后把集中荷载 F_P作用在杆 AB 跨中。因结点 B 有附加刚臂阻止其转动,则当集中荷载 F_P作用后,只 AB 一跨有变形,而 BC 跨无变形(图 8.3(b)中虚线),即附加刚臂使杆 AB 和杆 BC 的变形是各自独立,互不干扰的。杆 AB 在集中荷载 F_P作用下,会产生变形并相应地产生固端弯矩 M^F_{AB}和 M^F_{BA},同时在附加约束内产生约束力矩 M_B;因杆 BC 无变形无荷载作用,则有 $M^F_{BC} = 0$。根据结点 B 力矩平衡方程可得

$$\sum M_B = M_B - M_{BA}^{\mathrm{F}} - M_{BC}^{\mathrm{F}} = 0, \quad M_B = M_{BA}^{\mathrm{F}} + M_{BC}^{\mathrm{F}}$$

由上式可知,约束力矩等于固端弯矩之和,与位移法正负号规定一致,约束力矩及固端弯矩均以顺时针转动为正。

(2)图8.3(b)所示状态与原结构受力状态不一致,即原结构在结点 B 无附加刚臂,约束力矩 M_B 不存在,则需对图8.3(b)所示结果进行修正。为得到与原结构相同的变形和受力状态,可放松结点 B 处的附加刚臂,梁即回复到原来的状态(图8.3(a)),结点 B 处的约束力矩由 M_B 恢复到零,相当于在结点 B 原有约束力矩的基础上再新加一个集中力偶 $-M_B$。力偶 $-M_B$ 使梁产生新的变形(图8.3(c)中虚线),同时使结点 B 处各杆在 B 端产生新的弯矩 M'_{BA} 和 M'_{BC},称为分配力矩;在远端 A 新产生的弯矩 M'_{AB},称为传递力矩。

(3)把图8.3(b)(c)所示状态进行叠加,就得到图8.3(a)所示情况,即把图8.3(b)(c)的杆端弯矩叠加,就得到原结构杆端弯矩。

力矩分配法的理论基础是位移法,其基本思想与位移法是一致的,通过先锁住后放松两个步骤完成力矩分配。先锁住,即在结点 B 添加附加刚臂,阻止结点 B 转动,把结构分成单根杆件,求出单根杆件的固端弯矩;后放松,即去掉附加刚臂,相当于在结点 B 加一个 $-M_B$,求出各杆 B 端新产生的分配力矩和远端新产生的传递力矩。通过叠加得到实际的杆端弯矩。

依据上述分析,给出力矩分配法计算超静定结构的步骤:

(1)确定转动刚度、传递系数,计算分配系数;

(2)添加附加刚臂,计算各杆固端弯矩;

(3)去掉附加刚臂,计算分配力矩及传递力矩;

(4)将第2步和第3步算得的各杆杆端弯矩叠加,得最后各杆杆端弯矩;

(5)依据各杆杆端弯矩绘制弯矩图。

例8-1 如图8.4所示连续梁,各杆刚度 EI = 常数,用力矩分配法计算,并作弯矩图。

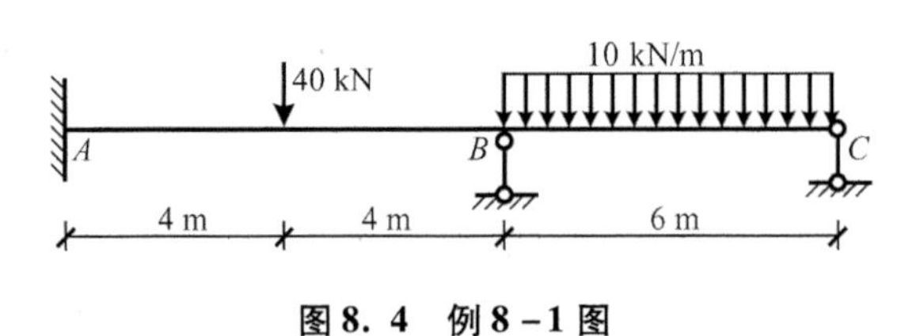

图8.4 例8-1图

解 (1)确定转动刚度,传递系数,计算分配系数

令
$$i = \frac{EI}{8}, \quad i_{AB} = i, \quad i_{BC} = \frac{4}{3}i$$

$$S_{BA} = 4i_{AB} = 4i, \quad S_{BC} = 3i_{BC} = 4i$$

因 A 端为固定端,可知 $C_{BA} = 0.5$,$C_{BC} = 0$,则

$$\mu_{BA} = \mu_{BC} = 0.5$$

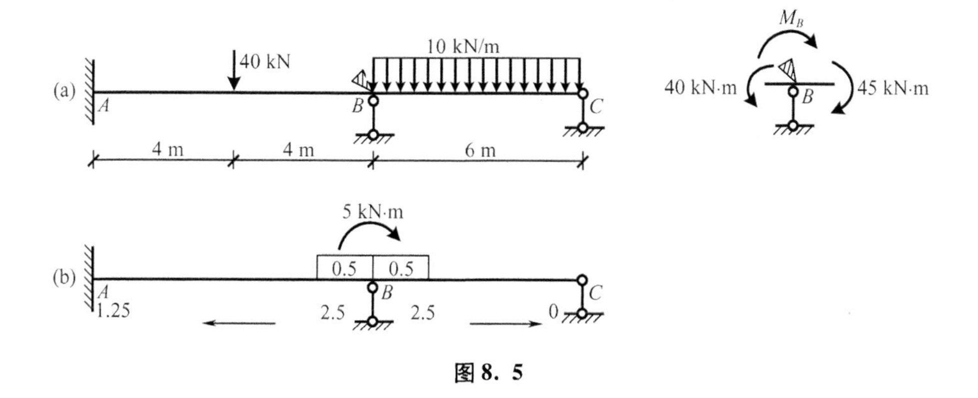

图 8. 5

(2)在结点 B 处加附加刚臂(图 8.5(a)),计算各杆固端弯矩

$$M_{BA}^{F}=\frac{1}{8}\times 40\times 8=40\ \text{kN}\cdot\text{m}$$

$$M_{AB}^{F}=-\frac{1}{8}\times 40\times 8=-40\ \text{kN}\cdot\text{m}$$

$$M_{BC}^{F}=-\frac{1}{8}\times 10\times 36=-45\ \text{kN}\cdot\text{m}$$

$$M_{CB}^{F}=0$$

根据结点 B 力矩平衡方程,可知约束力矩

$$M_B=M_{BA}^{F}+M_{BC}^{F}=-5\ \text{kN}\cdot\text{m}$$

(3)放松结点 B(图 8.5(b)),计算分配力矩

放松结点 B,相当于在结点 B 新加一个集中力偶 5 kN·m。依据分配系数来分配力矩得

$$M'_{BA}=M'_{BC}=0.5\times 5=2.5\ \text{kN}\cdot\text{m}$$

$$M'_{AB}=C_{BA}M'_{BA}=0.5\times 2.5=1.25\ \text{kN}\cdot\text{m}$$

(4)将以上结果叠加,得到杆端弯矩

$$M_{AB}=-40+1.25=38.75\ \text{kN}\cdot\text{m},\quad M_{BA}=40+2.5=42.5\ \text{kN}\cdot\text{m}$$

$$M_{BC}=-45+2.5=-42.5\ \text{kN}\cdot\text{m},\quad M_{CB}=0$$

为简便起见,第(2)步第(4)步可不必写出,而直接写在图 8.6 中。弯矩图如图 8.7 所示。

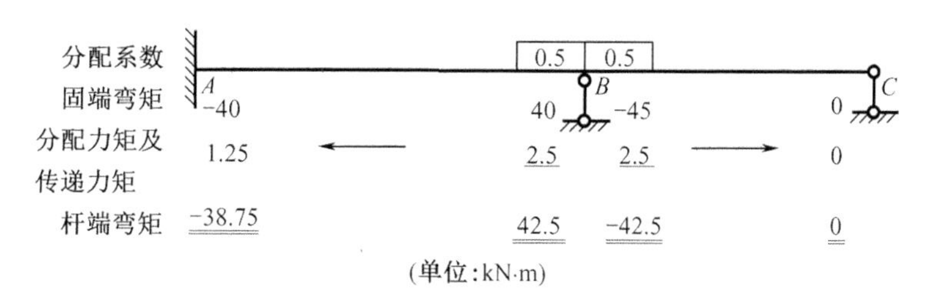

图 8. 6

为计算时区分分配力矩和传递力矩,在分配力矩下画一横线,在分配力矩与传递力矩之间画一个箭头,箭头指向传递力矩,表示由分配力矩向传递力矩的传递。

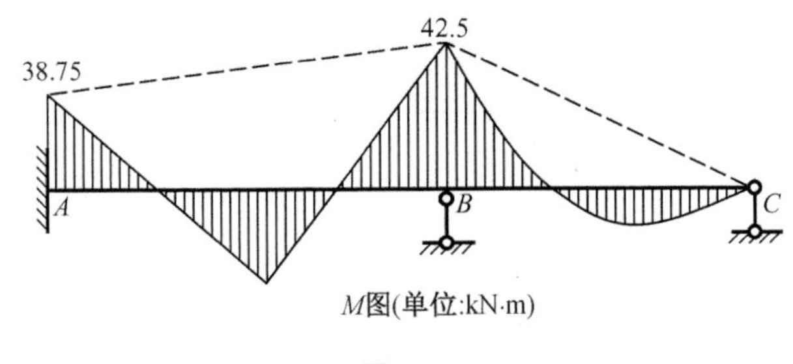

图 8.7

例 8－2 如图 8.8 所示刚架，各杆刚度见图且 EI = 常数，用力矩分配法计算，作弯矩图。

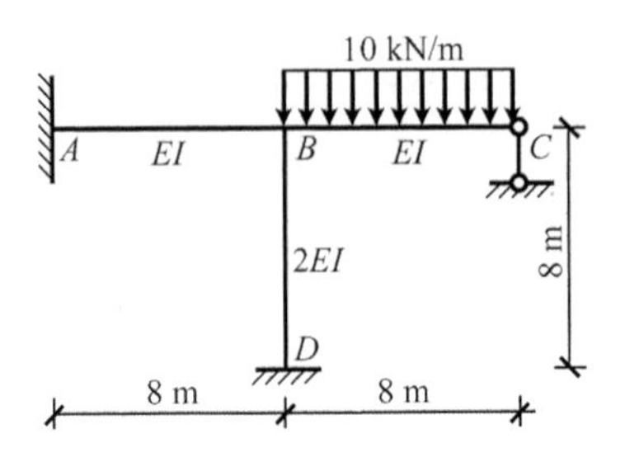

图 8. 8 例 8－2 图

解 (1)确定转动刚度、传递系数，计算分配系数

$$i_{AB}=i_{BC}=\frac{EI}{8}=i,\quad i_{BD}=\frac{2EI}{8}=2i$$

$$S_{BA}=4i_{AB}=4i,\quad S_{BC}=3i_{BC}=3i,\quad S_{BD}=4i_{BD}=8i$$

$$C_{BA}=0.5,\quad C_{BC}=0,\quad C_{BD}=0.5$$

$$\mu_{BA}=\frac{4i}{4i+3i+8i}=\frac{4}{15}=0.267,\quad \mu_{BC}==\frac{3}{15}=0.2,\quad \mu_{BD}=\frac{8}{15}=0.533$$

(2)计算各杆固端弯矩

$$M_{BC}^{\mathrm{F}}=-\frac{ql^2}{8}=-\frac{10\times 64}{8}=-80\ \mathrm{kN\cdot m}$$

(3)绘图求解(图 8.9(a))

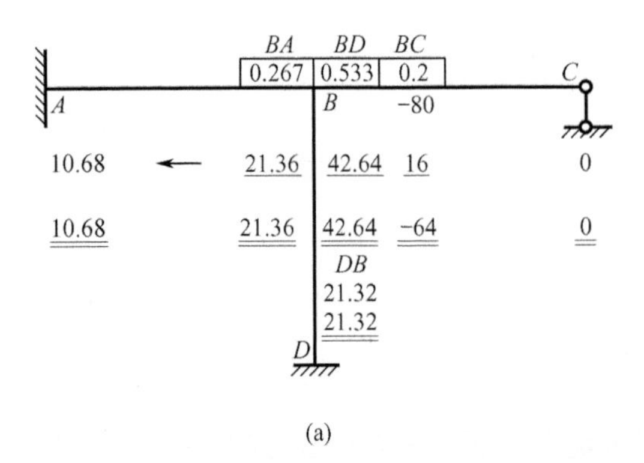

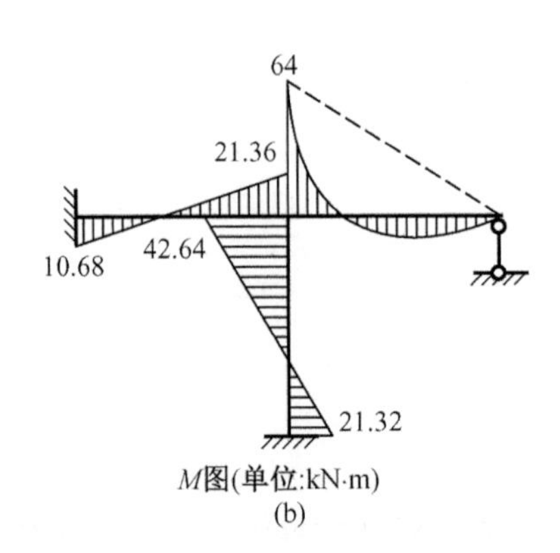

图 8.9

(4)作弯矩图

弯矩图如图8.9(b)所示。

例8－3　图8.10所示连续梁,各杆刚度EI=常数,用力矩分配法计算,作弯矩图。

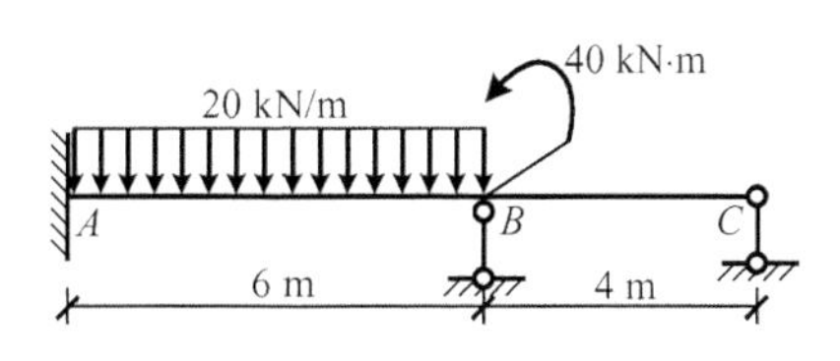

图8.10　例8－3图

解　此题与前述例题不同的是在结点B直接作用一个集中力偶,计算不平衡力矩时注意加上作用在结点B的集中力偶。

(1)确定转动刚度、传递系数,计算分配系数

令
$$i=\frac{EI}{6},\quad i_{AB}=i,\quad i_{BC}=1.5i$$

$$S_{BA}=4i_{AB}=4i,\quad S_{BC}=3i_{BC}=4.5i$$

因A端为固定端,可知$C_{BA}=0.5$,$C_{BC}=0$。

$$\mu_{BA}=\frac{4}{8.5}=0.47,\quad \mu_{BC}=\frac{4.5}{8.5}=0.53$$

(2)计算各杆固端弯矩

$$M_{BA}^{\mathrm{F}}=\frac{ql^2}{12}=\frac{20\times 36}{12}=60\ \mathrm{kN\cdot m},\quad M_{AB}^{\mathrm{F}}=-\frac{ql^2}{12}=-\frac{20\times 36}{12}=-60\ \mathrm{kN\cdot m}$$

(3)绘图求解(图8.9(a))

约束结点B求固端弯矩时,在附加刚臂中会产生一个顺时针的约束力矩60 kN·m;当去掉附加刚臂时,相当于在结点B施加一个逆时针的集中力偶60 kN·m,原结构在结点B作用一个逆时针的集中力偶40 kN·m,故在结点B的不平衡力矩为－100 kN·m。

(4)作弯矩图

弯矩图如图8.11(b)所示。

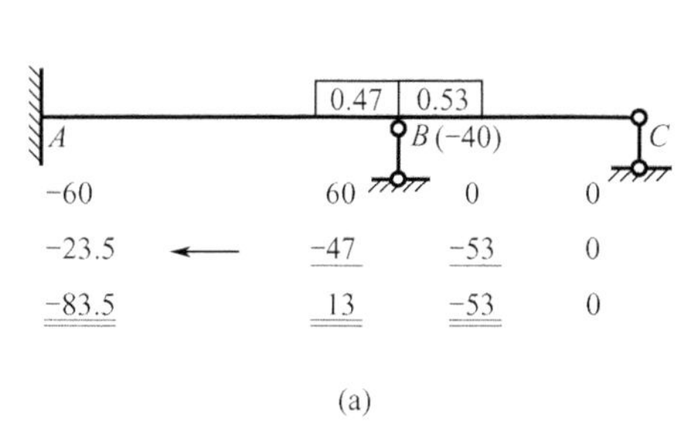

(a)

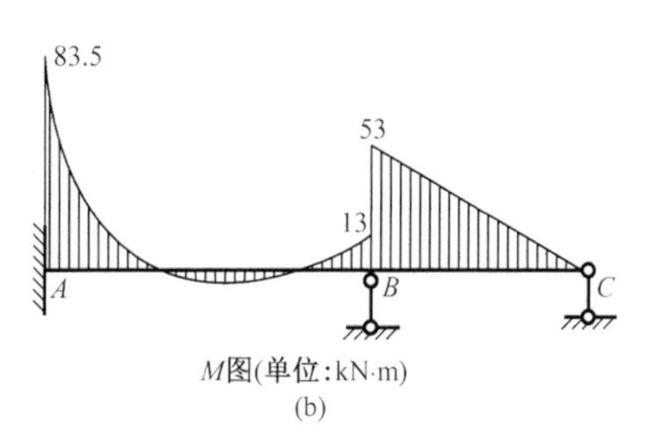

(b)

图8.11

8.1.3　多结点转动的力矩分配

在8.1.2节中,通过只有一个结点转动的连续梁说明了力矩分配法的基本原理及计算

过程。用力矩分配法求解有多个结点转动的连续梁和无侧移刚架时，只需逐次对每一个结点应用上一小节的计算过程，即可以用渐近的方法得到近似解，求出杆端弯矩。即多结点力矩分配法的思路是，首先锁住所有结点，然后依次逐个放松结点，使结构始终处于“单结点”状态，再使用力矩分配法分配结点上的不平衡力矩，如此反复进行，使结点不平衡力矩逐渐减小，直至可以忽略，因此多结点力矩分配是一种渐近法。通过下面例子说明多结点力矩分配法的计算过程及步骤。图 8. 12(a)所示三跨连续梁，在图示荷载作用下，发生图 8. 12(a)虚线所示的变形，即求该状态下的内力。

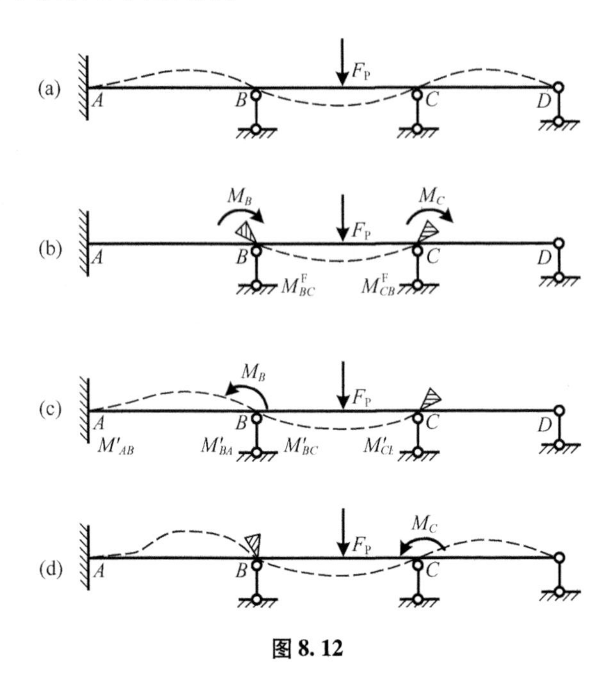

图 8. 12

第一步，先去掉荷载，在结点 B 和结点 C 添加附加刚臂约束其转动，然后再把荷载作用于杆 BC 上，图 8. 12(b)所示。由于附加刚臂把连续梁分成三个单跨梁，则在图示荷载作用时会产生变形(图 8. 12(b)中虚线)并相应地产生固端弯矩 M_{BC}^F，M_{CB}^F，同时在附加约束内产生约束力矩 M_B 和 M_C。

第二步，去掉结点 B 处的附加刚臂，则在结点 B 会有转角，发生图 8. 12(c)虚线所示变形；因附加刚臂内有附加约束力矩，去掉刚臂时，相当于在结点 B 加一个与附加约束力矩方向相反的集中力偶 M_B，此时在结点 B 处存在不平衡力矩，需要力矩的分配和传递(此处即为单结点的力矩分配和传递)，即结点 B 处各杆在 B 端产生分配力矩 M'_{BA} 和 M'_{BC}；在远端 A 和远端 C 新产生传递力矩 M'_{AB} 和 M'_{CB}。

第三步，锁住结点 B，去掉结点 C 处的附加刚臂，则在结点 C 会有转角，发生图 8. 12(d)虚线所示变形；此时在结点 C 有一个与约束力矩 M_C 方向相反的不平衡力矩，在结点 C 处进行力矩的分配和传递。

依次类推，重复第二步和第三步，即反复将各结点放松和固定，不断地进行力矩的分配和传递，直到传递力矩的数值小到按计算精度要求可以忽略不计时，停止计算。

多结点力矩分配法的步骤：

(1)确定各杆件转动刚度、传递系数，计算分配系数；

(2)在结点处添加附加刚臂,计算各杆固端弯矩;

(3)将各结点轮流放松、分配传递不平衡力矩,直到传递力矩小到可以忽略为止;

(4)把每一根杆端历次的分配和传递力矩与原有的固端弯矩叠加,即为各杆的最后杆端弯矩;

(5)依据各杆杆端弯矩绘制弯矩图。

例 8-4　用力矩分配法计算图 8.13 所示连续梁,并作 M 图。

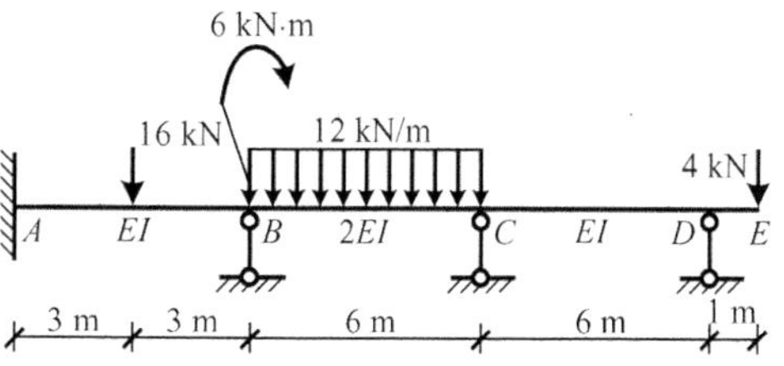

图 8.13　例 8-4 图

解　DE 段为静定部分,可直接求出杆端弯矩,力矩分配时,不用考虑这部分。

(1)确定各杆件转动刚度、传递系数,计算分配系数

令
$$i=\frac{EI}{6},\quad i_{AB}=i_{CD}=i,\quad i_{BC}=2i$$

$$S_{BA}=4i_{AB}=4i,\quad S_{BC}=S_{CB}=4i_{BC}=8i,\quad S_{CD}=3i_{CD}=3i$$

$$C_{BA}=C_{BC}=C_{CB}=0.5,C_{CD}=0$$

$$\mu_{BA}=\frac{4}{12}=\frac{1}{3},\quad \mu_{BC}=\frac{8}{12}=\frac{2}{3},\quad \mu_{CB}=\frac{8}{11},\quad \mu_{CD}=\frac{3}{11}$$

(2)在结点处添加附加刚臂,计算各杆固端弯矩

计算结果如图 8.14 所示。

分配系数			1/3	2/3		8/11	3/11	
固端弯矩	-12		12	(6) -36		36	2	4
分配传递力矩				-13.82	←	-27.64	-10.36	
	7.31	←	14.61	29.21	→	14.61		
				-5.32	←	-10.63	-3.98	
	0.89	←	1.77	3.55	→	1.77		
				-0.64	←	-1.29	-0.48	
	0.11	←	0.21	0.43	→	0.22		
				-0.08	←	-0.16	-0.06	
			0.03	0.05				
杆端弯矩	-3.69		28.62	-22.62		12.88	-12.88	

图 8.14

(3)分配传递力矩,计算杆端弯矩

进行力矩分配时,可采用图 8.14 所示的表格形式。

(4)依据各杆杆端弯矩绘制弯矩图

弯矩图如图 8.15 所示。

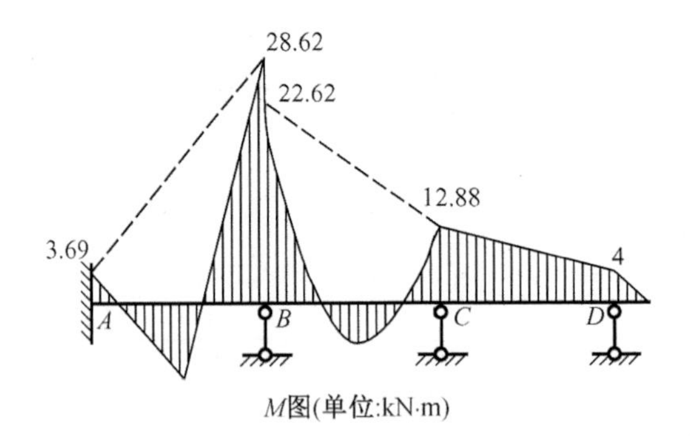

图 8.15

例 8－5 用力矩分配法计算图 8.16 所示无侧移刚架,并作 M 图。

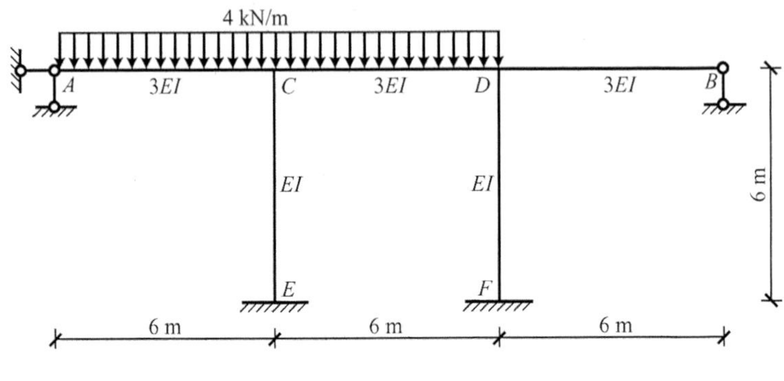

图 8.16 例 8－5 图

(1)确定各杆件转动刚度、传递系数,计算各结点的分配系数

令
$$i=\frac{EI}{6},\quad i_{CE}=i_{DF}=i,\quad i_{AC}=i_{CD}=i_{DB}=3i$$

$$S_{CA}=3i_{CA}=9i,\quad S_{CD}=S_{DC}=4i_{CD}=12i,\quad S_{DB}=3i_{DB}=9i,\quad S_{CE}=S_{DF}=4i$$

$$C_{CD}=C_{DC}=C_{CE}=C_{DF}=0.5,\quad C_{CA}=C_{DB}=0$$

$$\mu_{CA}=\frac{9i}{9i+12i+4i}=0.36,\quad \mu_{CD}=\frac{12i}{9i+12i+4i}=0.48,\quad \mu_{CE}=\frac{4i}{9i+12i+4i}=0.16$$

$$\mu_{DB}=\frac{9i}{9i+12i+4i}=0.36,\quad \mu_{DC}=\frac{12i}{9i+12i+4i}=0.48,\quad \mu_{DF}=\frac{4i}{9i+12i+4i}=0.16$$

(2)在结点处添加附加刚臂,计算各杆固端弯矩

$$M_{CA}^{F}=\frac{ql^2}{8}=\frac{4\times 36}{8}=18\ \text{kN}\cdot\text{m}$$

$$M_{CD}^{F}=-\frac{ql^2}{12}=-\frac{4\times 36}{12}=-12\ \text{kN}\cdot\text{m}$$

$$M_{DC}^{F}=\frac{ql^2}{12}=\frac{4\times 36}{12}=12\ \text{kN}\cdot\text{m}$$

(3)分配传递力矩,计算杆端弯矩

分配传递力矩如图 8.17 所示。

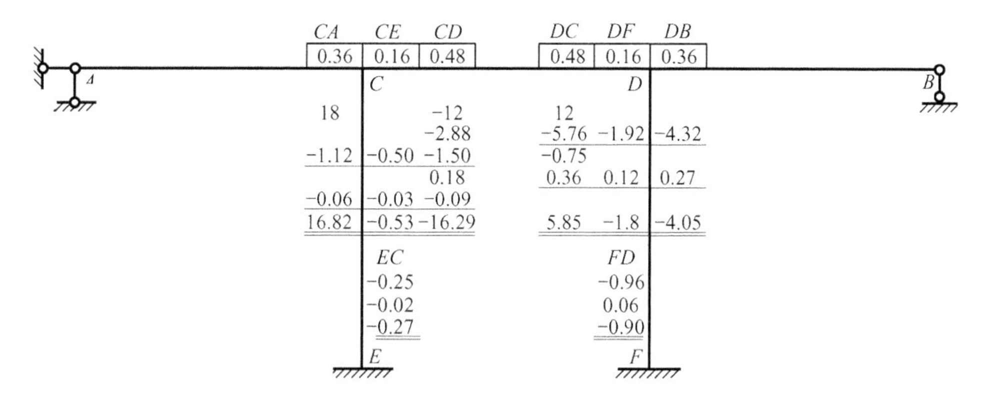

图 8.17

(4)依据各杆杆端弯矩绘制弯矩图

弯矩图如图 8.18 所示。

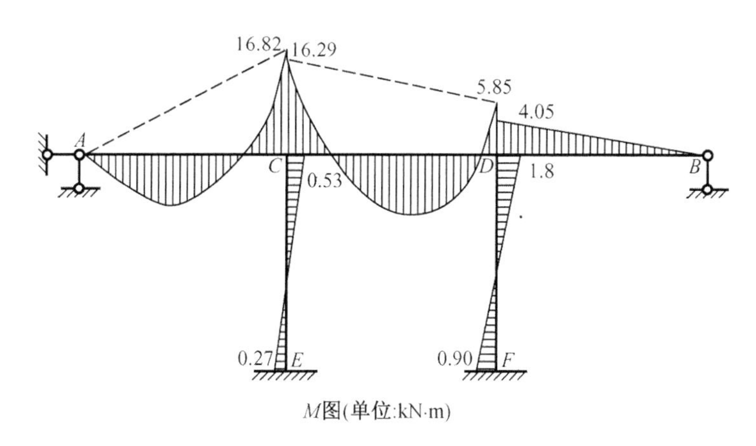

图 8.18

8.1.4 力矩分配法求解对称结构

用力矩分配法求解对称结构时,可根据荷载特点选取半结构进行计算。下面通过例题加以说明。

例 8-6 用力矩分配法计算图 8.19(a)所示刚架,并作弯矩图,已知各杆件线刚度均为 i。

(1)确定各杆件转动刚度、传递系数,计算分配系数

该刚架为对称刚架并在对称荷载作用下,可采用半结构计算,半结构如图 8.17(b)所示。这里需要注意的是杆件 EK 的线刚度变为了 $2i$,杆件 CD 为静定杆件。

$$S_{ED}=3i,\quad S_{EA}=4i,\quad S_{EK}=2i$$

$$C_{EA}=0.5,\quad C_{EK}=-1$$

$$\mu_{ED}=\frac{3i}{3i+4i+2i}=0.333,\quad \mu_{EA}=\frac{4i}{3i+4i+2i}=0.444,\quad \mu_{EK}=\frac{2i}{3i+4i+2i}=0.223$$

(2)在结点处添加附加刚臂,计算各杆固端弯矩

$$M_{DC}^{\mathrm{F}}=6\times2=12\ \mathrm{kN\cdot m}$$

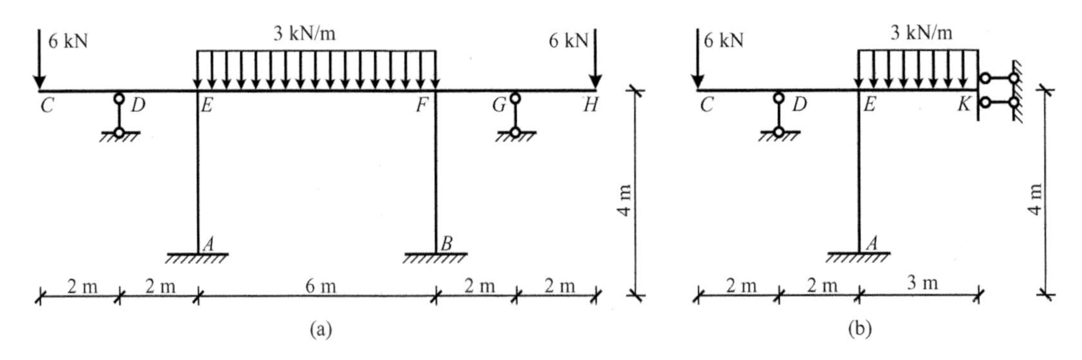

图 8.19 例 8－6 图

$$M_{EK}^{F}=-\frac{ql^2}{3}=-\frac{3\times9}{3}=-9\ \text{kN}\cdot\text{m}$$

$$M_{KE}^{F}=-\frac{ql^2}{6}=-\frac{3\times9}{6}=-4.5\ \text{kN}\cdot\text{m}$$

(3)分配传递力矩,计算杆端弯矩

分配传递力矩如图 8.20 所示。

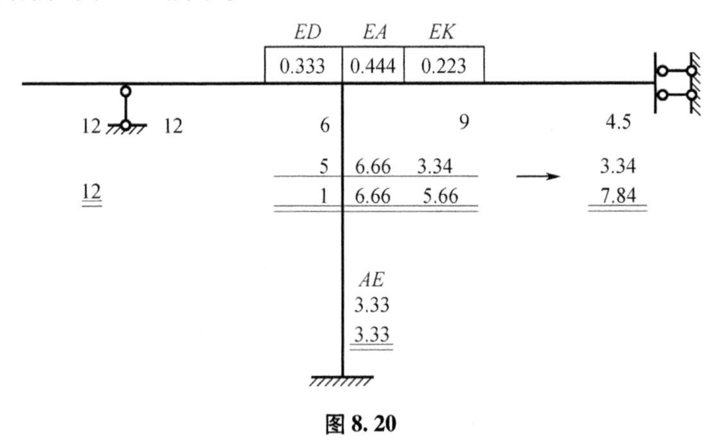

图 8.20

(4)依据各杆杆端弯矩绘制弯矩图

利用对称性可知,对称结构在对称荷载作用下,弯矩图是对称的。绘制的弯矩图如图 8.21 所示。

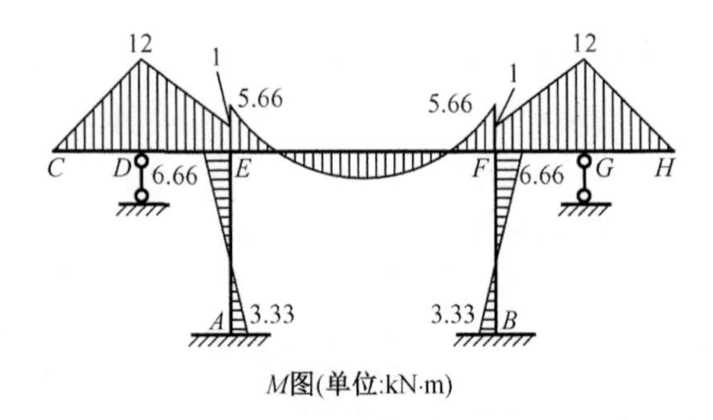

图 8.21

8.2　无剪力分配法

力矩分配法适用于连续梁和无侧移刚架，不能直接用于有侧移刚架。但对于一些特殊的有侧移刚架，可采用无剪力分配法求解。本节主要讲解利用无剪力分配法求解特殊的有侧移刚架。

8.2.1　无剪力分配法的应用条件

无剪力分配法的应用条件是刚架中除杆端无相对线位移的杆件外，其余各杆件都是剪力静定杆件。即刚架由两种杆件组成：一种是杆两端无相对线位移的杆件；另一种是杆两端可以有相对线位移，但剪力是静定的杆件。剪力静定杆是指杆件剪力可以通过静力平衡方程直接求得。

如图 8.22(a)所示刚架，水平杆件 AB，CD 无相对线位移，竖直杆件 AC，CF 有线位移，但竖直杆件的剪力可直接通过静力平衡方程求得，则该刚架符合无剪力分配法的应用条件。图 8.22(b)所示刚架，杆 AC 是剪力静定杆件，杆 CF，EG 既不是杆端无相对线位移的杆件，也不是剪力静定杆件，这种刚架不能用无剪力分配法求解。

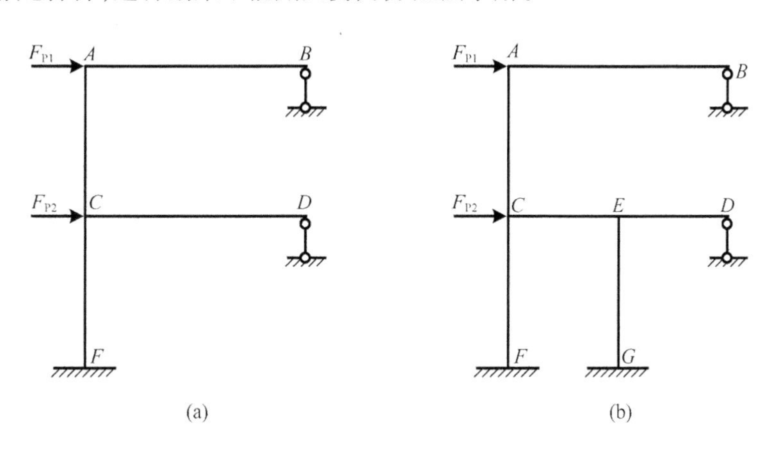

图 8.22

8.2.2　无剪力分配法的计算

第一步，锁住结点，求各杆的固端弯矩。这里锁住结点只阻止结点的角位移，不阻止结点线位移，即在结点上加附加刚臂。

第二步，放松结点，求各杆的分配和传递力矩。放松结点时要注意结点在产生角位移的同时也会产生线位移。将两步所得的结果叠加，即为原结构的杆端弯矩。根据无剪力分配法的应用条件可知刚架中可以有两端有相对侧移的剪力静定杆件，因刚架为有侧移刚架，则在求解固端弯矩、杆件转动刚度和传递系数时则与无侧移刚架不同。

下面通过例子说明在无剪力分配法中如何计算固端弯矩、杆件转动刚度和传递系数。

图 8.23(a)所示有侧移刚架，水平杆件 AB 杆端无相对线位移，竖直杆 AC 杆端有相对

线位移,但是剪力静定杆件,因此可以用无剪力分配法计算。根据无剪力分配法的计算过程分析如下。

第一步,锁住结点,求固端弯矩。

刚架在图示荷载作用下会产生如图 8.23(b)所示变形,在结点 A 有转角和水平位移。在结点 A 加附加刚臂,约束角位移,但不约束线位移,如图 8.23(c)所示。添加刚臂后,杆 AC 两端没有转角,但有相对侧移,剪力是静定的。对于剪力静定杆件来说,相当于一端固定、一端滑动的梁,如图 8.23(d)所示,其固端弯矩可根据表 7.1 查出。固端弯矩可表示为

$$M_{CA}^{\mathrm{F}} = -\frac{ql^2}{3},\quad M_{AC}^{\mathrm{F}} = -\frac{ql^2}{6}$$

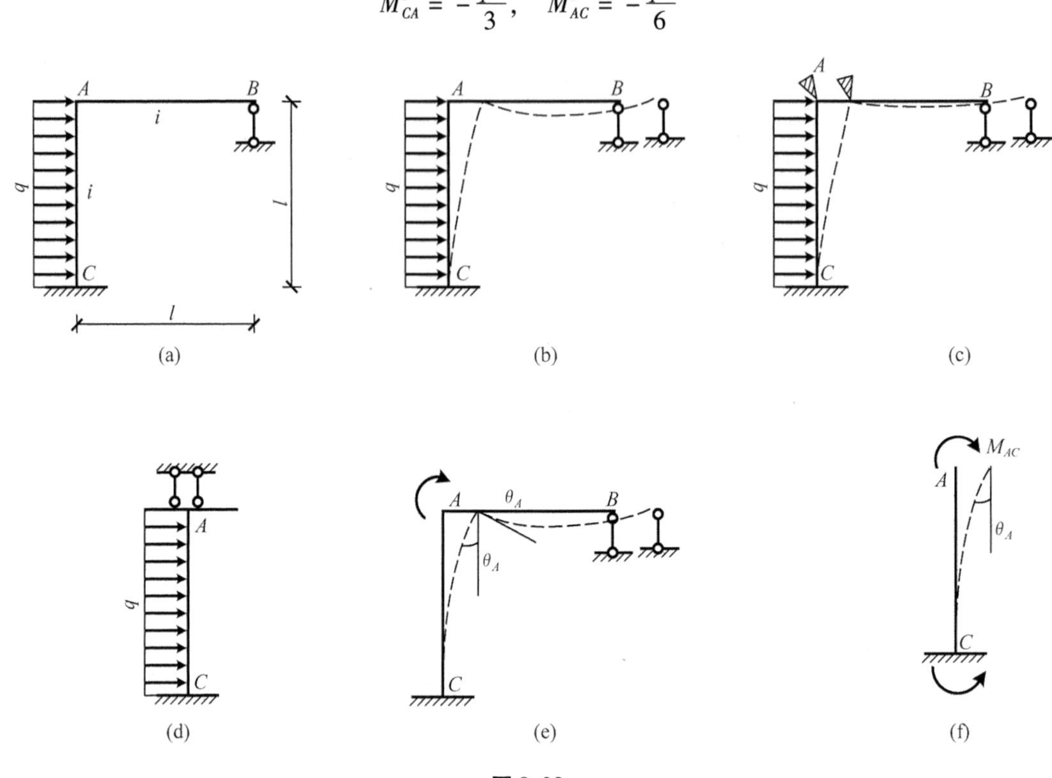

图 8.23

第二步,放松结点,求各杆分配力矩和传递力矩。

预计算分配力矩和传递力矩,首先需要确定各杆转动刚度和传递系数。水平杆件 AB 为无侧移杆件,其转动刚度与力矩分配法中确定转动刚度方法相同。这里主要介绍如何确定剪力静定杆件的转动刚度和传递系数。

当放松结点 A 时,相当于在结点 A 加一个与图 8.23(c)中约束力偶相反的集中力偶,此时不仅在结点 A 处产生转角,同时也发生水平位移,如图 8.23(e)所示,则杆 AC 的变形特点是 A 端有转角和侧移;其受力特点是各截面弯矩为一常数,剪力为零(这种剪力为零的杆件称为零剪力杆件),因此去掉附加刚臂后,结构中杆 AC 的受力状态与图 8.23(f)所示悬臂梁相同。当 A 端转动 θ_A,需要在杆端施加的力偶为

$$M_{AC} = i_{AC}\theta_A,\quad M_{CA} = -M_{AC}$$

故可知杆 AC 中 A 端的转动刚度为 i,传递系数为 -1,即

$$S_{AB} = 3i,\quad S_{AC} = i,\quad C_{AB} = 0,\quad C_{AC} = -1$$

从而可知

$$\mu_{AC}=\frac{i}{i+3i}=0.25,\quad \mu_{AB}=\frac{3i}{3i+i}=0.75$$

关于分配力矩、传递力矩及无剪力分配的具体计算见例8-7和例8-8。

例8-7 用无剪力分配法计算图8.24所示刚架,并作弯矩图。

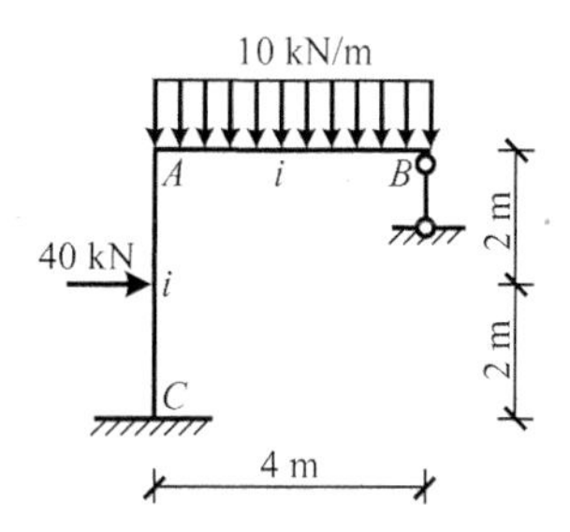

图8.24 例8-7图

解 (1)在结点 A 添加附加刚臂,计算各杆固端弯矩

$$M_{AB}^{\mathrm{F}}=-\frac{ql^2}{8}=-\frac{10\times 16}{8}=-20\ \mathrm{kN\cdot m}$$

$$M_{AC}^{\mathrm{F}}=-\frac{F_{\mathrm{P}}a^2}{2l}=-\frac{40\times 4}{2\times 4}=-20\ \mathrm{kN\cdot m}$$

$$M_{CA}^{\mathrm{F}}=-\frac{F_{\mathrm{P}}a}{2l}(2l-a)=-\frac{40\times 2}{2\times 4}\times(2\times 4-2)=-60\ \mathrm{kN\cdot m}$$

(2)放松结点 A,计算各杆分配力矩和传递力矩

首先确定各杆转动刚度、传递系数,计算分配系数,即

$$S_{AB}=3i,\quad S_{AC}=i,\quad C_{AB}=0,\quad C_{AC}=-1$$

$$\mu_{AC}=\frac{i}{i+3i}=0.25,\quad \mu_{AB}=\frac{3i}{3i+i}=0.75$$

分配传递力矩如图8.25(a)所示,弯矩图如图8.25(b)所示。

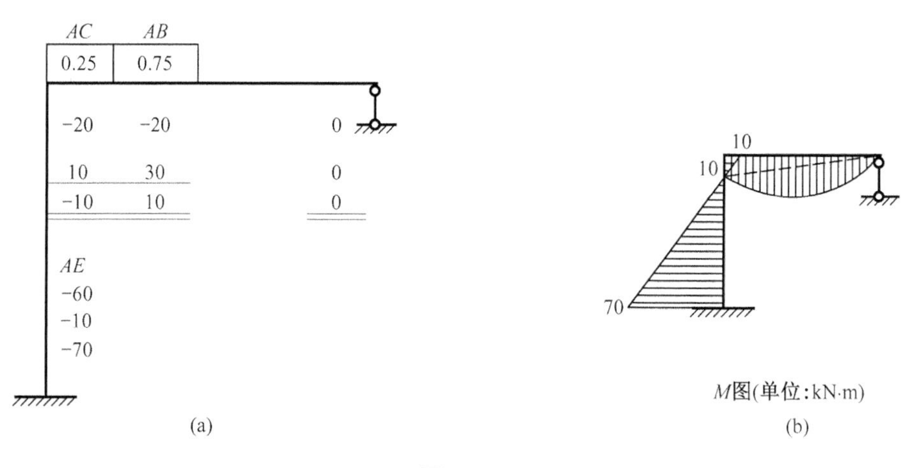

图8.25

例 8-8 用无剪力分配法计算图 8.26(a)所示刚架,并作弯矩图,图中圆内数字表示各杆线刚度。

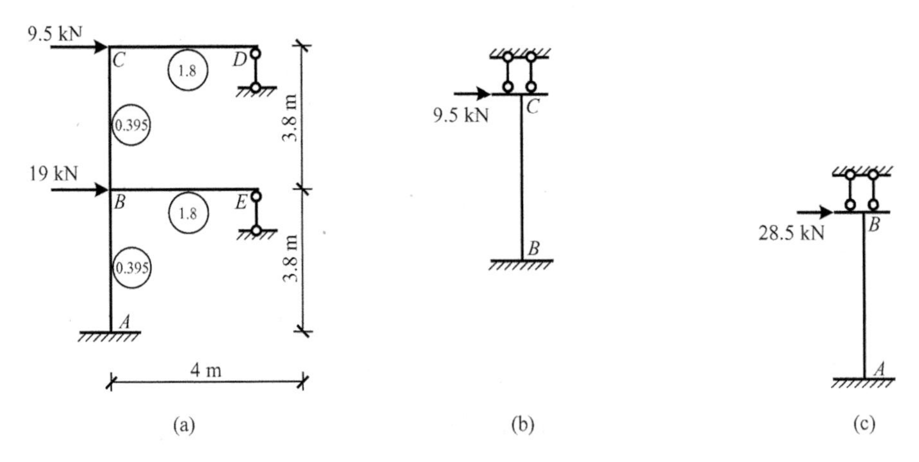

图 8.26 例 8-8 图

解 (1)分别在结点 B、结点 C 处添加附加刚臂,计算各杆固端弯矩

与例 8-7 不同,该刚架为二层刚架,需从结构上部逐渐向下部进行分析。在结点 B 和结点 C 处添加附加刚臂后,只约束角位移不约束线位移,则结点 B 和结点 C 都有水平位移。根据平衡条件可知,结点 C 下边截面的剪力为 9.5 kN,结点 B 下边截面的剪力为 28.5 kN。因此,杆 BC 和杆 BA 的受力状态可分别由图 8.26(b)(c)表示,则各杆固端弯矩为

$$M_{CB}^{F}=M_{BC}^{F}=-\frac{F_{P}l}{2}=-\frac{9.5\times3.8}{2}=-18.05\ \text{kN}\cdot\text{m}$$

$$M_{BA}^{F}=M_{AB}^{F}=-\frac{F_{P}l}{2}=-\frac{28.5\times3.8}{2}=-54.15\ \text{kN}\cdot\text{m}$$

(2)放松结点 B、结点 C,计算各杆分配力矩和传递力矩

首先确定各杆转动刚度、传递系数,计算分配系数,即

$$S_{CD}=S_{BE}=3i=3\times1.8=5.4,\quad S_{CB}=S_{BC}=S_{BA}=i=0.395$$

$$C_{CD}=C_{BE}=0,\quad C_{CB}=C_{BC}=C_{BA}=-1$$

$$\mu_{CD}=\frac{5.4}{5.4+0.395}=0.932,\quad \mu_{CB}=\frac{0.395}{5.4+0.395}=0.068$$

$$\mu_{BE}=\frac{5.4}{5.4+0.395\times2}=0.872,\quad \mu_{BC}=\mu_{BA}=\frac{0.395}{5.4+0.395\times2}=0.064$$

分配传递力矩如图 8.27(a)所示,弯矩图如图 8.27(b)所示。

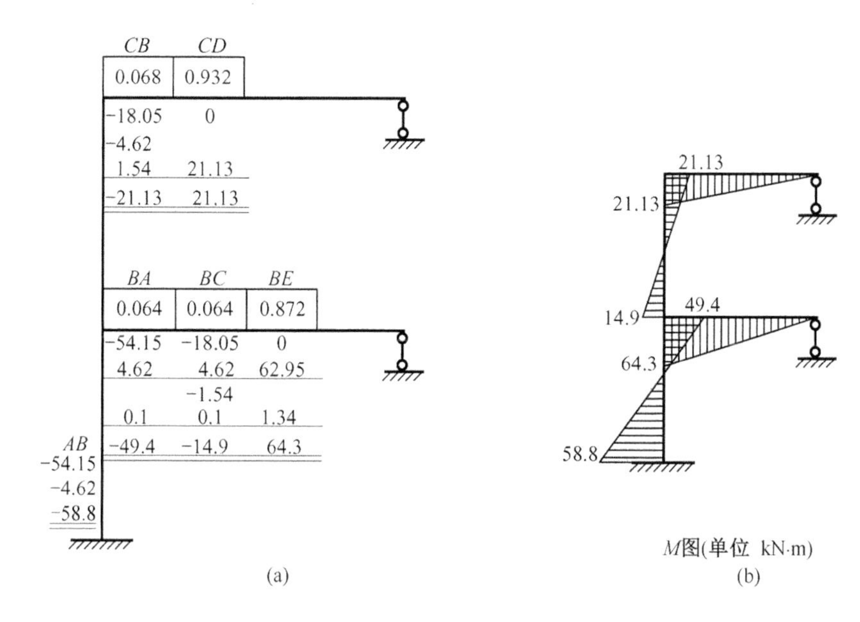

图 8.27

8.3　近似法简介

在多层多跨框架计算中,因手算工作量较大,通常借助计算机手段得到精确解。如果在计算中忽略一些次要影响因素,则可得到各种近似解。近似法以较小的工作量,取得较为粗略的答案,可用于结构的初步设计,也可用于对计算结果的合理性进行判断。这里主要介绍两种方法,即分层法和反弯点法。

8.3.1　分层法

对于有结点线位移的多层多跨刚架,在竖向荷载作用下会产生侧移,当满足下列两个近似假设时,可用分层计算法近似求解。

(1)忽略侧移的影响,用力矩分配法计算;

(2)忽略每层梁的竖向荷载对其他各层的影响,把多层刚架分解成一层一层地单独计算。

为了说明第二个假设,现来分析某层的竖向荷载对其他各层的影响问题。首先,荷载在本层结点产生不平衡力矩,经过分配和传递,才影响到本层柱的远端。然后,在柱的远端再经过分配,才能影响到相邻的楼层,这里经历分配传递分配三道运算,余下的影响已经较小,因而可忽略。

在各个分层刚架中,柱的远端都假设为固定端。除底层柱底外,其余各柱实际上应看作弹性固定端。为了反映这个特点,可将二层以上各柱的刚度系数乘以折减系数,传递系数由0.5改为0.333。

8.3.2 反弯点法

对于有结点线位移的刚架，如果梁的线刚度比柱的线刚度大得多，则在水平荷载作用下，结点侧移是主要位移，而结点转角是次要位移。在这种情况下，忽略结点转角，将使计算大为简化。多层多跨刚架在水平结点荷载作用下的反弯点法就是忽略刚架结点转角的一种近似法。反弯点法的基本假设是把刚架中的横梁简化为刚性梁。具体要点如下。

(1)刚架在结点水平荷载作用下，当梁柱线刚度比较大时，可采用反弯点法计算。

(2)反弯点法假设横梁相对线刚度为无限大，因而刚架结点不发生转角，只有侧移。

(3)刚架同层各柱有同样侧移时，同层各柱剪力与柱的侧移刚度系数成正比。每层柱共同承受该层以上的水平荷载作用。各层的总剪力按各柱侧移刚度所占的比例分配到各柱，所以反弯点法又称为剪力分配法。

(4)柱的弯矩是由侧移引起的，所以柱的反弯点位于柱中点处。在多层刚架中，底层柱的反弯点常设在柱的2/3高度处。

(5)柱端弯矩根据柱的剪力和反弯点位置确定。梁端弯矩由结点力平衡条件确定，中间结点的两侧梁端弯矩，按梁的转动刚度分配不平衡力矩求得。

8.4 本章小结

力矩分配法和无剪力分配法从原理上看，是位移法的一种渐近解法。从应用范围上看，前者适用于连续梁和无侧移刚架，后者适用于刚架中除两端无相对线位移的杆件外，其余杆件都是剪力静定杆件的情况。它们的优点是：无须建立和计算联立方程，收敛速度快，力学概念明确，直接以杆端弯矩进行运算等。因而，在工程中，被作为一种简便的实用解法而乐于使用。

在力矩分配法计算过程中，总是重复一个基本运算——单结点转动的力矩分配。其中又分三个环节：

(1)根据荷载求各杆的固端弯矩和结点的约束力；

(2)根据分配系数求分配力矩；

(3)根据传递系数求传递力矩。

这三个环节的物理意义要了解透彻，然后才能灵活运用。在位移法和力矩分配法中规定：杆端弯矩以顺时针转动为正。

多层多跨刚架在竖向荷载作用下的分层计算法和水平荷载作用下的反弯点法，是工程中常用的近似方法。

习 题

8-1 判断题(正确的打✓，错误的打×)

(1)力矩传递系数是杆件两端弯矩的比值。( )

(2)在任何情况下，力矩分配法的计算结果都是近似的。( )

(3)计算有侧移刚架时,在一定条件下也可采用力矩分配法。(　　)

(4)题8-1(4)图所示杆 AB 与 CD 的 EI,l 相等,但 A 端的转动刚度 S_{AB} 大于 C 端的转动刚度 S_{CD}。(　　)

(5)题8-1(5)图所示结构,μ_{BA} 为力矩分配系数,则 $M_{BA}=\mu_{BA}(M_0-F_{\mathrm{P}}l/8)$。(　　)

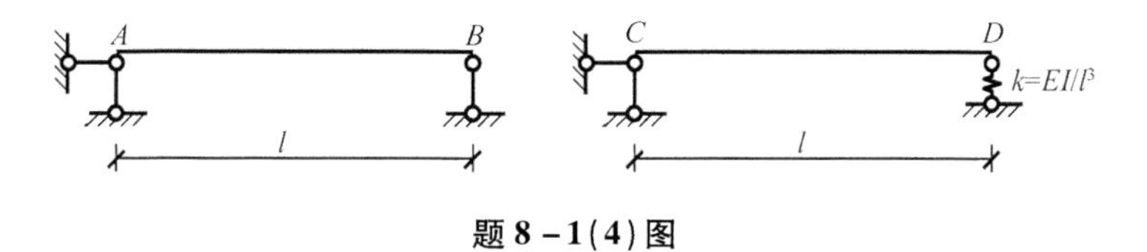

题8-1(4)图

题8-1(5)图

(6)题8-1(6)图所示连续梁,用力矩分配法求得杆端弯矩 $M_{BC}=-M/2$。(　　)

(7)若使题8-1(7)图所示刚架结点 A 处三杆具有相同的力矩分配系数,应使三杆 A 端的转动刚度之比为1∶1∶1。(　　)

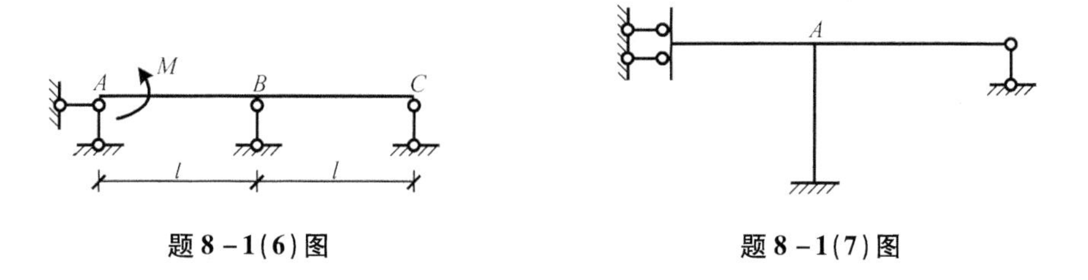

题8-1(6)图　　　　题8-1(7)图

(8)题8-1(8)图所示刚架用力矩分配法求得杆端弯矩 $M_{CB}=-ql^2/16$。(　　)

(9)题8-1(9)图所示结构,各杆 $i=$ 常数,欲使 A 结点产生单位顺时针转角 $\theta_A=1$,须在 A 结点施加的外力偶为数 $-8i$。(　　)

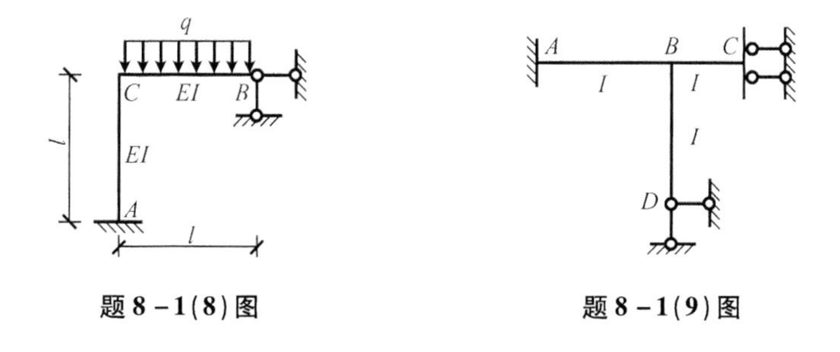

题8-1(8)图　　　　题8-1(9)图

(10)题8-1(10)图所示结构中 M_A 全部相等。

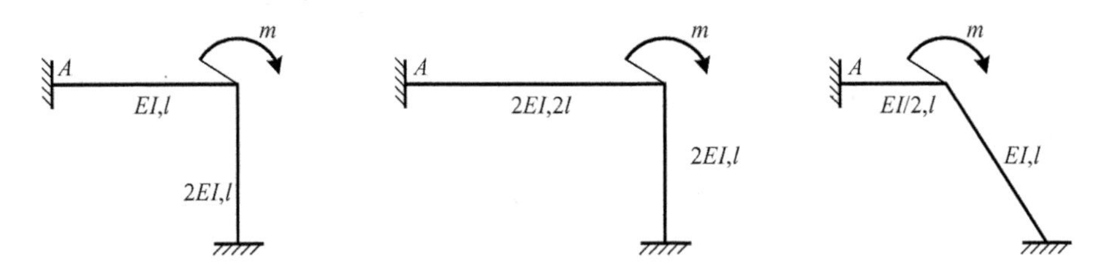

题 8 -1(10)图

8 -2　用力矩分配法计算题 8 -2 图所示连续梁,并作 M 图(EI = 常数)。

8 -3　用力矩分配法计算题 8 -3 图所示连续梁,并作 M 图(EI = 常数)。

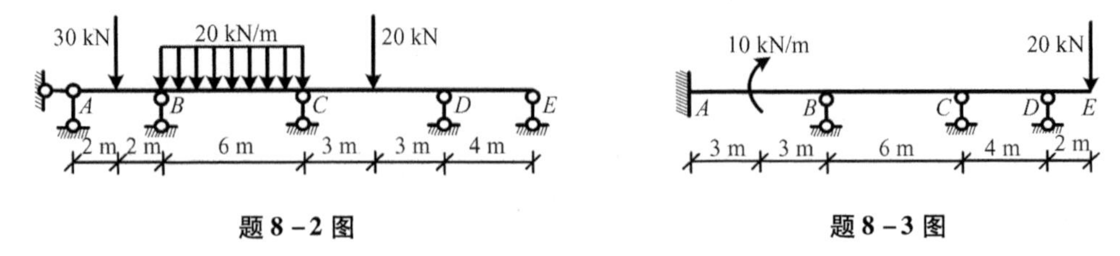

题 8 -2 图　　　　题 8 -3 图

8 -4　用力矩分配法计算题图 8 -4 所示结构,并作 M 图(EI 为常数)。

8 -5　用力矩分配法计算题图 8 -5 所示结构,并作 M 图(EI 为常数)。

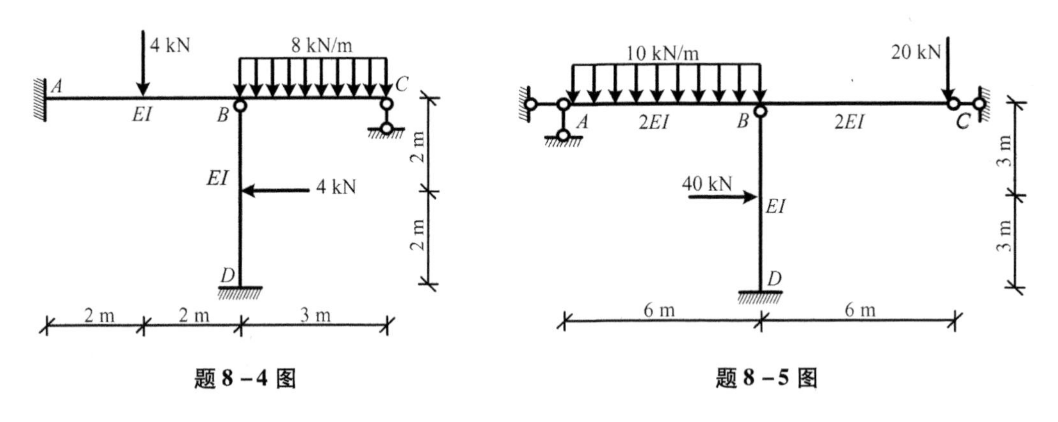

题 8 -4 图　　　　题 8 -5 图

8 -6　用力矩分配法计算题 8 -6 图所示结构,并作 M 图(EI 为常数)。

8 -7　利用结构对称性,用力矩分配法计算题 8 -7 图所示结构,并作 M 图。线刚度如图所示。

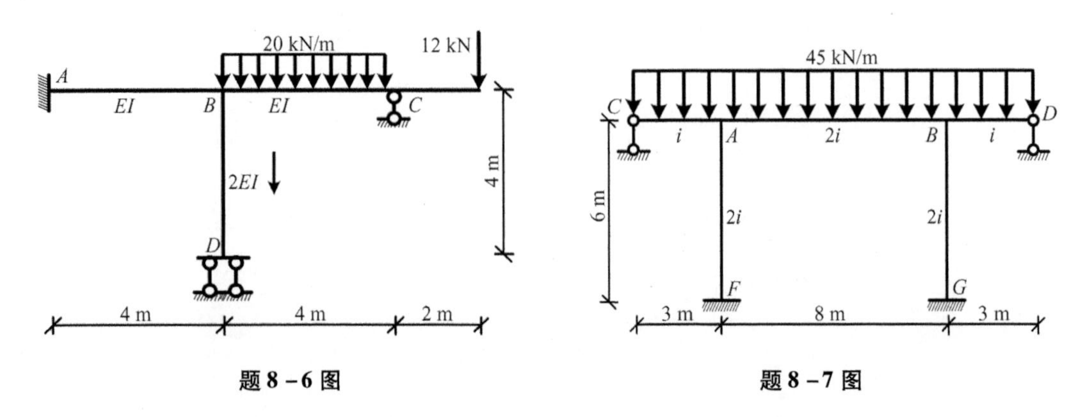

题 8 -6 图　　　　题 8 -7 图

8－8　利用结构对称性，用力矩分配法计算题8－8图所示结构，并作 M 图。各杆线刚度如题8－8图所示。

8－9　用无剪力分配法计算题8－9图所示结构，并作 M 图。各杆线刚度如图所示。

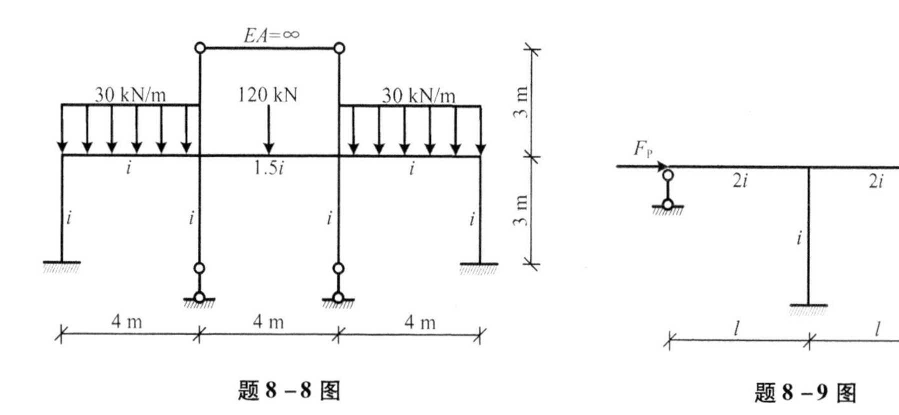

题8－8图

题8－9图

第9章　矩阵位移法

力法、位移法和渐近法是求解超静定结构的传统方法，它们都是建立在手算基础上的，多用于结构形式简单的超静定结构。对于复杂结构，随着基本未知量数目的增加，采用手算会极为困难。随着计算机的广泛应用，可采用电算的形式进行结构分析。本章学习一种电算的方法——矩阵位移法。

本章学习的主要内容有矩阵位移法的基本概念，单元的离散化；平面杆件结构的单元分析，如何确定单元刚度矩阵及转换矩阵；平面杆件结构的整体分析，确定结构整体刚度矩阵和刚度方程；如何进行边界条件的处理和单元内力计算；利用对称性简化计算。

通过本章内容的学习，要了解矩阵位移法与位移法的共同点，更要了解矩阵位移法的一些新手段和新思想；要熟练掌握如何进行单元分析和整体分析。在单元分析中要熟练掌握单元刚度矩阵和单元等效荷载的概念和形成；熟练掌握已知结点位移求杆端力的方法。在整体分析中要熟练掌握结构刚度矩阵元素的物理意义和集成过程，熟练掌握结构结点和荷载的集成过程，掌握单元定位向量的建立和支承条件的处理。

9.1　概　　述

9.1.1　概念

矩阵位移法是以结构位移为基本未知量，借助矩阵进行分析，用计算机解决各种杆系结构受力、变形等计算的方法。

矩阵位移法是有限元分析的雏形，因此通常也称为杆件结构的有限元分析。它以位移法为理论基础，与位移法的基本原理相同，不同的是表达形式及计算手段不同；用矩阵作为分析工具，在分析过程中运用了线性代数中的矩阵理论；以计算机作为计算手段。

9.1.2　基本思想

矩阵位移法的基本思想可通过八个字来概括：化整为零，化零为整。化整为零，即结构的离散化，所谓离散化是将结构拆成若干杆件，每根杆件称为单元，用字母 e 来表示，单元与单元间的连接点称为结点，用字母 n 来表示。如图9.1所示刚架中，①②…表示单元编号，1，2，…表示结点编号。离散化的目的是简化计算，对每根杆件进行单元分析，建立单元刚度方程，形成单元刚度矩阵，找到单元杆端力与单元杆端位移间的关系。

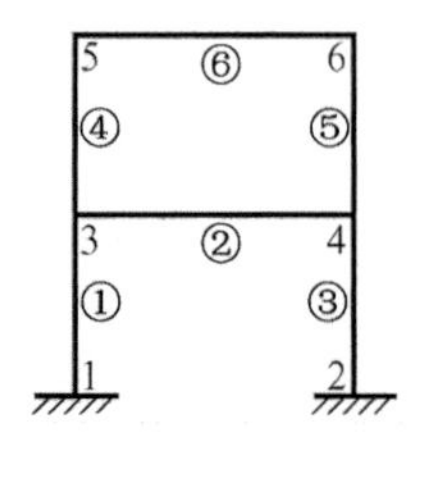

图9.1

化零为整，即将离散的单元合成结构，进行整体分析。进行整体分析的关键一步是把单元刚度矩阵按照刚度集成规则形成整体刚度矩阵,建立整体结构的位移法基本方程,形成整体刚度矩阵,找到结点力与结点位移间的关系。

9.2 局部坐标系下的单元刚度矩阵

单元分析的目的是为得到单元刚度方程和单元刚度矩阵。在进行单元分析时,要先在局部坐标系下进行分析,得到局部坐标系下的单元刚度矩阵,然后通过坐标转换得到整体坐标系下的单元刚度矩阵。本节主要学习局部坐标系下的单元刚度矩阵。

9.2.1 一般单元的刚度矩阵

在位移法中给出的梁的转角位移方程即是梁单元的刚度方程。梁单元是杆件单元的特例。这里给出一般单元的刚度矩阵。

图9.2所示为平面刚架中的一个等截面直杆单元 e,杆件的弹性模量为 E、截面面积为 A、截面惯性矩为 I。设杆件有弯曲变形和轴向变形,每个端点有三个位移分量(两个线位移,一个角位移),则杆件两端共有六个杆端位移分量,这是平面结构杆件单元的一般情况。单元两个端点的编码分别为1,2,该码称为局部编码,由端点1到端点2有一个箭头,表示该单元的正方向。

对局部坐标系(通常也称为单元坐标系)的规定:由端点1到端点2的方向为 x 轴正方向,顺时针旋转90°为 y 轴正方向,角度以顺时针转动为正。为与整体坐标系相区别,字母用 $\bar{x},\bar{y}$ 表示,作为局部坐标系的标志。

在局部坐标系中,单元的每个端点各有三个杆端位移分量 $\bar{\boldsymbol{u}},\bar{\boldsymbol{v}},\bar{\boldsymbol{\theta}}$,和对应的三个杆端力分量 $\bar{\boldsymbol{F}}_x,\bar{\boldsymbol{F}}_y,\bar{\boldsymbol{M}}$,如图9.3所示,则单元的杆端位移分量和杆端力分量可以分别表示为单元杆端位移向量 $\bar{\boldsymbol{\Delta}}^e$ 和单元杆端力向量 $\bar{\boldsymbol{F}}^e$,见式(9.1)及式(9.2)。

$$\begin{aligned}\bar{\boldsymbol{\Delta}}^e &= (\bar{\Delta}_{(1)} \quad \bar{\Delta}_{(2)} \quad \bar{\Delta}_{(3)} \quad \bar{\Delta}_{(4)} \quad \bar{\Delta}_{(5)} \quad \bar{\Delta}_{(6)})^{eT} \\ &= (\bar{u}_1 \quad \bar{v}_1 \quad \bar{\theta}_1 \quad \bar{u}_2 \quad \bar{v}_2 \quad \bar{\theta}_2)^{eT}\end{aligned} \tag{9.1}$$

$$\begin{aligned}\bar{\boldsymbol{F}}^e &= (\bar{F}_{(1)} \quad \bar{F}_{(2)} \quad \bar{F}_{(3)} \quad \bar{F}_{(4)} \quad \bar{F}_{(5)} \quad \bar{F}_{(6)})^{eT} \\ &= (\bar{F}_{x1} \quad \bar{F}_{y1} \quad \bar{M}_1 \quad \bar{F}_{x2} \quad \bar{F}_{y2} \quad \bar{M}_2)^{eT}\end{aligned} \tag{9.2}$$

式中,脚标(1)~(6)表示在每个单元中各自的编码,称为局部码。

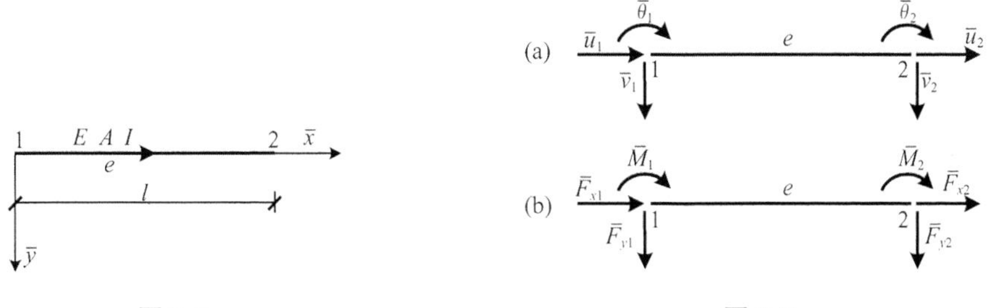

图9.2　　　　图9.3

在位移法中由转角位移方程表示杆端力与杆端位移的关系可知，单元刚度方程是指由单元杆端位移求单元杆端力时所建立的方程，记为 $\overline{\Delta}\to\overline{F}$ 方程。下面讨论如何建立刚度方程。

如图 9.4 所示两端固接的单跨超静定梁，在两端发生任意的位移 $\overline{\boldsymbol{\Delta}}^e$，根据位移推算相应的杆端力 $\overline{\boldsymbol{F}}^e$。

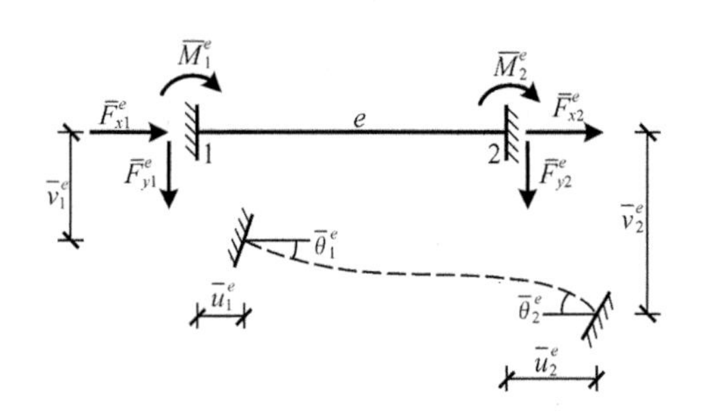

图 9.4

在计算中，忽略轴向受力状态和弯曲受力状态之间的相互影响，分别推导轴向变形和弯曲变形的刚度方程。

由杆端轴向位移 $\overline{u}_1^e$，$\overline{u}_2^e$，推算出相应的杆端轴向力 $\overline{F}_{x1}^e$，$\overline{F}_{x2}^e$ 为

$$\begin{aligned}\overline{F}_{x1}^e &= \frac{EA}{l}(\overline{u_1^e} - \overline{u_2^e})\\ \overline{F}_{x2}^e &= -\frac{EA}{l}(\overline{u_1^e} - \overline{u_2^e})\end{aligned}\tag{9.3}$$

由转角位移方程可知

$$\begin{cases}\overline{M}_1^e = \dfrac{4EI}{l}\overline{\theta}_1^e + \dfrac{2EI}{l}\overline{\theta}_2^e + \dfrac{6EI}{l^2}(\overline{v}_1^e - \overline{v}_2^e)\\ \overline{M}_2^e = \dfrac{2EI}{l}\overline{\theta}_1^e + \dfrac{4EI}{l}\overline{\theta}_2^e + \dfrac{6EI}{l^2}(\overline{v}_1^e - \overline{v}_2^e)\\ \overline{F}_{y1}^e = \dfrac{6EI}{l^2}(\overline{\theta}_1^e + \overline{\theta}_2^e) + \dfrac{12EI}{l^3}(\overline{v}_1^e - \overline{v}_2^e)\\ \overline{F}_{y2}^e = -\dfrac{6EI}{l^2}(\overline{\theta}_1^e + \overline{\theta}_2^e) - \dfrac{12EI}{l^3}(\overline{v}_1^e - \overline{v}_2^e)\end{cases}\tag{9.4}$$

式(9.3)和式(9.4)为局部坐标系下的一般单元的刚度方程，写成矩阵形式为

$$\begin{pmatrix}\overline{F}_{x1}\\ \overline{F}_{y1}\\ \overline{M}_1\\ \overline{F}_{x2}\\ \overline{F}_{y2}\\ \overline{M}_2\end{pmatrix}^e = \begin{pmatrix}\frac{EA}{l} & 0 & 0 & -\frac{EA}{l} & 0 & 0\\ 0 & \frac{12EI}{l^3} & \frac{6EI}{l^2} & 0 & -\frac{12EI}{l^3} & \frac{6EI}{l^2}\\ 0 & \frac{6EI}{l^2} & \frac{4EI}{l} & 0 & -\frac{6EI}{l^2} & \frac{2EI}{l}\\ -\frac{EA}{l} & 0 & 0 & \frac{EA}{l} & 0 & 0\\ 0 & -\frac{12EI}{l^3} & -\frac{6EI}{l^2} & 0 & \frac{12EI}{l^3} & -\frac{6EI}{l^2}\\ 0 & \frac{6EI}{l^2} & \frac{2EI}{l} & 0 & -\frac{6EI}{l^2} & \frac{4EI}{l}\end{pmatrix}^e \begin{pmatrix}\overline{u}_1\\ \overline{v}_1\\ \overline{\theta}_1\\ \overline{u}_2\\ \overline{v}_2\\ \overline{\theta}_2\end{pmatrix}^e \tag{9.5}$$

令

$$\bar{k}^e = \begin{pmatrix} \frac{EA}{l} & 0 & 0 & -\frac{EA}{l} & 0 & 0 \\ 0 & \frac{12EI}{l^3} & \frac{6EI}{l^2} & 0 & -\frac{12EI}{l^3} & \frac{6EI}{l^2} \\ 0 & \frac{6EI}{l^2} & \frac{4EI}{l} & 0 & -\frac{6EI}{l^2} & \frac{2EI}{l} \\ -\frac{EA}{l} & 0 & 0 & \frac{EA}{l} & 0 & 0 \\ 0 & -\frac{12EI}{l^3} & -\frac{6EI}{l^2} & 0 & \frac{12EI}{l^3} & -\frac{6EI}{l^2} \\ 0 & \frac{6EI}{l^2} & \frac{2EI}{l} & 0 & -\frac{6EI}{l^2} & \frac{4EI}{l} \end{pmatrix}^e \tag{9.6}$$

则式(9.5)可表示为

$$\bar{\boldsymbol{F}}^e = \bar{\boldsymbol{k}}^e \bar{\boldsymbol{\Delta}}^e \tag{9.7}$$

式中,$\bar{\boldsymbol{k}}^e$ 称为局部坐标系下的单元刚度矩阵,它是一个 6×6 的方阵;式(9.7)则为局部坐标系下的单元刚度方程。

9.2.2　一般单元刚度矩阵的性质

1. 单元刚度系数的意义

单元刚度矩阵中每个元素称为单元刚度系数,表示由单元杆端位移引起的单元杆端力。用 $\bar{k}^e_{(i)(j)}$ 表示第(i)行第(j)列的元素,其物理意义是当第(j)个杆端位移分量 $\bar{\Delta}_j$ 等于1,其他位移分量为零时所引起的第(i)个杆端力分量 $\bar{F}_i$ 的值。例如 $\bar{k}^e_{(3)(6)}$ 代表第(6)个杆端位移分量 $\bar{\theta}_2=1$ 时,引起的第(3)个杆端力分量 $\bar{M}_1$ 的值。

2. 单元刚度矩阵 $\bar{k}^e$ 是对称矩阵

其对称性是指位于对角线两侧对称位置的两个元素有如下关系,即

$$\bar{k}^e_{(i)(j)} = \bar{k}^e_{(j)(i)} \tag{9.8}$$

该性质是依据反力互等定理得出的结论。

3. 一般单元的单元刚度矩阵是奇异矩阵,即存在 $|\bar{\boldsymbol{k}}^e|=0$

由单元刚度矩阵为奇异矩阵可知,$\bar{\boldsymbol{k}}^e$ 不存在逆矩阵。根据这一性质可知,在式(9.7)中,可由杆端位移 $\bar{\boldsymbol{\Delta}}^e$ 计算出杆端力 $\bar{\boldsymbol{F}}^e$,且 $\bar{\boldsymbol{F}}^e$ 的解是唯一的;但不能由杆端力 $\bar{\boldsymbol{F}}^e$ 反推出杆端位移 $\bar{\boldsymbol{\Delta}}^e$,可能无解,如果有解,则为非唯一解。

9.2.3　特殊单元的刚度矩阵

式(9.5)是一般单元的刚度方程,其中六个杆端位移可指定为任意值。在实际结构中,还有一些特殊单元,单元的某些杆端位移的值已确定为零,而不能为任意值。工程中最常见的是桁架中的二力杆单元和连续梁中的梁单元。这里主要给出这两种特殊单元的刚度矩阵。

1. 平面桁架单元的刚度矩阵

平面桁架中的杆件，仅承受轴力，故杆件只产生拉压变形，而无弯曲和剪切变形。其单元的刚度方程可表示为

$$\begin{pmatrix} \overline{F}_{x1} \\ \overline{F}_{x2} \end{pmatrix}^e = \begin{pmatrix} \frac{EA}{l} & -\frac{EA}{l} \\ -\frac{EA}{l} & \frac{EA}{l} \end{pmatrix}^e \begin{pmatrix} \overline{u}_1 \\ \overline{u}_2 \end{pmatrix}^e \tag{9.9}$$

此时单元刚度矩阵为

$$\overline{\boldsymbol{k}}^e = \begin{pmatrix} \frac{EA}{l} & -\frac{EA}{l} \\ -\frac{EA}{l} & \frac{EA}{l} \end{pmatrix}^e \tag{9.10}$$

2. 连续梁单元的刚度矩阵

计算连续梁时，通常忽略轴向和剪切变形。如取每跨梁为一个单元，则只有两个位移分量，如图 9.5 所示。其单元的刚度方程可用式(9.11)表示。

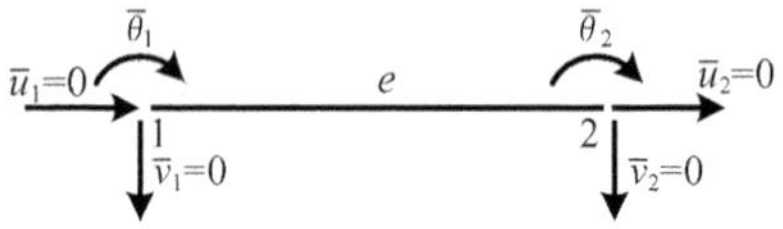

图 9.5

$$\begin{pmatrix} \overline{M}_1 \\ \overline{M}_2 \end{pmatrix}^e = \begin{pmatrix} \frac{4EI}{l} & \frac{2EI}{l} \\ \frac{2EI}{l} & \frac{4EI}{l} \end{pmatrix}^e \begin{pmatrix} \overline{\theta}_1 \\ \overline{\theta}_2 \end{pmatrix}^e \tag{9.11}$$

此时单元刚度矩阵为

$$\overline{\boldsymbol{k}}^e = \begin{pmatrix} \frac{4EI}{l} & \frac{2EI}{l} \\ \frac{2EI}{l} & \frac{4EI}{l} \end{pmatrix}^e \tag{9.12}$$

由此可见，特殊单元是一般单元的一种特殊情况，因此确定特殊单元刚度矩阵时，不需要单独计算，而是由一般单元的单元刚度矩阵删除与零杆端位移对应的行和列得到。

9.3 整体坐标系下的单元刚度矩阵

单元分析的第一步是在局部坐标系下进行单元分析，目的是为得到最简单形式的单元刚度矩阵。对于复杂结构来说，每个单元的方向不尽相同，则各自的局部坐标也不相同。为便于进行整体分析，必须有一个统一的公共坐标，称为整体坐标系。为与局部坐标系的表示方法相区别，采用 x,y 表示整体坐标。

因局部坐标系与整体坐标系 x 轴和 y 轴的方向可能不同，单元刚度矩阵在两种坐标内的表现形式则不同，为进行整体分析，需要把局部坐标系下的单元刚度矩阵 $\overline{\boldsymbol{k}}^e$ 转化成整体

坐标系下的单元刚度矩阵 $\boldsymbol{k}^e$。

9.3.1　单元坐标转换矩阵

首先分析单元杆端力在不同坐标系中的关系,得到单元坐标转换矩阵。如图9.6(a)所示平面内一般单元 e,局部坐标系 $\bar{x}$ 轴与整体坐标系 x 轴之间的夹角为 α,α 规定以顺时针为正。图9.6(a)中所示的杆端力分量为局部坐标系下的杆端力分量,图9.6(b)中所示的杆端力分量为整体坐标系下的杆端力分量,则二者关系可用式(9.13)表示。

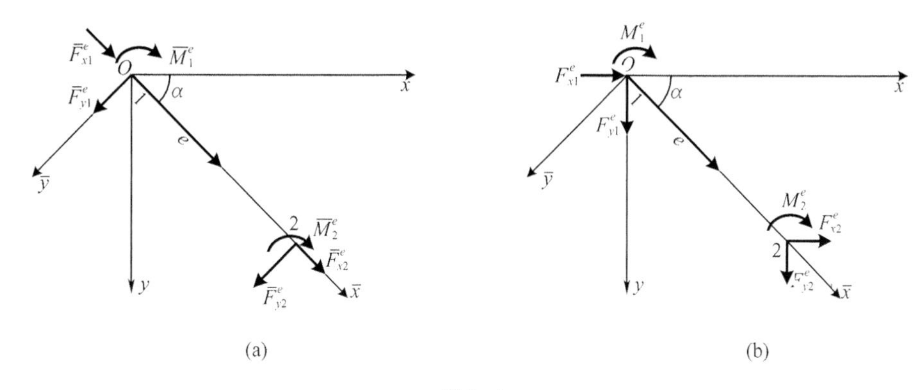

(a)　　(b)

图9.6

$$
\begin{cases}
\overline{F}_{x1}^{e} = F_{x1}^{e}\cos\alpha + F_{y1}^{e}\sin\alpha \\
\overline{F}_{y1}^{e} = -F_{x1}^{e}\sin\alpha + F_{y1}^{e}\cos\alpha \\
\overline{M}_{1}^{e} = M_{1}^{e} \\
\overline{F}_{x2}^{e} = F_{x2}^{e}\cos\alpha + F_{y2}^{e}\sin\alpha \\
\overline{F}_{y2}^{e} = -F_{x2}^{e}\sin\alpha + F_{y2}^{e}\cos\alpha \\
\overline{M}_{2}^{e} = M_{2}^{e}
\end{cases}
\tag{9.13}
$$

式(9.13)可写成矩阵形式,即

$$
\begin{pmatrix} \overline{F}_{x1} \\ \overline{F}_{y1} \\ \overline{M}_{1} \\ \overline{F}_{x2} \\ \overline{F}_{y2} \\ \overline{M}_{2} \end{pmatrix}^{e}
=
\begin{pmatrix}
\cos\alpha & \sin\alpha & 0 & 0 & 0 & 0 \\
-\sin\alpha & \cos\alpha & 0 & 0 & 0 & 0 \\
0 & 0 & 1 & 0 & 0 & 0 \\
0 & 0 & 0 & \cos\alpha & \sin\alpha & 0 \\
0 & 0 & 0 & -\sin\alpha & \cos\alpha & 0 \\
0 & 0 & 0 & 0 & 0 & 1
\end{pmatrix}
\begin{pmatrix} F_{x1} \\ F_{y1} \\ M_{1} \\ F_{x2} \\ F_{y2} \\ M_{2} \end{pmatrix}^{e}
\tag{9.14}
$$

或简写成

$$
\overline{\boldsymbol{F}}^{e} = \boldsymbol{T}\boldsymbol{F}^{e}
\tag{9.15}
$$

其中,$\boldsymbol{T}$ 称为单元坐标转换矩阵

$$
\boldsymbol{T}=\begin{pmatrix}
\cos\alpha & \sin\alpha & 0 & 0 & 0 & 0\\
-\sin\alpha & \cos\alpha & 0 & 0 & 0 & 0\\
0 & 0 & 1 & 0 & 0 & 0\\
0 & 0 & 0 & \cos\alpha & \sin\alpha & 0\\
0 & 0 & 0 & -\sin\alpha & \cos\alpha & 0\\
0 & 0 & 0 & 0 & 0 & 1
\end{pmatrix} \tag{9.16}
$$

式(9.15)是两种坐标系中单元杆端力的转换式。同理,可以求出单元杆端位移在两种坐标系中的转换关系,即

$$\overline{\boldsymbol{\Delta}}^e = T\boldsymbol{\Delta}^e \tag{9.17}$$

式中,$\overline{\boldsymbol{\Delta}}^e$ 为局部坐标系中单元杆端位移列阵;$\boldsymbol{\Delta}^e$ 为整体坐标系中单元杆端位移列阵。

可以证明,单元坐标转换矩阵 $\boldsymbol{T}$ 为一正交矩阵,即有其逆矩阵等于其转置矩阵,可表示为

$$\boldsymbol{T}^{-1} = \boldsymbol{T}^{\mathrm{T}} \tag{9.18}$$

或

$$\boldsymbol{T}\boldsymbol{T}^{\mathrm{T}} = \boldsymbol{T}^{\mathrm{T}}\boldsymbol{T} = I \tag{9.19}$$

式中,I 为与 T 同阶的单位矩阵。

则式(9.15)和式(9.17)的逆转换式可分别写为

$$\boldsymbol{F}^e = \boldsymbol{T}^{\mathrm{T}}\overline{\boldsymbol{F}}^e \tag{9.20}$$

$$\boldsymbol{\Delta}^e = \boldsymbol{T}^{\mathrm{T}}\overline{\boldsymbol{\Delta}}^e \tag{9.21}$$

9.3.2 整体坐标系中的单元刚度矩阵

整体坐标系中单元杆端力与杆端位移的关系可表示为

$$\boldsymbol{F}^e = \boldsymbol{k}^e\boldsymbol{\Delta}^e \tag{9.22}$$

式中,$\boldsymbol{k}^e$ 称为在整体坐标系中的单元刚度矩阵。

单元 e 在局部坐标系中的单元刚度方程为

$$\overline{\boldsymbol{F}}^e = \overline{\boldsymbol{k}}^e\overline{\boldsymbol{\Delta}}^e \tag{9.23}$$

将式(9.15)和式(9.17)代入式(9.23),则

$$\boldsymbol{T}\boldsymbol{F}^e = \overline{\boldsymbol{k}}^e\boldsymbol{T}\boldsymbol{\Delta}^e \tag{9.24}$$

将式(9.24)两边同时左乘 $\boldsymbol{T}^{\mathrm{T}}$,得

$$\boldsymbol{T}^{\mathrm{T}}\boldsymbol{T}\boldsymbol{F}^e = \boldsymbol{T}^{\mathrm{T}}\overline{\boldsymbol{k}}^e\boldsymbol{T}\boldsymbol{\Delta}^e \tag{9.25}$$

根据式(9.19)和式(9.22)可知

$$\boldsymbol{k}^e = \boldsymbol{T}^{\mathrm{T}}\overline{\boldsymbol{k}}^e\boldsymbol{T} \tag{9.26}$$

式(9.26)反映了在两个坐标系之间单元刚度矩阵的转换关系。只要确定出单元坐标转换矩阵 $\boldsymbol{T}$ 就可由局部坐标系中的单元刚度矩阵 $\overline{\boldsymbol{k}}^e$ 计算出整体坐标系中的单元刚度矩阵 $\boldsymbol{k}^e$。

整体坐标系中的单元刚度矩阵与局部坐标系中的单元刚度矩阵同阶,并具有类似的性质。

9.4 整体刚度矩阵

9.2 节和9.3 节主要讲述了如何进行单元分析，找到杆端力与杆端位移的关系，并给出了局部坐标系中和整体坐标系中的单元刚度矩阵。矩阵位移法的第二步是进行整体分析，建立整体刚度方程，得到整体刚度矩阵。整体刚度方程体现了结构结点力与结点位移的关系，是按位移法建立的，建立整体刚度矩阵的具体方法有两种，即传统位移法和单元集成法。

9.4.1 连续梁的整体刚度矩阵

1. 传统位移法

利用传统位移法建立整体刚度矩阵时，与位移法不同的是在利用位移法求解超静定结构时，基本未知量强调的是独立的线位移和角位移；而在矩阵位移法建立整体刚度矩阵时，不管结点位移是否独立，都作为基本未知量。

图9.7(a)所示连续梁，位移法基本体系如图9.7(b)所示，位移法基本未知量为结点转角 $\Delta_1,\Delta_2,\Delta_3$，它们可指定为任意值，则整体结构的结点位移向量 $\boldsymbol{\Delta}$ 可表示为

$$\boldsymbol{\Delta}=(\Delta_1\quad\Delta_2\quad\Delta_3)^{\mathrm{T}}$$

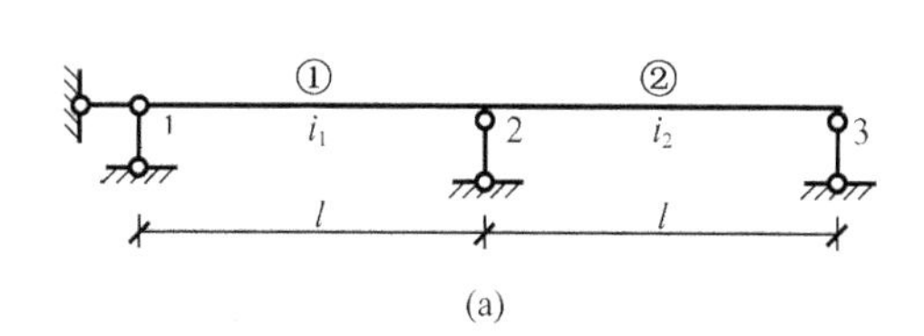

(a)

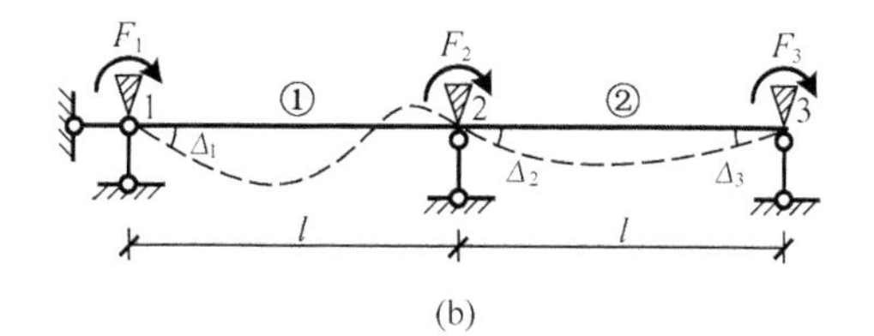

(b)

图9.7

与结点位移 $\Delta_1,\Delta_2,\Delta_3$ 对应的力是附加约束的力偶 F_1,F_2,F_3。则整体结构的结点力向量 $\boldsymbol{F}$ 可表示为

$$\boldsymbol{F}=(F_1\quad F_2\quad F_3)^{\mathrm{T}}$$

在传统位移法中，分别考虑每个结点转角 $\Delta_1,\Delta_2,\Delta_3$ 独自引起的结点力偶，如图9.8所示。

叠加上述三种情况，即得结点力偶为

$$\begin{pmatrix}F_1\\F_2\\F_3\end{pmatrix}=\begin{pmatrix}4i_1 & 2i_1 & 0\\2i_1 & 4i_1+4i_2 & 2i_2\\0 & 2i_2 & 4i_2\end{pmatrix}\begin{pmatrix}\Delta_1\\\Delta_2\\\Delta_3\end{pmatrix}\tag{9.27}$$

记为

$$\boldsymbol{F}=\boldsymbol{K\Delta}\tag{9.28}$$

式中

$$\boldsymbol{K}=\begin{pmatrix}4i_1 & 2i_1 & 0\\2i_1 & 4i_1+4i_2 & 2i_2\\0 & 2i_2 & 4i_2\end{pmatrix}\tag{9.29}$$

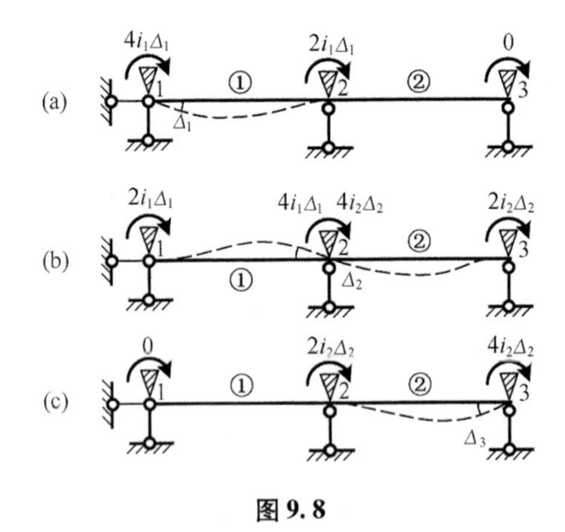

图 9.8

式(9.27)和式(9.28)称为整体刚度方程,$\boldsymbol{K}$ 称为整体刚度矩阵。

这是通过传统位移法得到结构的刚度方程和整体刚度矩阵。从上述内容可见传统位移法求结点力 F 时,分别考虑每个结点位移对结点力的单独贡献,然后进行叠加。下面介绍一种新的方法得到整体刚度矩阵——单元集成法。

2. 单元集成法

对于复杂结构,传统位移法将非常烦琐且不宜模式化,为使计算过程纳入一种统一的模式,一般采用单元集成法。与传统位移法不同,单元集成法求结点力 F 时,分别考虑每个单元对 F 的单独贡献,然后再进行叠加。整体刚度矩阵由单元直接集成,又称为直接刚度法。

为便于理解,仍采用图 9.7(a)所示两跨连续梁为例。对于连续梁来说,其整体坐标和局部坐标方向一致,则局部坐标系中的单元刚度矩阵和整体坐标系中的单元刚度矩阵表现形式一致,故本部分分析不存在坐标转换问题。

首先,考虑单元①的贡献。

为只考虑单元①的单独贡献,则需略去其他单元的贡献。图 9.9 所示,令单元②的刚度为零,此时单元②虽有变形,但不会产生结点力,因此整个结构的结点力是由单元①单独产生的,记为

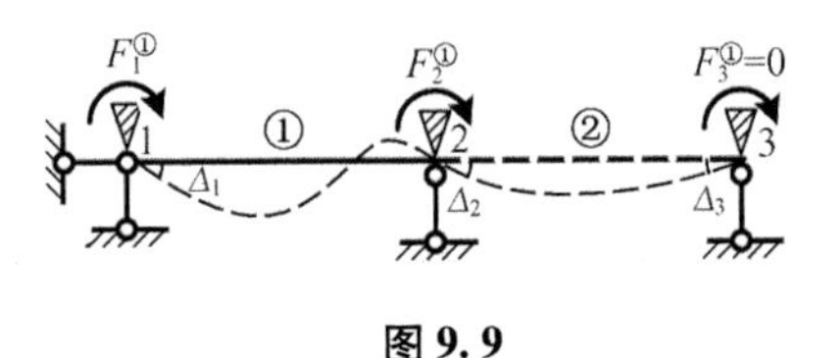

图 9.9

$$\boldsymbol{F}^{①} = (F_1^{①} \quad F_2^{①} \quad F_3^{①})^{\mathrm{T}}$$

式中,$\boldsymbol{F}^{①}$ 为单元①对结点力 F 的贡献。

根据梁单元的刚度矩阵可知单元①的单元刚度矩阵为

$$\boldsymbol{k}^{①} = \begin{pmatrix} 4i_1 & 2i_1 \\ 2i_1 & 4i_1 \end{pmatrix} \tag{9.30}$$

单元①的单元刚度方程为

$$\begin{pmatrix} F_1^{①} \\ F_2^{①} \end{pmatrix} = \begin{pmatrix} 4i_1 & 2i_1 \\ 2i_1 & 4i_1 \end{pmatrix} \begin{pmatrix} \Delta_1 \\ \Delta_2 \end{pmatrix} \tag{9.31}$$

因单元②的刚度为零,可知

$$F_3^{①} = 0 \tag{9.32}$$

则单元①对结点力 $\boldsymbol{F}$ 的贡献可表示为

$$\begin{pmatrix} F_1^{①} \\ F_2^{①} \\ F_3^{①} \end{pmatrix} = \begin{pmatrix} 4i_1 & 2i_1 & 0 \\ 2i_1 & 4i_1 & 0 \\ 0 & 0 & 0 \end{pmatrix} \begin{pmatrix} \Delta_1 \\ \Delta_2 \\ \Delta_3 \end{pmatrix} \tag{9.33}$$

记为

$$\boldsymbol{F}^{①} = K^{①}\Delta \tag{9.34}$$

式中

$$\boldsymbol{K}^{①} = \begin{pmatrix} 4i_1 & 2i_1 & 0 \\ 2i_1 & 4i_1 & 0 \\ 0 & 0 & 0 \end{pmatrix} \tag{9.35}$$

$K^{①}$表示单元①对整体刚度矩阵提供的贡献,称为单元的贡献矩阵。

然后,考虑单元②的贡献。

为只考虑单元②的单独贡献,则需略去其他单元的贡献。图9.10所示,令单元①的刚度为零,此时单元①虽有变形,但不会产生结点力,因此整个结构的结点力是由单元②单独产生的,记为

$$\boldsymbol{F}^{②} = (F_1^{②} \quad F_2^{②} \quad F_3^{②})^{\mathrm{T}}$$

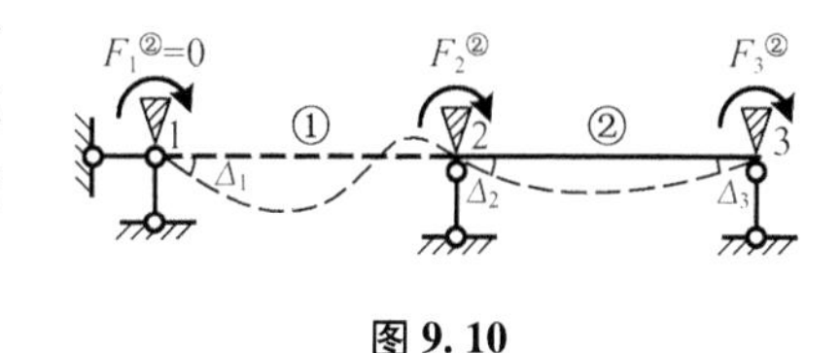

图9.10

$\boldsymbol{F}^{②}$表示单元②对结点力 $\boldsymbol{F}$ 的贡献。

根据梁单元的刚度矩阵可知单元②的单元刚度矩阵为

$$\boldsymbol{k}^{②} = \begin{pmatrix} 4i_2 & 2i_2 \\ 2i_2 & 4i_2 \end{pmatrix} \tag{9.36}$$

单元②的单元刚度方程为

$$\begin{pmatrix} F_2^{②} \\ F_3^{②} \end{pmatrix} = \begin{pmatrix} 4i_2 & 2i_2 \\ 2i_2 & 4i_2 \end{pmatrix} \begin{pmatrix} \Delta_2 \\ \Delta_3 \end{pmatrix} \tag{9.37}$$

因单元①的刚度为零可知

$$F_1^{②} = 0 \tag{9.38}$$

则单元②对结点力 $\boldsymbol{F}$ 的贡献可表示为

$$\begin{pmatrix} F_1^{②} \\ F_2^{②} \\ F_3^{②} \end{pmatrix} = \begin{pmatrix} 0 & 0 & 0 \\ 0 & 4i_2 & 2i_2 \\ 0 & 2i_2 & 4i_2 \end{pmatrix} \begin{pmatrix} \Delta_1 \\ \Delta_2 \\ \Delta_3 \end{pmatrix} \tag{9.39}$$

记为

$$\boldsymbol{F}^{②} = K^{②}\Delta \tag{9.40}$$

式中

$$\boldsymbol{K}^{②} = \begin{pmatrix} 0 & 0 & 0 \\ 0 & 4i_2 & 2i_2 \\ 0 & 2i_2 & 4i_2 \end{pmatrix} \tag{9.41}$$

$\boldsymbol{K}^{②}$为单元②对整体刚度矩阵的贡献矩阵。

由上述分析可知,单元贡献矩阵 $\boldsymbol{K}^e$ 与整体刚度矩阵 $\boldsymbol{K}$ 是同阶矩阵。把式(9.33)与式

(9.39)叠加得

$$\boldsymbol{F} = \boldsymbol{F}^{①} + \boldsymbol{F}^{②} = (\boldsymbol{K}^{①} + \boldsymbol{K}^{②})\boldsymbol{\Delta} \tag{9.42}$$

令 $\boldsymbol{K} = \boldsymbol{K}^{①} + \boldsymbol{K}^{②}$,式(9.42)变为 $\boldsymbol{F} = \boldsymbol{K\Delta}$,即为结构的整体刚度方程。由此可知,结构的整体刚度矩阵等于各单元贡献矩阵之和,即 $\boldsymbol{K} = \sum_{e} \boldsymbol{K}^{e}$。

单元集成法求整体刚度矩阵的步骤分为两步,可以表示为

$$\boldsymbol{k}^{e} \xrightarrow{\text{I}} \boldsymbol{K}^{e} \xrightarrow{\text{II}} \boldsymbol{K}$$

第一步由单元刚度矩阵 $\boldsymbol{k}^{e}$ 求单元贡献矩阵 $\boldsymbol{K}^{e}$;

第二步通过叠加各单元的贡献矩阵 $\boldsymbol{K}^{e}$,可得整体刚度矩阵 $\boldsymbol{K}$。

3. 利用单元定位向量由 $\boldsymbol{k}^{e}$ 求 $\boldsymbol{K}^{e}$

由 $\boldsymbol{k}^{e}$ 求 $\boldsymbol{K}^{e}$ 时,关键一步是确定 $\boldsymbol{k}^{e}$ 中元素在 $\boldsymbol{K}^{e}$ 中的位置。对于连续梁这类简单结构,相对容易确定其位置,而对于复杂结构却很难确定。这部分讲述如何利用单元定位向量确定 $\boldsymbol{k}^{e}$ 中元素在 $\boldsymbol{K}^{e}$ 中的位置。

这里仍以图9.7(a)所示连续梁为例。

首先为便于程序化,对结构进行编码。共有两个单元,用①②表示单元码;在单元分析中,每个梁单元的两个结点位移用(1)(2)表示,称为局部码;整体分析中,结点位移在结构中统一编码,称为总码,用1,2,3,…表示,如图9.11所示。

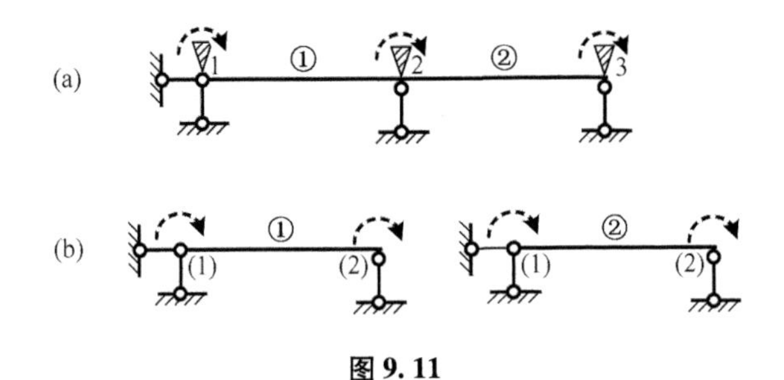

图9.11

其次,确定 $\boldsymbol{k}^{e}$ 中元素在 $\boldsymbol{K}^{e}$ 中位置的关键是找到总码与局部码的对应关系。表9.1给出了总码与局部码的编码对应关系。表9.1中,$\boldsymbol{\lambda}^{e}$ 称为单元定位向量,由单元的结点位移总码组成。单元两种编码的对应关系即由单元定位向量来表示,因此单元定位向量也称为单元换码向量。

表9.1 编码对应关系

单元	对应 局部码→总码	单元定位向量 $\boldsymbol{\lambda}^{e}$
①	(1)→1 (2)→2	$\boldsymbol{\lambda}^{①} = \begin{pmatrix}1\\2\end{pmatrix}$
②	(1)→2 (2)→3	$\boldsymbol{\lambda}^{②} = \begin{pmatrix}2\\3\end{pmatrix}$

再次,注意单元刚度矩阵 $\boldsymbol{k}^e$ 和单元贡献矩阵 $\boldsymbol{K}^e$ 中元素排列方式的不同。在 $\boldsymbol{k}^e$ 中,元素按局部码排列,或者说,元素按局部码“对号入座”;在 $\boldsymbol{K}^e$ 中,元素按总码排列,或者说,元素按总码“对号入座”。

为了根据单元刚度矩阵求得单元贡献矩阵,一般采用“转码重排座”的做法,具体做法列于表 9.2。在换码和重排座过程中,都是根据单元定位向量 $\boldsymbol{\lambda}^e$ 进行。

表 9.2　转码重排座

	在单元刚度矩阵 $\boldsymbol{k}^e$ 中	在单元贡献矩阵 $\boldsymbol{K}^e$ 中	
换码	元素的原行码(i) 元素的原列码(j)	换成新行码 λ_i 换成新列码 λ_j	$(i)\rightarrow\lambda_i$ $(j)\rightarrow\lambda_j$
重排座	原排在(i)行(j)列的元素	改排在 λ_i 行 λ_j 列	$k^e_{(i)(j)}\rightarrow K^e_{\lambda_i\lambda_j}$

依据上述方法,由 $\boldsymbol{k}^{①}$,$\boldsymbol{k}^{②}$得出单元贡献矩阵 $\boldsymbol{K}^{①}$,$\boldsymbol{K}^{②}$的具体做法列于表 9.3。

表 9.3　由 $\boldsymbol{k}^e$ 到 $\boldsymbol{K}^e$ 的具体做法

单元	单元刚度矩阵 $\boldsymbol{k}^e$	单元定位向量 $\boldsymbol{\lambda}^e$	单元贡献矩阵 $\boldsymbol{K}^e$
①	$\begin{matrix} & (1) & (2) \\ (1) & 4i_1 & 2i_1 \\ (2) & 2i_1 & 4i_1 \end{matrix}$	$\boldsymbol{\lambda}^{①}=\begin{pmatrix}1\\2\end{pmatrix}$	$\begin{matrix} & & (1) & (2) & \\ & & \downarrow & \downarrow & \\ & & 1 & 2 & 3 \\ (1)\rightarrow & 1 & 4i_1 & 2i_1 & 0 \\ (2)\rightarrow & 2 & 2i_1 & 4i_1 & 0 \\ & 3 & 0 & 0 & 0 \end{matrix}$
②	$\begin{matrix} & (1) & (2) \\ (1) & 4i_2 & 2i_2 \\ (2) & 2i_2 & 4i_2 \end{matrix}$	$\boldsymbol{\lambda}^{②}=\begin{pmatrix}2\\3\end{pmatrix}$	$\begin{matrix} & & & (1) & (2) \\ & & & \downarrow & \downarrow \\ & & 1 & 2 & 3 \\ \rightarrow & 1 & 0 & 0 & 0 \\ (1)\rightarrow & 2 & 0 & 4i_2 & 2i_2 \\ (2)\rightarrow & 3 & 0 & 2i_2 & 4i_2 \end{matrix}$

如前所述,由 $\boldsymbol{k}^e$ 求 $\boldsymbol{K}^e$ 时,关键一步是确定 $\boldsymbol{k}^e$ 中元素在 $\boldsymbol{K}^e$ 中的位置,定位规则是

$$k^e_{(i)(j)}\rightarrow K^e_{\lambda_i\lambda_j} \tag{9.43}$$

即根据单元定位向量 $\boldsymbol{\lambda}^e$ 将元素 $k^e_{(i)(j)}$定位在 $\boldsymbol{K}^e$ 中 λ_i 行 λ_j 列的位置上。

4. 利用单元集成法确定整体刚度矩阵的具体实施方案

利用单元集成法确定整体刚度矩阵有两个步骤 $\boldsymbol{k}^e\xrightarrow{\text{I}}\boldsymbol{K}^e\xrightarrow{\text{II}}\boldsymbol{K}$,第一步是将 $\boldsymbol{k}^e$ 中的元素按照单元定位向量 $\boldsymbol{\lambda}^e$ 在 $\boldsymbol{K}^e$ 中定位,第二步是将各 $\boldsymbol{K}^e$ 中的元素累加。为使计算程序更为简洁,在单元集成法的具体实施方案中,可将两步合并成一步,采用“边定位边累加”的办

法，由 $\boldsymbol{k}^e$ 直接形成 $\boldsymbol{K}$。具体步骤为：

(1)先令 $\boldsymbol{K}$ 中所有元素为零，即 $\boldsymbol{K}=\boldsymbol{0}$；

(2)将 $\boldsymbol{k}^{①}$中的元素在 $\boldsymbol{K}$ 中按 $\boldsymbol{\lambda}^{①}$定位并进行累加，这时有 $\boldsymbol{K}=\boldsymbol{K}^{①}$；

(3)将 $\boldsymbol{k}^{②}$中的元素在 $\boldsymbol{K}$ 中按 $\boldsymbol{\lambda}^{②}$定位并进行累加，这时有 $\boldsymbol{K}=\boldsymbol{K}^{①}+\boldsymbol{K}^{②}$。

按上述作法对所有单元循环一遍，最后则得到 $\boldsymbol{K}=\sum_e \boldsymbol{K}^e$。

例 9－1 求图 9.12(a)所示连续梁的整体刚度矩阵。

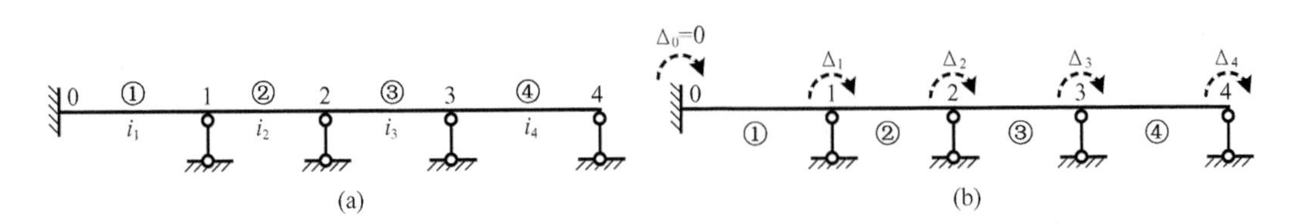

图 9.12 例 9－1 图

解 (1)确定总码——结点位移分量编码

该连续梁为 4 跨连续梁，有四个结点位移分量，分别为转角 $\Delta_1,\Delta_2,\Delta_3,\Delta_4$(图 9.12(b))，总码分别编为 1,2,3,4(图 9.12(a))。

注意 在固定端无转角位移，因此在固定端处的结点位移分量 $\Delta_0=0$。这里规定，凡是给定为零值的结点位移分量，其总码均编为零。

(2)确定各单元的定位向量 $\boldsymbol{\lambda}^e$

单元①②③④的定位向量分别为

$$\boldsymbol{\lambda}^{①}=\begin{pmatrix}0\\1\end{pmatrix},\quad \boldsymbol{\lambda}^{②}=\begin{pmatrix}1\\2\end{pmatrix},\quad \boldsymbol{\lambda}^{③}=\begin{pmatrix}2\\3\end{pmatrix},\quad \boldsymbol{\lambda}^{④}=\begin{pmatrix}3\\4\end{pmatrix}$$

(3)单元集成

根据单元集成法的具体实施方案，按照单元①②③④的次序进行边定位边累加的原则确定整体刚度矩阵。表 9.4 给出了集成的过程、相应阶段的结果和最终结果。

表 9.4 单元集成法的具体实施方案

单元	单元刚度矩阵 $\boldsymbol{k}^e$	按单元定位向量换码	集成过程中的阶段结果
①	$\begin{matrix} & (1) & (2) \\ (1) & 4i_1 & 2i_1 \\ (2) & 2i_1 & 4i_1 \end{matrix}$	(1)→0 (2)→1	列 (2)↓ 1；行 (2) → 1 $\begin{matrix} & 1 & 2 & 3 & 4 \\ 1 & 4i_1 & 0 & 0 & 0 \\ 2 & 0 & 0 & 0 & 0 \\ 3 & 0 & 0 & 0 & 0 \\ 4 & 0 & 0 & 0 & 0 \end{matrix}$

表 9.4(续)

单元	单元刚度矩阵 $\boldsymbol{k}^e$	按单元定位向量换码	集成过程中的阶段结果
②	$\begin{array}{cc} & \begin{array}{cc}(1) & (2)\end{array} \\ \begin{array}{c}(1)\\(2)\end{array} & \begin{pmatrix}4i_2 & 2i_2\\ 2i_2 & 4i_2\end{pmatrix}\end{array}$	(1)→1 (2)→2	$\begin{array}{ccccccc} & & & (1)\downarrow & (2)\downarrow & & \\ & & & 1 & 2 & 3 & 4 \\ (1) & \rightarrow & 1 & 4i_1+4i_2 & 2i_2 & 0 & 0 \\ (2) & \rightarrow & 2 & 2i_2 & 4i_2 & 0 & 0 \\ & & 3 & 0 & 0 & 0 & 0 \\ & & 4 & 0 & 0 & 0 & 0 \end{array}$
③	$\begin{array}{cc} & \begin{array}{cc}(1) & (2)\end{array} \\ \begin{array}{c}(1)\\(2)\end{array} & \begin{pmatrix}4i_3 & 2i_3\\ 2i_3 & 4i_3\end{pmatrix}\end{array}$	(1)→2 (2)→3	$\begin{array}{ccccccc} & & & & (1)\downarrow & (2)\downarrow & \\ & & & 1 & 2 & 3 & 4 \\ & & 1 & 4i_1+4i_2 & 2i_2 & 0 & 0 \\ (1) & \rightarrow & 2 & 2i_2 & 4i_2+4i_3 & 2i_3 & 0 \\ (2) & \rightarrow & 3 & 0 & 2i_3 & 4i_3 & 0 \\ & & 4 & 0 & 0 & 0 & 0 \end{array}$
④	$\begin{array}{cc} & \begin{array}{cc}(1) & (2)\end{array} \\ \begin{array}{c}(1)\\(2)\end{array} & \begin{pmatrix}4i_4 & 2i_4\\ 2i_4 & 4i_4\end{pmatrix}\end{array}$	(1)→3 (2)→4	$\begin{array}{ccccccc} & & & & & (1)\downarrow & (2)\downarrow \\ & & & 1 & 2 & 3 & 4 \\ & & 1 & 4i_1+4i_2 & 2i_2 & 0 & 0 \\ & \rightarrow & 2 & 2i_2 & 4i_2+4i_3 & 2i_3 & 0 \\ (1) & \rightarrow & 3 & 0 & 2i_3 & 4i_3+4i_4 & 2i_4 \\ (2) & \rightarrow & 4 & 0 & 0 & 2i_4 & 4i_4 \end{array}$

注意　在表9.4中,当对单元①进行集成时,局部码(1)对应的总码为0,这说明在 $\boldsymbol{k}^{①}$ 中(1)行(1)列元素在 $\boldsymbol{K}$ 中没有位置,在集成过程中应当舍去,不予考虑。这种作法的力学解释是:单元①在固定端处的结点位移分量本来为零,其相应的单元刚度系数对整体刚度系数就没有影响,故在集成过程中应当舍去。

5. 整体刚度矩阵的性质

(1)整体刚度矩阵系数的意义:$\boldsymbol{K}$ 中的元素 k_{ij} 称为整体刚度系数。它表示当第 j 个结点位移分量 $\Delta_j=1$ 时所产生的第 i 个结点力。

(2)$\boldsymbol{K}$ 是对称矩阵,即有 $k_{ij}=k_{ji}$。

(3)$\boldsymbol{K}$ 是非奇异矩阵。

9.4.2　刚架的整体刚度矩阵

对刚架进行整体分析,确定刚架的刚度方程,得到刚架的整体刚度矩阵。其基本思路与连续梁的整体分析相同,但情况要复杂一些,主要表现在以下几方面:

(1)通常情况下要考虑刚架各杆的轴向变形;

(2)因要考虑轴向变形,刚架中每个结点的位移分量要增加到三个,一个角位移和两个方向的线位移;

(3)刚架中各杆的方向不尽相同,需要通过坐标转换把局部坐标系下的单元刚度矩阵转换为整体坐标系下的单元刚度矩阵;

(4)刚架中除刚结点外,还要考虑如何处理铰结点等其他情况。

1. 结点位移分量的统一编码——总码

刚架中每个结点通常有三个位移分量,编码按整体坐标系中 x 轴、y 轴和转角的顺序来编码,如图 9.13(a)所示。在编码过程中注意以下问题。

(1)支座位移分量的处理

如图 9.13 中 A 端为固定端,三个位移分量均为零,故其总码为(0,0,0);D 端为铰支座,没有线位移,只有角位移,故其总码为(0,0,8)。

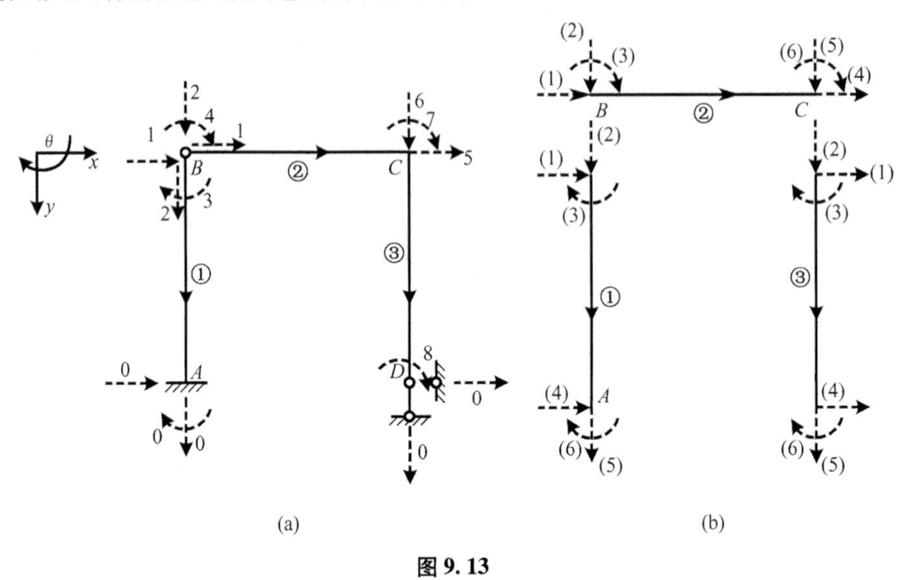

图 9.13

(2)刚架中铰结点的处理

结点 B 为铰结点,与结点 B 相连的杆件不能相对移动,但可相对转动,则单元①中 B 端的线位移和单元②中 B 端的线位移相同,但转角不同,故有单元①中 B 端的总码为(1,2,3),单元②中 B 端的总码为(1,2,4)。

(3)刚架中刚结点的处理

结点 C 为刚结点,与结点 C 连接的杆件不能相对移动,也不能相对转动,故在刚结点处,各单元在该点的线位移和角位移都是连续的,因此有在结点 C 处的总码为(5,6,7)。

此刚架共有 8 个未知结点位移分量,它们组成整体结构的结点位移向量 $\boldsymbol{\Delta}$

$$\boldsymbol{\Delta}=(\Delta_1 \quad \Delta_2 \quad \Delta_3 \quad \Delta_4 \quad \Delta_5 \quad \Delta_6 \quad \Delta_7 \quad \Delta_8)^{\mathrm{T}}$$

相应的结点力分量 $\boldsymbol{F}$ 为

$$\boldsymbol{F}=(F_1 \quad F_2 \quad F_3 \quad F_4 \quad F_5 \quad F_6 \quad F_7 \quad F_8)^{\mathrm{T}}$$

2. 单元定位向量的确定

此刚架有三个单元①②③。图中各杆轴线上的箭头表示各杆局部坐标系中 $\bar{x}$ 轴的正方向。图 9.13(b)表明了在整体坐标系中单元在杆件两端的 6 个位移分量的局部码(1)~(6)。

根据每个单元给出的整体坐标系中单元结点位移分量局部码与总码之间的对应关系,给出各单元的定位向量 $\boldsymbol{\lambda}^e$ 列于表 9.5。

表 9.5　编码对应关系

单元	对应 局部码→总码	单元定位向量 $\boldsymbol{\lambda}^e$
①	(1)→1 (2)→2 (3)→3 (4)→0 (5)→0 (6)→0	$\boldsymbol{\lambda}^{①}=\begin{pmatrix}1\\2\\3\\0\\0\\0\end{pmatrix}$
②	(1)→1 (2)→2 (3)→4 (4)→5 (5)→6 (6)→7	$\boldsymbol{\lambda}^{②}=\begin{pmatrix}1\\2\\4\\5\\6\\7\end{pmatrix}$
③	(1)→5 (2)→6 (3)→7 (4)→0 (5)→0 (6)→8	$\boldsymbol{\lambda}^{③}=\begin{pmatrix}5\\6\\7\\0\\0\\8\end{pmatrix}$

注意　单元 6 个位移分量在两套坐标系中有两套局部码。在局部坐标系中的单元分析，指的是局部坐标系下的局部码；在确定单元定位向量过程中，指的是整体坐标系中的局部码。

3. 单元集成过程

设图 9.13(a)所示刚架的杆件长均为 l，弹性模量 E，截面面积 A，截面惯性矩 I，则有各单元在局部坐标系中的单元刚度矩阵为

$$\bar{\boldsymbol{k}}^{①}=\bar{\boldsymbol{k}}^{②}=\bar{\boldsymbol{k}}^{③}=\begin{array}{c}\begin{matrix}(1)&(2)&(3)&(4)&(5)&(6)\end{matrix}\\ \begin{pmatrix}\frac{EA}{l}&0&0&-\frac{EA}{l}&0&0\\ 0&\frac{12EI}{l^3}&\frac{6EI}{l^2}&0&-\frac{12EI}{l^3}&\frac{6EI}{l^2}\\ 0&\frac{6EI}{l^2}&\frac{4EI}{l}&0&-\frac{6EI}{l^2}&\frac{2EI}{l}\\ -\frac{EA}{l}&0&0&\frac{EA}{l}&0&0\\ 0&-\frac{12EI}{l^3}&-\frac{6EI}{l^2}&0&\frac{12EI}{l^3}&-\frac{6EI}{l^2}\\ 0&\frac{6EI}{l^2}&\frac{2EI}{l}&0&-\frac{6EI}{l^2}&\frac{4EI}{l}\end{pmatrix}\end{array}\begin{matrix}(1)\\(2)\\(3)\\(4)\\(5)\\(6)\end{matrix}$$

因单元②的整体坐标与局部坐标一致，则

$$\overline{\boldsymbol{k}}^{②}=\boldsymbol{k}^{②}$$

单元①和单元③的局部坐标系与整体坐标系的夹角为90°,则坐标转换矩阵为

$$\boldsymbol{T}=\begin{pmatrix} 0 & 1 & 0 & 0 & 0 & 0 \\ -1 & 0 & 0 & 0 & 0 & 0 \\ 0 & 0 & 1 & 0 & 0 & 0 \\ 0 & 0 & 0 & 0 & 1 & 0 \\ 0 & 0 & 0 & -1 & 0 & 0 \\ 0 & 0 & 0 & 0 & 0 & 1 \end{pmatrix}$$

根据 $\boldsymbol{k}^e=\boldsymbol{T}^{\mathrm{T}}\overline{\boldsymbol{k}}^e\boldsymbol{T}$ 有

$$\boldsymbol{k}^{①}=\boldsymbol{k}^{③}=\begin{array}{c} \begin{matrix} (1) & (2) & (3) & (4) & (5) & (6) \end{matrix} \\ \begin{pmatrix} \frac{12EI}{l^3} & 0 & -\frac{6EI}{l^2} & -\frac{12EI}{l^3} & 0 & -\frac{6EI}{l^2} \\ 0 & \frac{EA}{l} & 0 & 0 & -\frac{EA}{l} & 0 \\ -\frac{6EI}{l^2} & 0 & \frac{4EI}{l} & \frac{6EI}{l^2} & 0 & \frac{2EI}{l} \\ -\frac{12EI}{l^3} & 0 & \frac{6EI}{l^2} & \frac{12EI}{l^3} & 0 & \frac{6EI}{l^2} \\ 0 & -\frac{EA}{l} & 0 & 0 & \frac{EA}{l} & 0 \\ -\frac{6EI}{l^2} & 0 & \frac{2EI}{l} & \frac{6EI}{l^2} & 0 & \frac{4EI}{l} \end{pmatrix} \begin{matrix} (1) \\ (2) \\ (3) \\ (4) \\ (5) \\ (6) \end{matrix} \end{array}$$

根据单元①的单元定位向量 $\boldsymbol{\lambda}^{①}$ 及换码关系,将 $\boldsymbol{k}^{①}$ 中元素在 $\boldsymbol{K}$ 中定位,得 $\boldsymbol{K}$ 的阶段结果为

$$\begin{array}{r} \\ \\ \\ (1)\to 1 \\ (2)\to 2 \\ (3)\to 3 \\ 4 \\ 5 \\ 6 \\ 7 \\ 8 \end{array} \begin{array}{c} \begin{matrix} (1) & (2) & (3) & & & & & \\ \downarrow & \downarrow & \downarrow & & & & & \\ 1 & 2 & 3 & 4 & 5 & 6 & 7 & 8 \end{matrix} \\ \begin{pmatrix} \frac{12EI}{l^3} & 0 & -\frac{6EI}{l^2} & 0 & 0 & 0 & 0 & 0 \\ 0 & \frac{EA}{l} & 0 & 0 & 0 & 0 & 0 & 0 \\ -\frac{6EI}{l^2} & 0 & \frac{4EI}{l} & 0 & 0 & 0 & 0 & 0 \\ 0 & 0 & 0 & 0 & 0 & 0 & 0 & 0 \\ 0 & 0 & 0 & 0 & 0 & 0 & 0 & 0 \\ 0 & 0 & 0 & 0 & 0 & 0 & 0 & 0 \\ 0 & 0 & 0 & 0 & 0 & 0 & 0 & 0 \\ 0 & 0 & 0 & 0 & 0 & 0 & 0 & 0 \end{pmatrix} \end{array}$$

根据单元②的单元定位向量 $\boldsymbol{\lambda}^{②}$ 及换码关系，将 $\boldsymbol{k}^{②}$ 中元素在 $\boldsymbol{K}$ 中定位，得 $\boldsymbol{K}$ 的阶段结果为

$$
\begin{array}{r}
\\ \\ \\
(1)\to 1 \\ (2)\to 2 \\ 3 \\ (3)\to 4 \\ (4)\to 5 \\ (5)\to 6 \\ (6)\to 7 \\ 8
\end{array}
\begin{array}{cccccccc}
(1) & (2) & & (3) & (4) & (5) & (6) & \\
\downarrow & \downarrow & & \downarrow & & \downarrow & \downarrow & \\
1 & 2 & 3 & 4 & 5 & 6 & 7 & 8 \\
\end{array}
$$

$$
\begin{pmatrix}
\frac{12EI}{l^3}+\frac{EA}{l} & 0 & -\frac{6EI}{l^2} & 0 & -\frac{EA}{l} & 0 & 0 & 0 \\
0 & \frac{EA}{l}+\frac{12EI}{l^3} & 0 & \frac{6EI}{l^2} & 0 & -\frac{12EI}{l^3} & \frac{6EI}{l^2} & 0 \\
-\frac{6EI}{l^2} & 0 & \frac{4EI}{l} & 0 & 0 & 0 & 0 & 0 \\
0 & \frac{6EI}{l^2} & 0 & \frac{4EI}{l} & 0 & -\frac{6EI}{l^2} & \frac{2EI}{l} & 0 \\
-\frac{EA}{l} & 0 & 0 & 0 & \frac{EA}{l} & 0 & 0 & 0 \\
0 & -\frac{12EI}{l^3} & 0 & -\frac{6EI}{l^2} & 0 & \frac{12EI}{l^3} & -\frac{6EI}{l^2} & 0 \\
0 & \frac{6EI}{l^2} & 0 & \frac{2EI}{l} & 0 & -\frac{6EI}{l^2} & \frac{4EI}{l} & 0 \\
0 & 0 & 0 & 0 & 0 & 0 & 0 & 0
\end{pmatrix}
$$

根据单元③的单元定位向量 $\boldsymbol{\lambda}^{③}$ 及换码关系，将 $\boldsymbol{k}^{③}$ 中元素在 $\boldsymbol{K}$ 中定位，最后得 $\boldsymbol{K}$ 为

$$
\begin{array}{cccccccc}
 & & & & (1) & (2) & (3) & (6) \\
 & & & & \downarrow & \downarrow & \downarrow & \downarrow \\
1 & 2 & 3 & 4 & 5 & 6 & 7 & 8 \\
\end{array}
$$

$$
\begin{array}{r}
1 \\ 2 \\ 3 \\ 4 \\ (1)\to 5 \\ (2)\to 6 \\ (3)\to 7 \\ (6)\to 8
\end{array}
\begin{pmatrix}
\frac{12EI}{l^3}+\frac{EA}{l} & 0 & -\frac{6EI}{l^2} & 0 & -\frac{EA}{l} & 0 & 0 & 0 \\
0 & \frac{EA}{l}+\frac{12EI}{l^3} & 0 & \frac{6EI}{l^2} & 0 & -\frac{12EI}{l^3} & \frac{6EI}{l^2} & 0 \\
-\frac{6EI}{l^2} & 0 & \frac{4EI}{l} & 0 & 0 & 0 & 0 & 0 \\
0 & \frac{6EI}{l^2} & 0 & \frac{4EI}{l} & 0 & -\frac{6EI}{l^2} & \frac{2EI}{l} & 0 \\
-\frac{EA}{l} & 0 & 0 & 0 & \frac{EA}{l}+\frac{12EI}{l^3} & 0 & -\frac{6EI}{l^2} & -\frac{6EI}{l^2} \\
0 & -\frac{12EI}{l^3} & 0 & -\frac{6EI}{l^2} & 0 & \frac{12EI}{l^3}+\frac{EA}{l} & -\frac{6EI}{l^2} & 0 \\
0 & \frac{6EI}{l^2} & 0 & \frac{2EI}{l} & -\frac{6EI}{l^2} & -\frac{6EI}{l^2} & \frac{8EI}{l} & \frac{2EI}{l} \\
0 & 0 & 0 & 0 & -\frac{6EI}{l^2} & 0 & \frac{2EI}{l} & \frac{4EI}{l}
\end{pmatrix}
$$

9.5 等效结点荷载

9.2 节 ~ 9.4 节讨论的是单元刚度方程和整体刚度方程。单元刚度方程体现的是杆端力和杆端位移的关系，整体刚度方程体现的是结点力和结点位移的关系，它反映结构的刚度性质，而不涉及原结构上作用的实际荷载，因此不是用以分析原结构的位移法基本方程。本节讨论如何建立矩阵位移法的基本方程和如何形成等效结点荷载向量。

9.5.1 矩阵位移法基本方程

位移法的基本方法是力的平衡方程，在利用位移法典型方程形式建立位移法基本方程时，要分别考虑位移法基本体系的两种状态。

一种是基本结构在结点位移 $\boldsymbol{\Delta}$ 单独作用情况下的状态，此时在基本结构中引起的结点约束力为 $\boldsymbol{F}=\boldsymbol{K\Delta}$，即前面得到的刚度方程；另一种是基本结构在荷载单独作用情况下的状态，此时在基本结构中引起结点约束力，记为 $\boldsymbol{F}_{\mathrm{P}}$。

则矩阵位移法的基本方程为

$$\boldsymbol{F}+\boldsymbol{F}_{\mathrm{P}}=\boldsymbol{0}$$

即

$$\boldsymbol{K\Delta}+\boldsymbol{F}_{\mathrm{P}}=\boldsymbol{0} \tag{9.44}$$

9.5.2 等效结点荷载向量

1. 等效结点荷载的概念

作用在结构结点上的荷载通常称为结点荷载，不作用在结点上的荷载称为非结点荷载。结构上的荷载可以是结点荷载、非结点荷载或二者的组合。在用矩阵位移法分析时，需要把不同形式的荷载转换为结点荷载，即需对非结点荷载进行处理，将其转换为等效结点荷载，然后才能利用矩阵位移法进行分析。

等效的原则是要求两种荷载在基本结构中产生相同的结点约束力。用“$\boldsymbol{P}$”表示等效结点荷载，则

$$\boldsymbol{P}=-\boldsymbol{F}_{\mathrm{P}} \tag{9.45}$$

$$\boldsymbol{K\Delta}=\boldsymbol{P} \tag{9.46}$$

2. 等效结点荷载向量的生成

按单元集成法求整体结构的等效结点荷载向量，具体做法与求整体刚度矩阵的步骤相同，即：

第一步确定局部坐标系中单元的等效结点荷载向量 $\overline{\boldsymbol{P}}^{e}$。

在局部坐标系中，给单元两端加上 6 个附加约束，即使两端固定。在给定荷载作用下，可求出 6 个固端约束力，组成固端约束力向量 $\overline{\boldsymbol{F}}_{\mathrm{P}}^{e}$，则

$$\overline{\boldsymbol{F}}_{\mathrm{P}}^{e}=(\overline{F}_{x\mathrm{P}1} \quad \overline{F}_{y\mathrm{P}1} \quad \overline{M}_{\mathrm{P}1} \quad \overline{F}_{x\mathrm{P}2} \quad \overline{F}_{y\mathrm{P}2} \quad \overline{M}_{\mathrm{P}2})^{\mathrm{T}} \tag{9.47}$$

将求得的固端约束力向量 $\overline{\boldsymbol{F}}_{\mathrm{P}}^{e}$ 反号，即得到局部坐标系中的单元等效结点荷载向量 $\overline{\boldsymbol{P}}^{e}$

$$\overline{\boldsymbol{P}}^{e}=-\overline{\boldsymbol{F}}_{\mathrm{P}}^{e} \tag{9.48}$$

第二步确定整体坐标系中单元的等效结点荷载向量 $\boldsymbol{P}^{e}$。

根据坐标转换公式(9.20),有

$$\boldsymbol{P}^{e}=\boldsymbol{T}^{\mathrm{T}}\overline{\boldsymbol{P}}^{e} \tag{9.49}$$

第三步确定整体结构的等效结点荷载向量 $\boldsymbol{P}$。

按单元集成法,依次将每个 $\boldsymbol{P}^{e}$ 中的元素按单元定位向量 $\boldsymbol{\lambda}^{e}$ 在 $\boldsymbol{P}$ 中进行边定位边累加,最后即得到 $\boldsymbol{P}$。单元固端约束力 $\overline{F}_{\mathrm{P}}^{e}$(局布坐标系)如表9.6所示。

表9.6　单元固端约束力 $\overline{\boldsymbol{F}}_{\mathrm{P}}^{e}$(局部坐标系)

编号	简图	符号	始端1	末端2
1	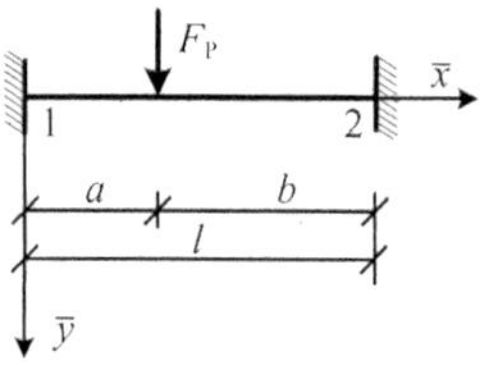	$\overline{F}_{x\mathrm{P}}$	0	0
		$\overline{F}_{y\mathrm{P}}$	$-F_{\mathrm{P}}\dfrac{b^2}{l^2}\left(1+2\dfrac{a}{l}\right)$	$-F_{\mathrm{P}}\dfrac{a^2}{l^2}\left(1+2\dfrac{b}{l}\right)$
		$\overline{M}_{\mathrm{P}}$	$-F_{\mathrm{P}}\dfrac{ab^2}{l^2}$	$F_{\mathrm{P}}\dfrac{a^2b}{l^2}$
2	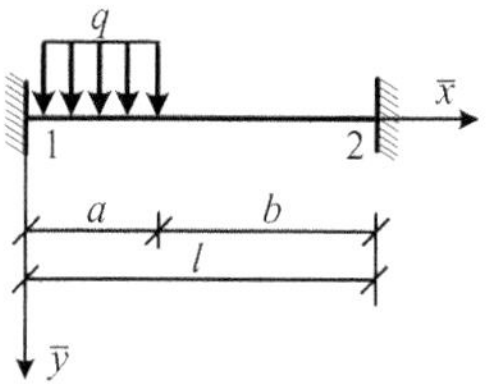	$\overline{F}_{x\mathrm{P}}$	0	0
		$\overline{F}_{y\mathrm{P}}$	$-qa\left(1-\dfrac{a^2}{l^2}+\dfrac{a^3}{2l^3}\right)$	$-q\dfrac{a^3}{l^2}\left(1-\dfrac{a}{2l}\right)$
		$\overline{M}_{\mathrm{P}}$	$-\dfrac{qa^2}{12}\left(6-8\dfrac{a}{l}+3\dfrac{a^2}{l^2}\right)$	$\dfrac{qa^3}{12l}\left(4-3\dfrac{a}{l}\right)$
3	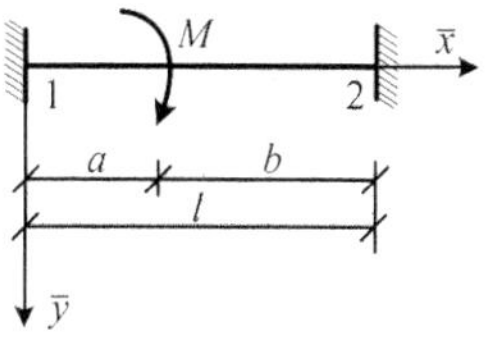	$\overline{F}_{x\mathrm{P}}$	0	0
		$\overline{F}_{y\mathrm{P}}$	$\dfrac{6Mab}{l^3}$	$-\dfrac{6Mab}{l^3}$
		$\overline{M}_{\mathrm{P}}$	$M\dfrac{b}{l}\left(2-3\dfrac{b}{l}\right)$	$M\dfrac{a}{l}\left(2-3\dfrac{b}{l}\right)$
4	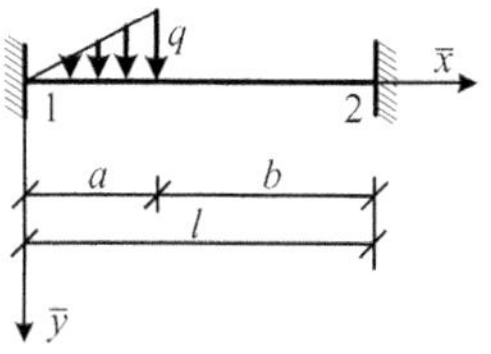	$\overline{F}_{x\mathrm{P}}$	0	0
		$\overline{F}_{y\mathrm{P}}$	$-q\dfrac{a}{4}\left(2-3\dfrac{a^2}{l^2}+1.6\dfrac{a^3}{l^3}\right)$	$-\dfrac{q}{4}\dfrac{a^3}{l^2}\left(3-1.6\dfrac{a}{l}\right)$
		$\overline{M}_{\mathrm{P}}$	$-q\dfrac{a^2}{6}\left(2-3\dfrac{a}{l}+1.2\dfrac{a^2}{l^2}\right)$	$\dfrac{qa^3}{4l}\left(1-0.8\dfrac{a}{l}\right)$
5	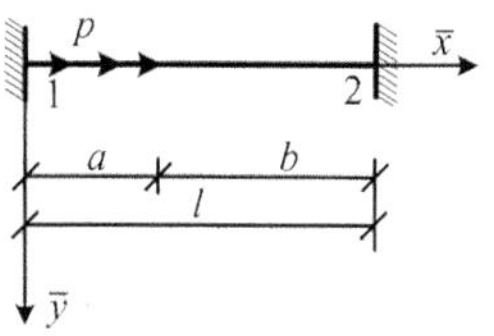	$\overline{F}_{x\mathrm{P}}$	$-pa\left(1-0.5\dfrac{a}{l}\right)$	$-0.5p\dfrac{a^2}{l}$
		$\overline{F}_{y\mathrm{P}}$	0	0
		$\overline{M}_{\mathrm{P}}$	0	0

表 9.1(续)

编号	简图	符号	始端 1	末端 2
6	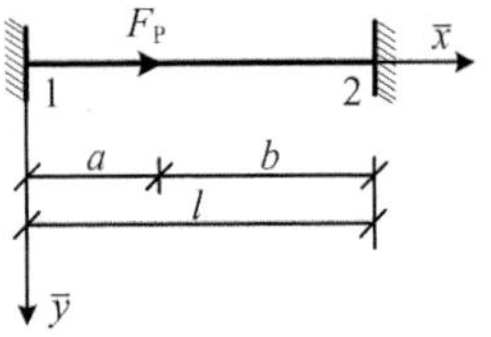	$\overline{F}_{xP}$	$-F_P\dfrac{b}{l}$	$-F_P\dfrac{a}{l}$
		$\overline{F}_{yP}$	0	0
		$\overline{M}_P$	0	0
7	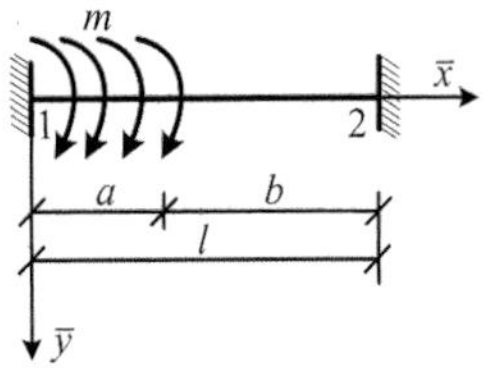	$\overline{F}_{xP}$	0	0
		$\overline{F}_{yP}$	$m\dfrac{a^2}{l^2}\left(\dfrac{a}{l}+3\dfrac{b}{l}\right)$	$-m\dfrac{a^2}{l^2}\left(\dfrac{a}{l}+3\dfrac{b}{l}\right)$
		$\overline{M}_P$	$-m\dfrac{b^2}{l^2}a$	$m\dfrac{a^2}{l^2}b$

例 9-2 试求图 9.14 所示刚架在图示荷载作用下的等效结点荷载向量。

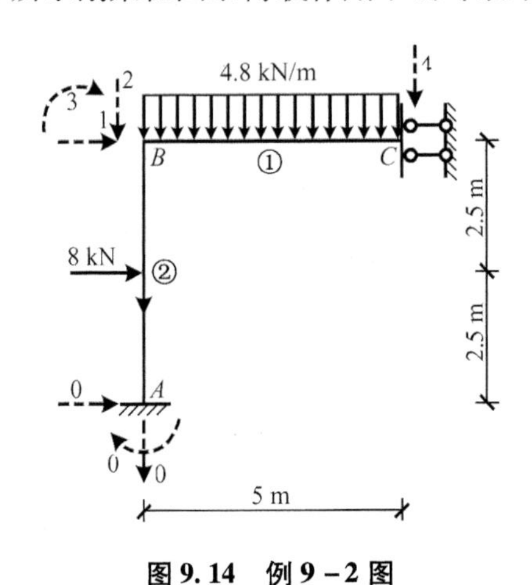

图 9.14 例 9-2 图

解 (1)确定局部坐标系中的固端约束力向量 $\overline{\boldsymbol{F}}_P^e$

单元①的固端约束力

$$\overline{F}_{xP1}=0,\quad \overline{F}_{yP1}=-12\ \text{kN},\quad \overline{M}_{P1}=-10\ \text{kN}\cdot\text{m}$$
$$\overline{F}_{xP2}=0,\quad \overline{F}_{yP2}=-12\ \text{kN},\quad \overline{M}_{P2}=10\ \text{kN}\cdot\text{m}$$

单元②的固端约束力

$$\overline{F}_{xP1}=0,\quad \overline{F}_{yP1}=4\ \text{kN},\quad \overline{M}_{P1}=5\ \text{kN}\cdot\text{m}$$
$$\overline{F}_{xP2}=0,\quad \overline{F}_{yP2}=4\ \text{kN},\quad \overline{M}_{P2}=-5\ \text{kN}\cdot\text{m}$$

因此有

$$\overline{\boldsymbol{F}}_{\mathrm{P}}^{①}=\begin{pmatrix}0\\-12\ \mathrm{kN}\\-10\ \mathrm{kN\cdot m}\\0\\-12\ \mathrm{kN}\\10\ \mathrm{kN\cdot m}\end{pmatrix}\qquad \overline{\boldsymbol{F}}_{\mathrm{P}}^{②}=\begin{pmatrix}0\\4\ \mathrm{kN}\\5\ \mathrm{kN\cdot m}\\0\\4\ \mathrm{kN}\\-5\ \mathrm{kN\cdot m}\end{pmatrix}$$

(2)确定各单元在整体坐标系中的等效结点荷载向量 $\boldsymbol{P}^{e}$

单元①的整体坐标系与局部坐标系方向一致,则

$$\boldsymbol{P}^{①}=-\boldsymbol{T}^{①\mathrm{T}}\overline{\boldsymbol{F}}_{\mathrm{P}}^{①}=-\overline{\boldsymbol{F}}_{\mathrm{P}}^{①}=\begin{pmatrix}0\\12\ \mathrm{kN}\\10\ \mathrm{kN\cdot m}\\0\\12\ \mathrm{kN}\\-10\ \mathrm{kN\cdot m}\end{pmatrix}$$

单元②的整体坐标系与局部坐标系正方向的夹角为90°,则

$$\boldsymbol{P}^{②}=-\boldsymbol{T}^{②\mathrm{T}}\overline{\boldsymbol{F}}_{\mathrm{P}}^{②}=-\begin{pmatrix}0&-1&0&0&0&0\\1&0&0&0&0&0\\0&0&1&0&0&0\\0&0&0&0&-1&0\\0&0&0&1&0&0\\0&0&0&0&0&1\end{pmatrix}\begin{pmatrix}0\\4\ \mathrm{kN}\\5\ \mathrm{kN\cdot m}\\0\\4\ \mathrm{kN}\\-5\ \mathrm{kN\cdot m}\end{pmatrix}=\begin{pmatrix}4\ \mathrm{kN}\\0\\-5\ \mathrm{kN\cdot m}\\4\ \mathrm{kN}\\0\\5\ \mathrm{kN\cdot m}\end{pmatrix}$$

(3)确定刚架的等效结点荷载向量

两个单元的结点总码如图9.14中用虚线示出,则单元定位向量为

$$\boldsymbol{\lambda}^{①}=\begin{pmatrix}1\\2\\3\\0\\4\\0\end{pmatrix},\qquad \boldsymbol{\lambda}^{②}=\begin{pmatrix}1\\2\\3\\0\\0\\0\end{pmatrix}$$

将 $\boldsymbol{P}^{e}$ 中的元素,按 $\boldsymbol{\lambda}^{e}$ 在 $\boldsymbol{P}$ 中进行边定位边累加即可求出 P。

根据单元①的单元定位向量 $\boldsymbol{\lambda}^{①}$ 及换码关系,将 $\boldsymbol{P}^{①}$ 中元素在 $\boldsymbol{P}$ 中定位,得 $\boldsymbol{P}$ 的阶段结果为

$$\begin{matrix}(1)&\rightarrow&1\\(2)&\rightarrow&2\\(3)&\rightarrow&3\\(5)&\rightarrow&4\end{matrix}\begin{pmatrix}0\\12\ \mathrm{kN}\\10\ \mathrm{kN\cdot m}\\12\ \mathrm{kN}\end{pmatrix}$$

根据单元②的单元定位向量 $\boldsymbol{\lambda}^{②}$ 及换码关系,将 $\boldsymbol{P}^{②}$ 中元素在 $\boldsymbol{P}$ 中定位,得 $\boldsymbol{P}$ 的最终结果为

$$\boldsymbol{P}=\begin{matrix}(1)&\rightarrow&1\\(2)&\rightarrow&2\\(3)&\rightarrow&3\\&&4\end{matrix}\begin{pmatrix}0+4\ \text{kN}\\12\ \text{kN}+0\\10\ \text{kN}\cdot\text{m}-5\ \text{kN}\cdot\text{m}\\12\ \text{kN}\end{pmatrix}=\begin{pmatrix}4\ \text{kN}\\12\ \text{kN}\\5\ \text{kN}\cdot\text{m}\\12\ \text{kN}\end{pmatrix}$$

9.6 矩阵位移法的计算

通过上述各节讨论,矩阵位移法的计算步骤归纳如下:

(1)对单元和结构整体进行局部编码和总体编码;

(2)形成局部坐标系中的单元刚度矩阵 $\overline{\boldsymbol{k}}^e$;

(3)利用坐标转换形成整体坐标系中的单元刚度矩阵 $\boldsymbol{k}^e$;

(4)用单元集成法形成整体刚度矩阵 $\boldsymbol{K}$;

(5)求等效的结点荷载向量 $\boldsymbol{P}$:求局部坐标系中的单元等效结点荷载向量 $\overline{\boldsymbol{P}}^e$,转换成整体坐标系中的单元等效结点荷载向量 $\boldsymbol{P}^e$,用单元集成法形成整个结构的等效结点荷载向量 $\boldsymbol{P}$;

(6)解方程 $\boldsymbol{K\Delta}=\boldsymbol{P}$,求出结点位移向量 $\boldsymbol{\Delta}$;

(7)求各杆的杆端内力向量 $\overline{\boldsymbol{F}}^e$。

各杆的杆端内力向量由两部分组成,一部分是在结点位移被约束住的条件下的杆端内力向量,即各杆的固端约束力向量 $\overline{\boldsymbol{F}}_{\text{P}}^e$;另一部分是刚架在等效结点荷载向量作用下的杆端内力向量。故各杆的杆端内力向量为两部分的叠加,即

$$\overline{\boldsymbol{F}}^e=\overline{\boldsymbol{k}}^e\overline{\boldsymbol{\Delta}}^e+\overline{\boldsymbol{F}}_{\text{P}}^e \tag{9.50}$$

例 9-3 用矩阵位移法计算图 9.15 所示连续梁,并画弯矩图。

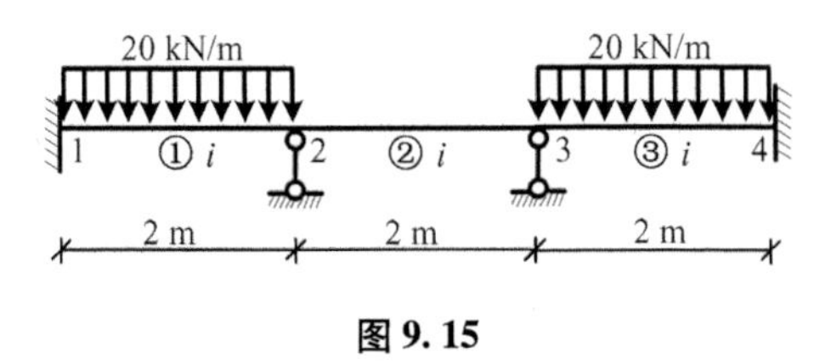

图 9.15

解 (1)对单元和结构整体进行局部编码和总体编码。单元编码和总码如图 9.15 所示,每个梁单元在单元两端分别有一个局码(1)(2)。

(2)形成整体坐标系中的单元刚度矩阵 $\boldsymbol{k}^e$。选取连续梁整体坐标系和局部坐标系重合,故

$$\boldsymbol{k}^{①}=\boldsymbol{k}^{②}=\boldsymbol{k}^{③}=\begin{pmatrix}4i&2i\\2i&4i\end{pmatrix}$$

(3)用单元集成法形成整体刚度矩阵 $\boldsymbol{K}$。各单元的定位向量为

$$\boldsymbol{\lambda}^{①}=\begin{pmatrix}0\\1\end{pmatrix},\quad \boldsymbol{\lambda}^{②}=\begin{pmatrix}1\\2\end{pmatrix},\quad \boldsymbol{\lambda}^{③}=\begin{pmatrix}2\\0\end{pmatrix}$$

依据集成法得整体刚度矩阵

$$\boldsymbol{K}=\begin{pmatrix}8i & 2i\\ 2i & 8i\end{pmatrix}$$

（4）求等效的结点荷载向量 $\boldsymbol{P}$。各单元的等效结点荷载为

$$\boldsymbol{P}^{①}=\begin{pmatrix}\dfrac{20}{3}\\ -\dfrac{20}{3}\end{pmatrix}\qquad \boldsymbol{P}^{②}=\begin{pmatrix}0\\ 0\end{pmatrix}\qquad \boldsymbol{P}^{③}=\begin{pmatrix}\dfrac{20}{3}\\ -\dfrac{20}{3}\end{pmatrix}$$

等效的结点荷载向量 $\boldsymbol{P}$ 可表示为

$$\boldsymbol{P}=\begin{pmatrix}-\dfrac{20}{3}\\ \dfrac{20}{3}\end{pmatrix}$$

（5）解方程 $\boldsymbol{K\Delta}=\boldsymbol{P}$。求出结点位移向量 $\boldsymbol{\Delta}$，即

$$\begin{pmatrix}8i & 2i\\ 2i & 8i\end{pmatrix}\begin{pmatrix}\Delta_1\\ \Delta_2\end{pmatrix}=\begin{pmatrix}-\dfrac{20}{3}\\ \dfrac{20}{3}\end{pmatrix}$$

得

$$\begin{pmatrix}\Delta_1\\ \Delta_2\end{pmatrix}=\begin{pmatrix}-\dfrac{10}{9i}\\ \dfrac{10}{9i}\end{pmatrix}$$

（6）求各杆的杆端内力向量 $\overline{\boldsymbol{F}}^{e}$，则

$$\overline{\boldsymbol{F}}^{①}=\begin{pmatrix}4i & 2i\\ 2i & 4i\end{pmatrix}\begin{pmatrix}0\\ -\dfrac{10}{9i}\end{pmatrix}+\begin{pmatrix}-\dfrac{20}{3}\\ \dfrac{20}{3}\end{pmatrix}=\begin{pmatrix}-\dfrac{80}{9}\\ \dfrac{20}{9}\end{pmatrix}$$

$$\overline{\boldsymbol{F}}^{②}=\begin{pmatrix}4i & 2i\\ 2i & 4i\end{pmatrix}\begin{pmatrix}-\dfrac{10}{9i}\\ \dfrac{10}{9i}\end{pmatrix}=\begin{pmatrix}-\dfrac{20}{9}\\ \dfrac{20}{9}\end{pmatrix}$$

$$\overline{\boldsymbol{F}}^{③}=\begin{pmatrix}4i & 2i\\ 2i & 4i\end{pmatrix}\begin{pmatrix}\dfrac{10}{9i}\\ 0\end{pmatrix}+\begin{pmatrix}-\dfrac{20}{3}\\ \dfrac{20}{3}\end{pmatrix}=\begin{pmatrix}-\dfrac{20}{9}\\ \dfrac{80}{9}\end{pmatrix}$$

弯矩图如图9.16所示。

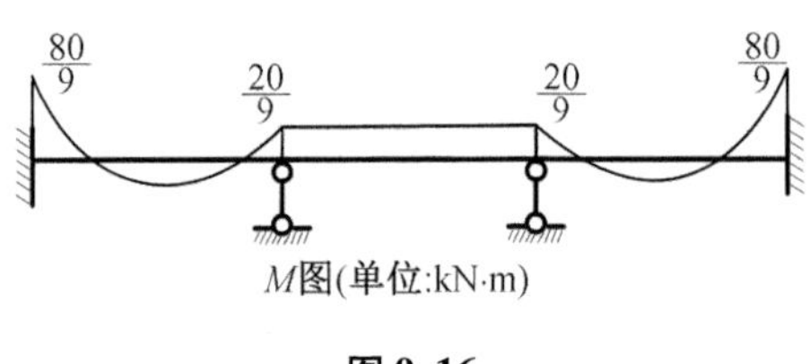

图 9.16

9.7 本章小结

矩阵位移法是新的计算工具与传统力学原理相结合的产物。矩阵位移法要与传统位移法对照起来学习,注意它们之间原理上同源、做法上有别的关系。

位移法最便于实现计算过程的程序化。矩阵位移法是结构矩阵分析中占主导地位的方法。矩阵位移法基本方程的建立,归结为两个问题:一是根据结构的几何和弹性性质建立整体刚度矩阵;二是根据结构的受载情况形成整体荷载向量。

推导整体刚度矩阵时,采用单元集成法。具体包括两步,一是进行坐标转换,由局部坐标系的单元刚度矩阵导出整体坐标系的单元刚度矩阵;二是根据单元定位向量,依次由各单元的刚度矩阵进行集成,得出整体刚度矩阵。集成实际上包括将单元刚度矩阵在整体刚度矩阵中的定位。以及将定在同一座位上的元素进行累加。

在进行整体分析时,有先处理和后处理两种做法。先处理是在形成整体刚度矩阵时事先已根据结构的支承条件进行处理。后处理是先不考虑支承条件,按单元集成法得出原始的整体刚度矩阵,然后再引入支承条件,进行处理,得出整体刚度矩阵。本章采用的是先处理方法。

等效结点荷载等效的原则是要求两种荷载在基本结构中产生相同的结点约束力。其计算方法与求解刚度矩阵的方法相同。

9.8 习　题

9-1　判断题(正确的打✓,错误的打×)

(1)矩阵位移法的单元刚度方程体现了结点力和结点位移的关系。(　　)

(2)矩阵位移法中,求等效结点荷载时,应用的等效原则是等效结点荷载与原非结点荷载产生相同的结点位移。(　　)

(3)等效节点荷载的数值等于汇交于该结点的所有固端力的代数和。(　　)

(4)局部坐标系单元刚度矩阵 $\overline{\boldsymbol{k}}^e$ 和整体坐标系单元刚度矩阵 $\boldsymbol{k}^e$ 均为对称矩阵。(　　)

(5)在刚度法方程中,当结构刚度矩阵是 n 阶方阵时,不论结构上的荷载情况如何,结点荷载列阵也必须是 n 阶方阵。(　　)

(6)如题 9-1(6)图所示连续梁结构,在用结构矩阵分析时可将杆 AB 划分成 AD 和 DB 两单元进行计算。(　　)

(7) 如题 9－1(7) 图所示结构，用矩阵位移法计算时(计轴向变形)，未知量数目为 9 个。(　　)

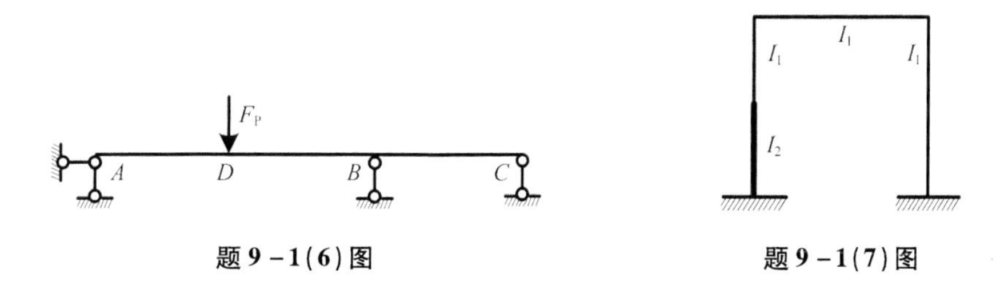

题 9－1(6) 图　　**题 9－1(7) 图**

(8) 如题 9－1(8) 图所示结构在整体坐标系下的单元刚度矩阵表示为 $\boldsymbol{k}^e=\begin{pmatrix}k_{ii}\\k_{ji}\end{pmatrix}$，则结构刚度矩阵为 $\begin{pmatrix}k_{11}^{(1)}+k_{11}^{(2)} & k_{12}^{(2)} & k_{13}^{(1)}\\ k_{21}^{(2)} & k_{22}^{(2)} & 0\\ k_{31}^{(1)} & 0 & k_{33}^{(1)}\end{pmatrix}$。(　　)

(9) 如题 9－1(9) 图所示结构，EI = 常数，各单元长度均为 l。在不计轴向变形和所示位移编号的情况下，图示 3 个单元的整体坐标体系中的单元刚度刚度矩阵完全相同。(　　)

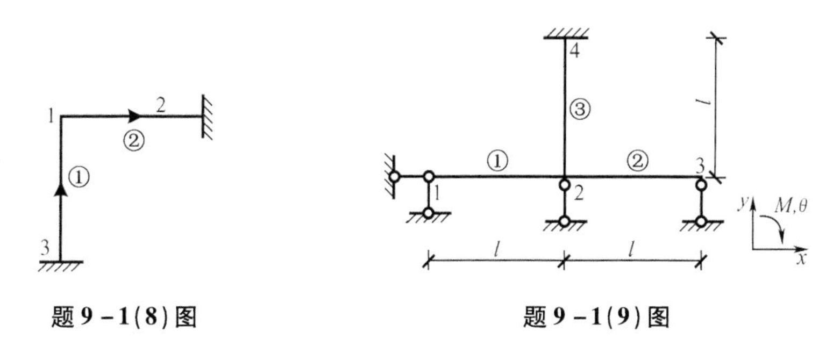

题 9－1(8) 图　　**题 9－1(9) 图**

(10) 结构平面刚度矩阵中，元素 K_{45} 的物理意义就是 $\delta_5=1$ 时，在编号 4 方向产生的力。(　　)

9－2　试计算题 9－2 图所示连续梁的结点转角和杆端弯矩。

9－3　试计算题 9－3 图所示连续梁的整体刚度矩阵。

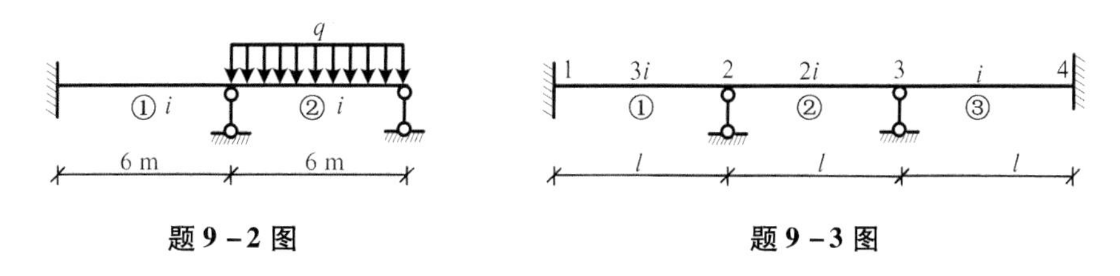

题 9－2 图　　**题 9－3 图**

9－4　如题 9－4 图所示连续梁，只考虑杆件的弯曲变形，用先处理法形成结构刚度矩阵 $\boldsymbol{K}$。设 $EI=1$(相对值)。

9－5　求题 9－5 图所示连续梁等效结点荷载列阵 $\boldsymbol{P}$。

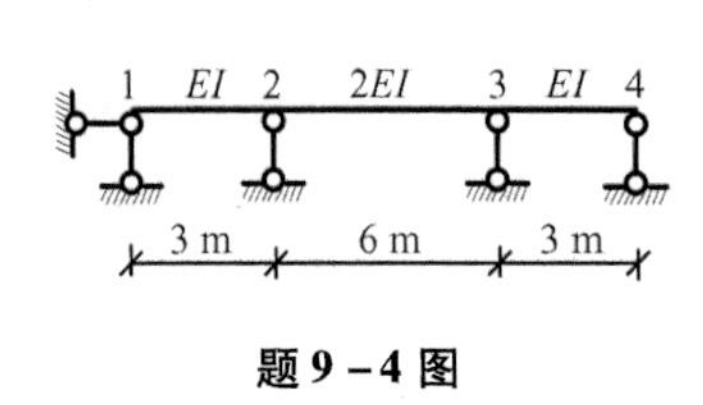

题 9 –4 图

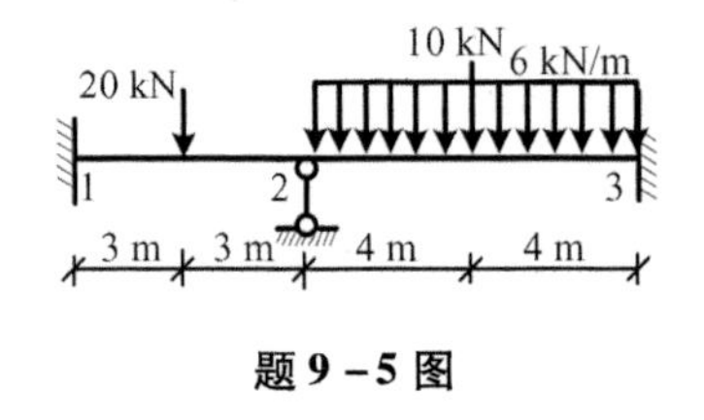

题 9 –5 图

9 –6　求题 9 –6 图所示连续梁等效结点荷载列阵 $\boldsymbol{P}$。

9 –7　已知题 9 –7 图所示连续梁结点位移列阵 $\boldsymbol{\theta}=\begin{pmatrix}-3.65\\7.14\\-5.72\\2.86\end{pmatrix}\times10^{-4}$，试用矩阵位移法求出杆件 23 的杆端弯矩并画出连续梁的弯矩图。设 $q=20$ kN/m，23 杆的 $i=1.0\times10^{6}$ kN·cm。

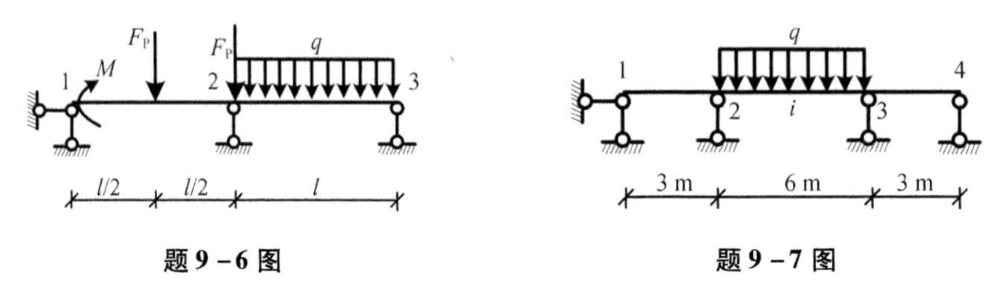

题 9 –6 图　　题 9 –7 图

9 –8　考虑轴向变形，求题 9 –8 图所示结构单元①的杆端力 $\overline{F}^{①}$。

9 –9　试求题 9 –9 图所示结构的整体刚度矩阵、结点位移和各杆内力（忽略轴向变形）。

9 –10　用矩阵位移法计算题 9 –10 图所示结构，作弯矩图。

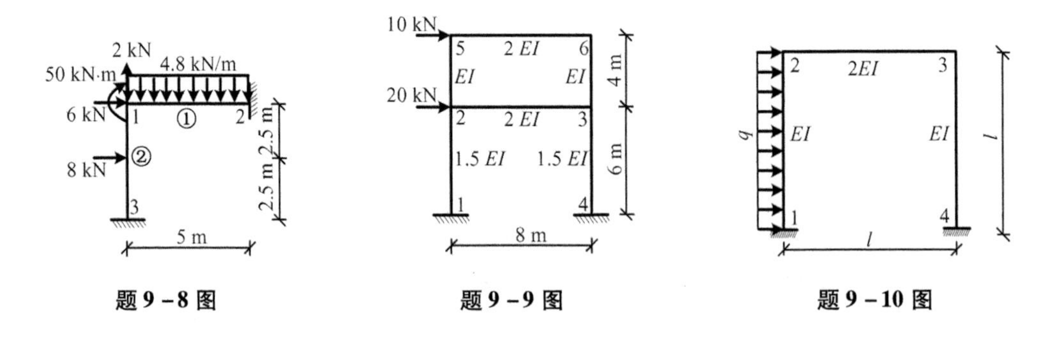

题 9 –8 图　　题 9 –9 图　　题 9 –10 图

参 考 文 献

[1] 龙驭球,包世华,袁驷,等. 结构力学Ⅰ[M]. 北京:高等教育出版社,2012.
[2] 李廉锟,李家宝,等. 结构力学:上册[M]. 北京:高等教育出版社,1998.
[3] 朱慈勉. 结构力学[M]. 北京:高等教育出版社,2004.
[4] 于玲玲,等. 结构力学[M]. 北京:中国电力出版社,2009.
[5] 刘金春,袁全. 结构力学考试精解精练[M]. 北京:中国建筑工业出版社,2005.
[6] 边亚东,张玉国. 结构力学[M]. 北京:北京大学出版社,2012.
[7] 黄靖. 结构力学复习及解题指导[M]. 北京:人民交通出版社,2007.
[8] 雷钟和,江爱川,等. 结构力学解疑[M]. 北京:清华大学出版社,2007.
[9] 王焕定. 结构力学[M]. 北京:高等教育出版社,2006.
[10] 杨天祥. 结构力学[M]. 北京:高等教育出版社,1986.
[11] 包世华. 结构力学学习指导及解题大全[M]. 武汉: 武汉理工大学出版社,2003.
[12] 雷钟和. 结构力学学习指导[M]. 北京:高等教育出版社,2005.